스케치 기본부터 투시도 간략도법, 마커 컬러링까지

공간 스케치
SPACE SKETCH

초보자, 전공자, 디자이너, 실내건축기사 실기시험
준비생을 위한 기본서

이도희 지음

디지털 시대를 넘어, 인공지능 시대의 디자인 프레젠테이션…

입시를 위해 미술공부를 했거나 미술을 전공한 사람이 아니라면 그림을 그린다는 것은 참 생소하고 엄두가 안 나는 일이다.
디자인을 한다는 것은 아이디어를 시각적으로 구체화하는 과정이므로 어떻게든 생각을 정리해서 시각적으로 표현해야 한다.
따라서 디자이너는 나름의 방식대로 스케치를 통해 디자인 과정과 결과물을 표현해왔다.

시대는 변했고 디지털 시대를 넘어, 인공지능 시대가 도래했다.
디자인을 공부하는 학생이나 디자이너들은 디지털 인터페이스에 익숙해져 있다. 치수만 기입하고 클릭하고, 드래그하면, 육면체가 뚝딱. 어느 시점에서 본 뷰(view)건 자유롭게 또 다양하게 3D의 형태를 화면상에 뿌려준다. 그리고 정말 실제처럼 재료와 빛을 표현한다.
원리에 대해 궁금해 할 필요도 없다. 더 나아가 인공지능을 활용한 프레젠테이션 도구들은 사용자가 입력한 내용을 기반으로 독창적인 디자인과 최적의 디자인 결과물을 제안해주기도 한다.
분명 시각적 표현 결과물로만 본다면 컴퓨터 프로그램의 사용은 디자인 분야에서 실로 혁명적 사건이다.
그렇다면 디자이너에게 손으로 하는 스케치는 필요 없는 걸까?

발상의 표현…

디자인에서 중요한 것은 '창의적 발상'이다. '발상(發想)'은 손으로 쓰고 그리는 과정을 통해 표현되고 숙성되고 발전된다.
따라서 디자인 과정에서 만큼은 손 스케치의 힘을 빌려야 한다.
건축 디자인 과정에서도 마찬가지이다. 건축가 안토니 가우디(Antoni Gaudi)는 조각으로, 프랭크 게리(Frank Gehry)는 컴퓨터 프로그램을 이용하여 발상을 구체화했다.
그러나 적어도 디자인 초기에 즉각적인 발상의 표현은 스케치로 이루어졌다.
컴퓨터 프로그램을 이용하는 것이 효과적으로 결과물을 구성하고 생성하는 작업인 것은 분명하나, 정밀함과 완성도가 있는 대신 디지털 디바이스와 툴 활용 능력이 필요하므로
아이디어가 생각날 때마다 손으로 간단하게 그려보는 작업은 디자인 과정에서 꼭 필요하다.

공간 디자인 결과물의 표현…

컴퓨터 프로그램을 자유자재로 활용해서 시각적 표현을 할 수 있는 능력은 분명한 경쟁력이다. 그러나 역설적이게도 휴대폰으로도 고퀄리티의 사진을 얼마든지 찍을 수 있지만,
'폴라로이드' 사진의 매력에 빠지고 음반 기술 발달로 스트리밍 음원을 듣는 것이 보편화되었지만 LP의 매력에 관심을 갖는 시대이기도 하다.
건축 실내디자인 분야에서도 오히려 손 스케치를 익히는 것이 디자인 과정뿐만 아니라 디자인 결과물을 표현하는 데도 디자이너로서의 고유성을 갖는 계기가 될 것이라고 생각한다.

이 책의 차별화 전략…

건축·실내 디자인 관련 전공자와 실무자를 위한 스케치 관련 서적은 꾸준히 출간되고 있다. 그러나 막상 참고할 만한 서적은 부족한 것이 현실이다. 이 책은 저자의 다년간의 실무 경력과 대학에서의 관련 강의를 통한 노하우를 집적한 것으로 몇 가지 점에서 타관련 서적과 차별화하고자 하였다.

첫째, 최대한 쉽게 설명하고 복잡한 도법은 과감히 생략

- 공간 스케치를 하기 위해서는 투시도법을 배제할 수 없다. 우리가 체험하게 되는 공간은 입체로 이루어져 있고, 기본원리를 습득하지 않으면 공간을 입체로 표현하기는 불가능하기 때문이다. 표현기법, 스케치 기법을 소개한 서적들이 구태의연하고 어려운 작도법 설명으로 해보기도 전에 흥미를 잃게 만들었던 것을 알고 있다. 따라서 불필요한 도학적인 내용을 배제하고 이해를 돕기 위해 꼭 필요한 설명만을 덧붙였다.

실내건축기사, 실내건축산업기사, 실내건축기능사 실기시험에는 손으로 작도하고 컬러링하는 투시도가 포함되어 있다.
이 책의 투시도 간략도법과 마커 및 색연필을 이용한 컬러링 과정은 시험 준비에도 적지않은 도움이 될 것이라 생각한다.

〈본문 예시〉

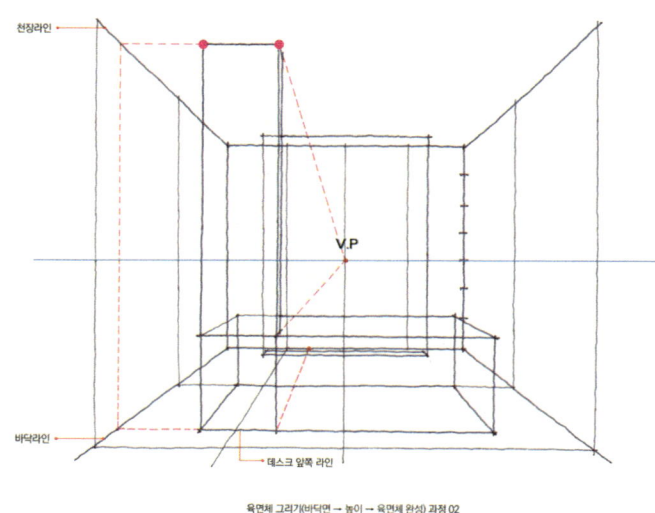

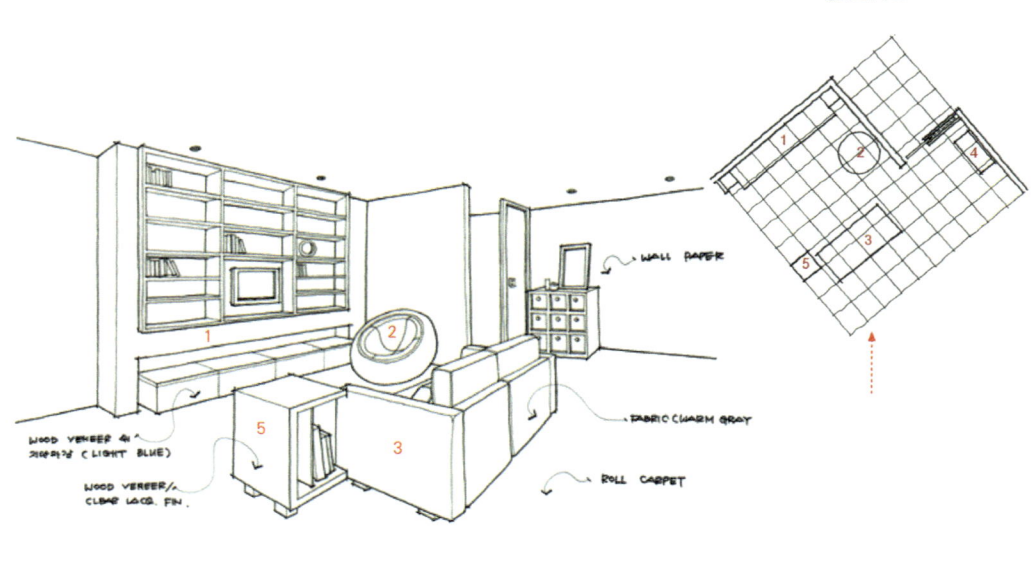

둘째. 상투적인 도법의 숙련보다 원리 이해에 초점

- 수년간 관련 강의를 하면서 학생들의 이해를 돕기 위해 노력한 결과물로 독창적 해석과 설명으로 원리 이해에 초점을 두었다.

〈본문 예시〉

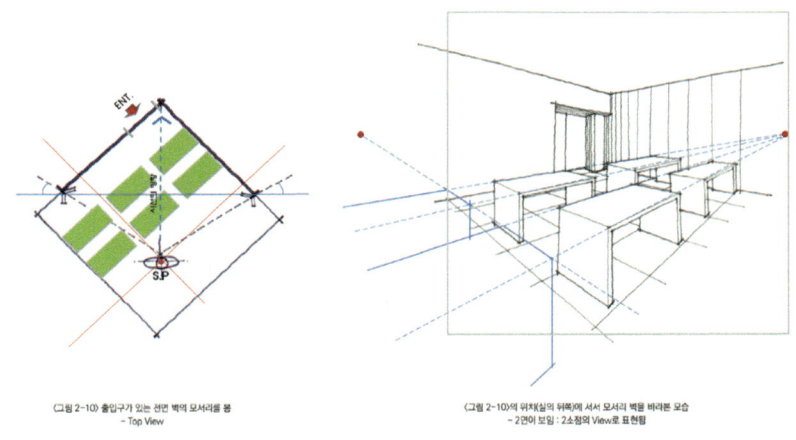

셋째, 제시한 예제를 최대한 효과적으로 따라할 수 있도록 구체적인 도구와 방법, 과정 등을 빠짐없이 설명

- 기존 책들이 선 연습의 기초나 투시도법 등은 자세히 다루고 있으나 정작 스케치 결과물이 나오기까지에 대한 상세한 설명이 부족하므로 중간 과정에 대한 설명을 최대한 반영하도록 하였다. 특히 〈PART 4. 컬러링 '컬러링 완성해보기'〉에서는 컬러링 도구인 마커의 컬러 번호를 기입함으로써 예제와 최대한 흡사한 결과물을 얻을 수 있도록 하였다.

〈본문 예시〉

〈구체적인 도구와 방법, 과정 등을 자세히 설명〉   〈실무에서 주로 사용되는 마감 재료 제시, 재료별 특징 설명, 표현 결과 예시〉

넷째, 마감 재료별 특징을 설명하고 표현 과정을 예시함으로써 재료를 최대한 사실적으로 표현할 수 있도록 함

– 재료는 고유의 색감과 패턴, 그리고 질감을 가지고 있다. 따라서 실무에서 주로 사용되는 마감 재료를 제시하고 재료별 특징을 설명하였으며 표현 결과를 예시하였다.

다섯째. 컬러링 연습이 가능하도록 스케치 결과물 수록

– 각자 원하는 용지에 스케치 결과물을 복사하고 컬러링을 연습해 볼 수 있도록 각 컬러링 연습 첫 페이지에 컬러링 작업 전 스케치를 수록했다.

그 밖에 '약간 다른 스케치', '약간 다른 컬러링' 파트를 두어 다양한 표현기법을 소개하였으며, 디자인 과정뿐만 아니라 디자인 결과물로서도 손색없는 스케치 과정을 학습할 수 있도록 다양하고 풍부한 스케치 · 컬러링 결과물을 수록하였다.

책의 구성

건축이나 실내디자인이 아닌 '공간'을 메인타이틀에 포함한 이유는 건축과 실내디자인을 '공간'이라는 틀 안에서 같은 맥락으로 보고 설명하고자 했기 때문이다. 이는 기존의 도서들이 건축과 실내디자인이 하나의 타이틀로 묶여 있긴 하나 과정을 두 가지 분야로 철저히 분리하여 설명하고 있는 것과 차별화하고자 한 것으로, 건축과 실내디자인이 표현하는 대상은 다르지만 기본적인 원리와 표현 방법은 같다는 전제하에 진행한 것이다. 대신 각 파트(투시도 스케치 시작, 투시도 스케치 완성, 컬러링)의 마지막 부분에서 건축을 '공간 내부에서 보기', 실내디자인 분야를 '건물(공간) 외부에서 보기'라는 타이틀로 분리하여 설명하였다.

책의 구성은 평면 스케치, 투시도 스케치 시작, 투시도 스케치 완성, 컬러링 등 총 4개의 파트로 구성되어 있다.
이것은 공간 스케치를 완성하기까지의 진행과정 순서를 바탕으로 한 것으로 전체 내용 중 평면 스케치 파트에서는 스케치의 기초가 되는 선 연습과 평면 스케치 과정을 담았으며, 투시도 스케치 시작 파트에서는 사물을 육면체의 형태로 인식하고 그리는 과정. 소점의 개념과 각 소점별 간략 스케치 과정을, 투시도 스케치 완성 파트에서는 육면체의 형태로 그리는 것에서 좀더 현실감 있게 공간을 스케치하는 방법에 대해, 그리고 컬러링 파트에서는 질감, 패턴을 포함한 디테일한 컬러의 표현으로 공간의 사물을 좀더 사실적으로 표현하는 과정을 담았다.

	평면 스케치	투시도 스케치 시작	투시도 스케치 완성	컬러링
SPACE — INTERIOR	• 선 연습 • 원근감 없이 도면 그리기	• 사라지는 점, 모이는 점 VP(소실점, 소점) • 육면체부터 시작한 공간 표현하기 • 입체감있게 보이는 방법 (선 굵기 차이/명암과 음영)	• 육면체 완성하기 – 공간, 내부에서 보기	• 스케치 완성하기 – 공간 내부에서 보기
				• 컬러링 시작하기 (기본요령 마감 재료별 위치별)
SPACE — EXTERIOR			• 육면체 완성하기 – 건물(공간) 외부에서 보기	• 스케치 완성하기 – 건물(공간) 외부에서 보기
			• 약간 다른 스케치	• 컬러링 완성하기 – 공간 내부에서 보기 • 컬러링 완성하기 – 건물(공간) 외부에서 보기 • 약간 다른 컬러링

책의 구성 및 진행 프로세스

CONTENTS

PART. 01
평면 스케치 원근감 없이 공간 표현하기

1. 스케치의 기초

- 1.1 선 연습 ● 013
  - 준비하기 / 연습하기 ● 013
- 1.2 원근감 없이 도면 그리기 ● 024
  - 2D도면의 원리 – 정투상법 ● 024
  - TOP에서 보기 – 평면 스케치 ● 026

PART. 02
투시도 스케치 시작 원근감 있게 공간 표현하기

2 사라지는 점, 모이는 점, VP(소실점, 소점)

- 2.1 소점 없이 입체 보기 ● 031
- 2.2 소점의 등장 ● 034
- 2.3 소점 하나 ● 040
- 2.4 소점 둘 ● 043
- 2.5 찌그러진 화면에 소점 둘 ● 053
- 2.6 소점 셋 ● 055

3. 육면체부터 시작한 공간 표현하기

- 3.1 육면체부터 시작하기 ● 059
- 3.2 육면체에서 시작한 가구 스케치 ● 070
- 3.3 육면체에서 시작한 건물 매스 스케치 ● 080

4. 입체감 있게 보이는 방법

- 4.1 선의 대비 – 선을 가늘게 또는 굵게 ● 085
- 4.2 명암과 음영(그림자) – 밝게 또는 어둡게 ● 089

5. 육면체 완성하기

- 5.1 공간 내부에서 보기 ● 097
  - 소점 하나 ● 097
  - 소점 둘 ● 105
  - 찌그러진 화면에 소점 둘 ● 119
  - 정식 작도법 – 소점 하나 ● 133
  - 서 있는 위치(S.P)와 보는 높이(V.P)에 따른 사물 형태의 변화 ● 146
- 5.2 건물(공간) 외부에서 보기 ● 158
  - 소점 하나 ● 158
  - 소점 둘 ● 160
  - 소점 세 개, 하늘에서 보기 ● 162

PART. 03
투시도 스케치 완성 현실감 있게 공간 표현하기

6. 스케치 완성하기

- 6.1 공간 내부에서 보기 ● **171**
  - 같은 조건, 다른 소점(1소점 · 2소점 · 찌그러진 2소점)
    ● **171**
  - 소점 하나 – 입면 마주보기 – 대기 공간 바라보기 ● **188**
  - 소점 둘 – 모서리 보기 – 주방 바라보기 ● **196**

- 6.2 건물(공간) 외부에서 보기 ● **212**
  - 같은 조건 다른 소점(1소점 · 2소점) – 건물 바라보기
    ● **213**
  - 소점 둘 – 거리에서 보기 ● **223**

7. 약간 다른 스케치

- 7.1 펜으로 하는 거친 느낌 스케치 ● **232**
- 7.2 연필로 하는 빠른 스케치 ● **238**

PART. 04
컬러링 색을 통해 공간 표현하기

8. 컬러링 시작하기

- 8.1 기본적으로 알아야 할 몇 가지 ● **245**
  - 도구 준비 ● **245**
  - 컬러링 기본 요령 ● **247**

- 8.2 마감 재료별 컬러링 ● **251**
  - 석재/목재/우드 플로링/털(Fur), 카페트 러그/유리, 스테인리스 스틸/벽돌/스터코/기타 ● **251**

- 8.3 위치별 컬러링
  - 바닥/벽/천장 ● **269**

9. 컬러링 완성해보기

- 9.1 공간 내부에서 보기 ● **274**
  - 여백 남기고 표현하기 – 거실 바라보기 ● **274**
  - 간략하게 표현하기 – 이미지 월과 인포메이션 데스크 바라보기 ● **283**
  - 그대로 따라하기 – 로비 바라보기 ● **291**
  - 그대로 따라하기 – 주방 바라보기 ● **300**

- 9.2 건물(공간) 외부에서 보기 ● **315**
  - 그대로 따라하기 – 건물과 환경요소 바라보기 ● **321**

10. 약간 다른 컬러링

- 10.1 거친 느낌 스케치에 마커 컬러링 ● **333**
- 10.2 회색 라인 스케치에 마커 컬러링 ● **336**

원근감 없이 공간 표현하기
평면 스케치

PART. 01

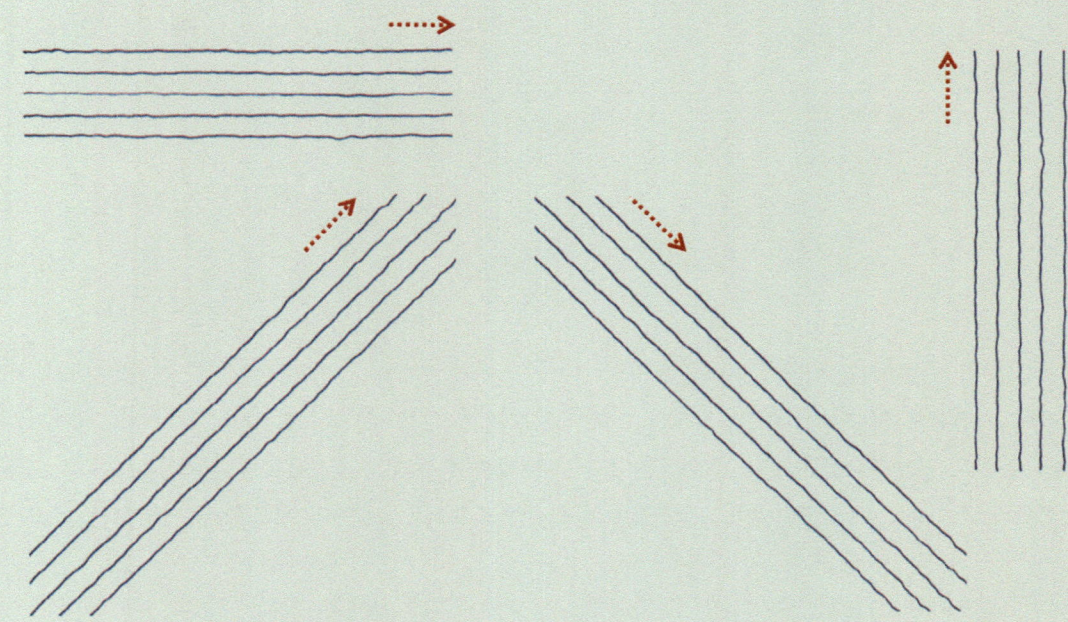

01 스케치의 기초

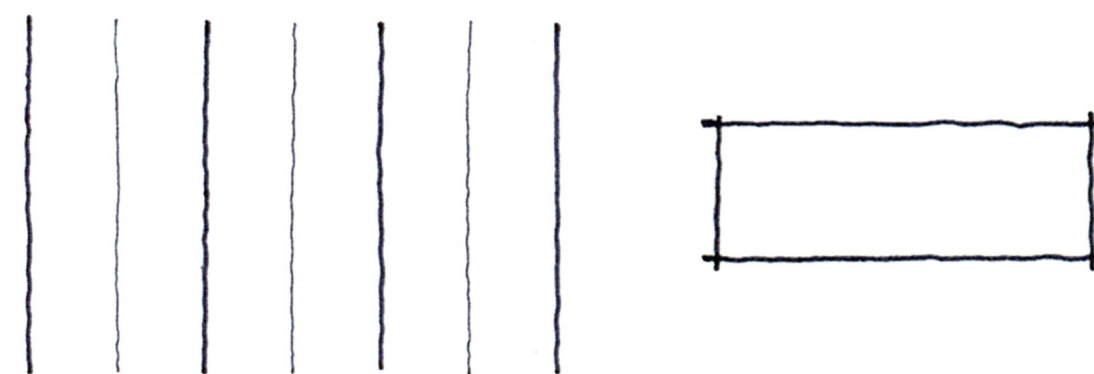

입시를 위해 미술공부를 했거나 미술을 전공한 사람이 아니라면 그림을 그리는 것은 참 생소하고 엄두가 안 나는 일이다.
디자인을 한다는 것은 아이디어를 구체화하는 과정이므로 어떻게든 생각을 정리하고 표현해야 한다.
(물론 컴퓨터 프로그램을 이용해 표현하는 경우도 많지만 컴퓨터 프로그램을 이용하여 표현하는 것은 주로 프레젠테이션(Presentation)용으로 제작하는 경우가 많고, 정밀함과 완성도가 있는 대신 디지털 디바이스가 필요하고 시간이 소요되므로 아이디어가 생각날 때마다 손으로 간단하게 그려보는 작업은 디자인 과정에서 꼭 필요하다)

이 장은 입체화된 스케치를 하기 전의 2D과정으로 선 연습과 평면 스케치 과정을 담았다.

1.1 선 연습

스케치. 그 시작점은 선을 긋는 작업이라 할 수 있다.
몇 가지 점에 유의하면서 시작해보자.

- 끝날 지점을 염두에 두고 선을 긋는 방향으로 약 1cm 정도 앞 지점을 보며 긋는다.

  선을 긋기 전에 끝점을 인식한 후, 선의 진행 방향보다 약간 앞서 시선을 두는 것이 의도한 방향대로 선을 긋는 데 도움이 된다.

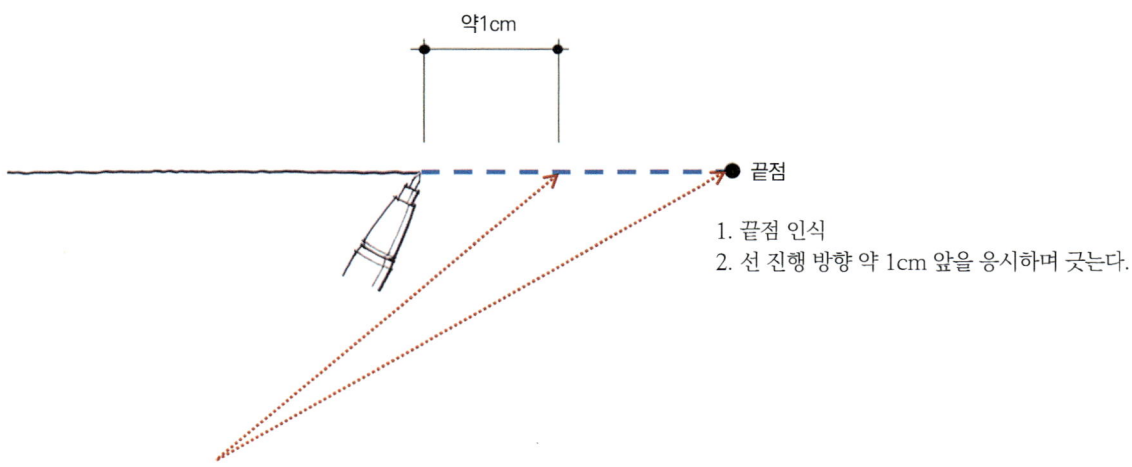

- 선이 휘지 않는 것이 관건, 손목을 사용하면 선이 휘므로 어깨와 팔을 이용하여 선을 긋는다.

  팔꿈치를 고정한 상태에서 손목만을 사용하여 선을 긋는 것은 팔꿈치를 중심으로 하는 원을 그리는 것과 같다. 또한 몸은 그대로 두고 손으로만 선을 긋는다면 몸에서 멀어질수록 자신 없는 선이 나올 수밖에 없다. 따라서 선을 긋는 것과 동시에 몸 전체를 같은 방향으로 움직이는 것이 직선을 긋는 가장 좋은 방법이다.

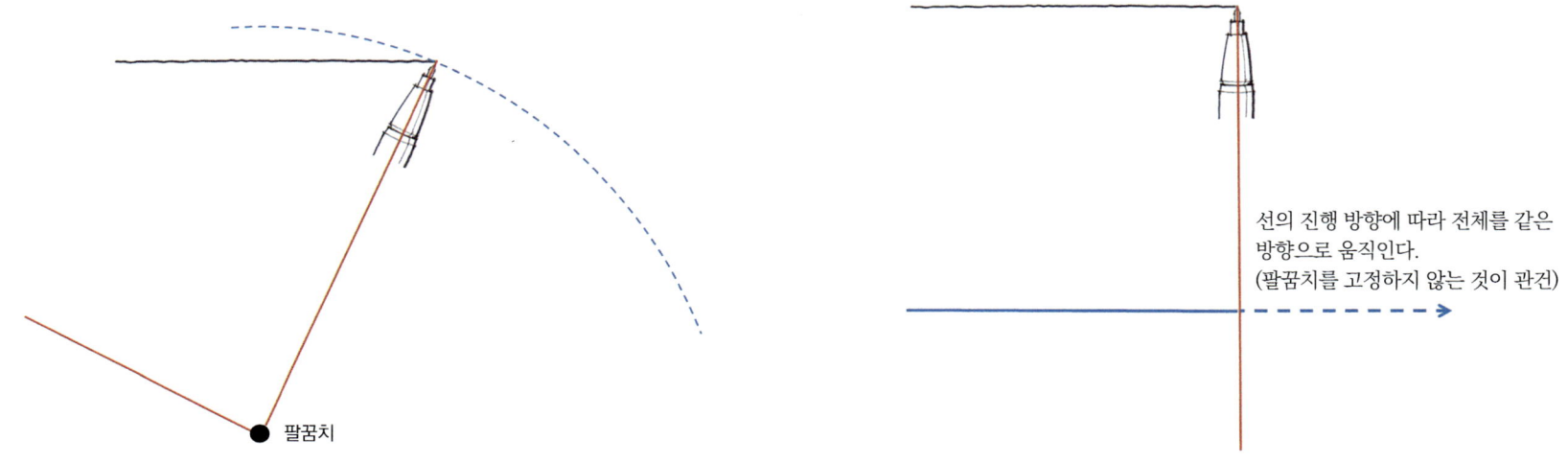

- 선과 선이 교차할 경우, 1~2mm 정도 삐져나오도록 교차시킨다. 각이 좀더 명확해진다.

  어떤 각도로든 선과 선이 교차할 경우, 좀 삐져 나가는 느낌이 들더라도 1~2mm 정도 교차시킨다. 또한 시작과 끝을 여러 번 그어 강조하면 각이 명확해지면 도형의 윤곽이 살아난다.

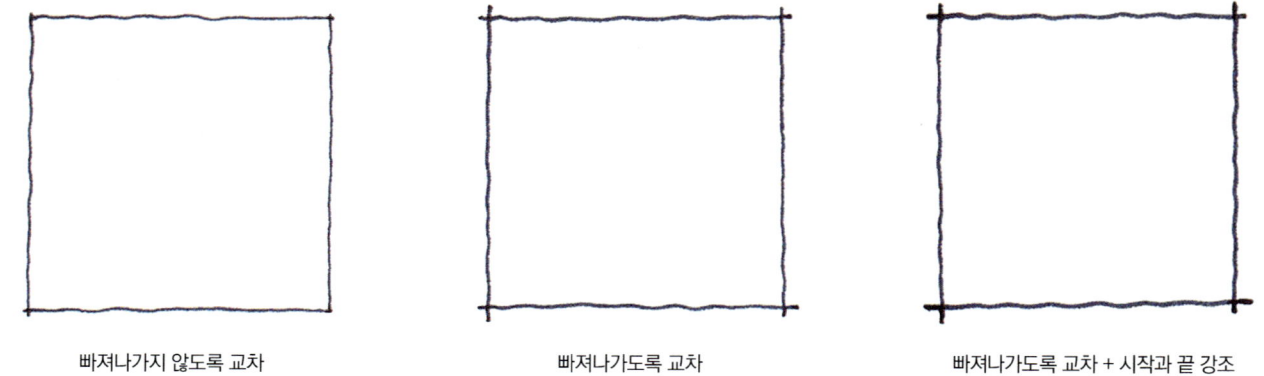

- 직선을 긋되 선이 떨리는 느낌으로 드로잉 한다.

  떨리는 느낌으로 선을 긋는 이유는 휘지 않도록 똑바른 직선을 긋는 것이 쉽지 않기 때문에 아주 작은 포물선을 그려 안정적인 직선을 유지하기 위함이다. 작은 포물선을 그리며 선을 그을 경우 선의 방향이 좀 휘거나 틀어지더라도 바로 방향을 바로잡을 수 있기 때문이다.

- 펜의 각도와 선 굵기/펜을 누르는 정도와 선 굵기/펜 끝의 뭉툭한 정도와 선 굵기의 상관관계에 유의한다.

  – 펜의 각도

  펜 끝은 붓과 같은 형태이기 때문에 펜을 세울수록 가는 선을, 펜을 눕힐수록 굵은 선을 그을 수 있다. 물론 펜을 쥐는 본인만의 방식이 있겠지만 가는 선을 긋고 싶다면 평소보다 펜을 세우고, 굵은 선을 긋고 싶다면 평소보다 펜을 눕히는 것도 선 굵기를 조절할 수 있는 방법이다.

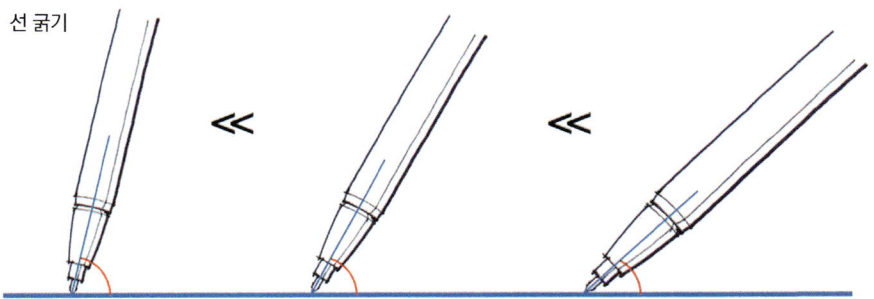

  – 펜을 띄우는 정도

  선 굵기를 조절하는 또 한 가지 방법은 지면에서 펜을 띄우는 정도를 조절하는 것이다. 가는 선을 그어야 할 때는 펜을 지면에서 띄우듯이, 굵은 선을 그어야 할 때는 펜에 힘을 주어 누르면서 긋는다.

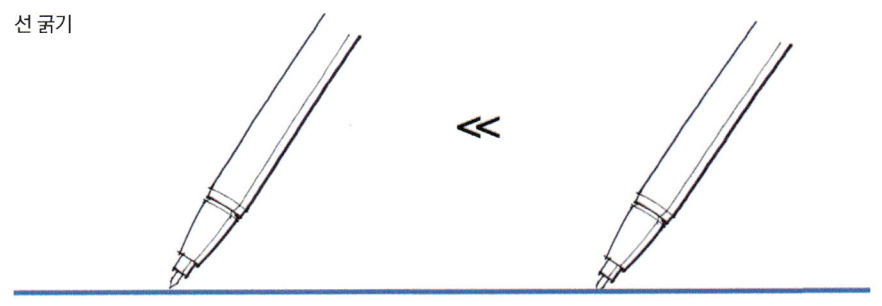

– 펜 끝의 뭉툭한 정도

　선 굵기는 펜 끝의 뭉툭한 정도에 따라서도 영향을 받기 때문에 굵은 선을 그을 때는 이미 뭉툭해진 펜을 사용하고 특별히 가는 선을 그어야 할 경우에는 새 펜을 사용하는 것도 한 방법이다.

● 선의 진행 방향

예전에는 삼각자를 사용하여 제도를 하는 경우에 기본 원칙대로 하도록 유도했었다.

왼손을 쓰는 사람도 많고 더구나 자를 사용하지 않고 프리핸드로 선을 긋는 경우라면 선을 긋는 방향에 대해 기본 규칙 운운하는 것은 크게 의미가 없다고 본다. 그래도 일반적인 선의 진행 방향에 대해 언급한다면 아래 그림과 같다.

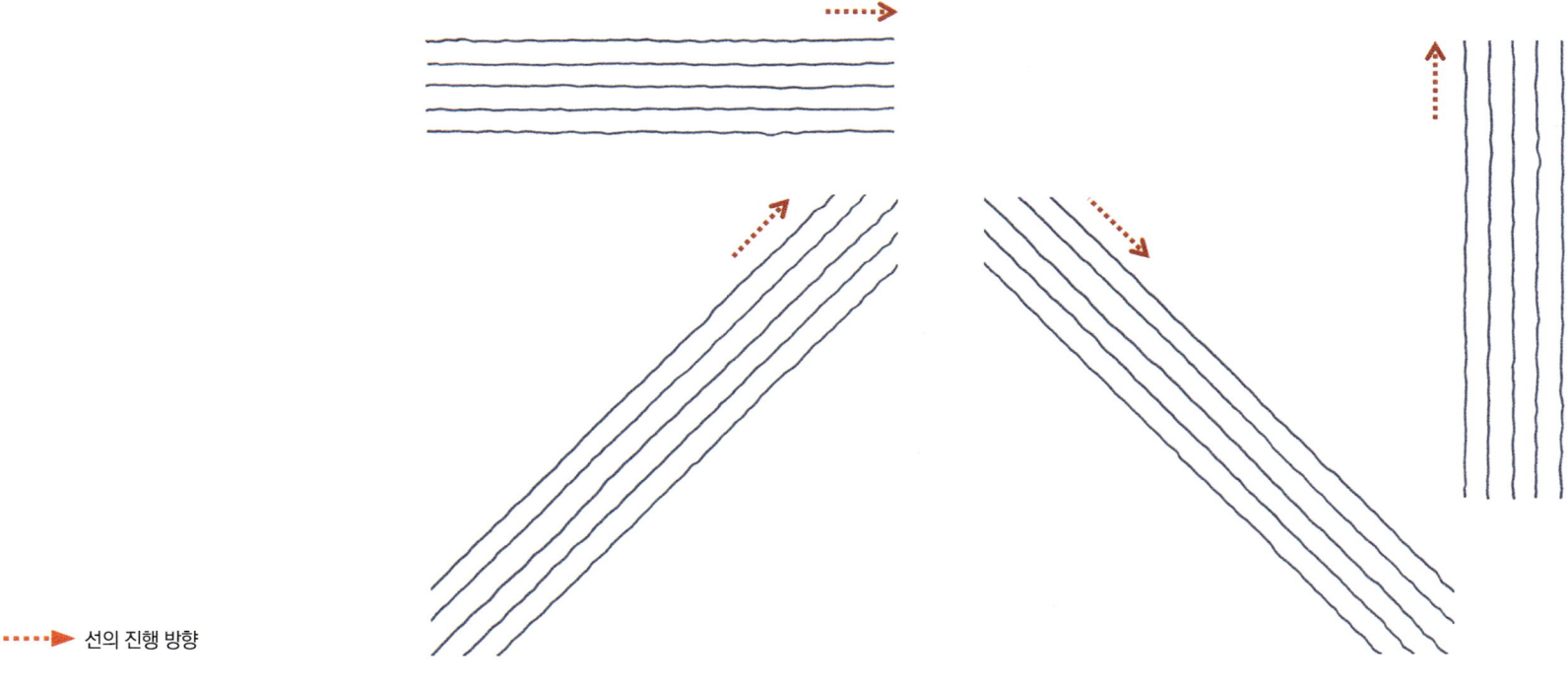

┄┄▶ 선의 진행 방향

Tips　다양한 방향으로 선을 긋는 것이 익숙하지 않다면 스케치할 때 스케치 용지를 책상에 테이프로 고정하지 말고 스케치하면서 스케치 용지를 돌리거나 몸의 방향을 바꿔가며 선을 긋는 것도 방법이다.

≫≫ 준비하기

막상 용지를 놓고 선 연습을 시작하려고 하면 막막하다. 선을 똑바로 긋는 것도 자신이 없고 무턱대고 자유 곡선을 그릴수도 없고...
예전에는 제도판과 T자, 삼각자 등을 이용해 연필로 가선을 긋고 선긋기를 시작하는 경우가 많았지만, 요즘은 이러한 제도 용구를 갖추기가 쉽지 않다. 또한 그리드 용지나 모눈종이에 선을 긋게 되면 본인이 그은 선이 그리드 선 속에 묻혀 선을 잘 알아볼 수 없는 경우가 많다.
이 책에서는 검정색 라인(용지를 덮어도 라인이 잘 보일 수 있도록 하기 위해)이 그려져 있는 그리드 용지를 밑에 깐 다음, 일반 용지(A3/A4)를 위에 깔고 선 연습을 하도록 제안한다.(이러한 방법은 수직·수평의 기본 틀을 유지하면서 동시에 본인이 그은 선을 확인할 수 있는 방법이다. 수평선과 수직선 연습을 할 때 유용하다)

그리드 용지의 선 색이 연한 것을 사용할 경우 그 위에 직접 선 연습을 하는 것도 한 방법이다.

시간 여유가 있다면 연필을 사용해 스케치북·켄트지 등에 선 연습하는 것도 기본기를 다지는 데 도움이 된다. 이 책에서는 펜을 사용해 선 연습해보는 과정을 담았다. 그 이유는 연필을 사용하는 미술용 스케치와 달리 실무에서 하는 스케치는 펜을 사용하는 경우가 많기 때문이다.

- 준비물 : A4·A3 용지, 스케치용 롤(roll)지/그리드지/플러스펜/사인펜/테이프

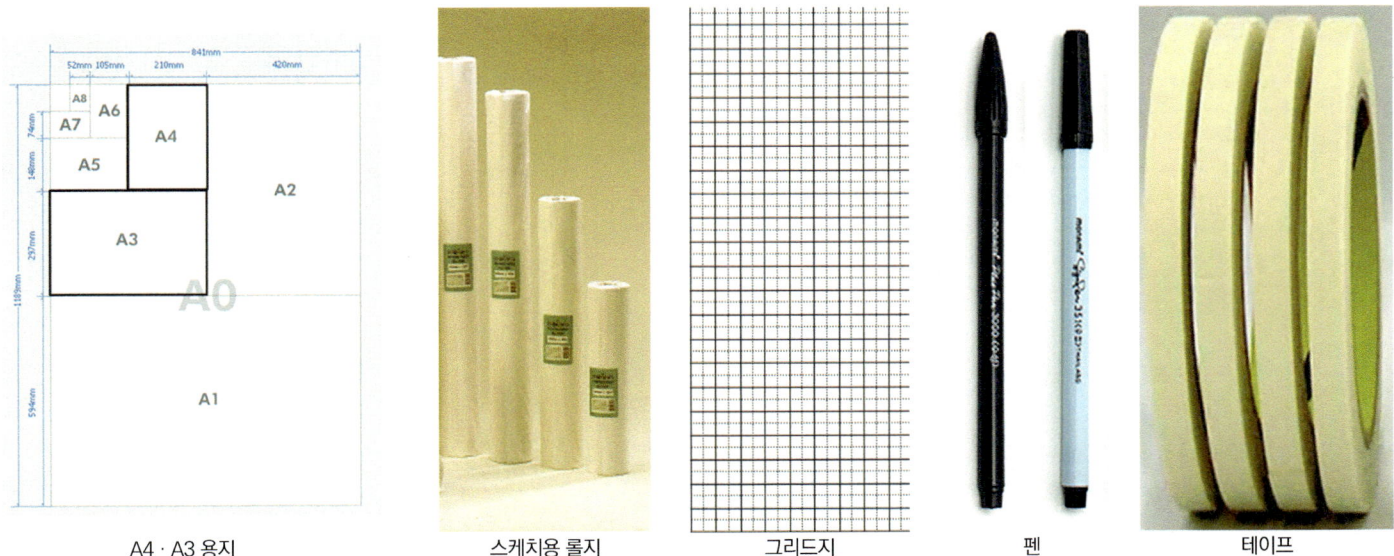

A4·A3 용지　　　스케치용 롤지　　　그리드지　　　펜　　　테이프

⫸ 연습하기

| 직선(수평선과 수직선) |

수평선은 선 연습의 가장 기본이 되는 선이다.

1. 그리드 용지를 옆으로 길게 놓고 A3 · A4 용지(또는 스케치용 롤지)를 그 위에 덮은 다음, 테이프로 책상에 고정한다.
2. 약 5mm 간격으로 플러스펜으로 선을 긋는다.

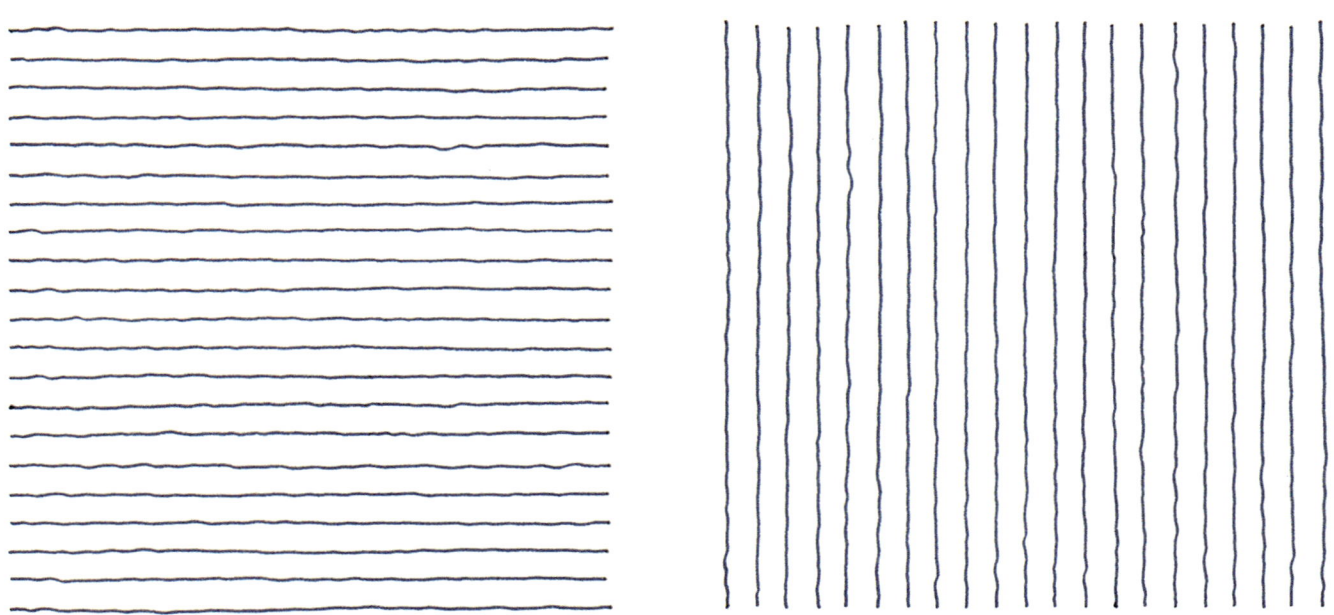

수평선과 수직선 긋기

> **Tips** 스케치용 롤지는 트레이싱 페이퍼보다 얇은 반투명 용지로 너비 300, 450, 600 사이즈가 판매되며, 컬러는 흰색과 노란색이 있다. 흰색도 사용하는 데 무리는 없으나 노란색에 비해 펜 작업한 것이 조금 늦게 마르는 경향이 있다.

사선(오른쪽 방향 오름, 오른쪽 방향 내림, 약 45°)

1. 그리드 용지를 옆으로 길게 놓고 A3 · A4 용지(또는 스케치용 롤지)를 그 위에 덮은 다음, 테이프로 책상에 고정한다.
2. 약 5mm 간격으로 플러스펜으로 선을 긋는다.

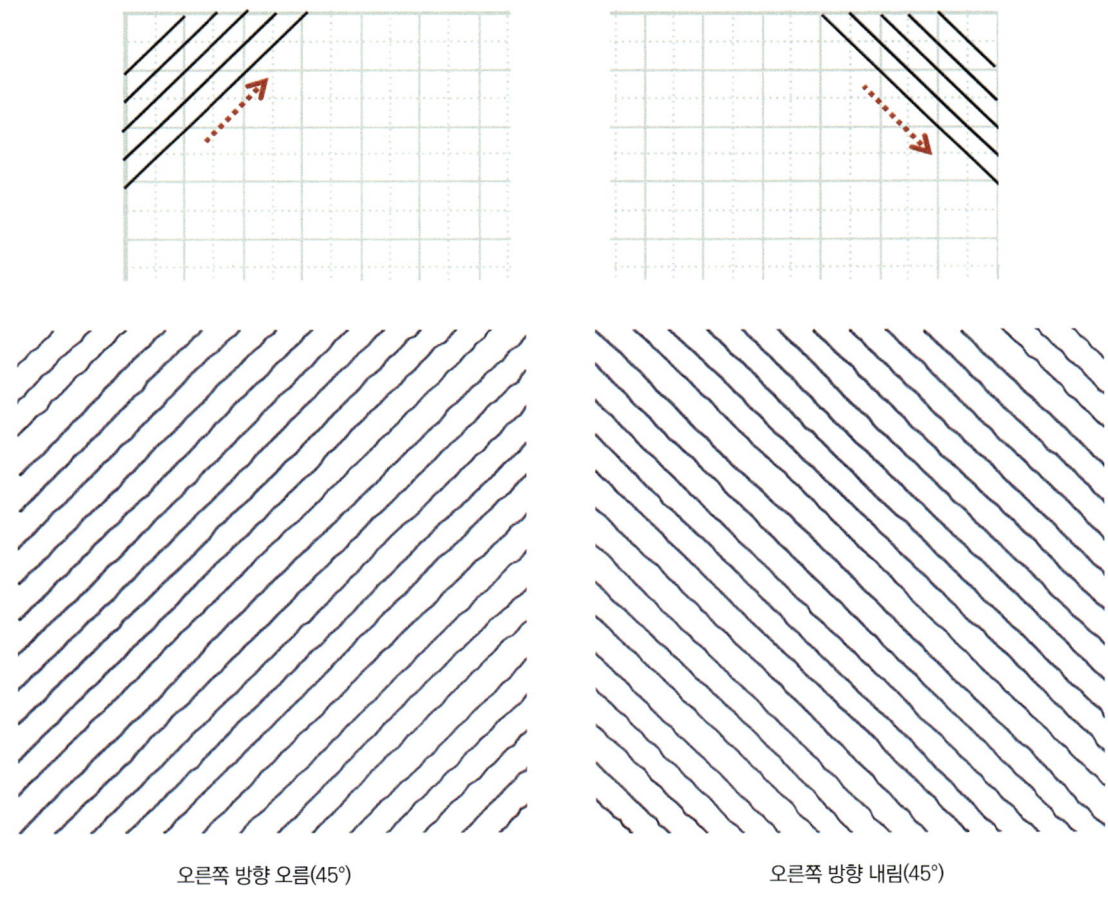

오른쪽 방향 오름(45°)　　　　　오른쪽 방향 내림(45°)

Tips 스케치용 롤지는 앞뒤 구분이 있다. 뒤쪽은 잉크가 잘 스며들지 않으므로 말려 있는 안쪽(용지의 앞면)을 그대로 사용하도록 한다.

| 흐름선 |

투시도 스케치에서는 소점과 연결되는 선을 그어야 할 경우가 많다. 따라서 한 점을 정해놓고 그 점에서 출발하거나 그 점으로 향하는 선을 그어보는 연습은 중요하다.

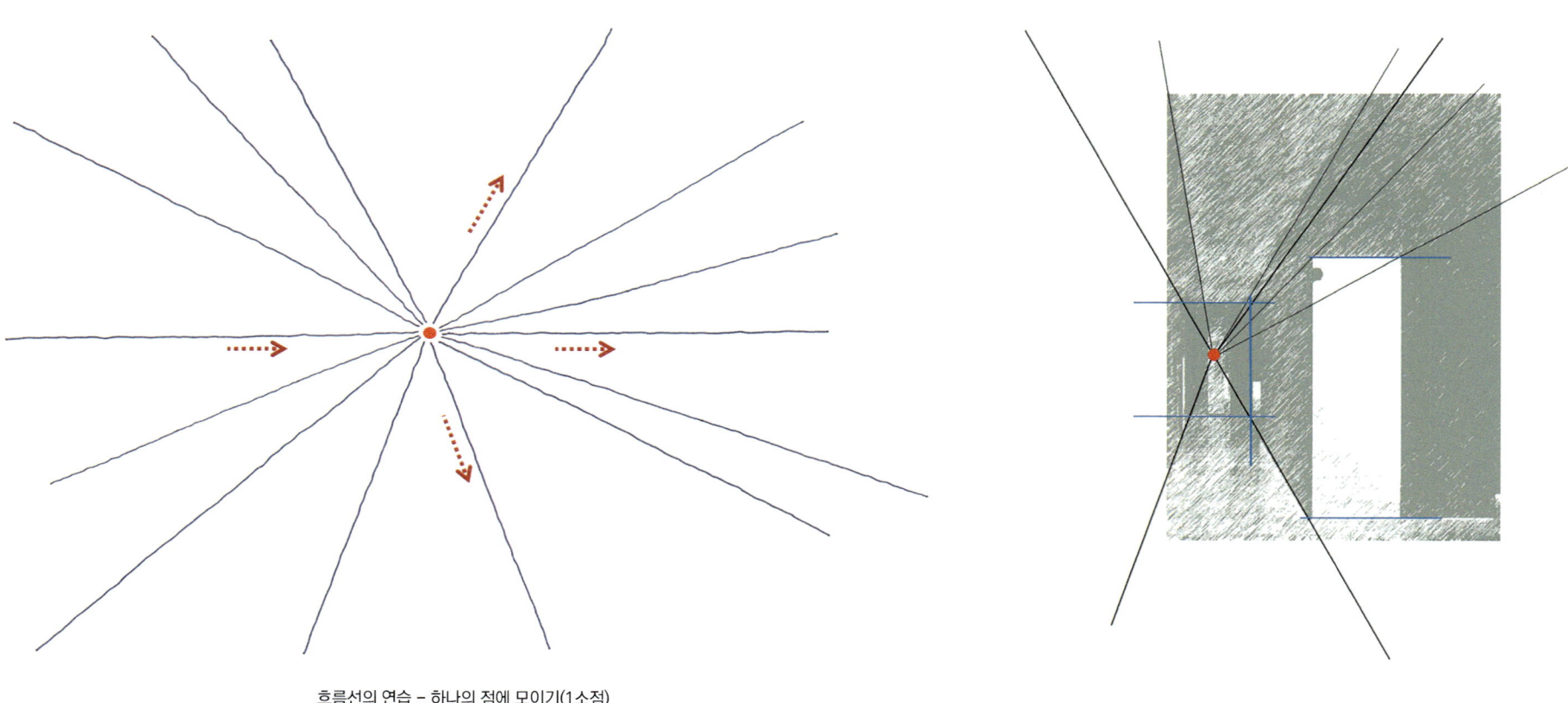

흐름선의 연습 - 하나의 점에 모이기(1소점)

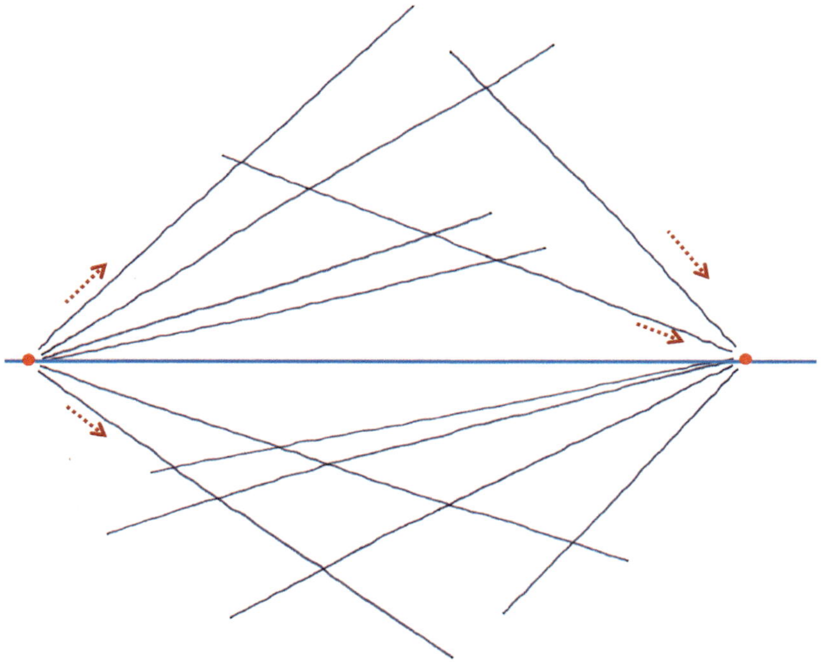

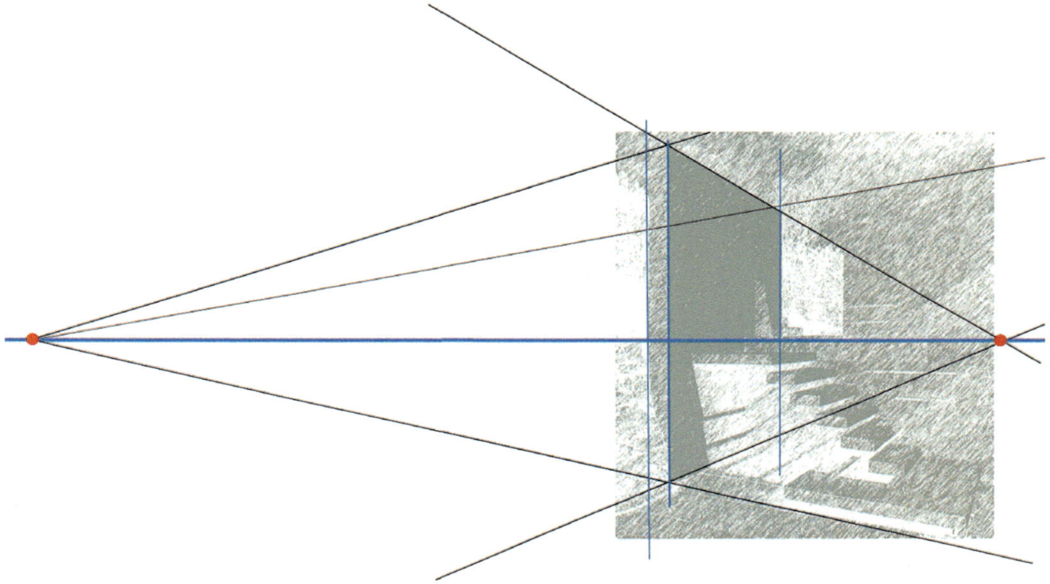

흐름선의 연습 – 두 개의 점에 모이기(2소점)

| 도형(정사각형) |

사각형을 그리기는 쉽지만 정사각형을 그리는 것은 쉽지 않다. 각 변을 그릴 때마다 선의 길이와 각도(90°)에 유의하여 그려야 하기 때문이다. 그리는 것이 어려운 만큼 연습 효과는 크다.

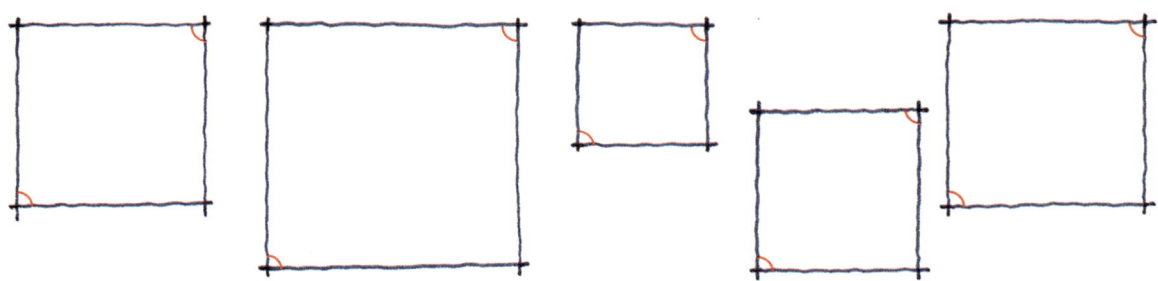

원(사각형 → 원)

원을 그리는 것은 난이도가 높은 작업에 속한다. 왜곡되지 않은 정원은 가선을 긋지 않고서도 비교적 자연스럽게 그릴 수 있지만, 투시도 스케치에서 왜곡된 원을 그리는 것은 쉽지 않기 때문이다. 원을 그리는 기본적인 요령을 연습해야 왜곡된 육면체 상태에서 자연스러운 원의 형태를 그려낼 수 있다.

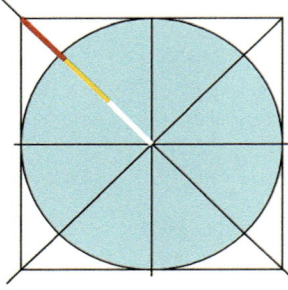

왼쪽 그림은 실제로 정사각형 안에 정원을 그린 후 대각선과 수평, 수직선을 그어 정원이 대각선의 어느 지점을 통과하는가를 알아본 그림이다. 그림에서와 같이 원은 원의 중심에서부터 대각선의 약 2/3를 웃도는 지점을 통과한다.

1. 먼저 정사각형을 그린 후, 마주보는 각 꼭짓점을 잇는 두 개의 대각선과 마주보는 변의 중심을 잇는 수평, 수직선을 긋는다.
2. 아래 그림과 같이 사각형 각각의 대각선을 3등분한 후 사각형 각 변의 중심을 지나며 대각선 원의 중심에서부터 약 2/3를 웃도는 지점을 통과하는 호를 그린다.

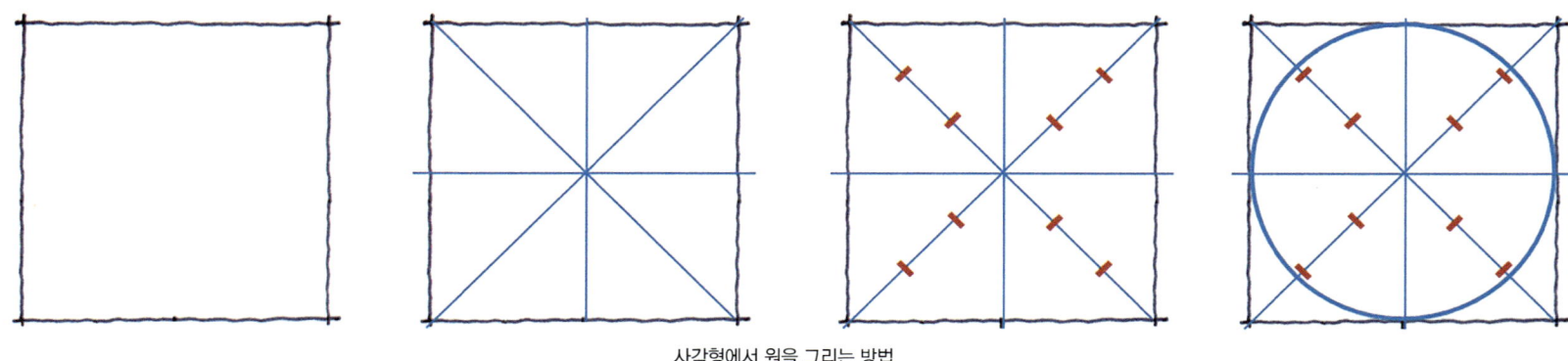

사각형에서 원을 그리는 방법

Tips / 이 방법 이외에도 좀더 정확한 원을 그리기 위한 방법은 있다. 위에 설명한 방법은 가장 짧은 시간에 비교적 정확한 원을 그릴 수 있는 방법으로 추천한다.

그 밖의 도형(삼각형, 사다리꼴 등)

다양한 도형 연습은 평면 스케치를 하는 데 특히 많은 도움이 된다.

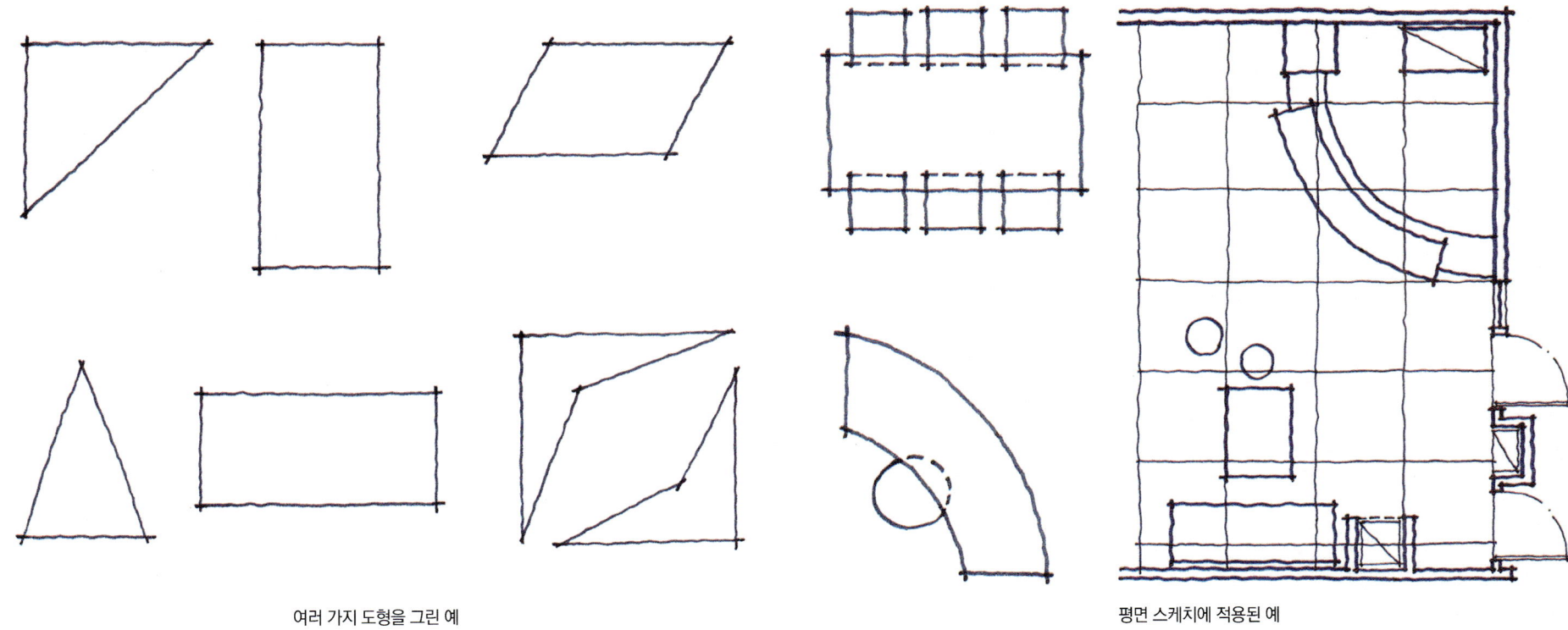

여러 가지 도형을 그린 예　　　　　평면 스케치에 적용된 예

☑ 1.2 원근감 없이 도면 그리기

⫸ 2D도면의 원리 – 정투상법

공간(건축, 인테리어)을 디자인하는 작업은 결국 시공과 제작이 목적이다.
따라서 시공자들에게 디자인 의도를 원활히 전달하기 위해 디자인된 결과물을 기호화해서 도면을 작성한다. 이는 일종의 과학적인 그림이라 할 수 있다. 사물을 원근감(깊이감) 없이 바라본 2D 형태로 그리며 시공이 목적이기 때문에 축척(Scale)과 정확한 치수 표기가 필요하다.

공간을 도면화하는 방법에는 정투상법과 평행투상법, 그리고 투시도법 등이 있다.
그중 2D 도면은 물체의 주된 화면을 투영면에 평행하게 놓았을 때의 투상을 그리는 정투상법에 따라 그려진다.
이 방법은 눈과 그리려는 물체 사이에 세운 투상면(picture plane, P.P)에 수직으로 평행하게 연결된 투사선에 의해 얻어지며 무한대의 거리에 설정된 시점을 평행한 것으로 가정하므로 소점은 존재하지 않는다.

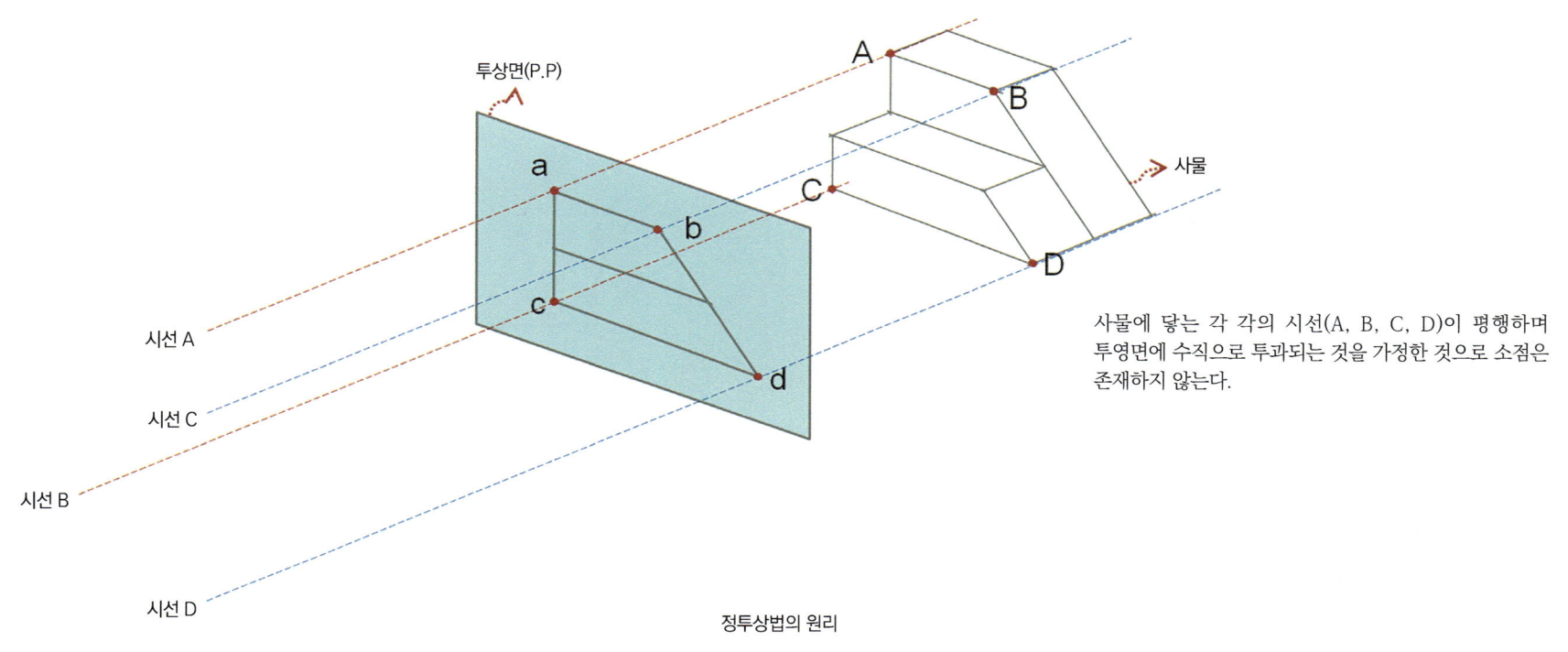

정투상법의 원리

아래 그림은 정투상법을 이용하여 공간을 도면화(2D)하는 원리를 이해하기 쉽게 표현한 그림이다. 아래 그림과 같이 대표적인 2D 도면에는 위에서 본 평면도(FLOOR PLAN), 옆에서 본 입면도(ELEVATION), 잘라서 본 단면도(SECTION) 등이 있다.

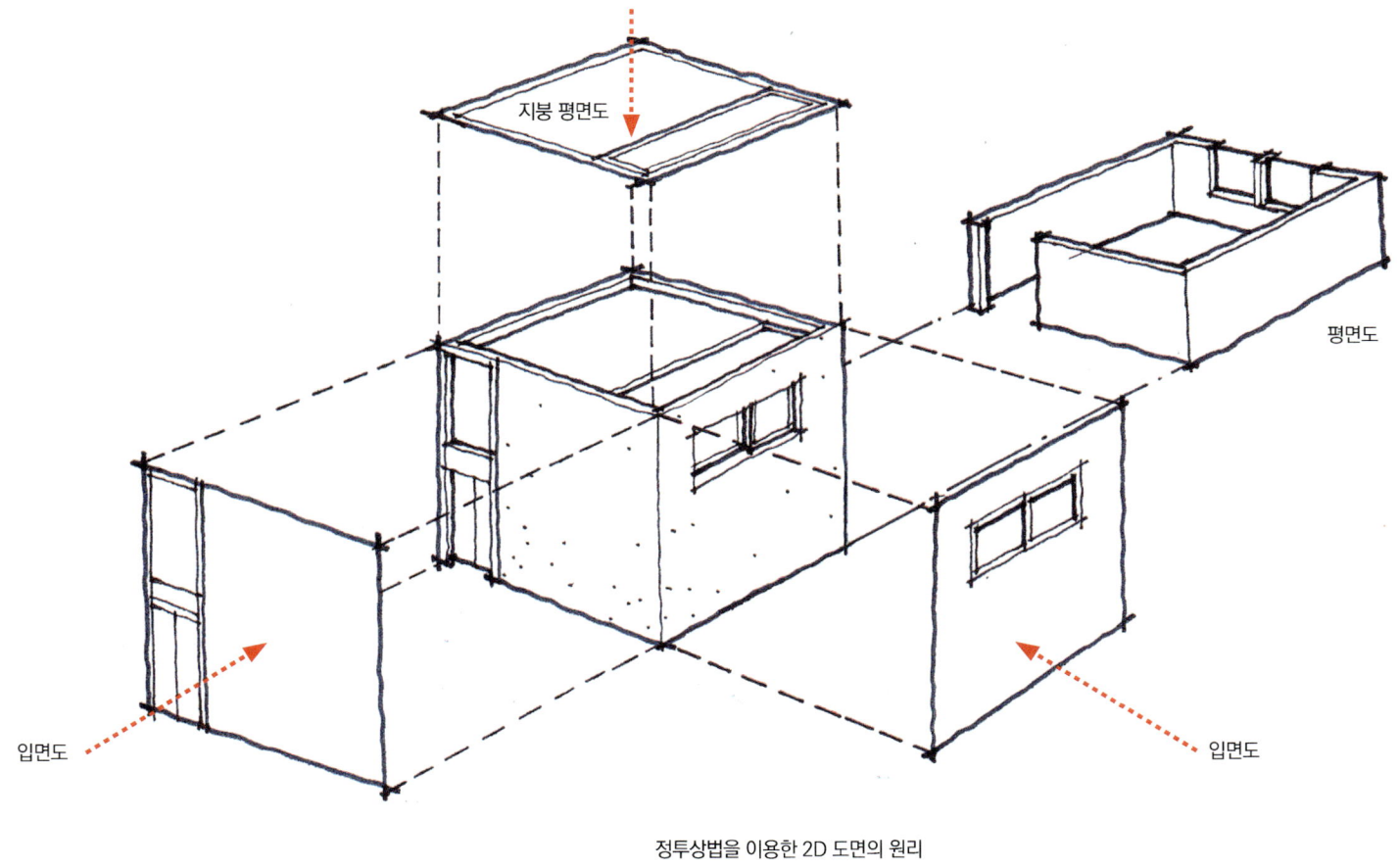

정투상법을 이용한 2D 도면의 원리

디자이너는 디자인된 결과물의 표현을 위해 컴퓨터 프로그램을 이용하여 2D 도면(평면도, 입면도, 단면도, 천장도 등)과 3D 입체 결과물을 작성하며, 이러한 결과물을 바탕으로 프레젠테이션한다.

디자인의 최종 결과물로 컴퓨터 프로그램을 이용한 2D 도면을 작성하긴 하나 아직도 디자인 작업 과정의 초기 기획단계와 디자인 단계에서 프리핸드로 평면스케치, 입면스케치, 간단한 입체 표현 등을 하게 된다. 최종안이 결정(Fix) 되기까지 여러 장의 평면 스케치 작업은 디자이너가 거쳐야 할 필수 과정이라 할 수 있다.

⋙ TOP에서 보기 – 평면 스케치

이 장에서는 평면 스케치를 연습한다. 앞서 설명한 바와 같이 평면 스케치는 소점(V.P)이나 입체(three-dimensional structure), 깊이 개념 없이 2차원의 선으로만 구성된다. 선 연습에 관한 사항은 앞 장(1.1 선 연습)을 참조한다.
디자인이 계속 수정되는 과정의 평면 스케치라면 좀더 거칠게 진행되며 스케치 결과물로서의 완성도를 언급하는 것은 큰 의미가 없다고 본다. 일종의 습작이기 때문이다. 디자이너라면 익숙해져야 하는 과정인 만큼 익숙해질 때까지 연습해보자.

또한 평면 스케치 연습 또한 선 연습과 마찬가지로 제도 용구(제도판, T자, 삼각자 등)를 갖추지 않은 상태라는 전제하에 연습을 진행한다. 따라서 과정을 쉽게 따라할 수 있도록 예시된 스케치 도면을 깔고 롤지에 전사(轉寫)해보도록 한다.

| 평면 스케치 연습 |

디자인 계획 단계의 아이디어 스케치는 좀더 거칠게 진행될 것이다. 다음의 예는 세부적인 디자인이 어느 정도 결정된 상태에서 사무실 내부 PT용 정도로 정리된 스케치이다. 이 예시도면은 공사용 도면이 아니며 손으로 스케치한 비교적 세부 마감 표현이 생략된 도면이다. 따라서 조금 떠는 선을 사용해 손 스케치의 느낌을 살려보도록 한다.

앞서 설명한 바와 같이 플러스펜은 비교적 가는 선을, 사인펜은 비교적 굵은 선을 긋는 데 사용한다. 펜에 힘을 주는 정도, 누르는 각도 등으로 굵기를 조절할 수도 있다.

● 스케치 가이드(Sketch Guide)

 – 사무 공간 : Interior Design Studio
 – SCALE : 약 1/200
 – 손 스케치 도면

예시된 도면은 약 1/80의 스케일로 그려진 것으로 이 장에 수록된 현재 도면의 스케일은 약 1/200 이다. 따라서 200%로 확대하면 약 1/100의 축척으로 표현된다.(축척에 대한 이해를 돕기 위해 바 스케일(bar scale)을 표기했다)

● 준비물

　롤지(A3 사이즈), 플러스펜(검정색), 사인펜(검정색), 매스킹 테이프

● 평면 스케치 순서

　1. 도면을 책상면에 고정한다.
　　① 예시 도면을 매스킹 테이프를 이용하여 책상 면에 붙인다.
　　② 예시 도면 위에 롤지를 깔고 매스킹 테이프를 이용하여 책상 면에 붙인다.

　2. 예시 도면을 따라 그린다.
　　CAD도면을 그릴 때와 마찬가지로 평면 스케치 순서는 중심선, 벽체 및 기둥선, 기타 가구 및 패턴 선, 실명 표기의 순서로 작업한다.
　　여기서 중심선의 표기는 평면도의 기본이긴 하나, 거듭되는 평면 스케치 과정에서는 생략될 수 있다.
　　평면 스케치를 할 때 기본적인 선 스타일 및 선 굵기는 다음을 참조한다.

Tips 평면 스케치 순서 & 선 굵기

　중심선(----------) → 벽체 및 기둥선(──────) → 문, 창문, 가구(──────) → 패턴선과 해치(──────) → 실명 표기(──────)

　① 중심선(----------) : 플러스펜으로 중심선(일점쇄선)을 그린다.(중심선을 뺀 나머지는 실선으로 긋는다)
　② 벽체 및 기둥선(──────) : 사인펜으로 벽체선을 그린다.(특히 중심선(플러스펜 사용)은 벽체(사인펜 사용)와 굵기 차이가 나도록 해야 도면이 분명해 보인다)
　③ 문, 창문, 가구(──────) : 플러스펜으로 문과 창문, 가구 등을 그린다.
　④ 패턴선과 해치(──────) : 플러스펜으로 패턴 선과 해치를 그린다.
　⑤ 실명 표기(──────) : 검정색 사인펜으로 글씨를 쓰고 마무리한다.

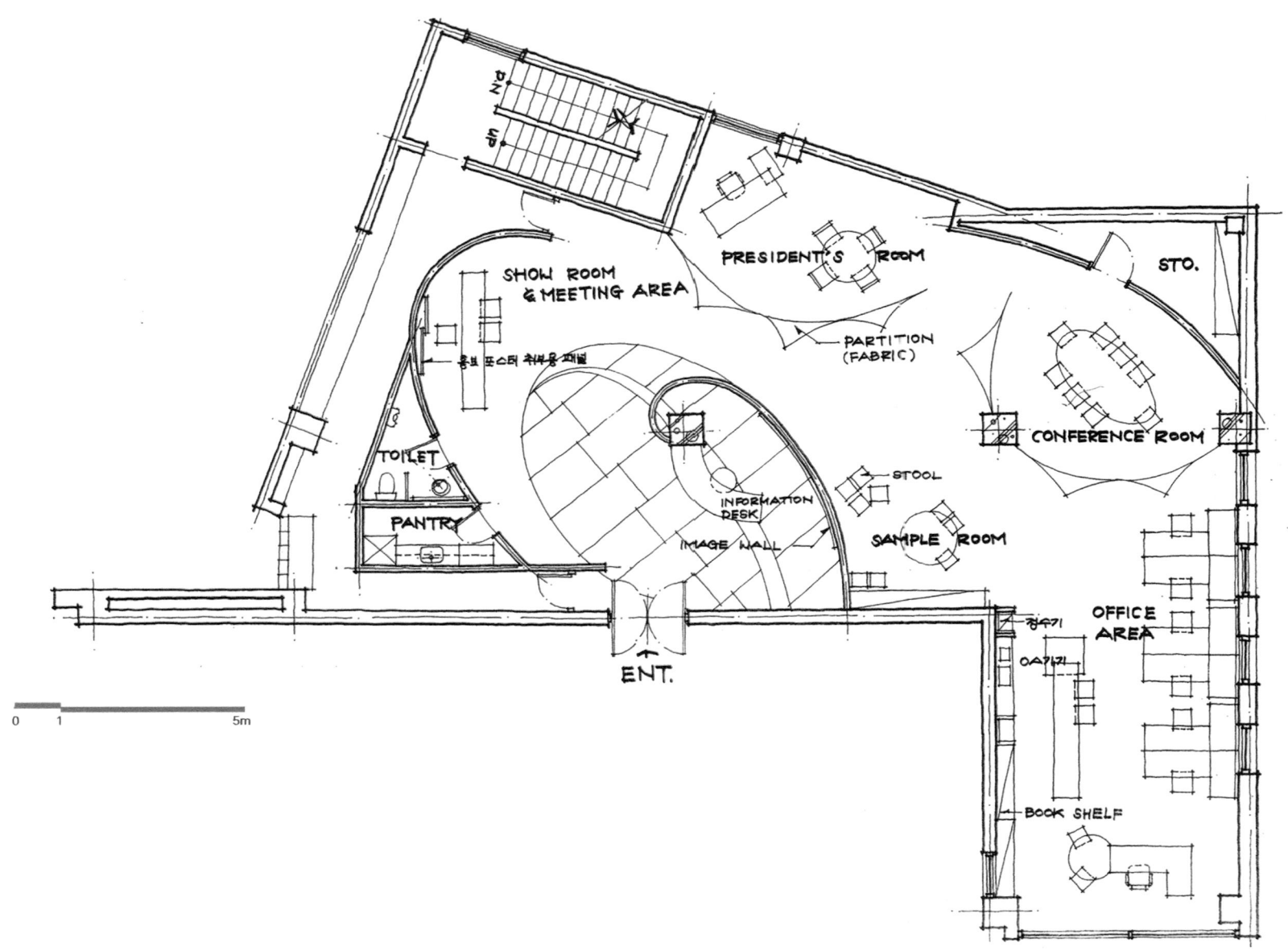

평면 스케치의 예(사무공간 – Interior Design Studio)

원근감 있게 공간 표현하기
투시도 스케치 시작
PART. 02

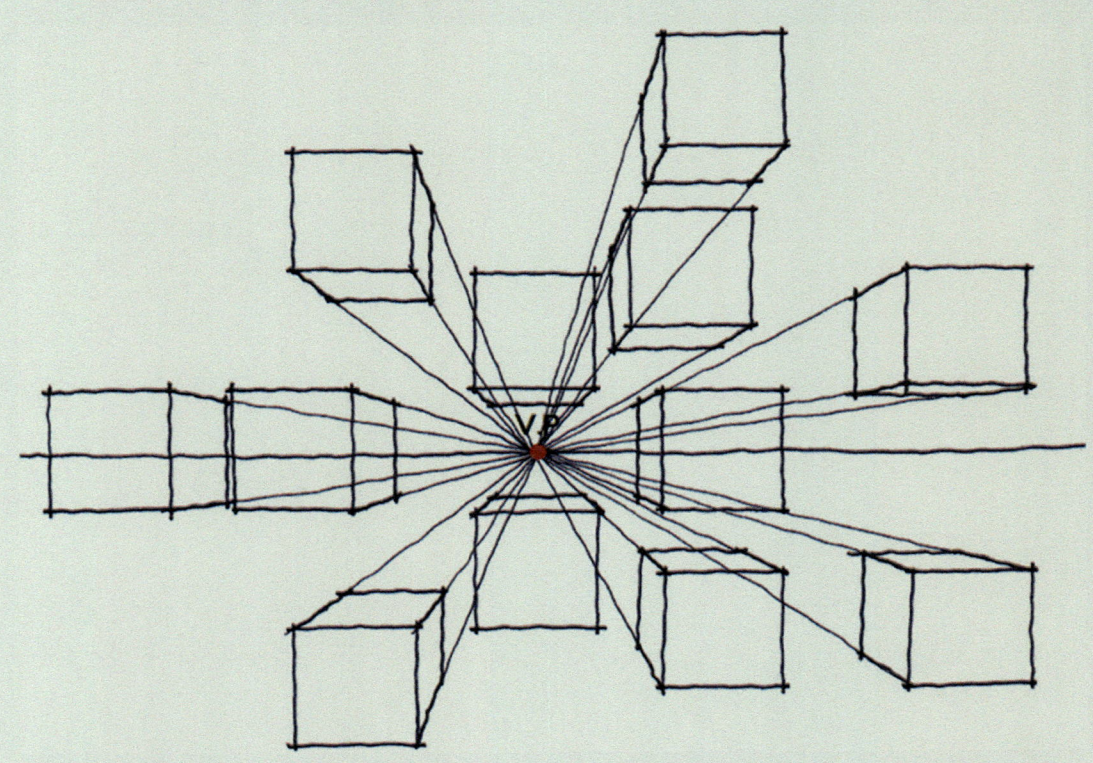

 사라지는 점, 모이는 점, V.P(소실점, 소점)

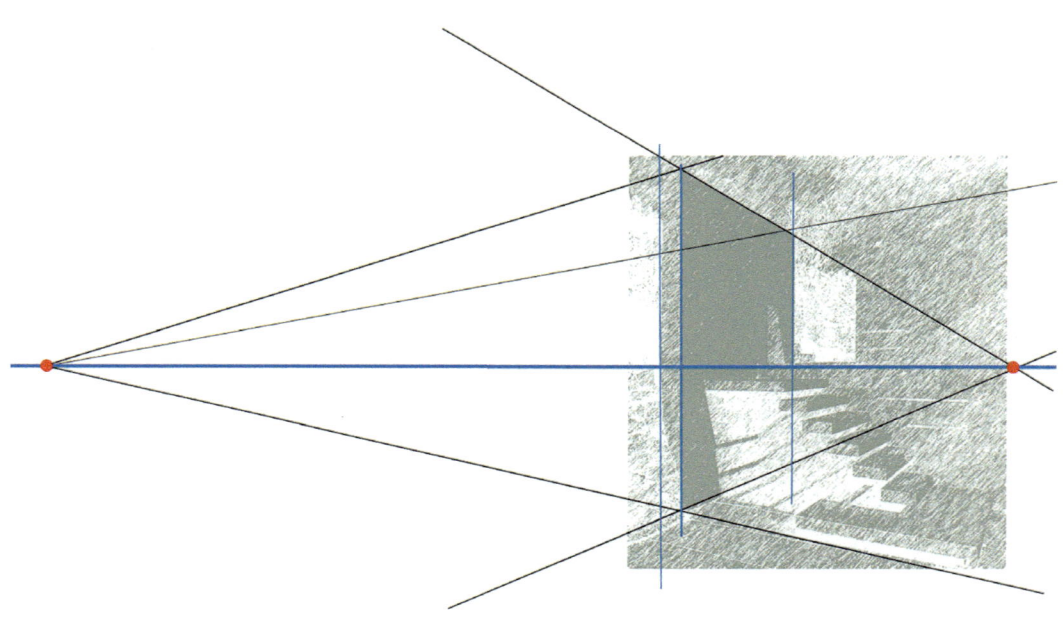

V.P(Vanishing Point), ... 회화나 설계도 등에서 각 각의 평행한 선들이 화면상에서 사라지는 점이며, 또 모이는 점이기도 하다.

☑ 2.1 소점 없이 입체 보기

정투상법에 따라 그려진 도면(평면도, 입면도, 단면도, 천장도 등)은 오차·왜곡 없는 비교적 정확한 형태와 치수를 알 수 있다는 장점이 있다. 아래 그림에서와 같이, 4개의 물체가 서로 다른 형태이면서도 평면도는 같게 그려지는 등, 도면을 보는 것이 익숙하지 않은 사람에게는 여러 방향의 도면을 하나의 형태로 인지하기는 쉽지 않은 단점이 있다.

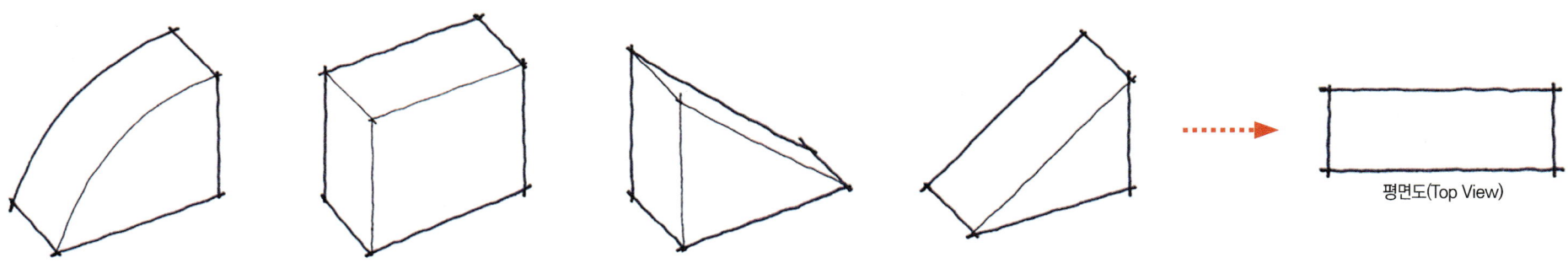

평면도(Top View)

따라서 여러 장의 도면으로 나누어져 있지 않고 한눈에 객체의 3면을 확인할 수 있는 방법을 사용하게 된다. 이렇게 대상물을 입체적으로 표현하는 기법에는 평행 투상도(paraline drawing)와 투시도(perspective)가 있으며 평행투상도 중 공간 디자인(건축·인테리어) 분야에서 자주 사용되는 방법에는 등각투상법(**아이소메트릭**, isometric)과 사투상법(oblique) 중 하나인 평면사투상(**엑소노메트릭**, axonometric)이 있다.

● 아이소메트릭(isometric)과 엑소노메트릭(axonometric)

등각투상법, 사투상법 등은 학생이나 실무 디자이너에게 모두 익숙하지 않은 용어이다. 이해를 돕기 위해 등각투상법 대신 아이소메트릭을, 평면사투상 대신 엑소노메트릭을 사용하기로 한다.

등각투상법 = 아이소메트릭(isometric), 평면사투상 = 엑소노메트릭(axonometric)

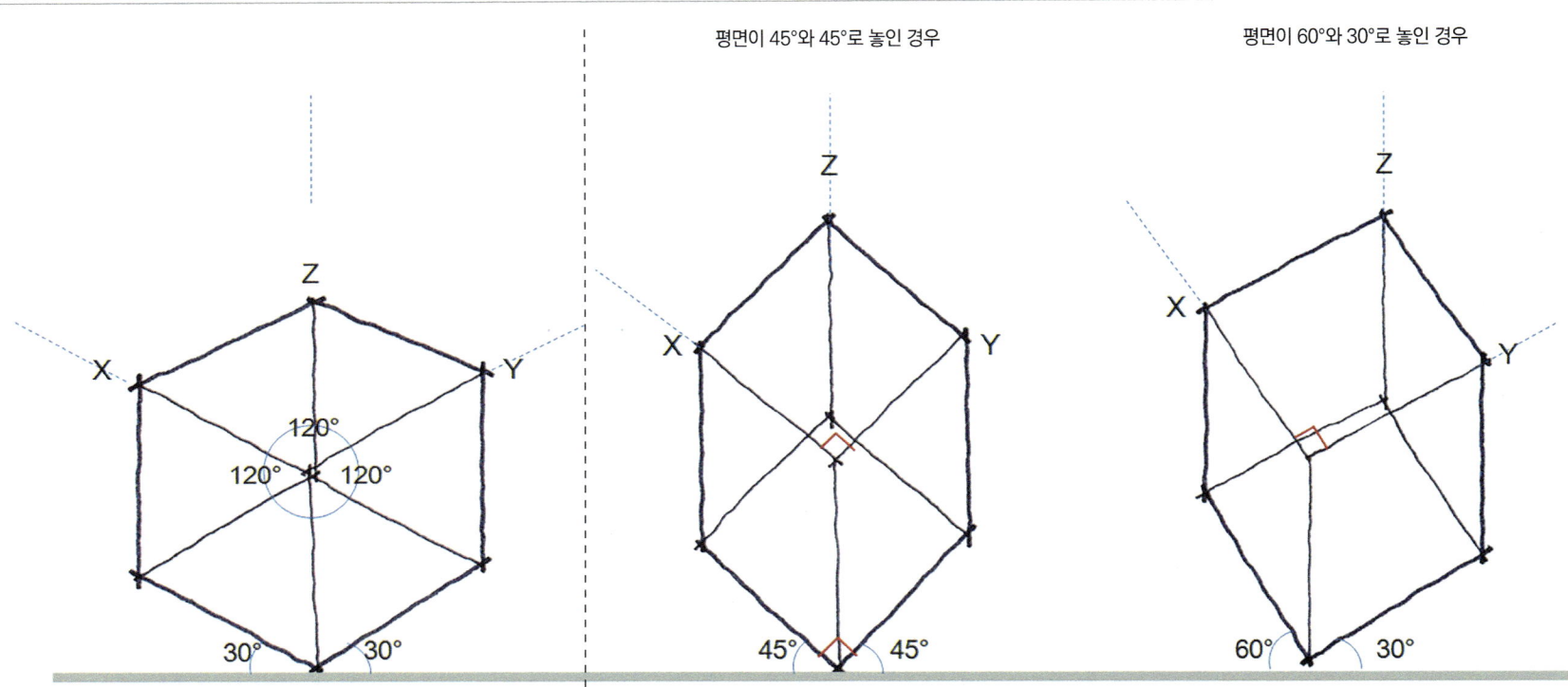

아이소메트릭(isometric)

- X,Y,Z 세 축 모두가 실제의 길이가 나타나도록 그리는 기법으로 X축과 Y축을 120°로 교차시켜 그린다.
- 평면이 실제와 다르게 왜곡되어 보이는 단점이 있다.(도면이 좌우로 길게 늘어난 형태로 보임)

엑소노메트릭(axonometric)

- X,Y,Z 세 축 모두가 실제의 길이가 나타나도록 그리는 기법으로 X축과 Y축을 90°로 교차시켜 그린다.
- 실제 설계한 평면도(각 꼭짓점이 90°)를 놓고 평면상의 각 점에서 Z축(수직)을 향해 치수만큼 선을 올려 작도하기 때문에 평면이 왜곡될 우려가 없다.

Tips 평행 투상도와 투시도 비교

	평행 투상도(아이소메트릭, 엑소노메트릭)	투시도(perspective)
소점	소점이 존재하지 않음	소점이 생김
평행한 선	평행한 선은 평행하게 나타남	평행한 선은 평행하게 나타나지 않음 → 소점(vanishing point)을 향함
치수	X,Y,Z 세 축 모두 축척에 따른 실제 치수가 나타남	실제 치수를 확인할 수 없음
거리감	배제	원근법에 의해 거리감 표현

☑ 2.2 소점의 등장

앞서 설명했듯이 한눈에 객체의 3면을 확인할 수 있는 방법 중 투시도는 보이는 대로 가장 현실감 있게 대상물을 표현하는 방법이다. 평행 투상도(아이소메트릭, 엑소노메트릭)가 소점 없이 입체(3D)를 평면상에 표현하는 방법이라면, 투시도는 화면상에 소점이 존재한다.

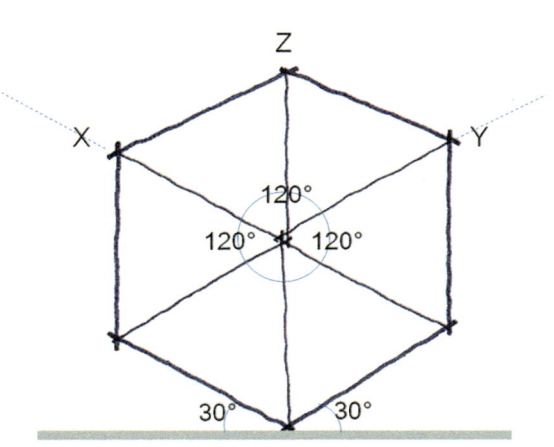

소점 없이 입체(3D)를 평면(2D)상에 표현한 평행 투상도(isometric)의 예

화면상에 소점이 존재하는 투시도의 예

⫸ 소점 개념 이해하기

건축물부터 실내 소품에 이르기까지 우리가 보는 모든 사물에는 소점(vanishing point)이 존재한다. **소점은 소실점(消失點, vanishing point)이라고도 하며 회화나 설계도 등에서 각각의 평행한 선들이 화면상에서 모이는 점을 의미한다.**

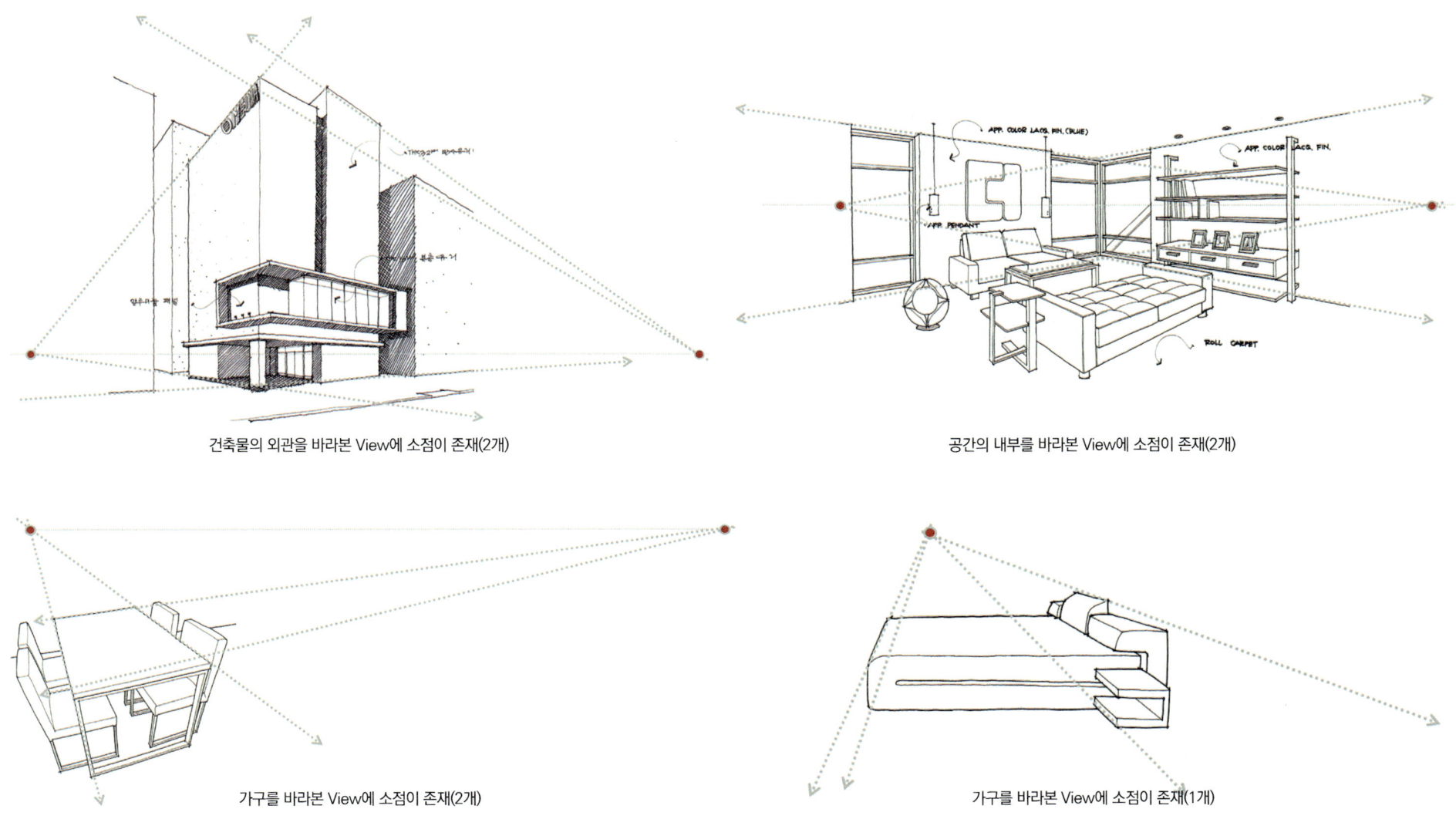

건축물의 외관을 바라본 View에 소점이 존재(2개)

공간의 내부를 바라본 View에 소점이 존재(2개)

가구를 바라본 View에 소점이 존재(2개)

가구를 바라본 View에 소점이 존재(1개)

Tips 우리가 사물을 바라볼 때는 의식하지 못하지만 사물을 그릴 때는 실제로 존재하는 소점을 인식하고 그려야 어색하지 않고 자연스러운 스케치를 할 수 있다.

>>> 투시도의 원리

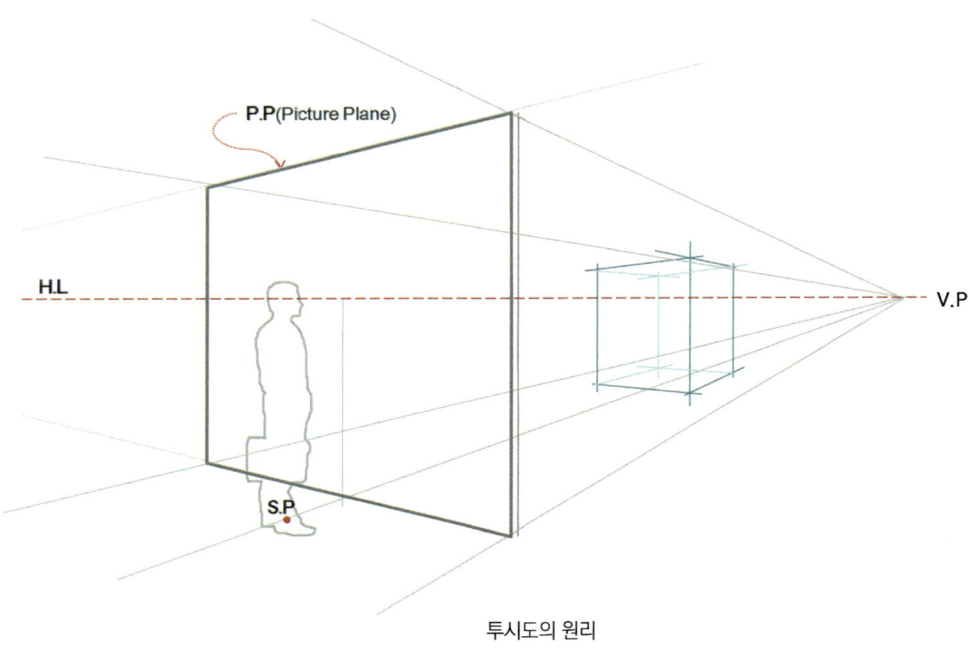

투시도의 원리

투시도는 3차원의 대상물을 평면에 그리고 입체감과 원근감을 표현하는 것이다. 관찰자의 눈앞에 유리를 세우고 유리면을 통해 보이는 사물의 모습 그대로 유리면에 그린 것과 같다. 이 유리면은 '픽처 플레인(Picture Plane)', 즉 그림이 그려지는 평평한 면을 뜻한다. 간단하게 P.P라 표기한다. 또한 S.P(Standing Point)는 입점, 즉 관찰자가 서 있는 위치를 의미하며 대상물과 S.P의 거리에 따라 화면에 그려지는 대상물의 크기가 달라진다.(〈그림 2-1〉〈그림 2-2〉 참조) 모든 사물은 서 있는 위치, 거리, 각도 등에 따라 크기가 다르게 보이는데, 이것은 일종의 착시 현상에 의해 원근감이 작용하기 때문이다.

- V.P(Vanishing Point) : 회화나 설계도 등에서 각 각의 평행한 선들이 화면상에서 모이는 점
- P.P(Picture Plane) : 그림이 그려지는 평평한 면
- S.P(Standing Point) : 입점, 즉 관찰자가 서 있는 위치

이 밖에도 정식투시도법에 등장하는 용어는 여러 가지가 있으나 정식 작도법을 이용하지 않는 이상 복잡한 용어를 설명하는 것은 큰 의미가 없어 생략하였다.

Tips 물체가 놓이는 거리에 따라

투시도는 같은 크기의 물체라 하더라도 놓이는 거리에 따라 화면(P.P)상에 그려지는 물체의 크기가 달라진다.

모든 사물은 원근법에 따른다. 사진을 찍어도 마찬가지이다. 얼굴이 작게 보이기 위해 다른 사람보다 카메라에서 멀리 떨어져 사진 찍히려 애쓰는 것과 같은 이치이다. 공간 스케치(내·외부 공간)에서도 멀리 있는 것은 작게, 가까이 있는 것은 크게는 불변의 진리이다.

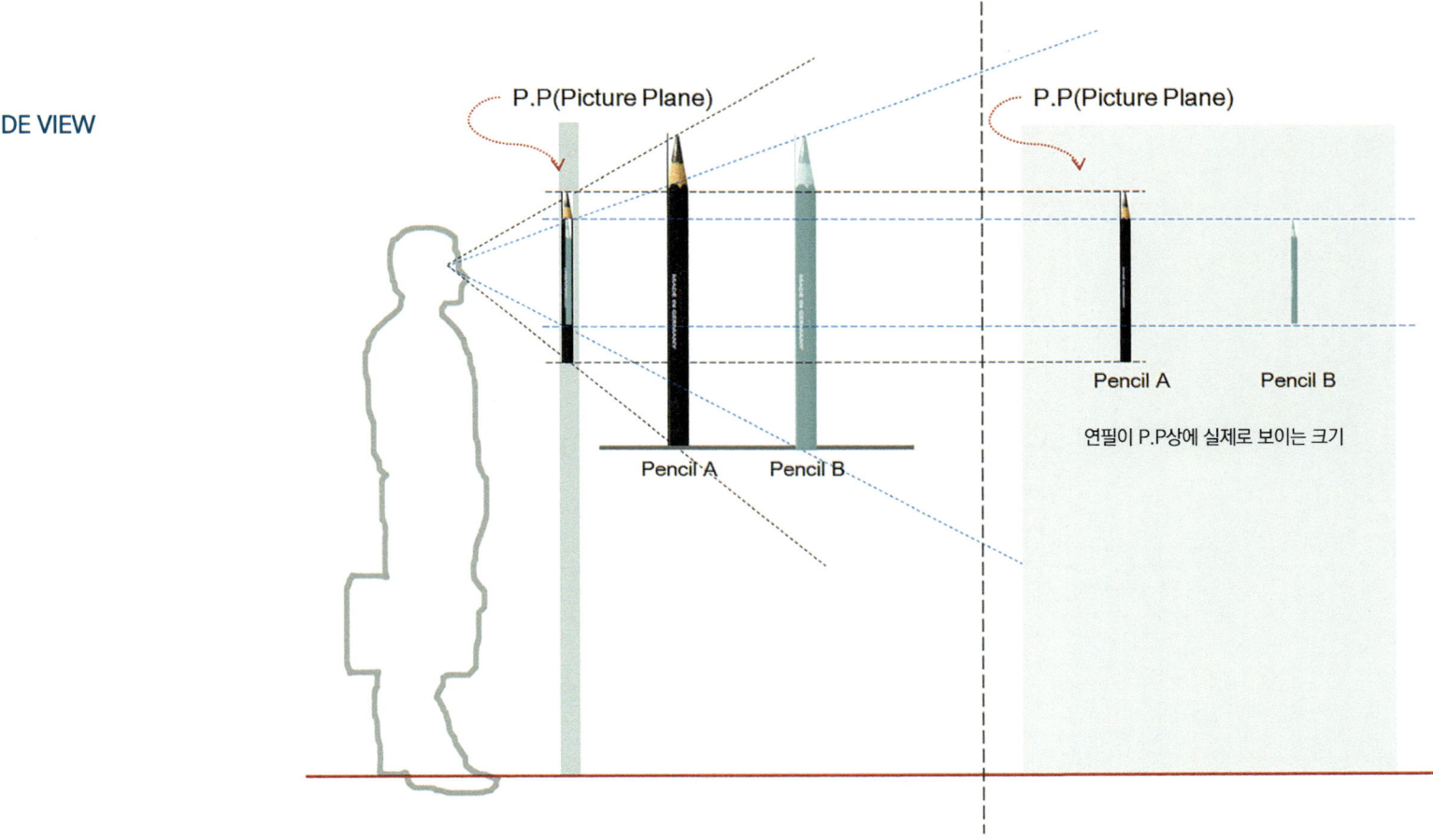

〈그림 2-1〉 'Pencil A'와 'Pencil B'는 실제로는 같은 크기지만 화면(P.P)상에서 멀리 있는 'Pencil B'가 더 작아 보인다.

Tips 물체가 놓이는 각도와 소점의 위치에 따라

같은 크기의 물체라 하더라도 놓이는 각도와 소점의 위치 따라 화면(P.P)상에 그려지는 물체의 크기 및 형태가 달라진다.

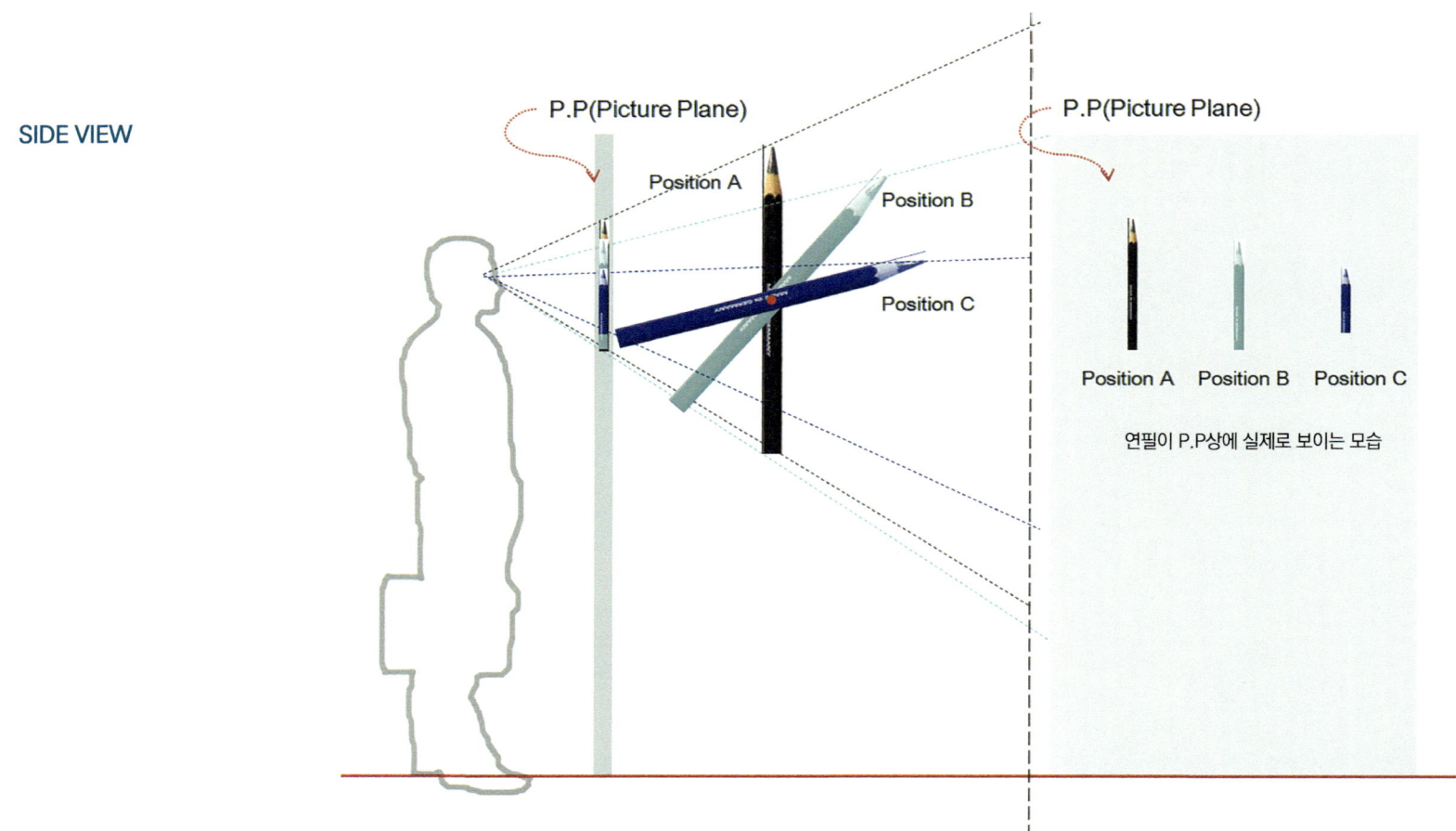

〈그림 2-2〉 'Pencil A'와 'Pencil B'는 실제로는 크기와 형태가 같지만 시선의 폭이 가장 좁은 'Position C'가 가장 작은 형태로 보인다.

위의 그림에서는 연필의 예를 들었지만 실제로 쪼그려 앉아 책상이나 테이블의 높이에 맞춰 눈을 가까이 대보자. 책상 면이 하나도 보이지 않는다. 이번엔 서서 바라보자. 책상 상부가 넓게 보인다. 이러한 원리는 공간을 스케치하는 데 같은 대상이라도 의도한 바(소점의 위치)에 따라 여러 가지 다른 View로 표현하는 데 이용될 수 있다.

≫ 소점의 종류 - 1소점/2소점/3소점

소점은 대상물과 관찰자 시점의 관계에서 비롯되며, 우리가 보는 실내외의 모습은 소점이 몇 개냐에 따라 1소점, 2소점, 3소점으로 분류한다.(투시도법 관련 설명에서는 소점에 대해 이해하기 쉽도록 각 꼭짓점의 내각이 직각을 이루는 4각형의 평면을 기준으로 설명하고자 한다)

| 공간 내부에서 바라본 모습 |

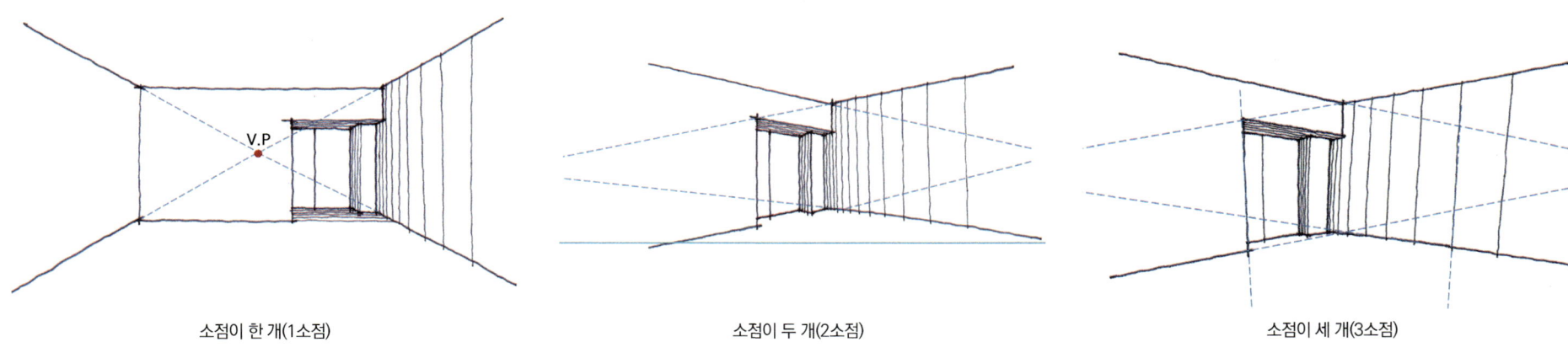

소점이 한 개(1소점)　　　　　소점이 두 개(2소점)　　　　　소점이 세 개(3소점)

| 공간 외부에서 바라본 모습 |

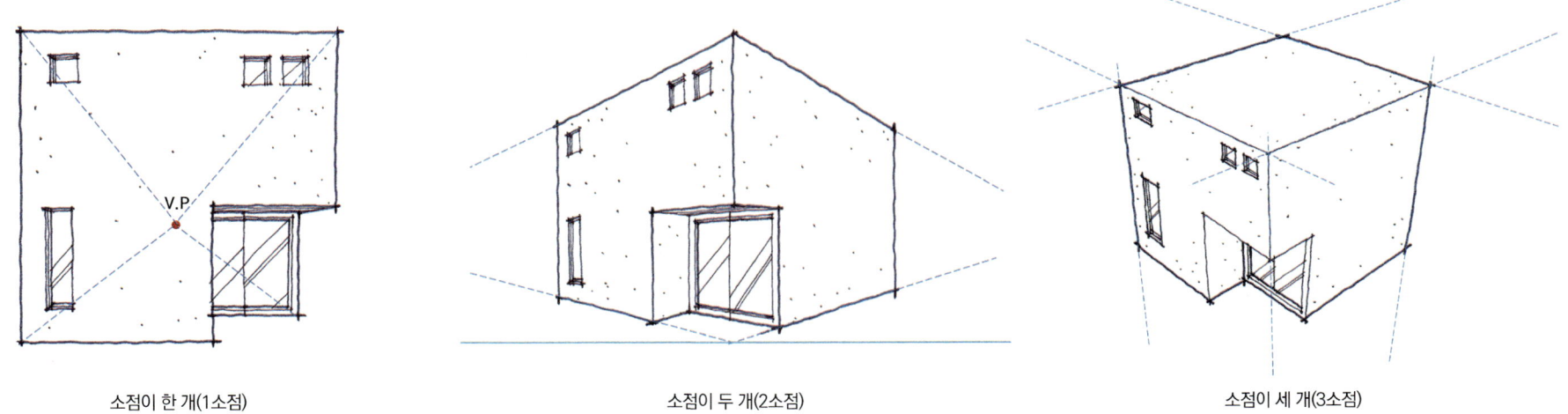

소점이 한 개(1소점)　　　　　소점이 두 개(2소점)　　　　　소점이 세 개(3소점)

☑ 2.3 소점 하나

1소점은 일반적으로 관찰자가 평면이 사각 형태인 공간의 내·외부에서 1면의 벽체를 마주보고 있는 경우 생긴다. 2소점에 비해 비교적 쉽게 스케치 할 수 있으며 수평선이 주로 사용되므로 안정적인 구도를 이룬다.

1소점은 소점이 1개인 경우로, 사물의 외부에서 바라보건 내부에서 바라보건 간에 소점은 관찰자가 마주보는 입면의 안쪽에 위치한다.

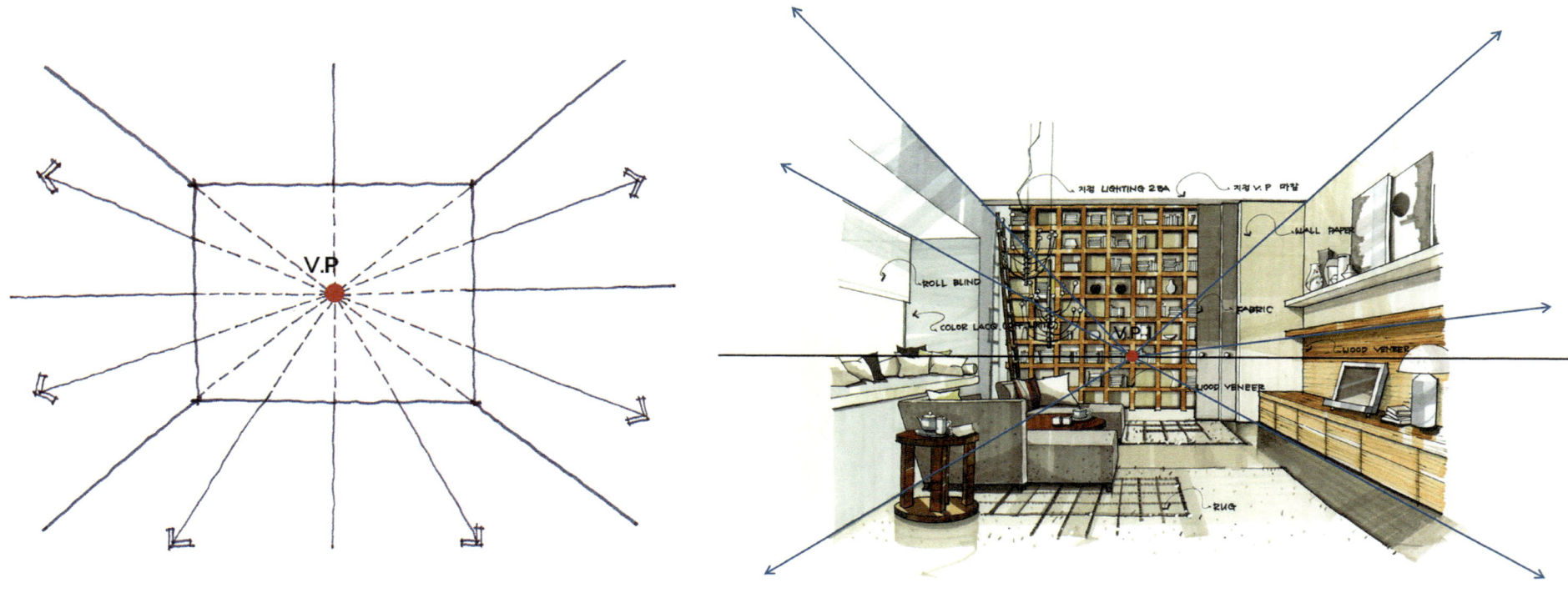

1소점 스케치에서 소점은 관찰자가 마주보는 입면의 안쪽에 위치한다.

1소점 스케치의 예 - 1소점은 수평선이 주로 사용되므로 안정적인 구도를 이룬다.

외부공간에서 바라보기

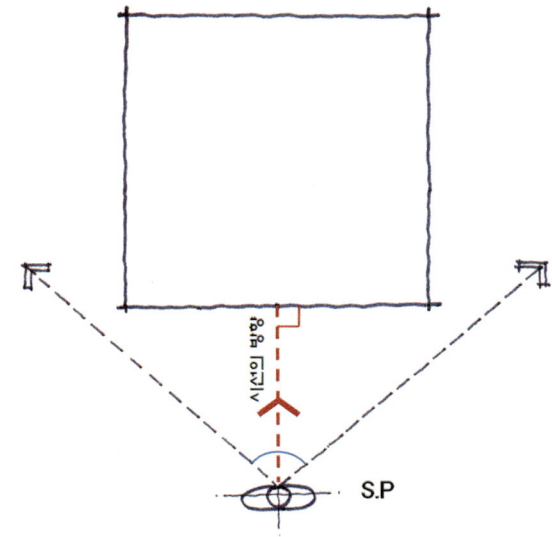

〈그림 2-3〉Top View에서 본 S.P의 위치와 대상을 바라보는 시선의 방향 – 1소점

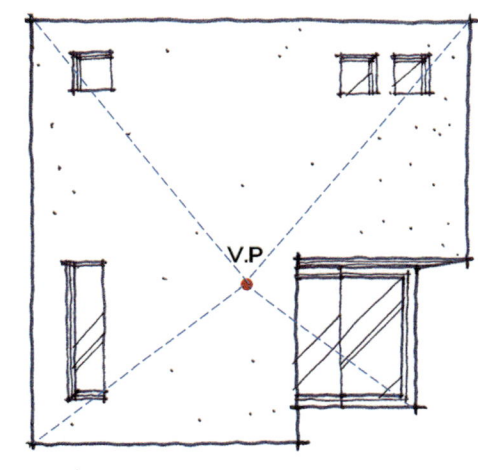

〈그림 2-3〉의 위치에서 바라본 외부공간의 모습

내부공간에서 바라보기

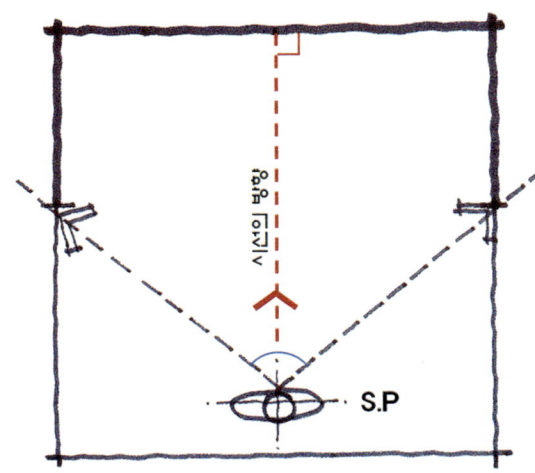

〈그림 2-4〉Top View에서 본 S.P의 위치와 대상을 바라보는 시선의 방향 – 1소점

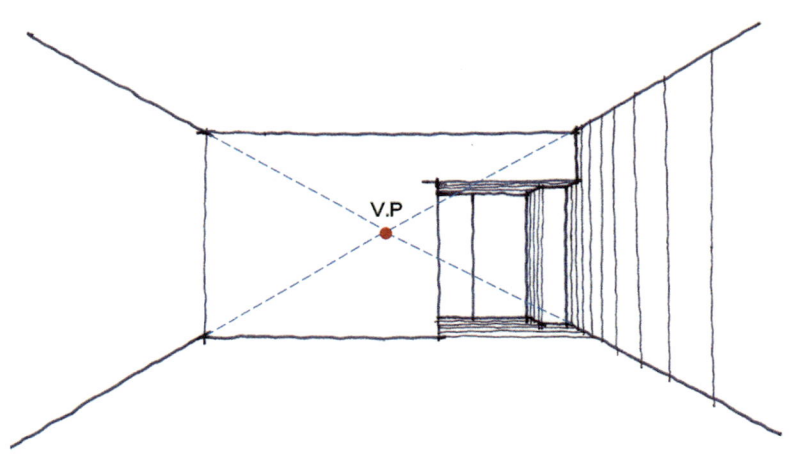

〈그림 2-4〉의 위치에서 바라본 내부공간의 모습

≫ 1소점의 경우, 대상물을 밖에서 보든 안에서 보든 마주보는 벽체와 시선 방향은 직각을 이룬다.

가구나 건축물의 경우 관찰자가 매스(mass) 바깥쪽에서 보는 것이고, 실내의 경우에는 매스(mass) 안에서 공간을 인지하게 된다는 차이점이 있으나 두 경우 모두 마주보는 벽체와 시선은 직각을 이룬다. 또한 정중앙에 서서 보지 않고 좌측 또는 우측에 치우치게 서서 바라보더라도 마주보는 벽체와 시선의 방향은 직각을 이룬다.

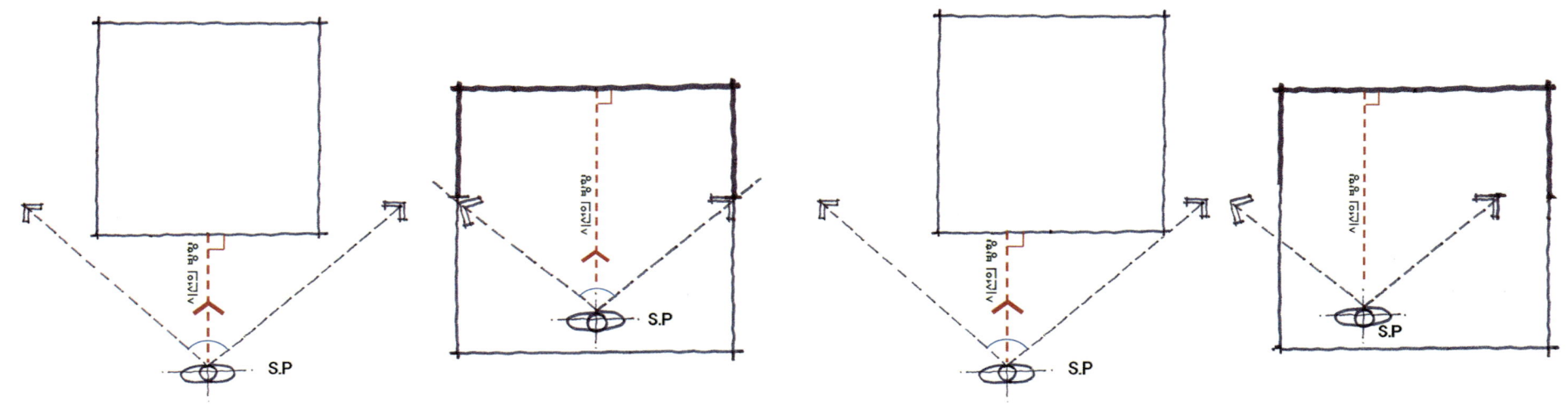

관찰자가 공간 내·외부의 중앙에 서서 대상을 바라보는 경우   관찰자가 공간 내·외부의 한쪽에 치우치게 서서 대상을 바라보는 경우

2.4 소점 둘

우리가 대상물을 바라볼 때, 소점이 2개 생기는 경우(2소점)는 일반적으로 관찰자가 직각으로 이루어진 두 벽면(top view에서 볼 때)이 만나는 모서리 부분을 바라보고 있을 경우 생긴다. 이러한 경우 바라보는 두 벽면 중 오른쪽 벽면의 수평선은 왼쪽에 1개의 점(VP1)으로 집중하며, 왼쪽 벽면의 수평선은 오른쪽에 1개의 점(VP2)으로 집중한다.

여기서 중요한 것은 이때 생성되는 좌 · 우 양측의 소점은 관찰자의 눈높이 상에 수평으로 놓인다는 것이며 수직선의 수직성은 1소점에서와 마찬가지로 그대로 유지된다. 또한 2소점은 1소점에 비해 좀 더 극적인 구도를 이룬다.

2소점은 소점이 2개인 경우로 소점은 화면의 양쪽에 위치한다.

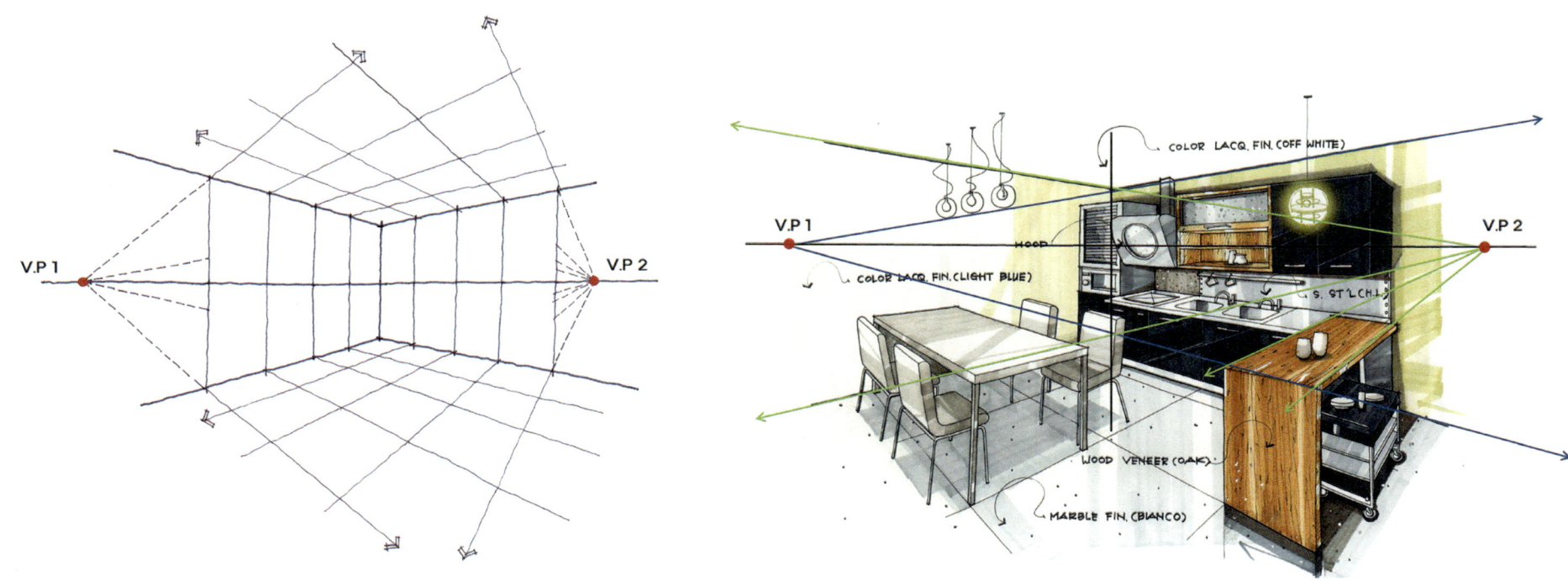

2소점 스케치에서 생성되는 좌 · 우 양측의 소점은 관찰자의 눈높이 상에 수평으로 놓인다.

2소점 스케치의 예 - 2소점은 1소점에 비해 좀더 극적인 구도를 이룬다.

외부공간에서 바라보기

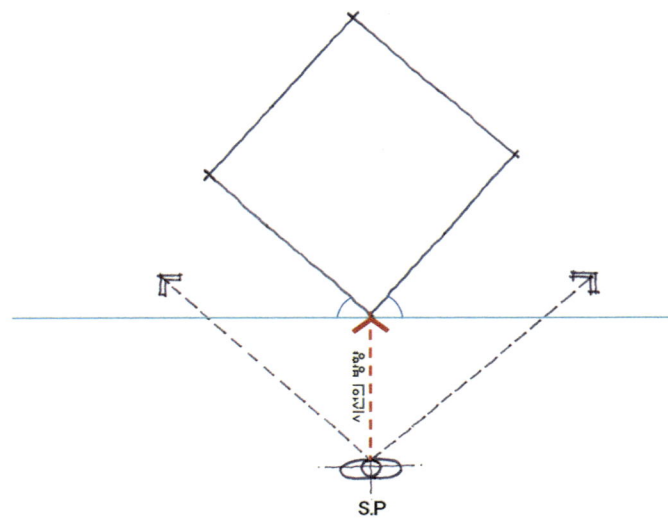

〈그림 2-5〉Top View에서 본 S.P의 위치와 대상을 바라보는 시선의 방향 – 2소점

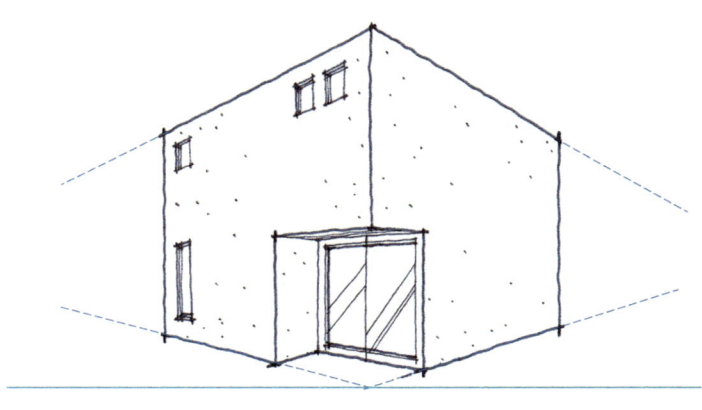

〈그림 2-5〉의 위치에서 바라본 외부공간의 모습

내부공간에서 바라보기

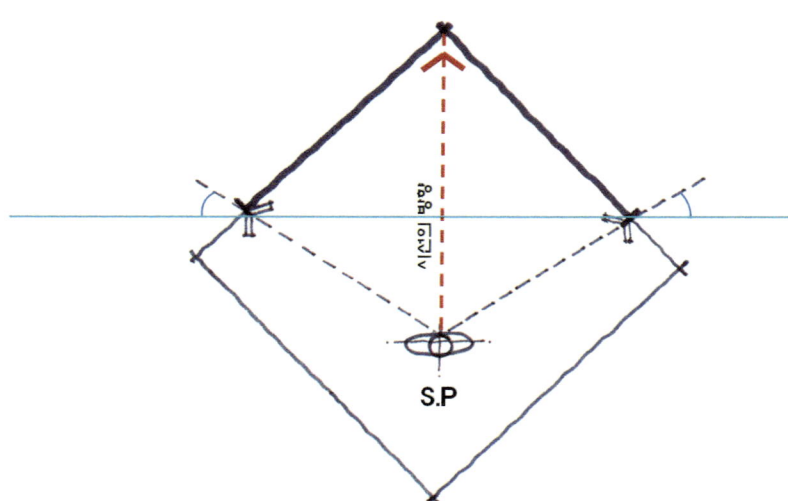

〈그림 2-6〉Top View에서 본 S.P의 위치와 대상을 바라보는 시선의 방향 – 2소점

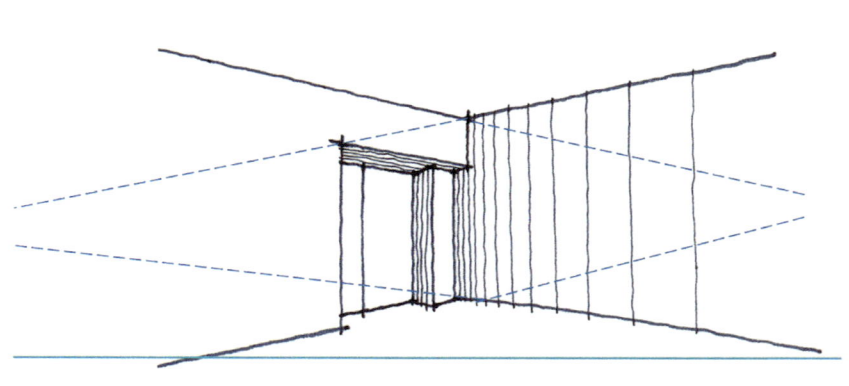

〈그림 2-6〉의 위치에서 바라본 내부공간의 모습

⟫⟫ 입면을 마주보면 1소점, 모서리를 바라보면 2소점

대상물을 밖에서 보든 안에서 보든 입면을 마주보면 1소점, 모서리를 바라보면 2소점으로 나타난다. 2소점의 경우 실내에서는 안쪽으로 움푹 들어간 모서리를, 건물 외부에서는 앞쪽으로 튀어나온 모서리를 보게 된다.

아래의 그림은 위에서 바라본 모습(Top View)을 통해 각 소점(1소점, 2소점)과 공간(외부 공간, 내부 공간)별로 서 있는 점(S.P)과 시선 방향과의 상관관계를 보여주고 있다.

| 1소점 : 입면을 마주봄 |　　　　　　　　　　　　　　| 2소점 : 모서리를 바라봄 |

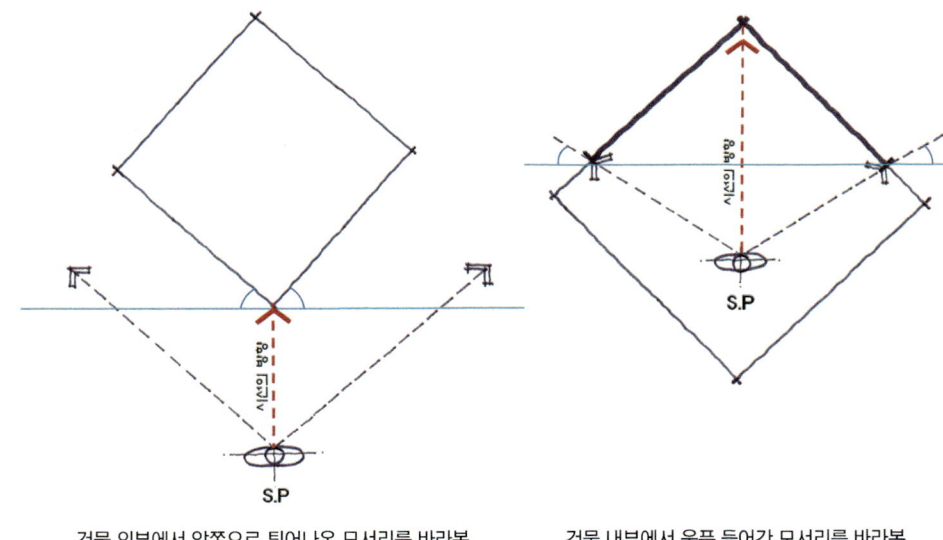

건물 외부에서 입면을 마주봄 (Top View)　　　건물내부에서 입면을 마주봄 (Top View)　　　건물 외부에서 앞쪽으로 튀어나온 모서리를 바라봄 (Top View)　　　건물 내부에서 움푹 들어간 모서리를 바라봄 (Top View)

⋙ 어떤 선이 V.P로 모이는가?

1소점의 경우,

평면이 사각 형태인 공간에서 사물이 벽체와 평행 또는 직각을 이룰 때, 관찰자가 마주보고 있는 벽체와 평행한 선(노란색 선)은 스케치상에 수평선으로 표현되며, 마주보는 벽체와 직각인 선(파란색 선)은 스케치상에서 1개의 점으로 집중한다(소점 생성). 그 밖에 수직선은 그대로 수직선으로 표현된다.

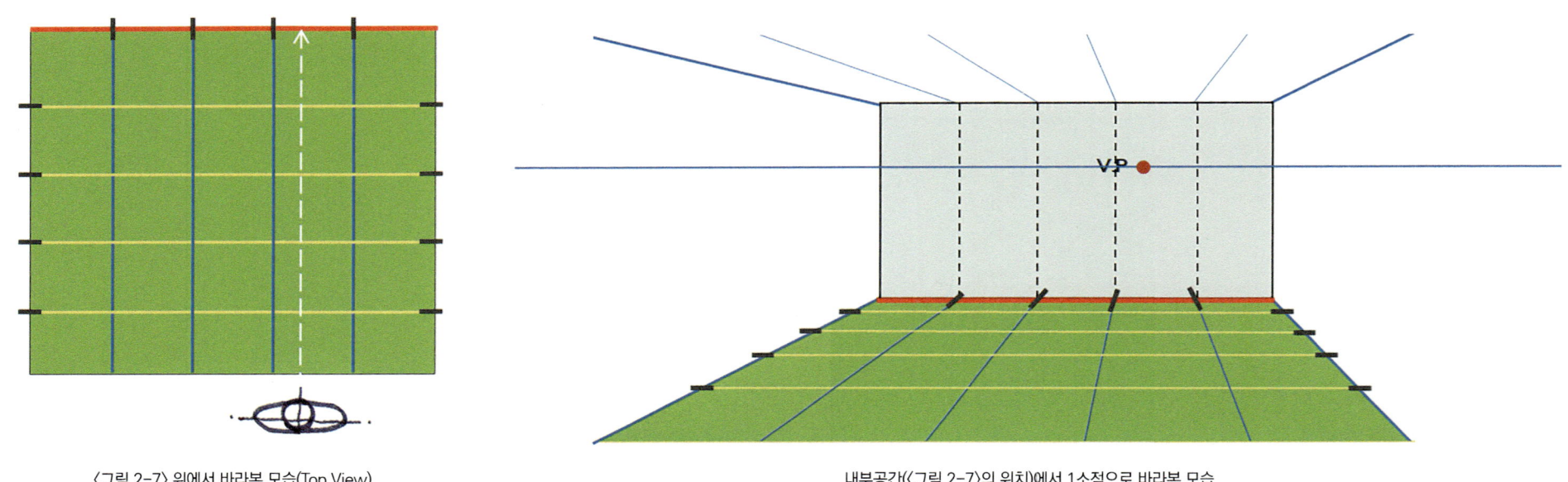

〈그림 2-7〉 위에서 바라본 모습(Top View)

내부공간(〈그림 2-7〉의 위치)에서 1소점으로 바라본 모습
- 마주보는 벽체의 바닥라인(붉은색으로 표시)과 평행인 선은 스케치상에 수평으로 표현됨

2소점의 경우,

평면이 사각형태인 공간에서 사물이 벽체와 평행 또는 직각을 이룰 때, 세로선을 제외한 나머지 선은 모두 소점과 연결된다.

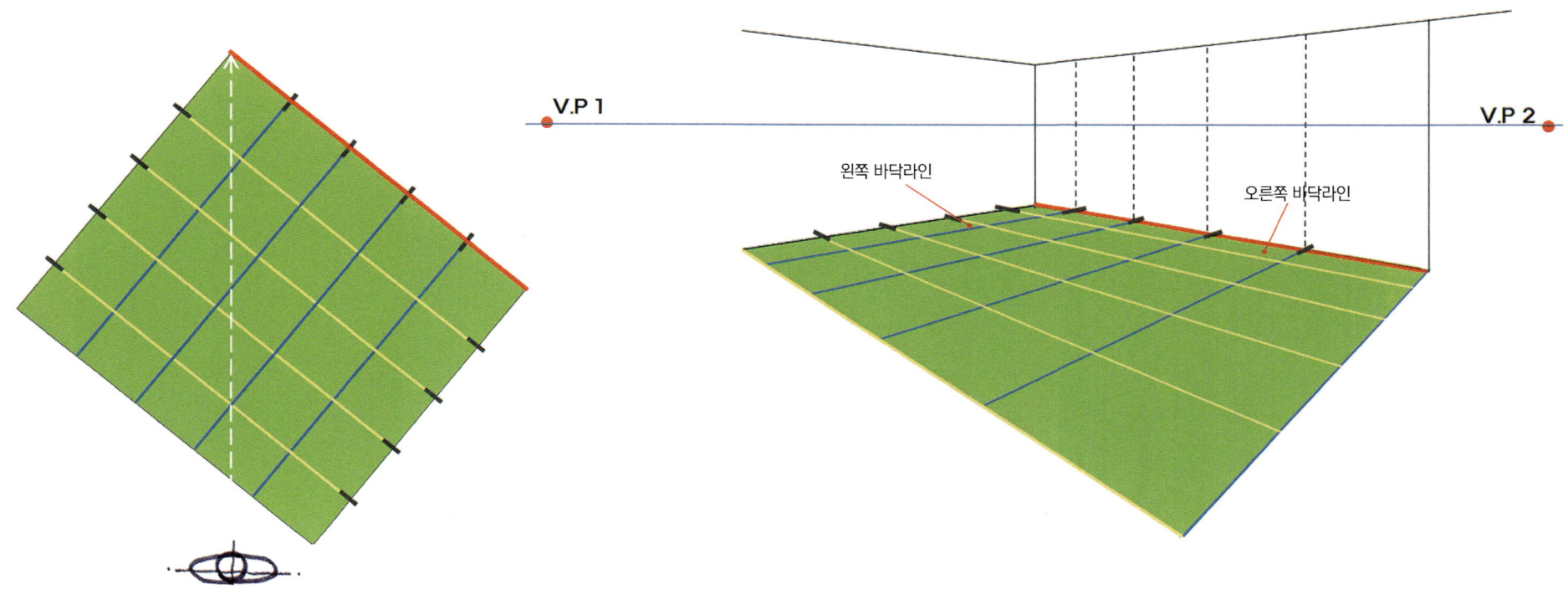

〈그림 2-8〉 위에서 바라본 모습(Top View)

내부공간(〈그림 2-8〉의 위치)에서 2소점으로 바라본 모습 – 오른쪽 바닥라인(붉은선으로 표시)과 수평인 선은 모두 왼쪽(V.P1)에 집중하며 왼쪽 바닥라인과 수평인 선은 모두 오른쪽(V.P2)에 집중한다.

≫ 위치의 문제가 아니라 어느 쪽(방향)을 바라보느냐의 문제

소점이 결정되는 것은 위치의 문제가 아니라 어느 쪽을 바라보느냐의 문제이다. 같은 대상물을 같은 위치에서 바라보더라도 관찰자가 어느 방향을 바라보느냐에 따라서 여러 가지 다른 소점관계를 만들어 낼 수 있다.

실내공간의 예를 통해 같은 위치에서 1소점과 2소점이 어떻게 다른 모습으로 보이는지 확인해 본다.
(여기서는 벽체 및 책상 형태가 달라지는 모습을 간략 스케치를 통해 직접 확인하고 소점의 개념을 쉽게 이해하도록 하였다. 〈그림 2-9〉와 〈그림 2-10〉에서 관찰자가 서 있는 위치는 같다)

1. 같은 위치에서 같은 대상을 바라봄 - 1소점의 View

　　실의 뒤쪽에 서서 전면 벽을 마주 본 경우이다. 3면의 벽체가 보이고 1소점으로 표현된다.

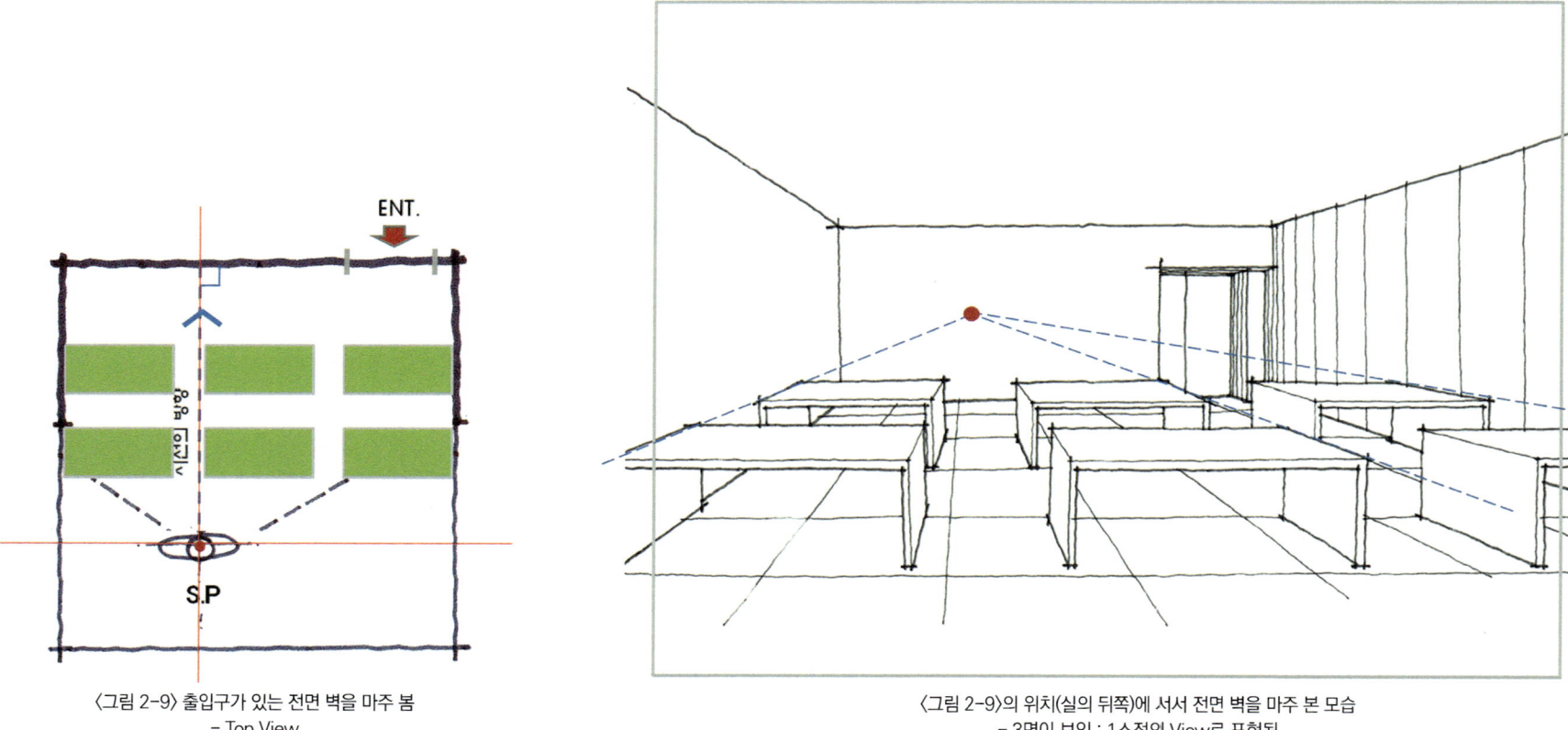

〈그림 2-9〉 출입구가 있는 전면 벽을 마주 봄
- Top View

〈그림 2-9〉의 위치(실의 뒤쪽)에 서서 전면 벽을 마주 본 모습
- 3면이 보임 : 1소점의 View로 표현됨

2. 같은 위치에서 같은 대상을 바라봄 – 2소점의 View

위의 1의 경우와 같은 위치(실의 뒤쪽)에서 모서리 벽을 바라본 경우이다. 2면의 벽체가 보이고 2소점으로 표현된다.

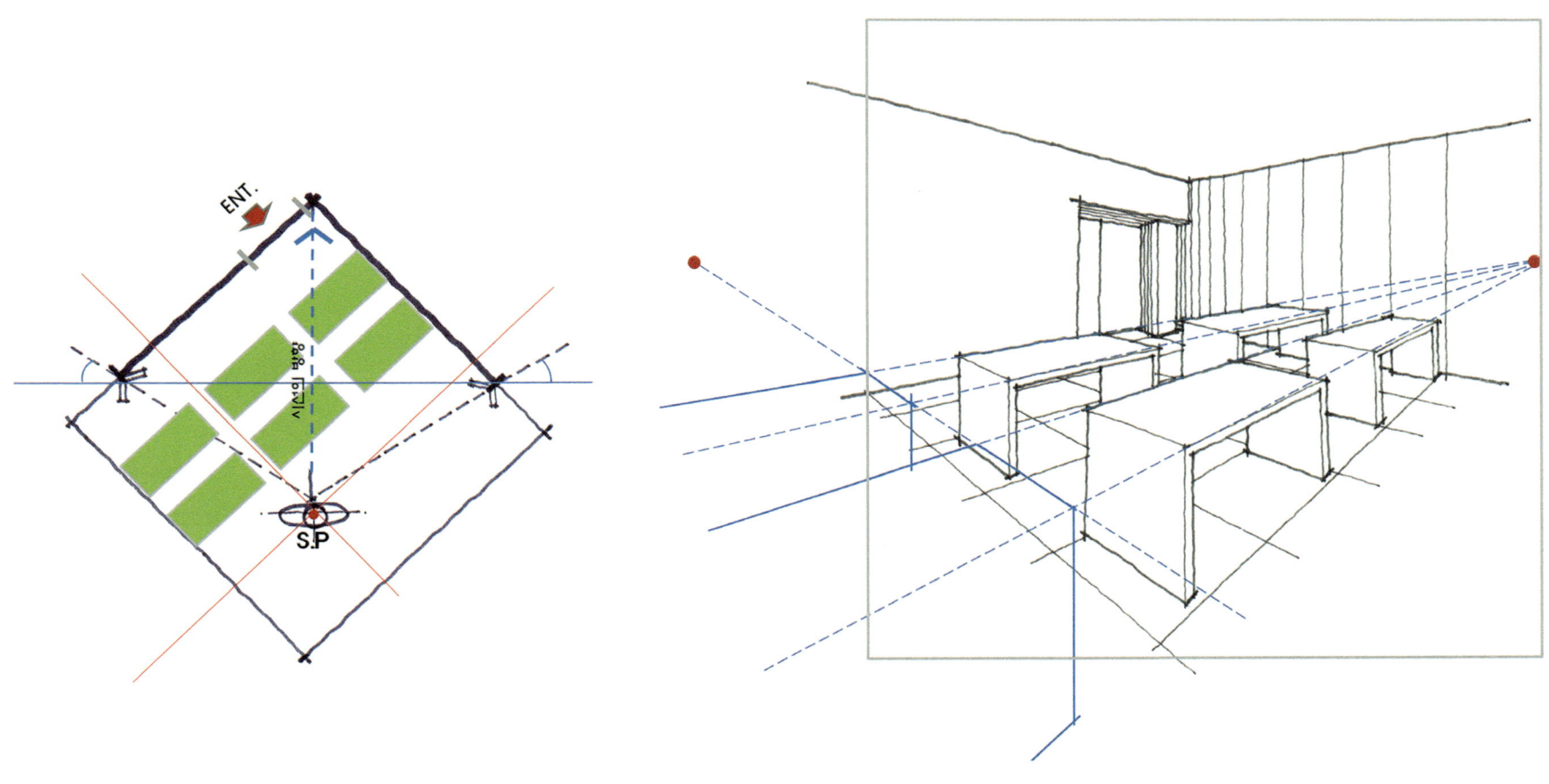

〈그림 2-10〉 출입구가 있는 전면 벽의 모서리를 봄 – Top View   〈그림 2-10〉의 위치(실의 뒤쪽)에 서서 모서리 벽을 바라본 모습 – 2면이 보임 : 2소점의 View로 표현됨

〈그림 2-9〉와 〈그림 2-10〉의 경우에서처럼 같은 위치에 서 있더라도 시선의 방향에 따라 실내공간은 완전히 다른 모습(1소점의 View, 2소점의 View)으로 보인다. 따라서 같은 디자인이라도 상황(바라보는 방향)에 따라 다른 View로 보일 수 있다는 점을 활용하여 디자인을 효과적으로 표현할 수 있도록 하자.

▶▶▶ 평면도에서 벽체에 직각이나 평행으로 놓여 있지 않은 사물은 또 다른 소점을 갖는다.

앞의 여러 가지 예에서 사각의 평면에 직각 또는 평행하게 놓여 있는 사물의 예를 들어 투시도의 원리를 설명하였다. 그러나 공간의 모든 사물이 항상 벽체와 평행 또는 직각으로 놓여 있는 것은 아니므로 이런 경우가 스케치할 때 디자이너들을 고민스럽게 만들기도 한다.

하나의 View는 꼭 한 개(1소점), 두 개(2소점), 세 개(3소점)의 소점만을 갖는 것은 아니다. 단지 주가 되는 대상물과 그와 평행하거나 수직인 대상물을 기준으로 하기 때문에 대표적인 소점이 존재하는 것이며, 주가 되는 대상물과 평행하거나 수직이지 않은 물체는 별개의 소점을 갖는다.
(하나의 view에 여러 개의 소점(4개 이상)이 존재할 수 있다. 단, 이 경우에도 각 각의 소점은 모두 하나의 수평선에 존재한다)
따라서 1소점이든 2소점이든 평면이 사각 형태인 공간에서 실내 가구 및 집기가 벽체와 평행, 또는 직각을 이루지 않고 비틀어져 놓여 있다면, 그 물체 자체 소점이 별개로 존재하는 것이므로 같은 수평선(두 개의 소점을 이은 Eye Level Line)상에 따로 소점을 잡아 그려준다.

다음은 2개의 매스로 구성되어 다른 각도로 놓인 사물의 예를 통해 한 화면상에 존재하는 소점의 관계를 확인해 보고자 한다.

• 한 화면(View)이 2가지 소점으로 구성된 예 : 2소점 + 1소점

아래의 그림에서 중앙의 사물은 2개의 매스로 구성되어 있으며 다른 각도로 놓여 있다. 주가 되는 대상물(초록색 라인으로 표현)은 벽체와 평행으로 놓여 있지 않기 때문에 2소점의 화면을 만들고, 이때 위쪽에 다른 각도로 놓인 대상물(파란색 라인으로 표현)은 벽체와 평행한 상태로 1소점의 화면을 만든다. 따라서 2개의 매스로 구성되어 다른 각도로 놓인 사물의 스케치는 한 화면이지만 2가지의 소점(여기서는 2소점과 1소점)으로 구성된다.

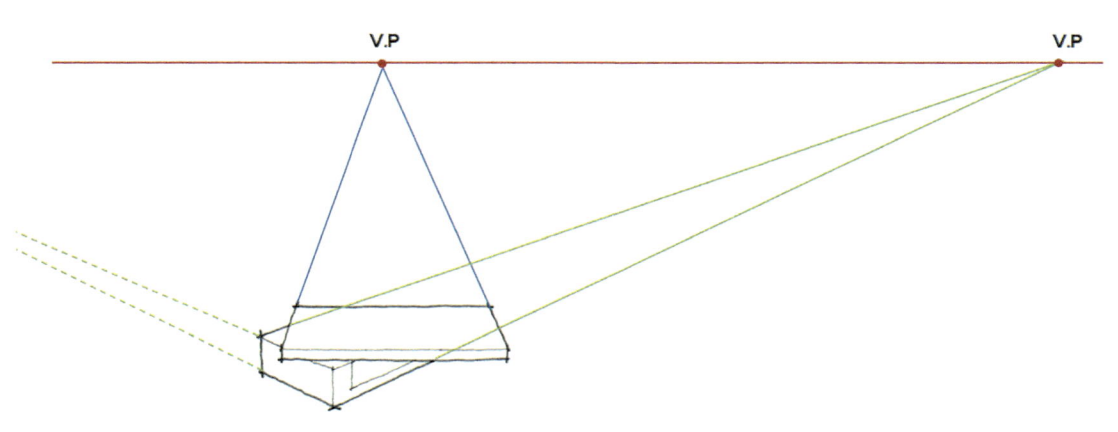
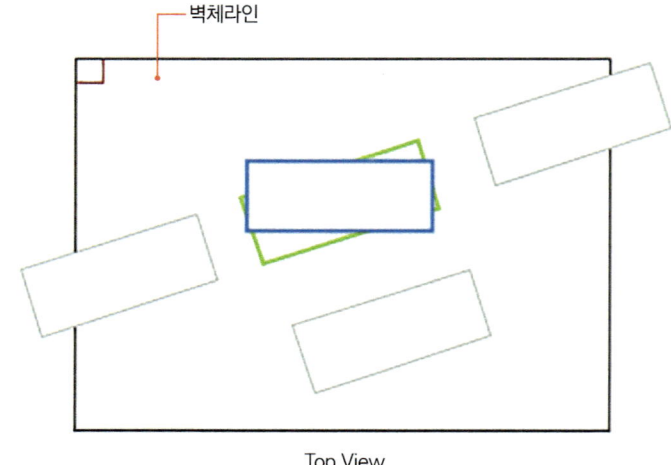

Top View

● 한 화면(View)이 2가지 소점으로 구성된 예 : 2소점 + 2소점

아래의 그림에서는 주가 되는 대상물(초록색 라인으로 표현)이 벽체와 평행으로 놓여 있지 않기 때문에 2소점의 화면을 만들고, 이때 위쪽에 다른 각도로 놓인 대상물(파란색 라인으로 표현)역시 벽체와 평행으로 놓여 있지 않은 상태로 2소점의 화면을 만든다. 따라서 2개의 매스로 구성되어 다른 각도로 놓인 사물의 스케치는 한 화면이지만 2가지의 소점(여기서는 2소점과 2소점)으로 구성된다.

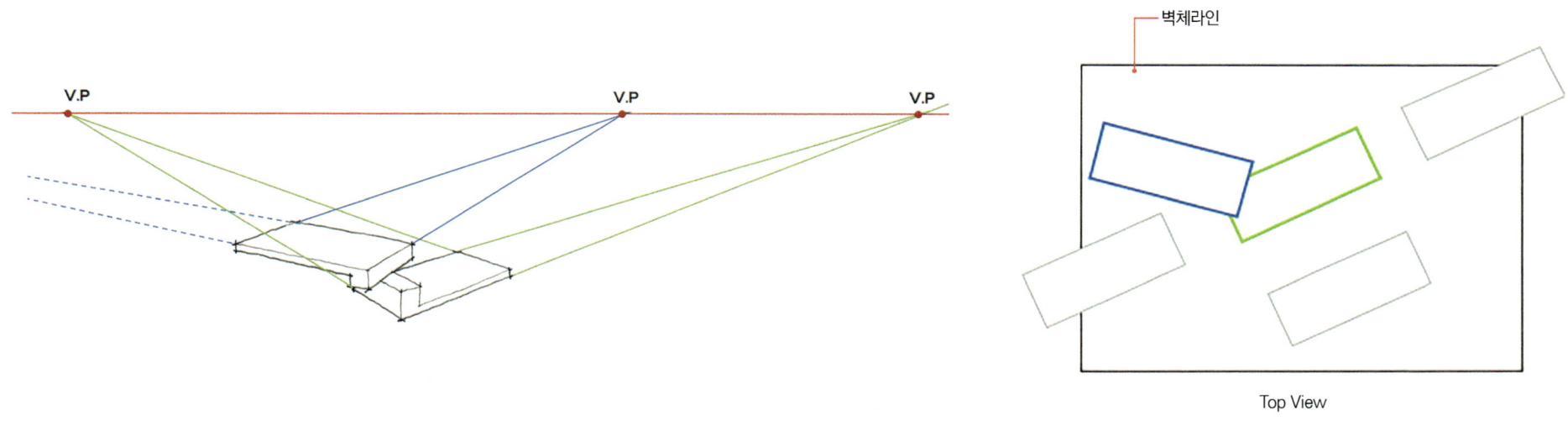

Top View

● 2가지의 소점(찌그러진 2소점 + 2소점)으로 표현된 실내 공간의 예

다음 그림에서는 벽체와 주가 되는 대상물이 모서리를 바라본 View이기 때문에 찌그러진 2소점(초록색 라인으로 표현)의 화면을 만들고, 전면의 테이블과 의자는 다른 각도(파란색 라인으로 표현)로 비틀어져 놓인 상태로 역시 2소점의 화면을 만든다. 따라서 벽체와 가구가 각 각 다른 각도로 놓인 실내공간의 스케치는 한 화면이지만 2가지의 소점(여기서는 찌그러진 2소점과 2소점)으로 구성된다.

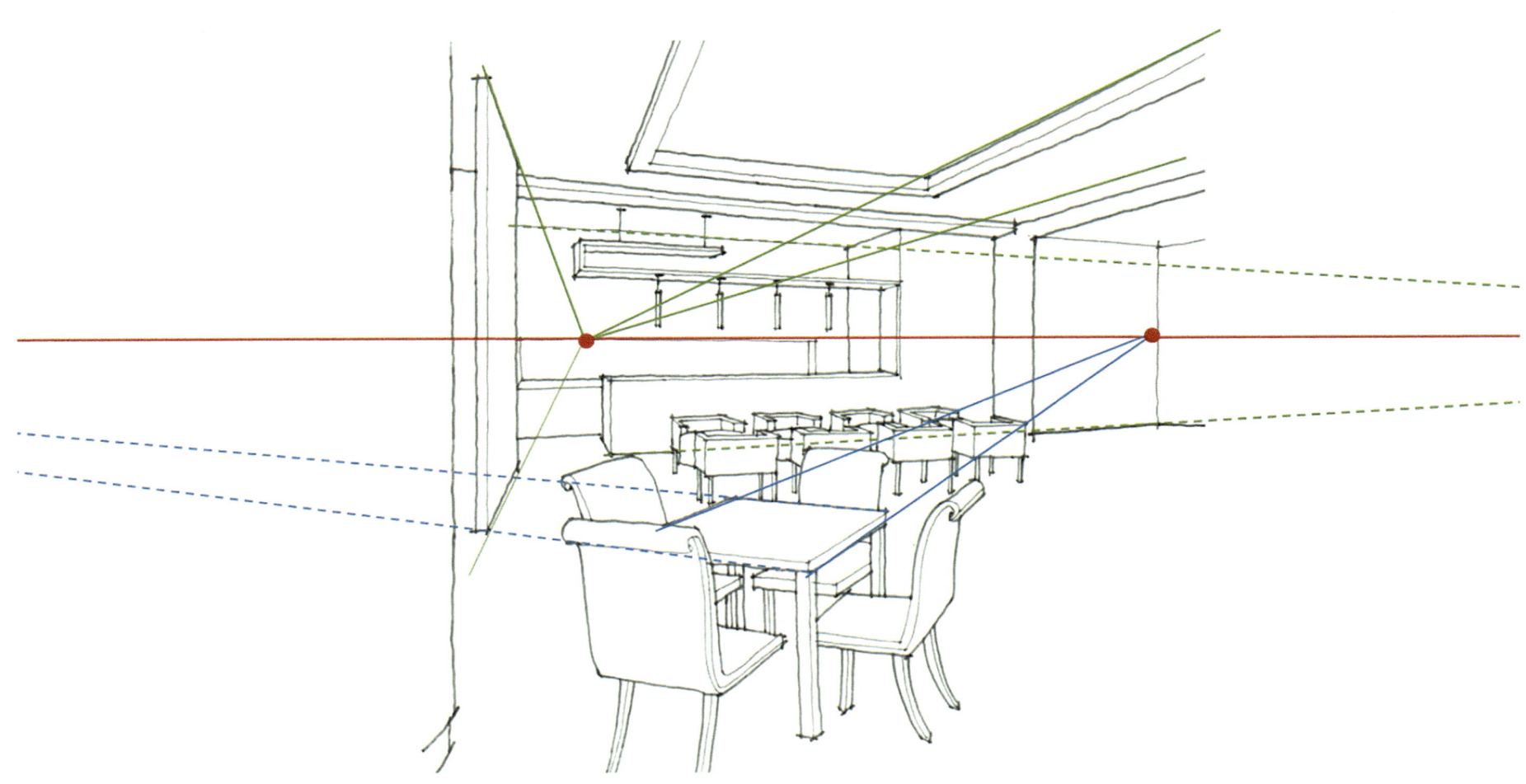

2가지의 소점(찌그러진 2소점 + 2소점)으로 표현된 실내 공간의 예

☑ 2.5 찌그러진 화면에 소점 둘

찌그러진 2소점이란 명칭은 많이 알려져 있지 않다. 관련 도서에도 자주 등장하지는 않는다. 그러나 실내 디자인 분야에서는 3소점보다 오히려 더 자주 사용하는 View이다.
찌그러진 2소점은 기본 2소점과 마찬가지로 관찰자가 실내공간의 모서리 부분을 바라보면서 생기는 View이다. 단 기본 2소점이 1개의 모서리를 보게 되는 반면 2개의 모서리를 보게 된다는 점이 다르며, 찌그러진 상태이긴 하지만 1소점과 같이 전면 벽 전체를 다 볼 수 있다는 점이 특징이다. 따라서 찌그러진 2소점은 전면 벽체와 함께 전면 벽체의 양측 모서리를 기준으로 좌·우측에 입면이 보인다.

1소점이 관찰자가 실내공간의 한 벽체를 시각과 벽체가 직각이 되도록 마주보면서 생기는 View라고 한다면, 찌그러진 2소점은 한 벽면을 마주보되 약간 틀어서 보는 View이다. 따라서 1소점처럼 3벽면이 보이지만 마주보는 벽체가 직각사각형의 형태가 아닌 사다리꼴의 형태로 보인다.

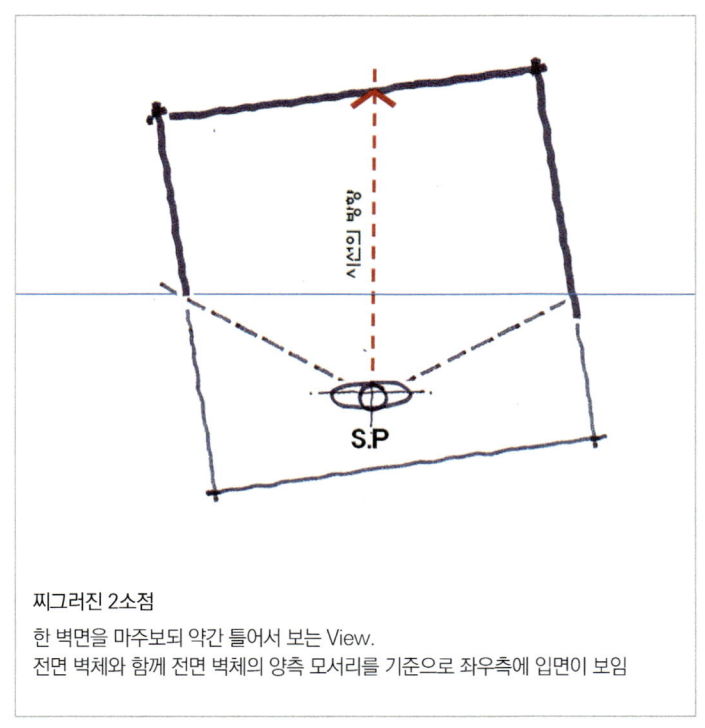

찌그러진 2소점
한 벽면을 마주보되 약간 틀어서 보는 View.
전면 벽체와 함께 전면 벽체의 양측 모서리를 기준으로 좌우측에 입면이 보임

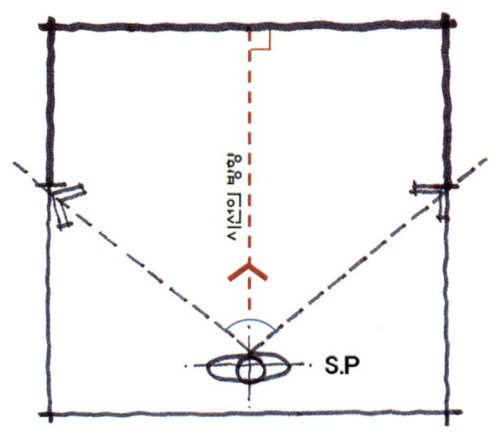

1소점
실내공간의 한 벽체를 시각과 벽체가 직각이 되도록 마주보면서 생기는 View. 전면 벽체와 함께 전면 벽체의 양측 모서리를 기준으로 좌우측에 입면이 보임

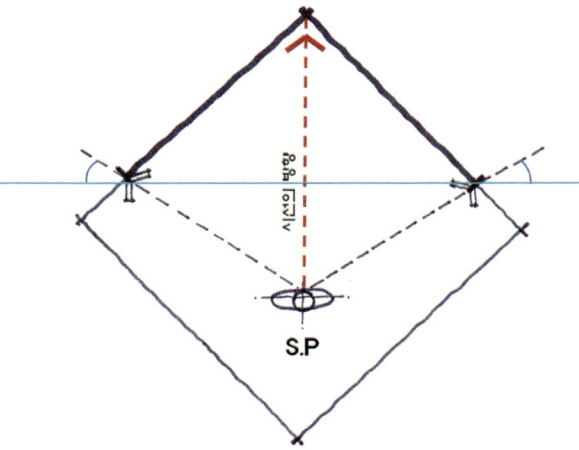

2소점
실내공간의 모서리를 바라보면서 생기는 View. 중앙의 모서리를 기준으로 좌우측에 입면이 보임

찌그러진 2소점의 특징은 1소점과 비슷한 View로 안정적으로 보이면서도 좀더 극적인 구도를 표현할 수 있다는 데 있으며, 주로 실내공간 표현에 사용된다.

좌우 벽체의 바닥라인과 천장라인은 마주보는 벽 안의 소점에 집중하지만, 마주보는 벽체의 바닥라인과 천장라인은 벽체 밖에 있는 소점에 집중한다.

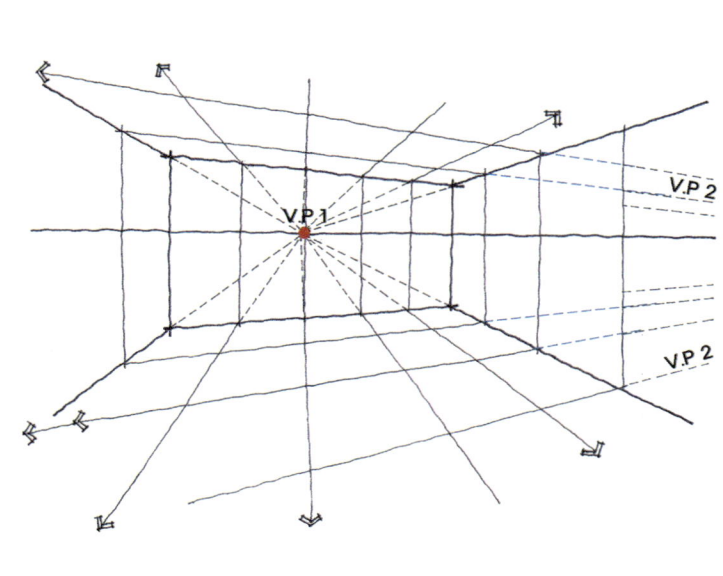

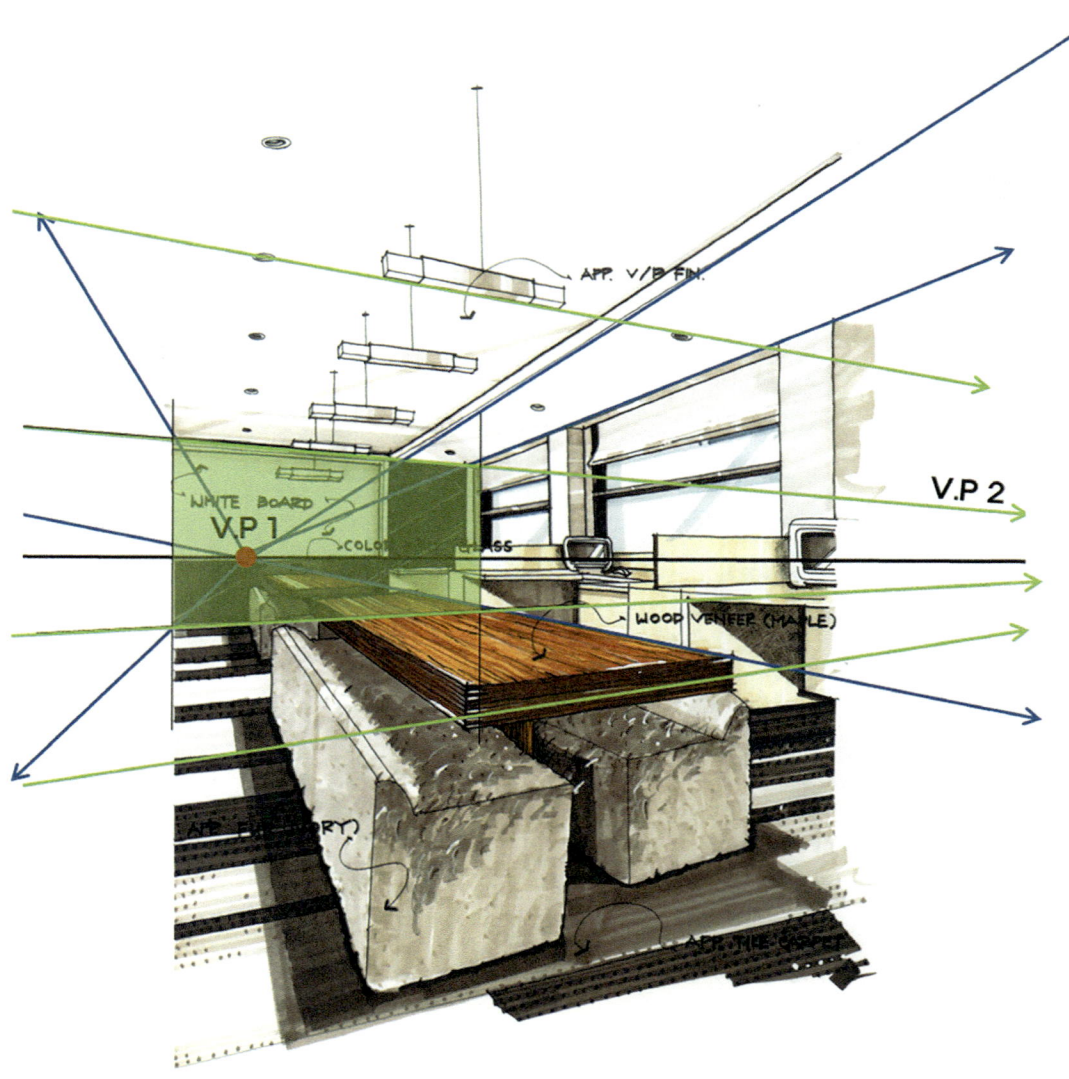

좌우 벽체의 바닥라인과 천장라인은 마주보는 벽체안의 소점에 집중하지만, 마주보는 벽체의 바닥라인과 천장라인은 벽체 밖에 있는 소점에 집중한다.

1소점과 비슷한 View로 안정적으로 보이면서도 좀더 극적인 구도를 표현할 수 있다.

☑ 2.6 소점 셋

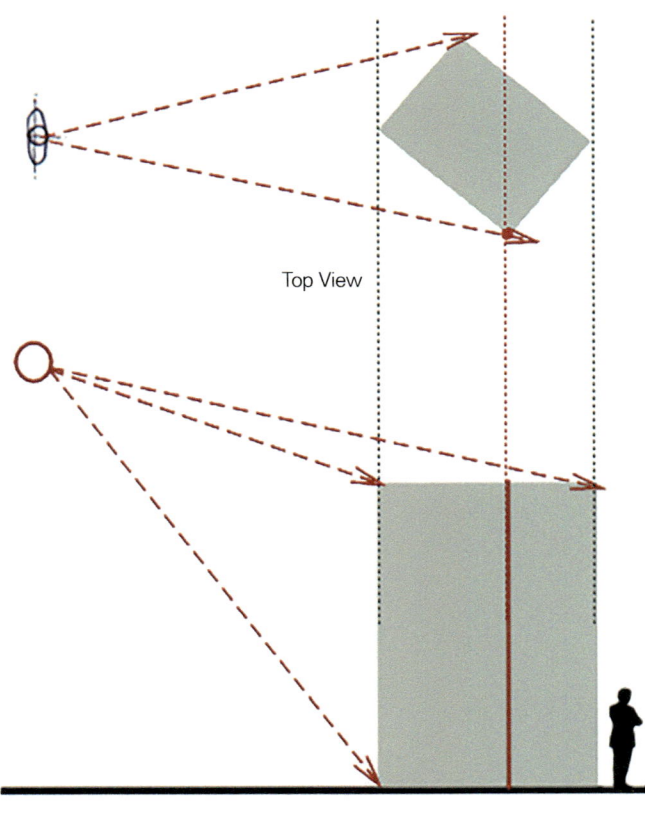

Top View

Side View

3소점은 관찰자가 물체의 위나 아래에서 물체의 한쪽 모서리의 귀퉁이를 보고 있는 상태를 그린 것이다. 따라서 높이감과 깊이감이 동시에 느껴진다.

1소점·2소점에 비해 자주 사용되지는 않으나 1·2소점에 비해 강렬하며 생동감 있는 View를 만들 수 있다.

또한 물체를 내려다보거나 올려다보는 듯한 느낌을 주므로 물체가 과장되어 보이는 것이 특징이다. 관찰자 눈높이의 좌·우 양쪽(소점 1, 2)과 위 또는 아래에 소점이 한 개(소점 3) 더 생기는 경우로 1소점과 2소점의 경우(수직선의 수직성이 그대로 유지)와는 달리 수직선이 위 또는 아래의 소점에 집중된다.

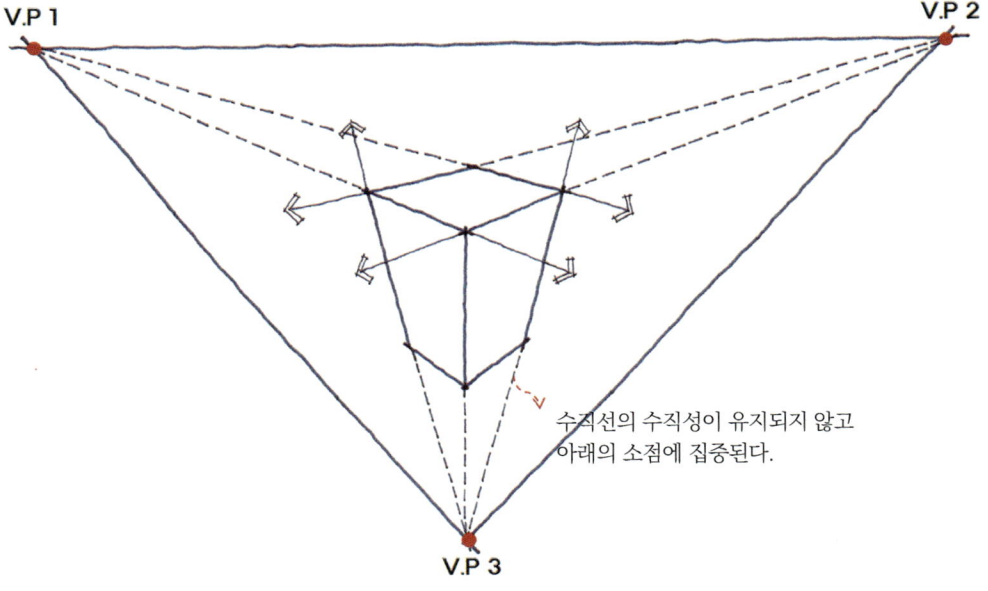

수직선의 수직성이 유지되지 않고 아래의 소점에 집중된다.

3소점은 극적이고 수직성이 강조되는 화면을 만들기 때문에 실내 공간보다는 건축물을 외관을 표현할 때 많이 사용된다.

3소점은 좌우에 2개의 소점을 가지며 상부 또는 하부에 또 다른 소점을 갖는다.

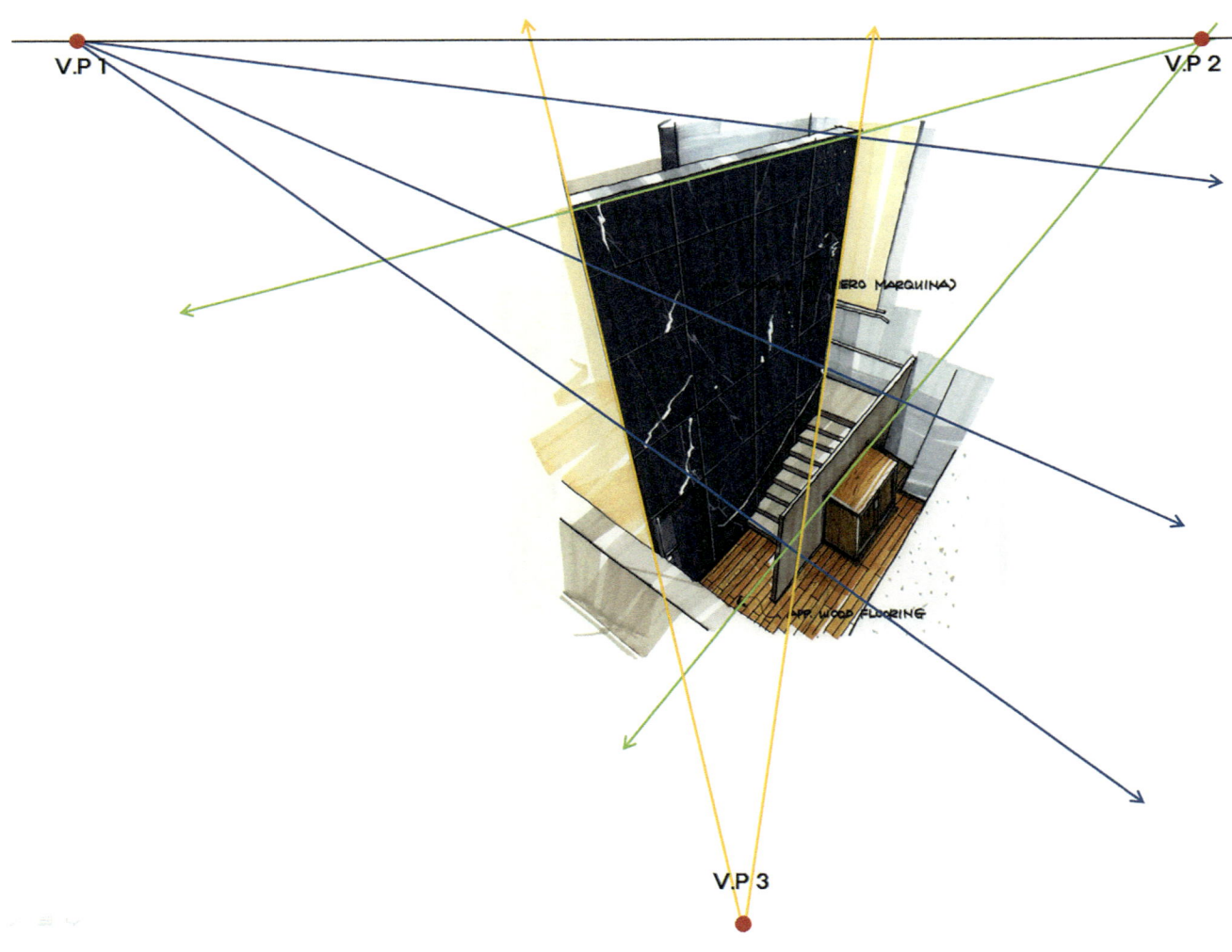

3소점은 1·2소점에 비해 강렬하며 생동감 있는 View를 만들 수 있다. - 내부공간을 3소점으로 표현한 예

| Tips | 화면 안에 소점이 존재하는 경우와 그렇지 않은 경우

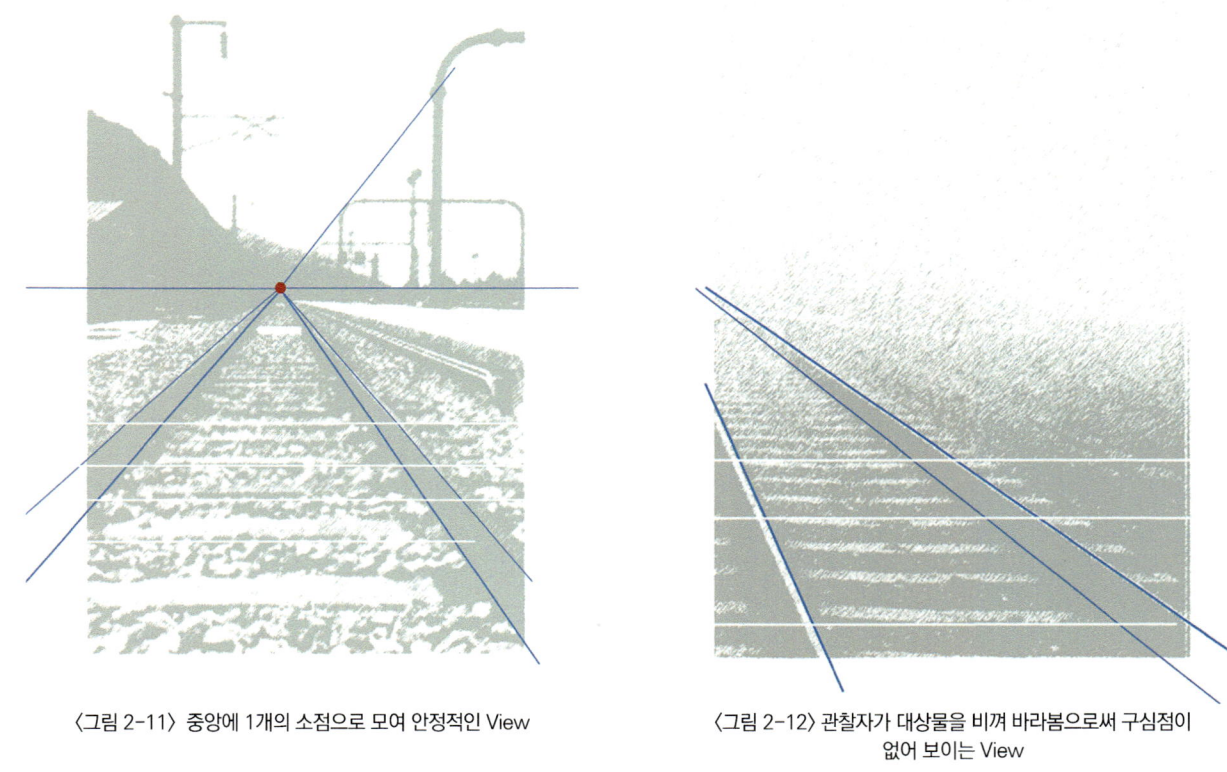

〈그림 2-11〉 중앙에 1개의 소점으로 모여 안정적인 View

〈그림 2-12〉 관찰자가 대상물을 비껴 바라봄으로써 구심점이 없어 보이는 View

2소점과 3소점이 화면 안에 각각의 소점이 모두 존재할 수는 없다. 그러나 1소점의 경우에는 화면 안에 소점이 존재하는 것이 그렇지 않은 경우보다 좀 더 안정적인 화면을 만들 수 있다.

〈그림 2-11〉과 같이 중앙에 소점이 한 개로 보이는 것은 관찰자가 철로 중앙에 서서 철로 중앙의 끝을 바라보기 때문이다. 철로를 따라 수직 또는 수평으로 놓인 대상물들은 1개의 소점으로 모이거나 수평·수직의 선들로 구성되어 안정적인 View를 만든다.

〈그림 2-12〉의 경우는 화면에서 눈에 띄는 소점이 보이지 않는 경우이다. 비슷한 철로의 경우라도 관찰자가 주 대상물(여기서는 철로를 의미)을 비껴 바라봄으로써 구심점이 없어 보이는 View로 보인다.

 육면체부터 시작한 공간 표현하기

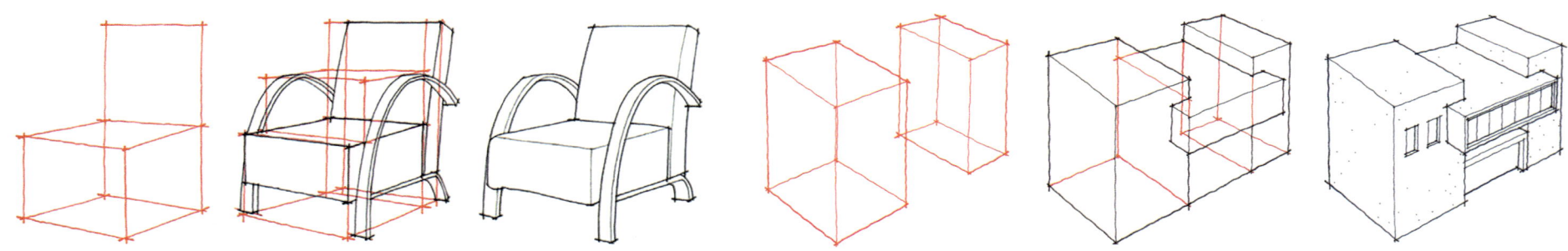

사각상자(육면체)를 늘이거나 줄이는 것으로 모든 사물을 표현할 수 있다. 육면체를 자연스럽게 그려내는 것, 이것이 곧 시각적 표현의 시작이다.

☑ 3.1 육면체부터 시작하기

실내외 모든 사물은 소점을 가진 3D 육면체의 형태로 구성되어 있다.
투시도법에 의한 스케치건 눈대중으로 간략하게 하는 스케치건 간에 건축물 및 가구 스케치는 육면체 덩어리 상태에서 세부적으로 선과 면을 분할해 형태를 만든다. 따라서 **사물을 육면체의 형태로 파악하려는 관점이 필요하며 시각적으로 자연스러운 육면체를 많이 그려보는 연습이 필요하다.**

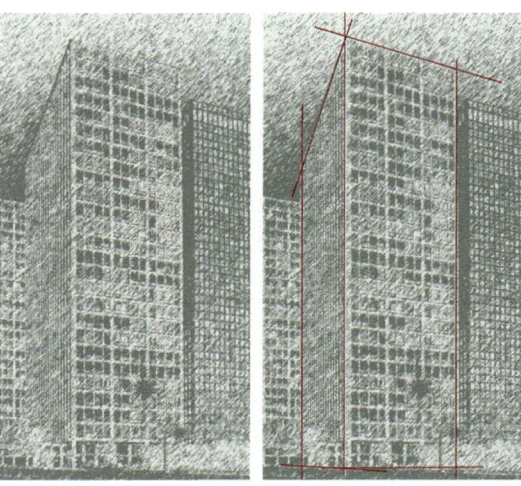
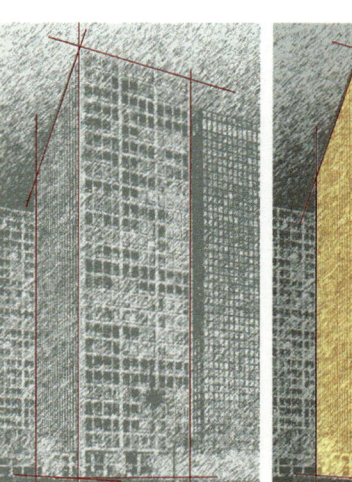
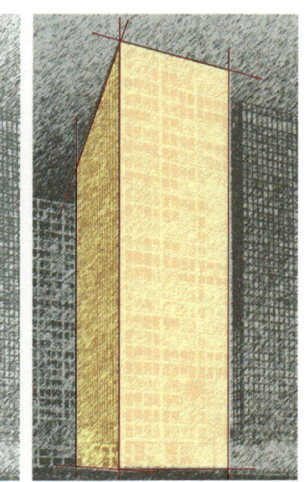

육면체로 구성된 건축물

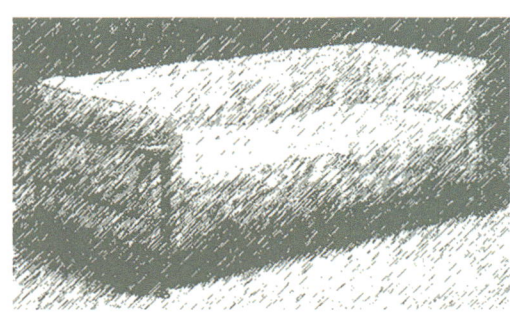
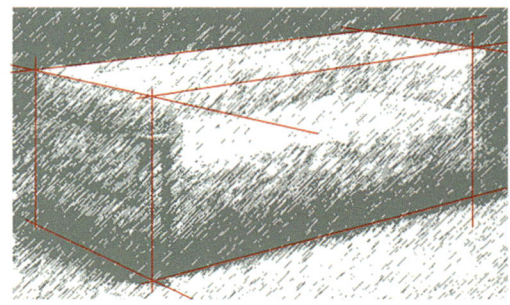
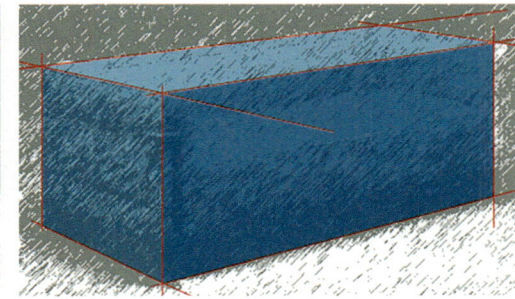

육면체로 구성된 소파

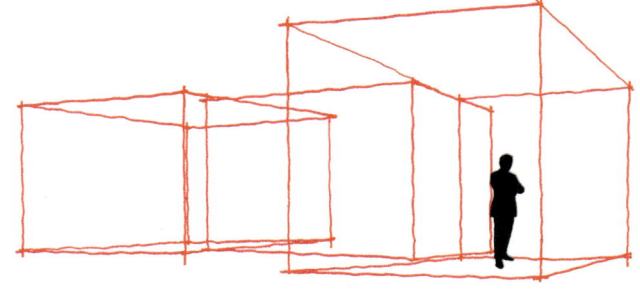

> **Tips** 실내 공간은 건축물이나 가구가 육면체의 밖에서 형태를 지각하게 되는 것과 달리 관찰자가 육면체의 안에서 공간을 지각하게 되므로 건축물이나 가구를 그릴 때 육면체를 그리고 그 육면체를 분할·조합하여 볼륨을 구성하는 것과는 다르다. 따라서 육면체에서 시작된 다양한 사물의 모습 예에는 포함시키지 않았다.

⟫ 육면체에서 시작된 다양한 사물의 모습

| 1개의 소점을 가진 육면체에서 시작된 다양한 사물의 모습 |

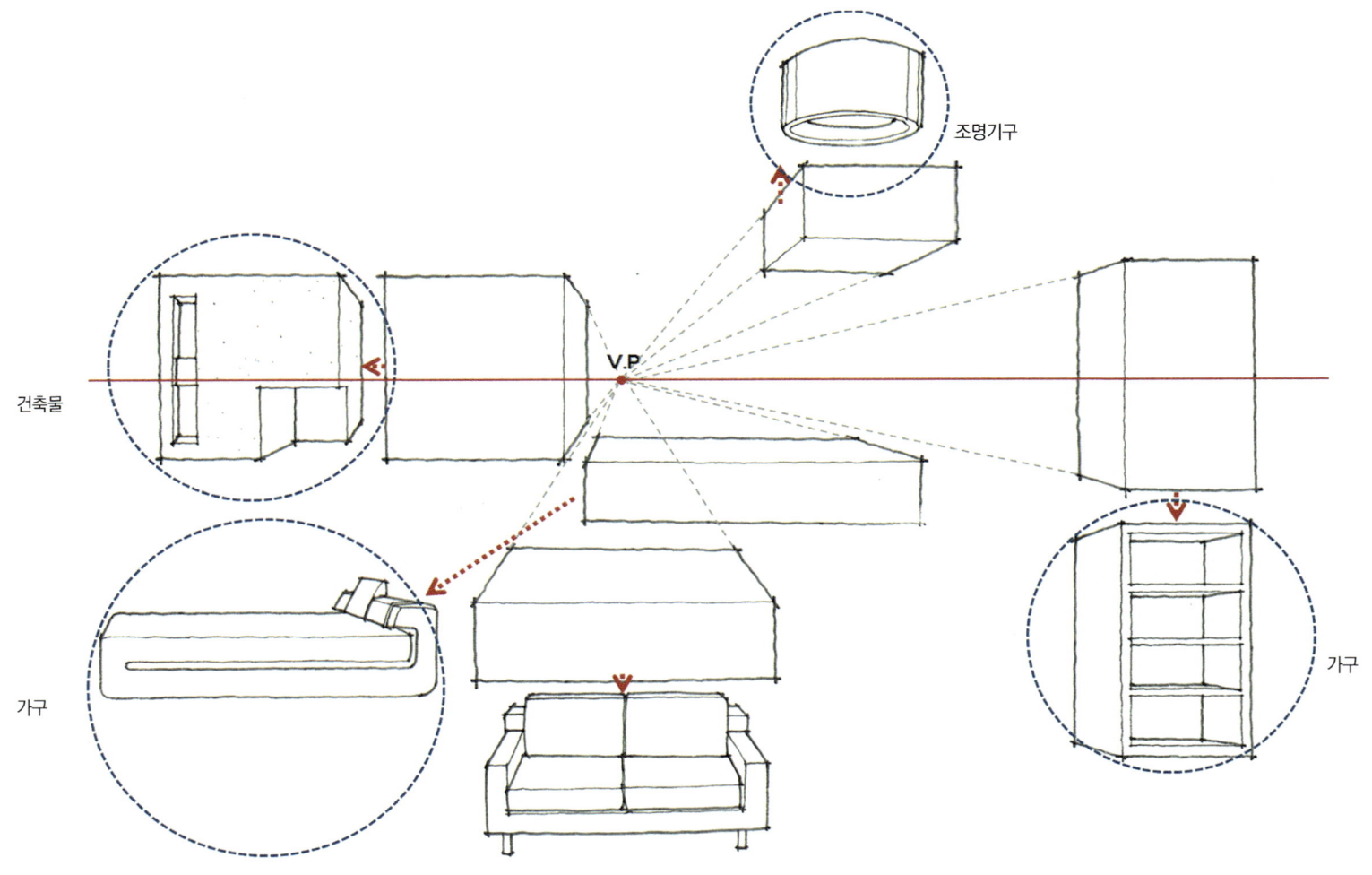

1소점 형상의 육면체에서 다양하게 나타나는 사물(건축, 가구, 소품)의 모습

2개의 소점을 가진 육면체에서 시작된 다양한 사물의 모습

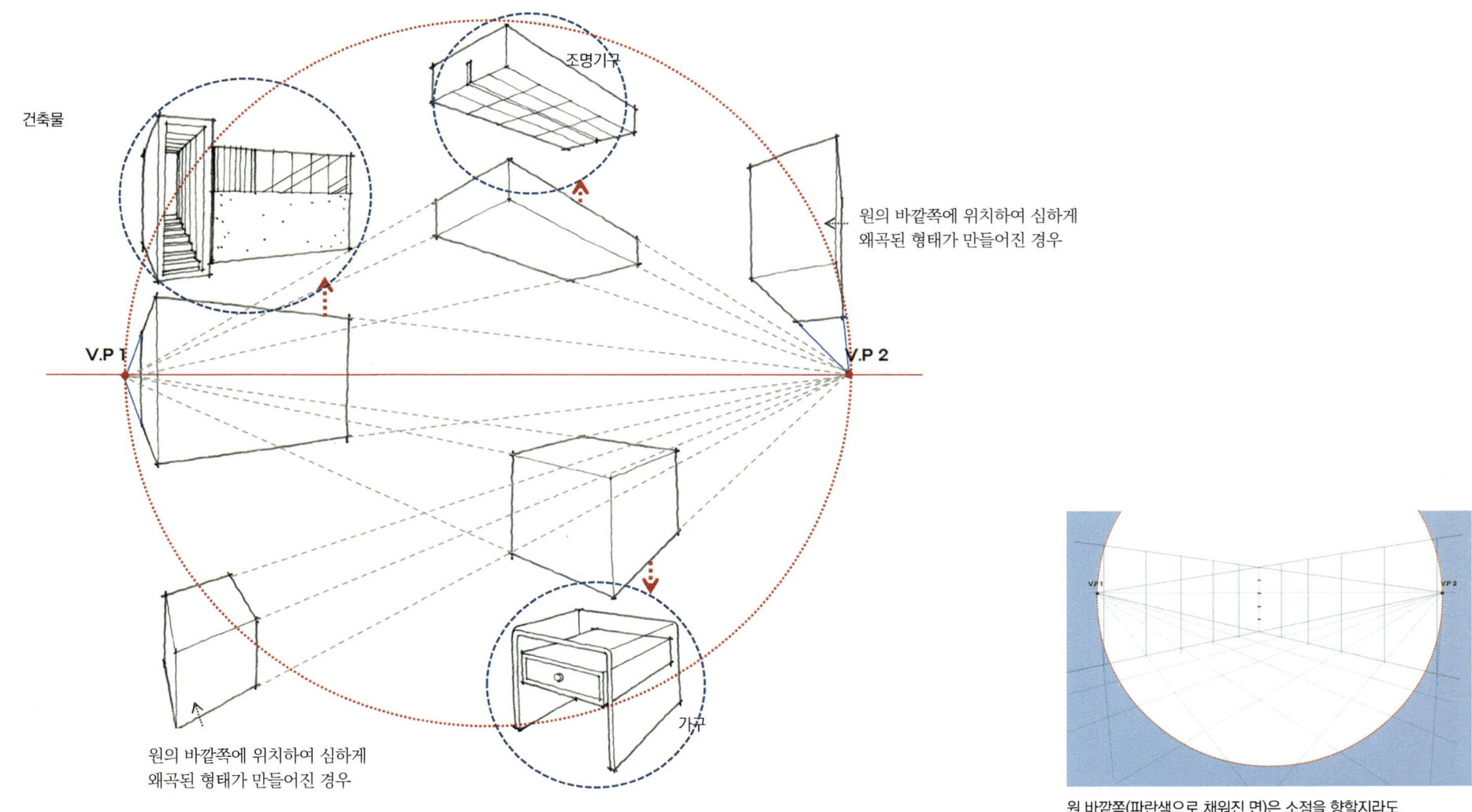

2소점 형상의 육면체에서 다양하게 나타나는 사물(건축, 가구, 소품)의 모습

원 바깥쪽(파란색으로 채워진 면)은 소점을 향할지라도 비현실적인 형태로 나타난다.

> **Tips** 2소점의 경우, 2개의 소점을 지름으로 하는 원의 바깥쪽에 육면체를 그리면 심하게 왜곡된 형태가 만들어진다.
> (여기서 원은 우리의 시야(視野, field[range] of vision)라고 할 수 있다. 따라서 원 바깥쪽에 그려진 육면체는 소점에 따라 그렸다 할지라도 비현실적 형태를 가지고 있다는 점에 유의한다)

》》》 육면체 연습하기

| 1소점 육면체 연습 |

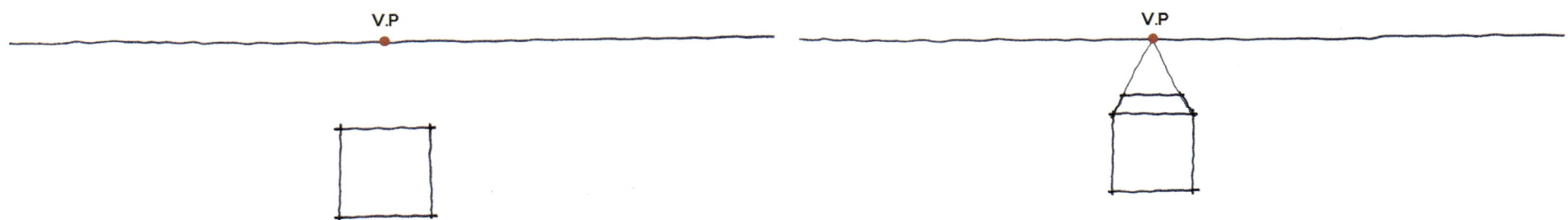

1. 용지 정중앙에 점(소점, V·P1)을 한 개 찍고 소점(V·P1)을 지나가는 수평선을 긋는다.
   (이 수평선은 눈높이에 해당하는 선, 즉 Eye Level이 된다)

2. 다양한 형태와 크기의 사각형을 그리고 소점으로 향하는 가선을 그린 다음, 육면체의 깊이를 결정하고 완성선을 그린다.

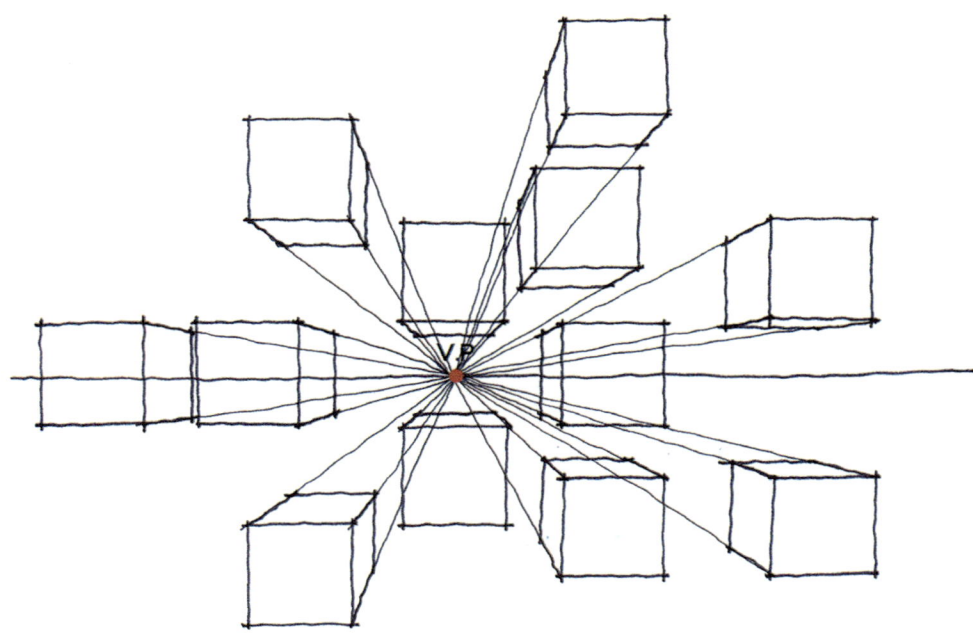

3. 1개의 소점을 가진 다양한 형상의 육면체를 그린다.

| 2소점 육면체 연습 |

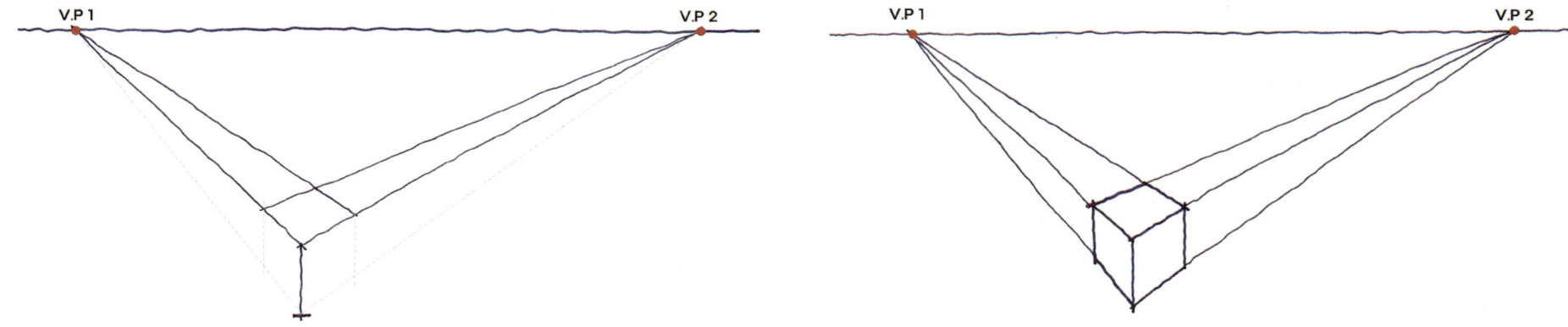

1. 용지의 중간 높이 좌우에 소점(V·P1, V·P2)을 찍고 수평선을 그은 다음 소점으로 향하는 가선을 그려 육면체의 상부 면(사각형)을 만든다. 육면체의 모서리 선을 그리고 소점으로 향하는 가선을 그린다.

2. 육면체의 완성선을 그린다.

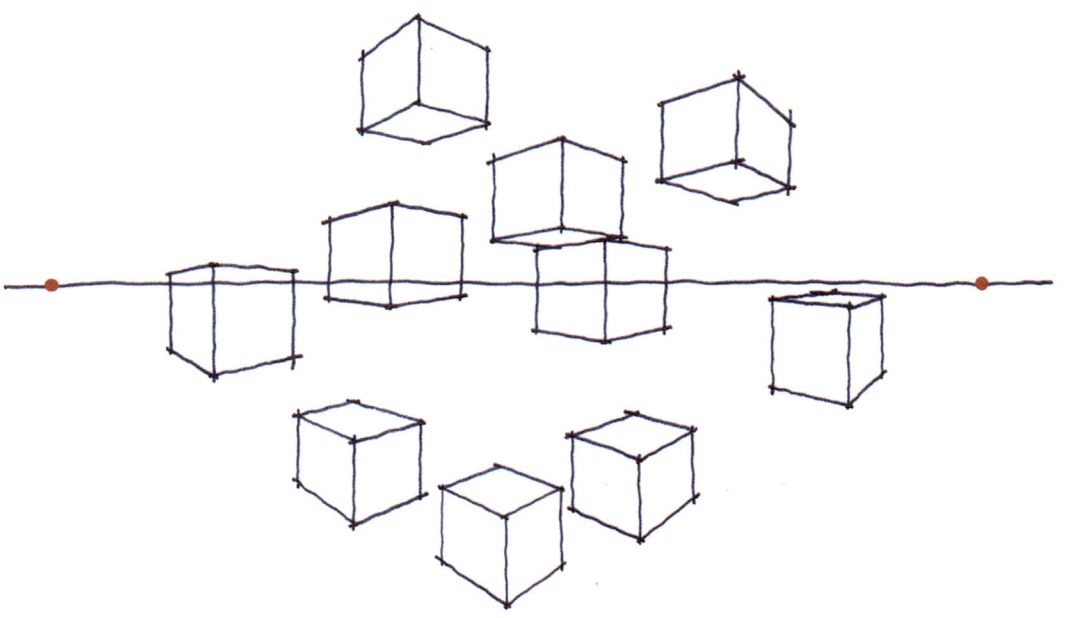

3. 2개의 소점을 가진 다양한 형상의 육면체를 그린다.

》》》 자연스러운 육면체 구별법

2소점 스케치(직접 소점까지 연결선을 그리지 않고 눈대중으로 스케치하게 되는 경우)에서 육면체의 형태를 자연스럽고 안정적인 형태로 스케치하기 위해서는 다음의 2가지 점에 유의해야 한다.

첫째, 2소점 스케치에서 무엇보다 중요한 것은 2개의 소점이 수평선상에 위치해야 한다는 것이다. 언뜻 보았을 때 눈으로 짐작한 소점의 위치가 수평선상에 위치하지 않는다면 시각적으로 불안정하고 부자연스럽다.

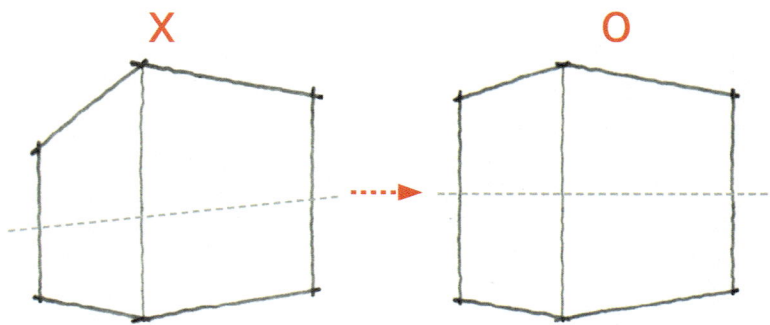

둘째, 높이를 나타내는 수직선의 경우, 원근감에 의해 거리상 육면체의 후면에 위치한 수직선보다 전면에 위치한 수직선이 더 길어야 안정적으로 보인다.(그 이유는 뒤(위)쪽에 소점이 만들어져야 하기 때문이다)

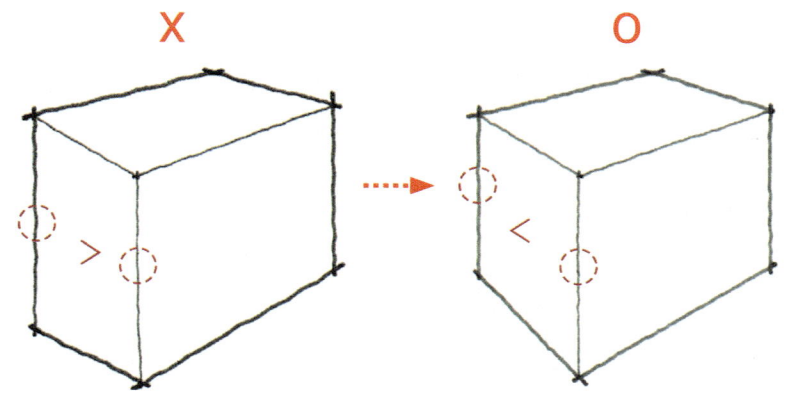

후면에 위치한 수직선보다 전면에 위치한 수직선이 더 길어야 안정적으로 보인다.

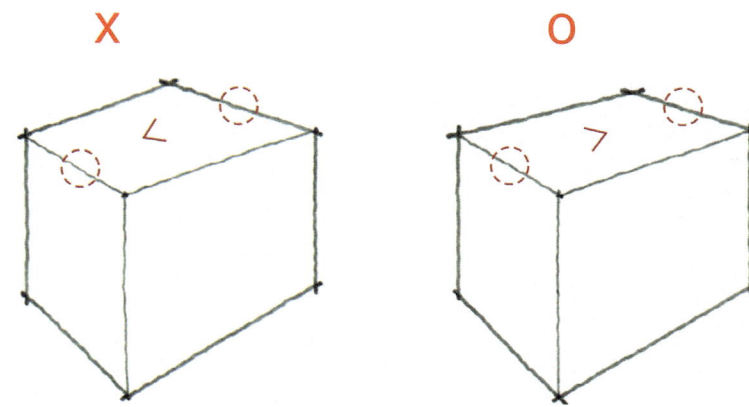

후면에 위치한 변보다 전면에 위치한 변이 더 길어야 안정적으로 보인다.

> **Tips** 육면체에서 평행한 선들은 수직선의 경우를 제외하고는 두 개의 선이 평행하도록 그려서는 안 된다. 소점이 존재하기 때문이다. 따라서 두 개의 선이 소점에서 만나도록 의도적으로 선의 각도를 조절한다.

≫ 정육면체(cube)를 통해 본 1·2소점 형상의 변화

실제 실내의 가구와 집기는 여러 가지 형태의 육면체로 구성되어 있다. 크기와 형태가 같은 정육면체를 그려보는 연습은 서 있는 위치(높이, 좌우)에 따라 형상이 변화되는 모습을 눈으로 직접 확인할 수 있기 때문에 효과적이다. 아래의 육면체 형상은 건물이나 가구 등을 외부에서 바라보았을 때의 모습이다.

| 1소점 |

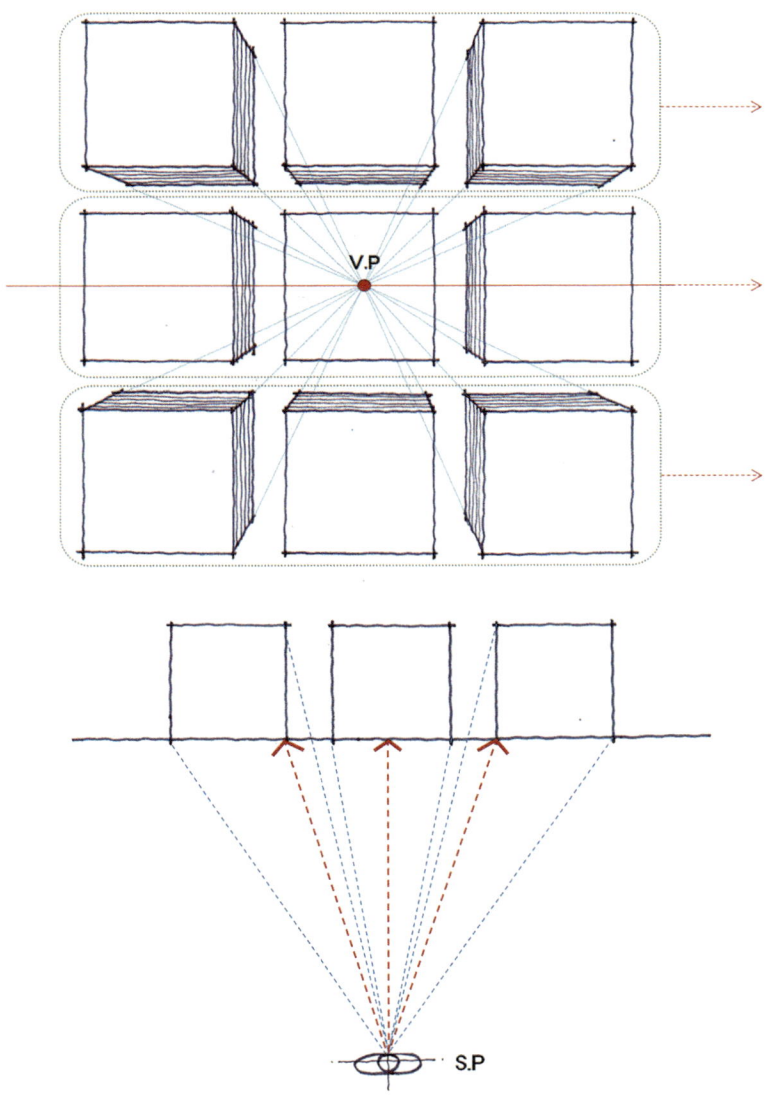

- 사물의 아래쪽에서 본 경우
  - 외부 – 건물 하부에서 툭 튀어나온 건물의 매스나 사인, 간판을 바라보았을 때 나타나는 형상
  - 내부 – 천장 구조물이나 조명 등박스를 바라보았을 때 나타나는 형상

- 사물이 눈높이 위 아래로 걸쳐 있는 경우
  - 외부 – 거리(일반 눈높이)에서 건물을 바라보았을 때 나타나는 형상
  - 내부 – 실내공간에서 벽체를 바라보았을 때 나타나는 형상

- 사물의 위쪽에서 본 경우
  - 외부 – 건물(공간)외부에서 건물의 높이보다 높은 곳에서 바라보았을 때 나타나는 형상
  - 내부 – 실내공간에서 책상이나 테이블의 상판을 바라보았을 때 나타나는 형상

2소점

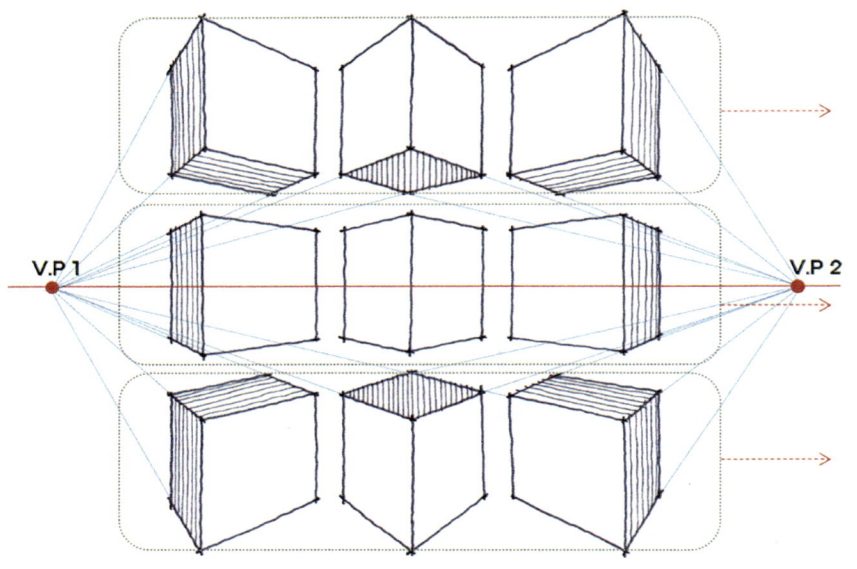

- 사물의 아래쪽에서 본 경우
  - 외부 – 건물 하부에서 툭 튀어나온 건물의 매스나 사인, 간판을 바라보았을 때 나타나는 형상
  - 내부 – 천장 구조물이나 조명 등박스를 바라보았을 때 나타나는 형상

- 사물이 눈높이 위 아래로 걸쳐 있는 경우
  - 외부 – 거리(일반 눈높이)에서 건물을 바라보았을 때 나타나는 형상
  - 내부 – 실내공간에서 벽체를 바라보았을 때 나타나는 형상

- 사물의 위쪽에서 본 경우
  - 외부 – 건물(공간)외부에서 건물의 높이보다 높은곳에서 바라보았을 때 나타나는 형상
  - 내부 – 실내공간에서 책상이나 테이블의 상판을 바라보았을 때 나타나는 형상

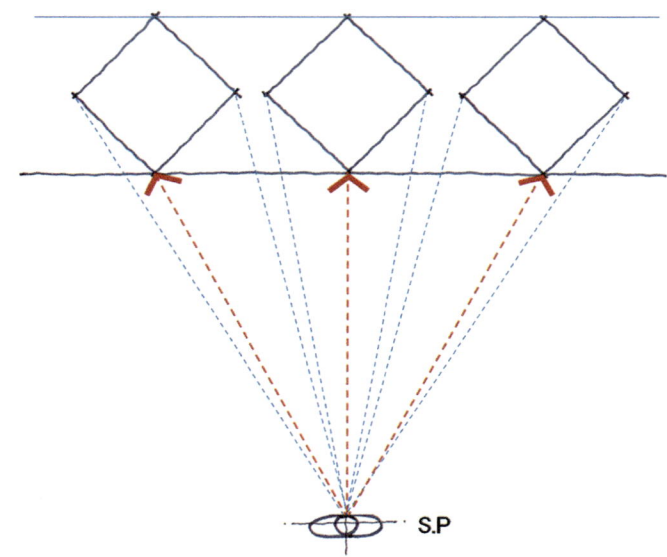

〉〉〉 면의 분할(2D → 3D)

1. 평면 및 입체적인 면에서의 분할 방법

평면(2D)에서의 분할 방법은 입체에도 적용된다. 그중 대각선을 이용한 방법은 사각형의 마주보는 모서리를 연결한 대각선을 긋고 이 교점을 이용하여 등분하는 방법으로 기본적으로 2등분과 이를 이용한 3등분, 그리고 사각형 안에 수평선이나 수직선 둘 중, 한 쪽 방향(↔)의 선들이 결정되었을 때, 대각선을 그어 그와 직각방향(↕)의 나머지 선을 찾아내는 데 사용된다.

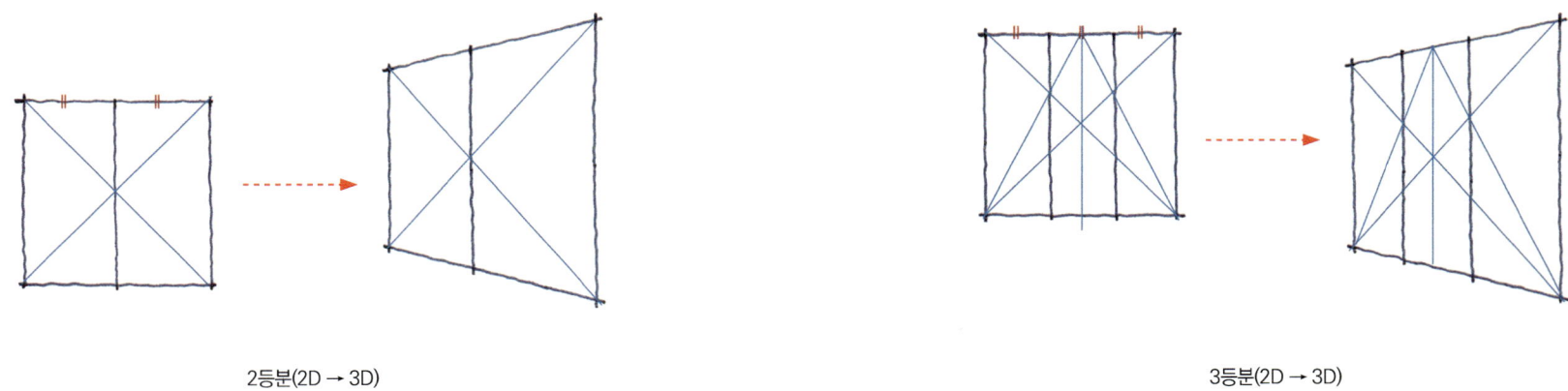

2등분(2D → 3D)　　　　　3등분(2D → 3D)

| 대각선을 이용하여 같은 크기의 그리드(사각형)를 만드는 방법 |

아래 그림과 같이 수평으로 등분되어 있는 상태에서 같은 크기의 사각형을 만들고자 할 경우에는 가로 길이만큼 끊고 대각선을 그어 교점을 찾아낸 후 수직의 선을 그어주면 된다.

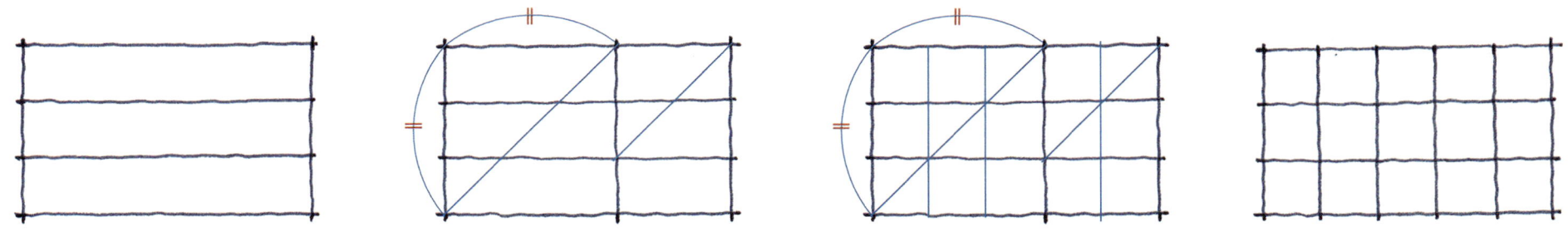

사각형 안에 수평선이나 수직선 둘 중, 한 쪽 방향(↔)의 선들이 결정되었을 경우, 대각선을 그어 그와 직각방향(↕)의 나머지 선을 긋는 방법은, 간략 투시도 스케치에서 바닥 그리드를 그리는 데 중요한 역할을 한다.

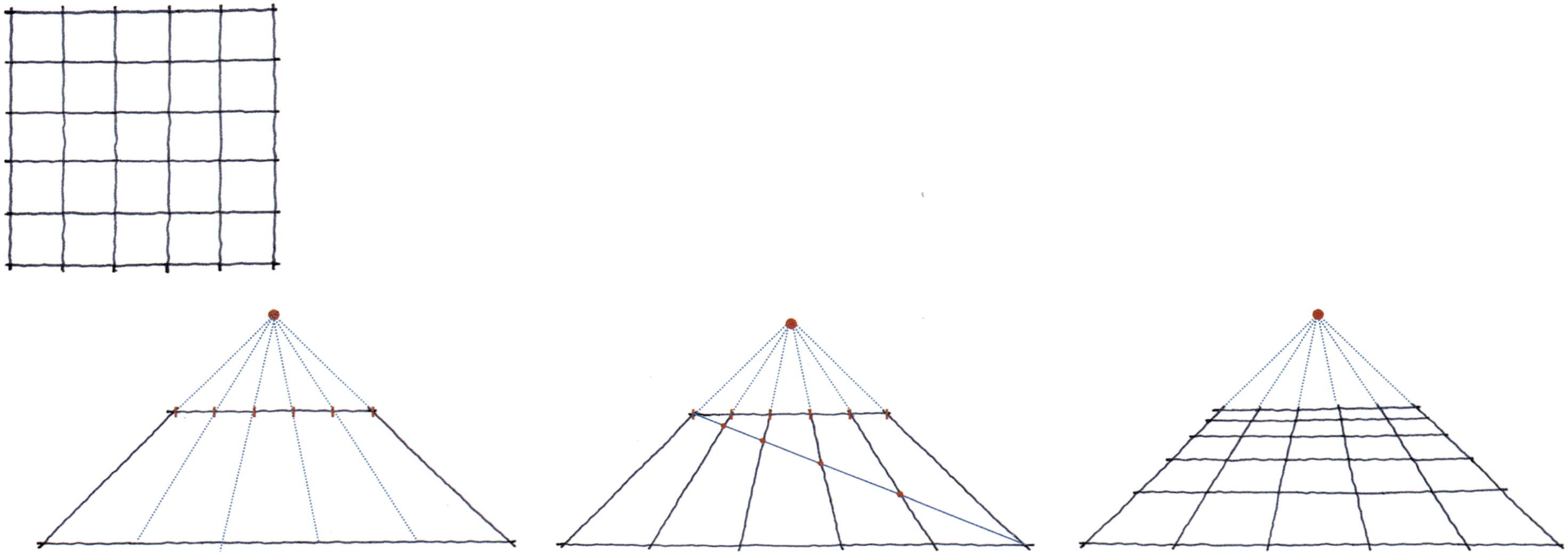

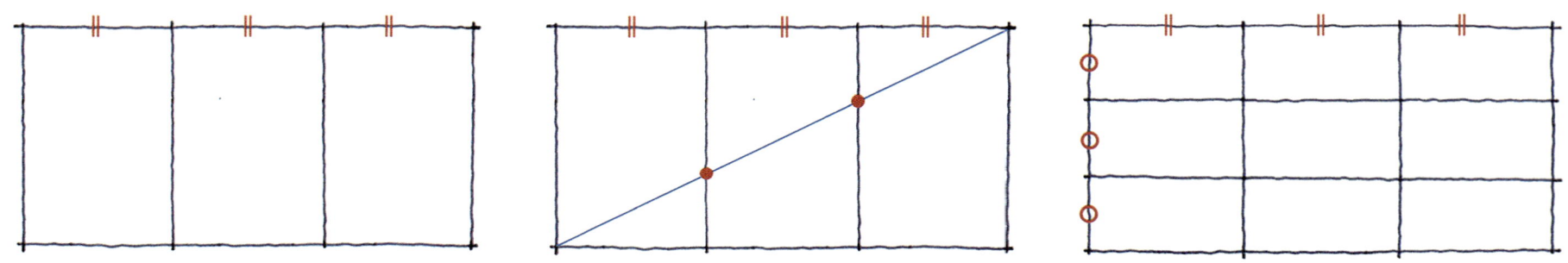

Tips 아래 그림과 같이 수직 · 수평 방향의 길이가 같지 않을 경우에는 대각선을 이용하여 등분할 할 순 있으나, 정사각형의 그리드가 만들어지지는 않는다는 점에 유의한다.

2. 입체적인 면에서 면의 분할을 이용한 원(circle) 그리기

앞서 〈PART 1. 평면 스케치 / 1. 스케치의 기초〉에서 면의 분할을 이용해 원을 그리는 방법에 대해 설명하였다. 원을 그리는 방법은 투시도 스케치상에서도 같은 원리가 적용된다.

① 정사각형을 그린다.
② 4등분한다.(대각선법 이용)
③ 4등분하여 만든 사각형의 대각선을 3등분한다.
④ 원의 중심으로부터 사각형의 각 꼭짓점까지 2/3를 웃도는 점을 찍고 이 점을 지나는 원을 그린다.

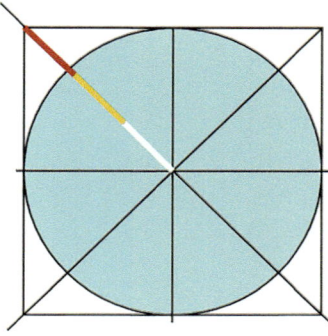

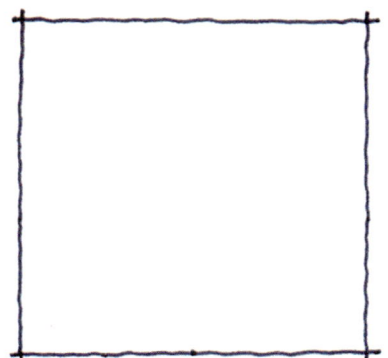 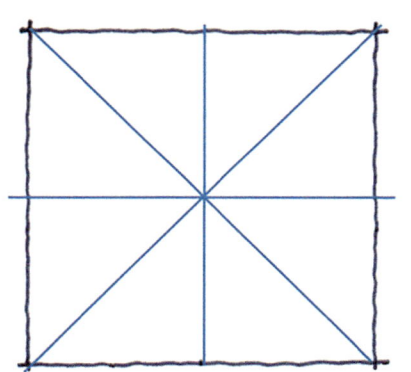 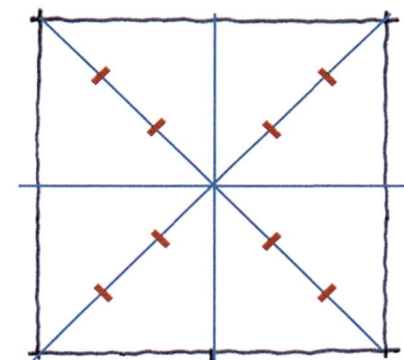 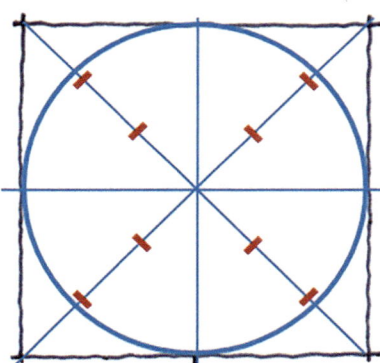

원근법에 의한 원을 그릴 때 유의할 점은 대각선의 길이를 3등분할 때, 원근법에 의하여 우리 눈과 가까운 부분을 의도적으로 다소 길게 등분한다는 것이다.

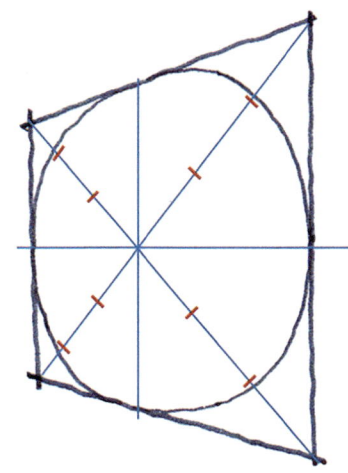 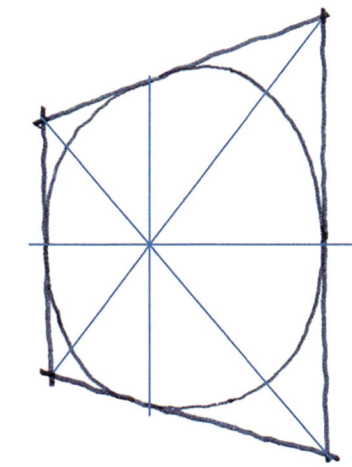

3.2 육면체에서 시작한 가구 스케치

실내 스케치에서 자주 그리는 가구는 의자, 소파, 테이블 등이다. 어떤 가구든 육면체가 자연스러워야 스케치 결과물도 자연스럽게 그려낼 수 있다.

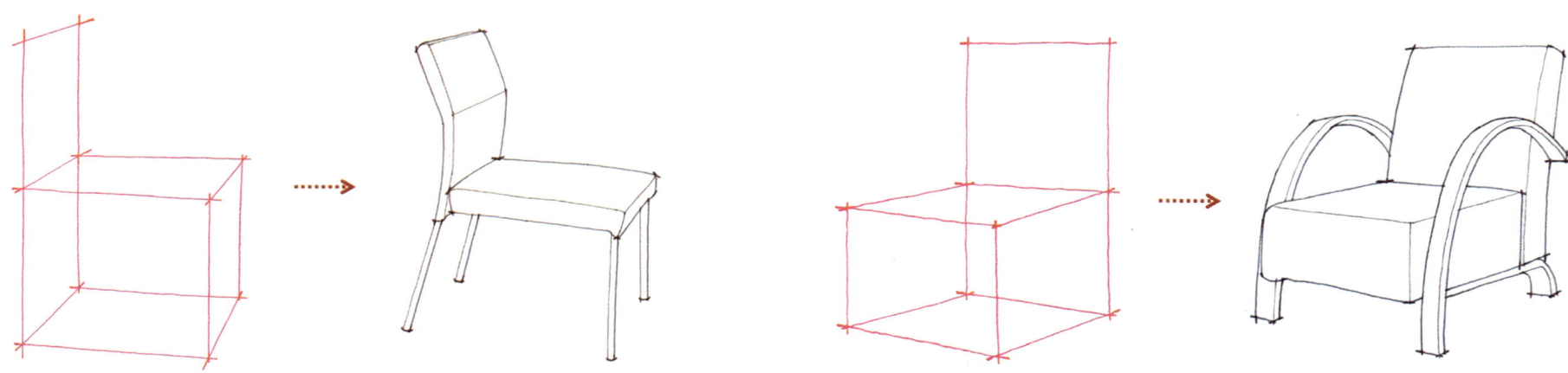

≫ 인체치수와 구조적 특징에 따른 가구 기본 치수

보이는 모습은 상황에 따라 달라지지만 기본적인 형태는 구조적인 문제 때문에라도 크게 변하지는 않는다. 따라서 일반적인 가구의 기본 형태, 사이즈나 기본 비례 등을 숙지하고 익숙하게 스케치할 수 있어야 육면체 상태에서 자연스러운 형태를 바로바로 그려낼 수 있다.

모든 가구를 육면체로 보고 형태를 그려나가는 습관을 기른다면, 빠른 시간에 거칠게 한 스케치라도 어색하지 않게 그려낼 수 있다.

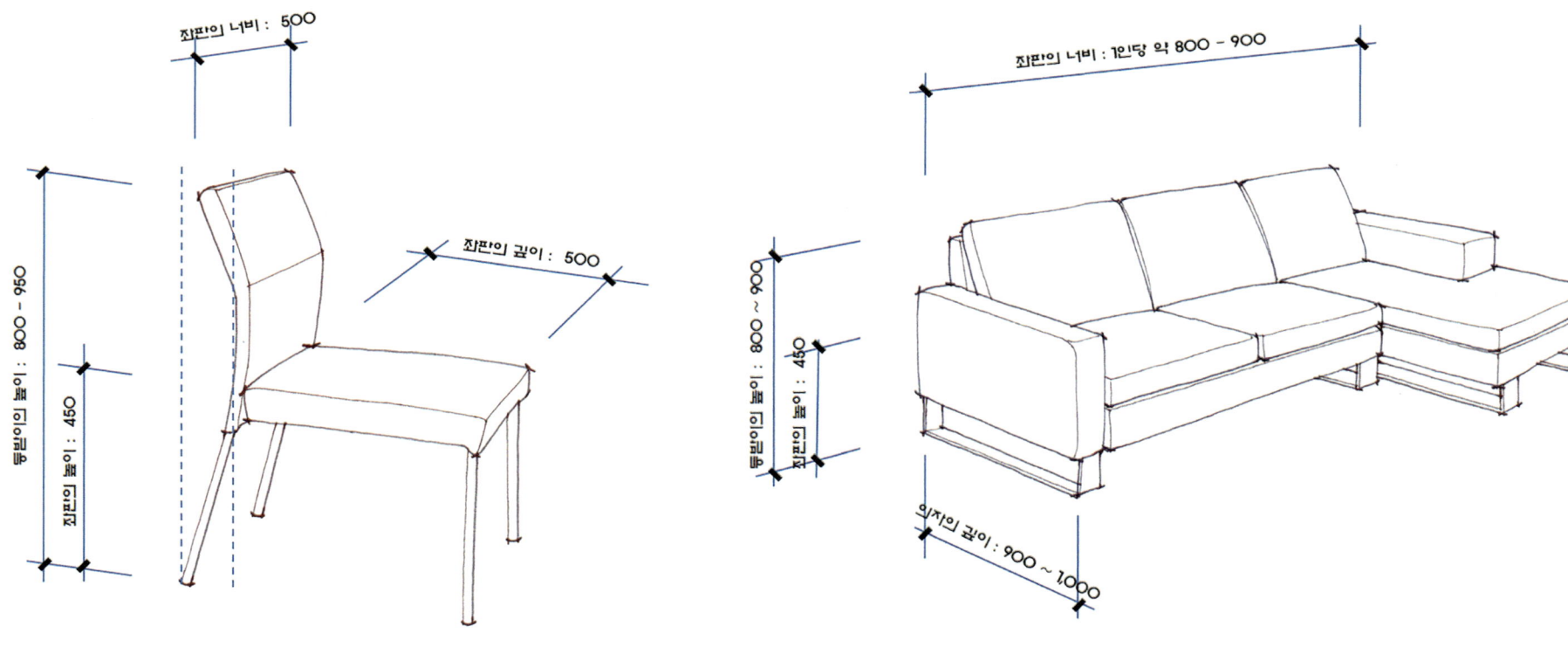

| 의자 |

- 좌판의 높이 : 약 450
- 좌판의 크기 : 400 ~ 500
- 등받이의 높이 : 800 ~ 950, 좌판 높이의 약 2배
- 팔걸이의 높이 : 약 650

| 소파 |

- 좌판의 높이 : 약 450
- 좌판의 너비 : 1인당 800 ~ 900
- 등받이의 높이 : 800 ~ 900, 좌판 높이의 약 2배
- 의자의 깊이 : 900 ~ 1,000

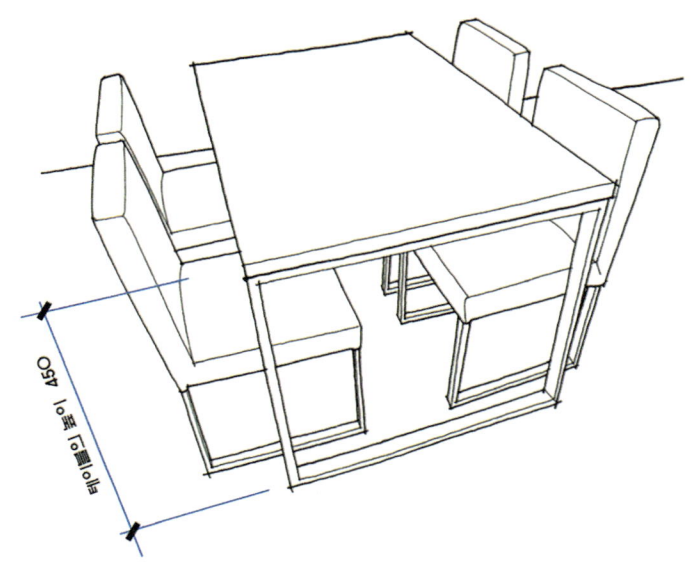

| 테이블 : 식탁 |

- 식탁의 높이 : 750
- 4인용 식탁 크기 : D800 × W1200~1400

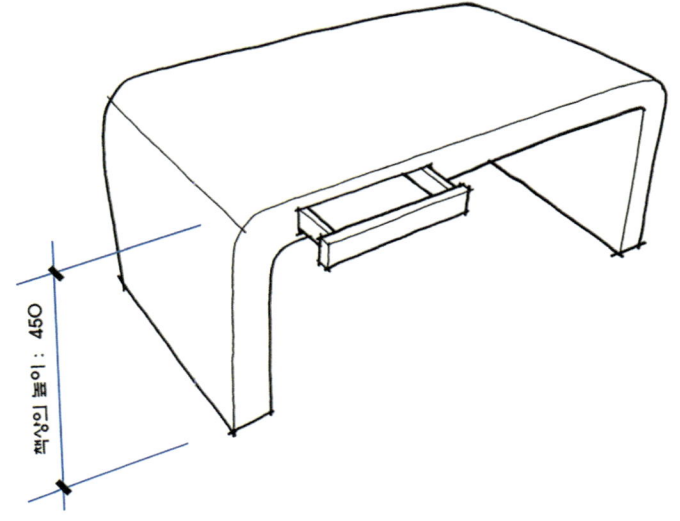

| 테이블 : 책상 |

- 책상의 높이 : 720
- 1인용 책상 크기 : D600 × W800

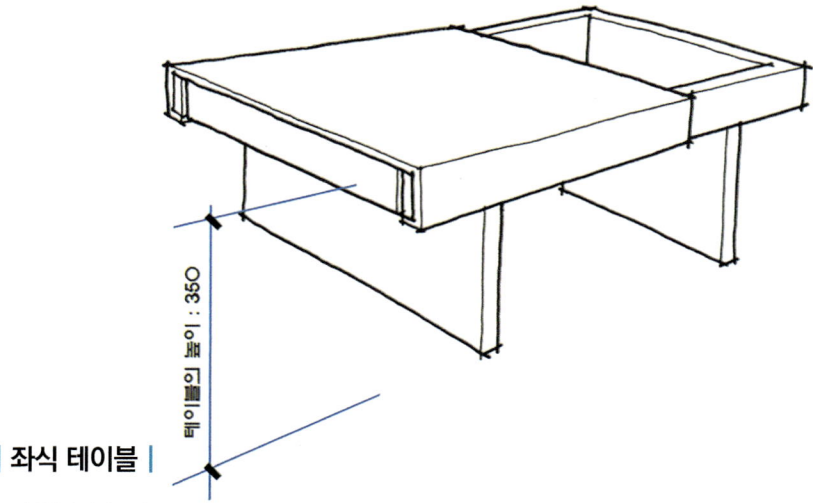

| 좌식 테이블 |

- 테이블의 높이 : 350 ~ 400

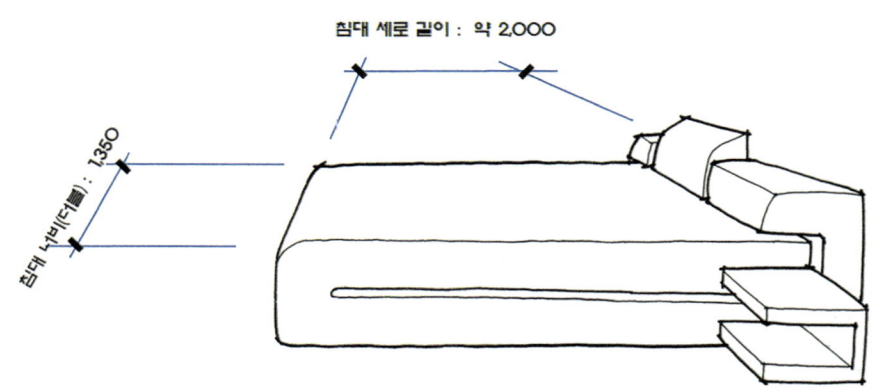

| 침대 |

- 침대 세로길이 : 2000
- 가로길이 – 싱글 : 1000 너외/더블 : 1350/퀸 : 1500

≫≫ 육면체에서 시작한 의자 스케치

| 등받이가 있는 의자 |

등받이가 있는 의자는 기본적으로 정육면체 형태에서 시작하여 등받이를 그리면 된다. 대부분의 경우 의자 전체 높이는 좌판 높이의 2배 정도이므로 그려진 육면체에서 2배 정도 되는 높이에 등받이를 그리기 위한 사각형을 그린다. 여기서 유의해야 할 것은 일반적으로 의자 앞다리(2개)는 수직인 경우가 많은 반면, 뒷다리(2개)는 등받이와 함께 활처럼 뒤쪽으로 휜(구조적인 이유로) 형태가 많고 등받이 또한 뒤쪽으로 경사진 경우가 많으므로 기본 등받이 위치에서 뒤쪽으로 육면체를 하나 더 그리고 뒤쪽으로 휜 등받이와 뒷다리를 표현한다.

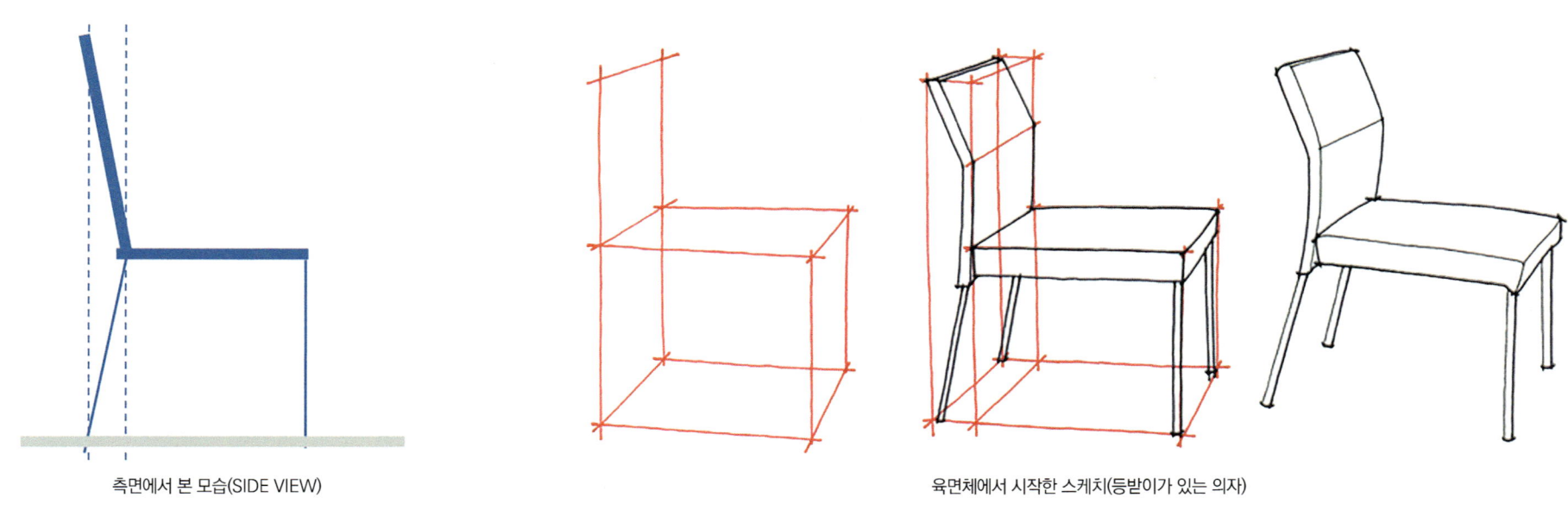

측면에서 본 모습(SIDE VIEW)   육면체에서 시작한 스케치(등받이가 있는 의자)

| 등받이와 팔걸이가 있는 의자 |

등받이와 팔걸이가 있는 의자는 앞에서와 마찬가지로 정육면체의 형태에서 시작하여 등받이를 그리면 된다 일반적으로 팔걸이의 높이는 등받이의 약 1/2 정도 지점에 위치하므로 등받이 높이의 중간 지점에 팔걸이의 위치를 잡는다.

다리는 앞다리가 바닥으로 이어져 전체의 구조적인 힘을 받게 되므로 위의 경우와 마찬가지로 앞다리에서 바닥으로 이어진 다리(파이프)가 등받이가 휜 만큼 뒤쪽으로 뻗어나오게 그려야 한다.

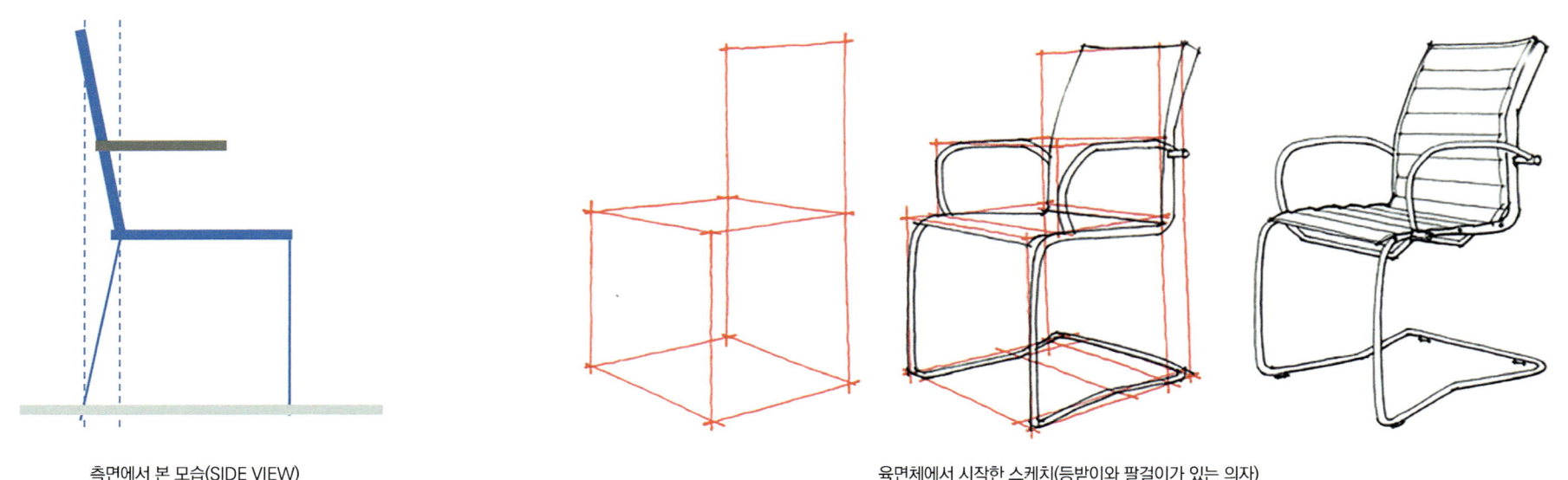

측면에서 본 모습(SIDE VIEW)   　　　　　　　　　　육면체에서 시작한 스케치(등받이와 팔걸이가 있는 의자)

| 등받이가 있는 높은 의자 |

좌판의 높이가 일반적인 의자보다 다소 높은(약 600 정도) 편이므로 일반적인 의자에 비해 수직의 길이가 긴 형태의 육면체를 그린다. 좌판의 높이가 높아진 반면 등받이의 높이는 같으므로 상대적으로 등받이가 낮은 형태로 그려진다. 높이가 높아져 취약해진 다리를 지지하기 위해 다리와 다리 사이를 연결하는 가로 지지대의 위치를 잡고 마무리한다.

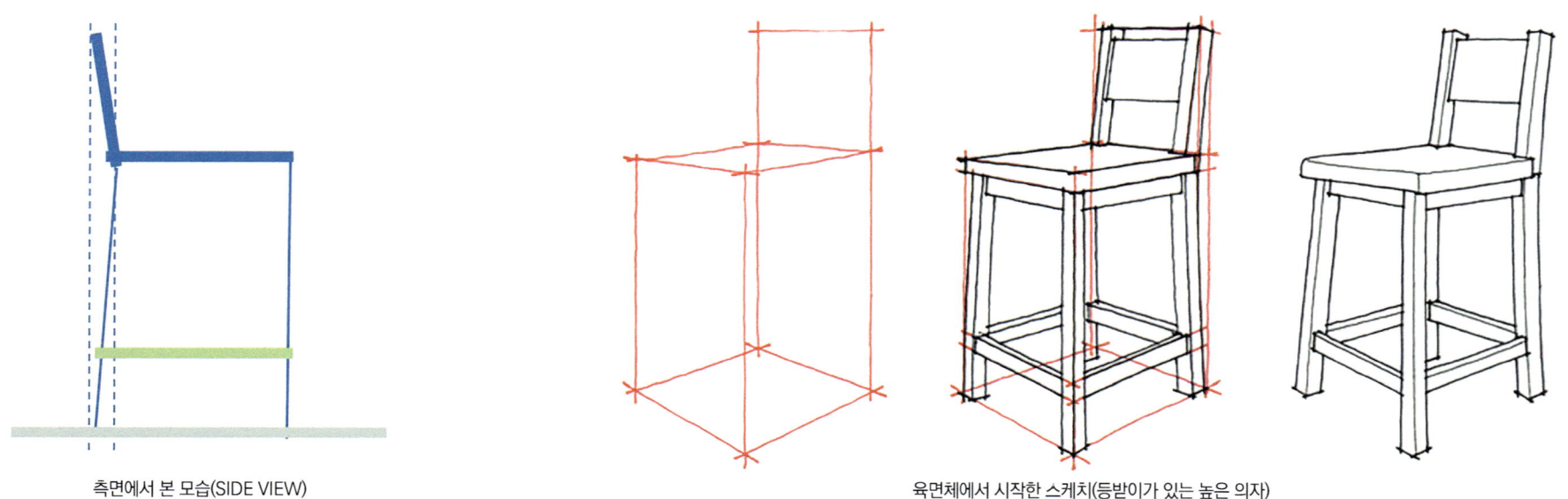

측면에서 본 모습(SIDE VIEW)   　　　　　　　　　　육면체에서 시작한 스케치(등받이가 있는 높은 의자)

1인용 암체어

앞의 경우와 마찬가지로 기본 의자 사이즈에 비해 좌판의 크기가 크므로 납작하고 안정적인 느낌이 들게 팔걸이 높이까지 육면체를 그린다. 등받이가 비교적 높지 않은 디자인이므로 팔걸이 높이보다 약간 높게 등받이의 위치를 잡는다.

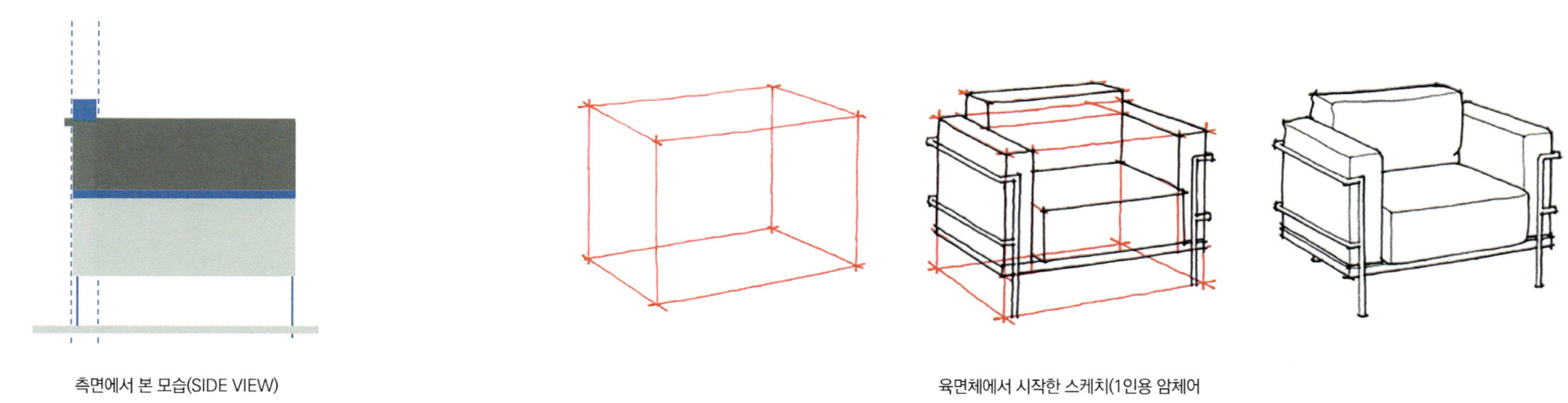

측면에서 본 모습(SIDE VIEW)　　　　　　　육면체에서 시작한 스케치(1인용 암체어)

팔걸이와 앞다리가 연결된 1인용 암체어

기본 의자 사이즈에 비해 좌판의 크기가 비교적
 크므로 납작하고 안정적인 육면체를 그리고 팔걸이는 등받이의 1/2의 높이에 위치하도록 하며, 팔걸이와 앞쪽 다리를 자연스럽게 연결하여 마무리한다.

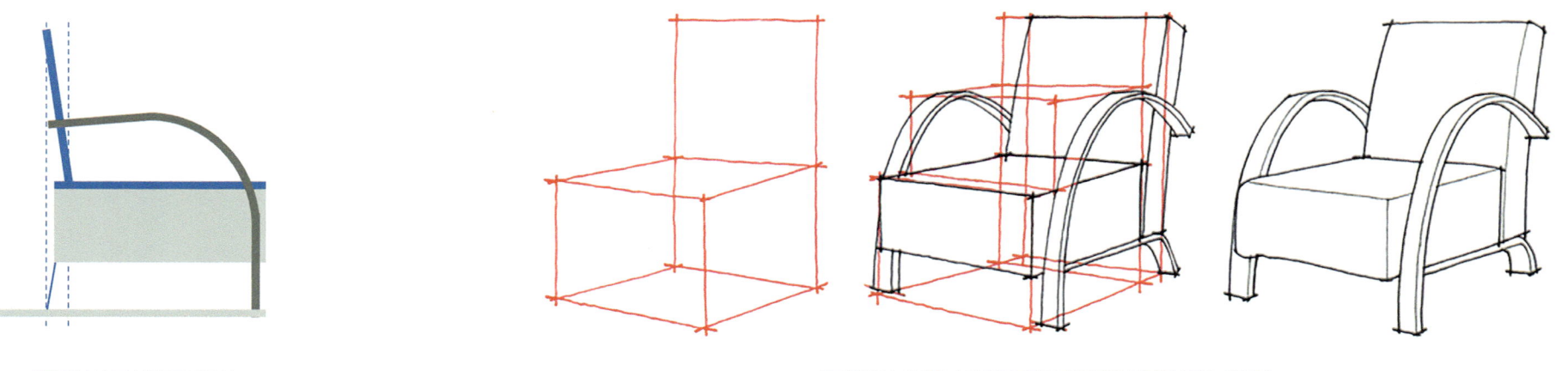

측면에서 본 모습(SIDE VIEW)　　　　　　　육면체에서 시작한 스케치(팔걸이와 앞다리가 연결된 1인용 암체어)

바퀴(Wheel)가 있는 의자

등받이와 팔걸이가 있는 일반의자와 전체 크기와 비례에는 큰 차이가 없으나 다리 밑에 바퀴가 달려 있다는 것이 다른 점이다. 바퀴와 연결되어 있는 다리는 위에서 보았을 때(Top View) 오각형을 이루고 있다는 점에 유의하자.

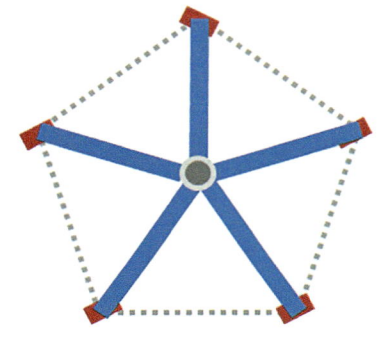

위에서 본 모습(Top View)

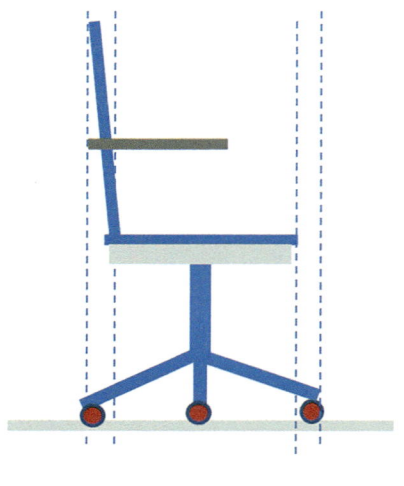

측면에서 본 모습(SIDE VIEW)

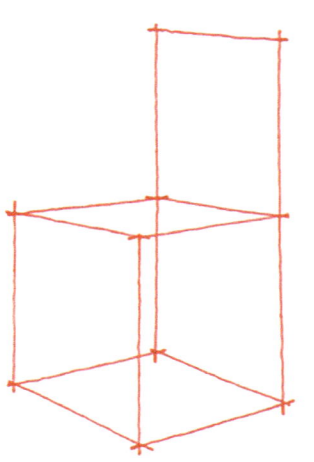 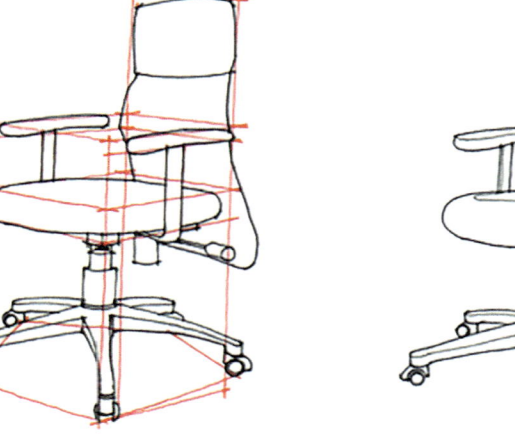 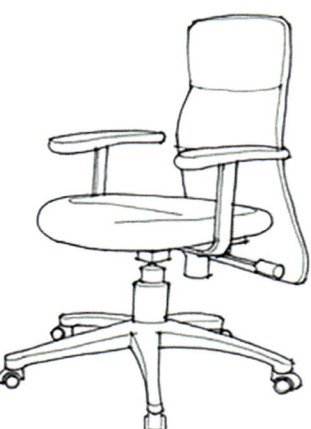

육면체에서 시작한 스케치(바퀴가 있는 의자)

>>> 육면체에서 시작한 소파 스케치

'ㄱ'자 형태의 소파이므로 3인용 소파의 비례와 같은 가로로 긴 육면체와 1인용 소파의 비례를 지닌 육면체가 조합된 형태로 그린다. 좌판의 높이만큼 올려 등받이의 위치를 잡고 등받이와 좌판의 중간 높이에 팔걸이의 위치를 잡는다.

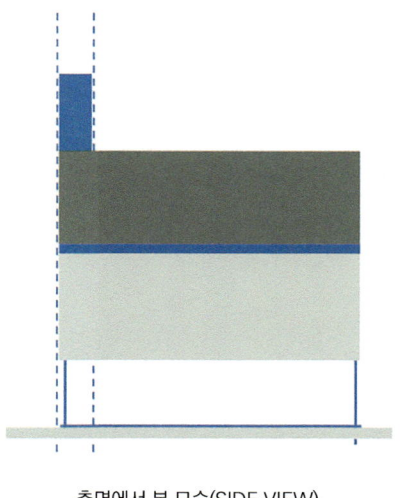

측면에서 본 모습(SIDE VIEW)

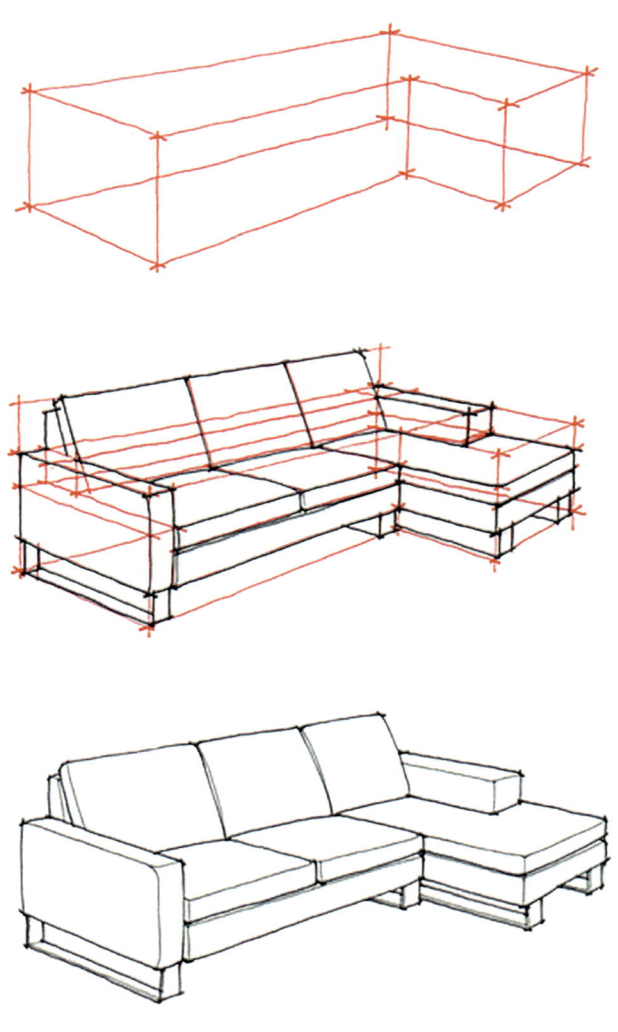

육면체에서 시작한 스케치(소파)

》》》 육면체에서 시작한 테이블 스케치

| 소파 사이드 테이블 |

일반 소파 테이블(약 400)보다 약간 높은(약 600) 사이드 테이블의 경우이므로 세로로 좁고 긴 육면체를 그리고 디자인에 따라 세부 스케치를 한다.

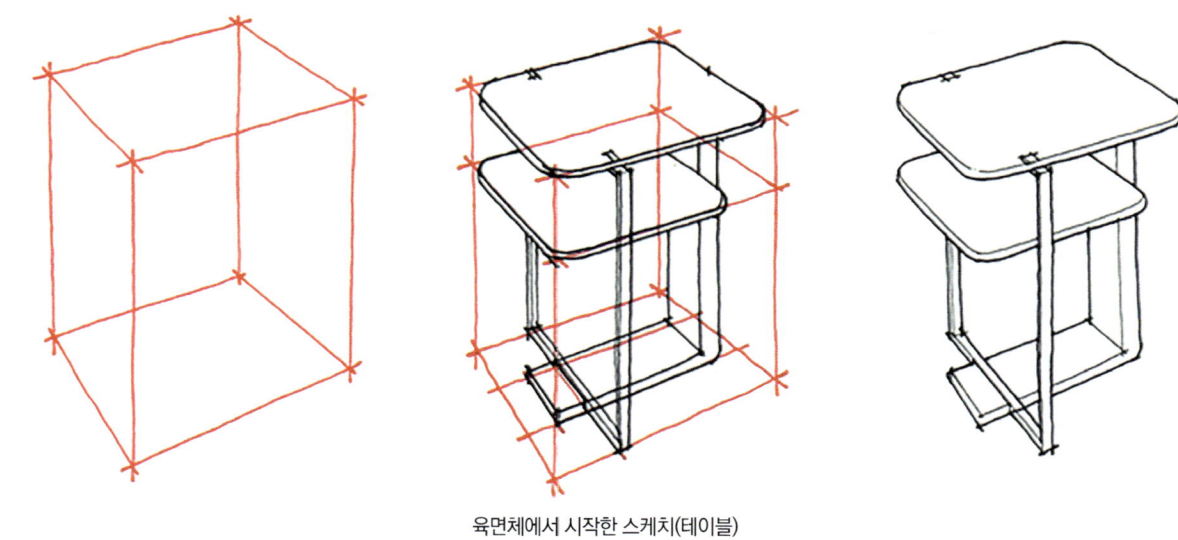

육면체에서 시작한 스케치(테이블)

》》》 육면체에서 시작한 원형 가구 스케치 |

| 원형 스툴(stool) & 원형 테이블 |

스툴은 의자 중 가장 간단한 형태라서 비교적 손쉽게 그릴 수 있다. 일단 가로·세로·높이 비례에 맞는 육면체를 그리고 좌판과 바닥판에 원을 그린 다음 아래 그림과 같이 분할한 후 마무리한다.
일반적인 스툴의 사이즈는 W400 × D400 ~ W500 × D500/ H400 ~ H500 이다.

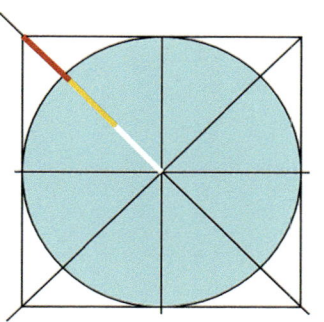 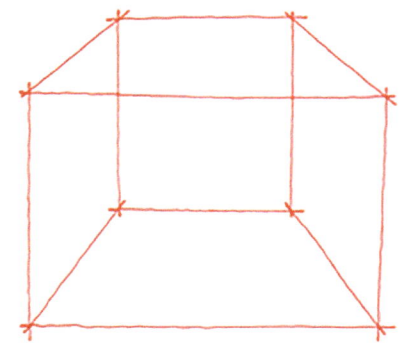 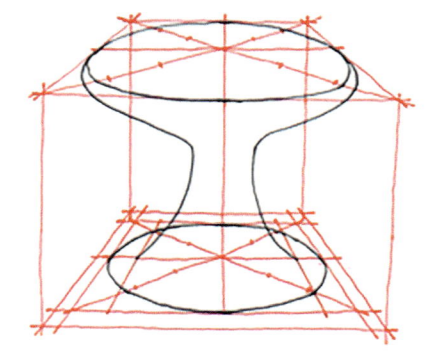 

육면체에서 시작한 스케치(원형 스툴)

| 원형 테이블 |

원형 테이블도 원형 스툴과 마찬가지로 육면체를 그린 다음, 상판과 바닥판에 원을 그리고 디자인에 따라 세부 스케치를 한다.

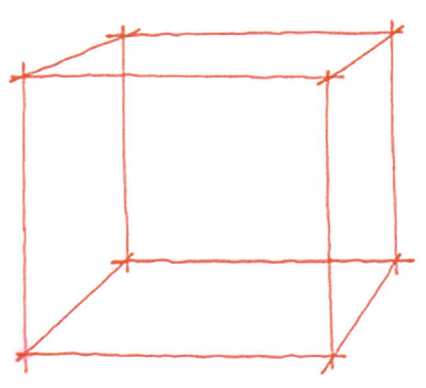 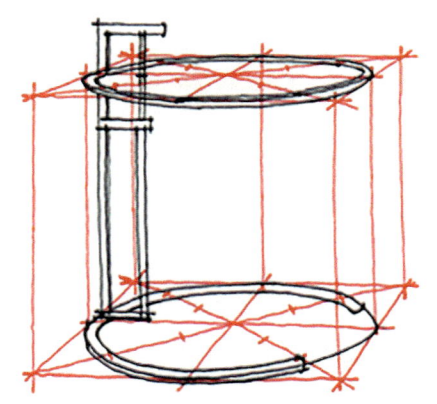 

육면체에서 시작한 스케치(원형 테이블)

3.3 육면체에서 시작한 건물 매스 스케치

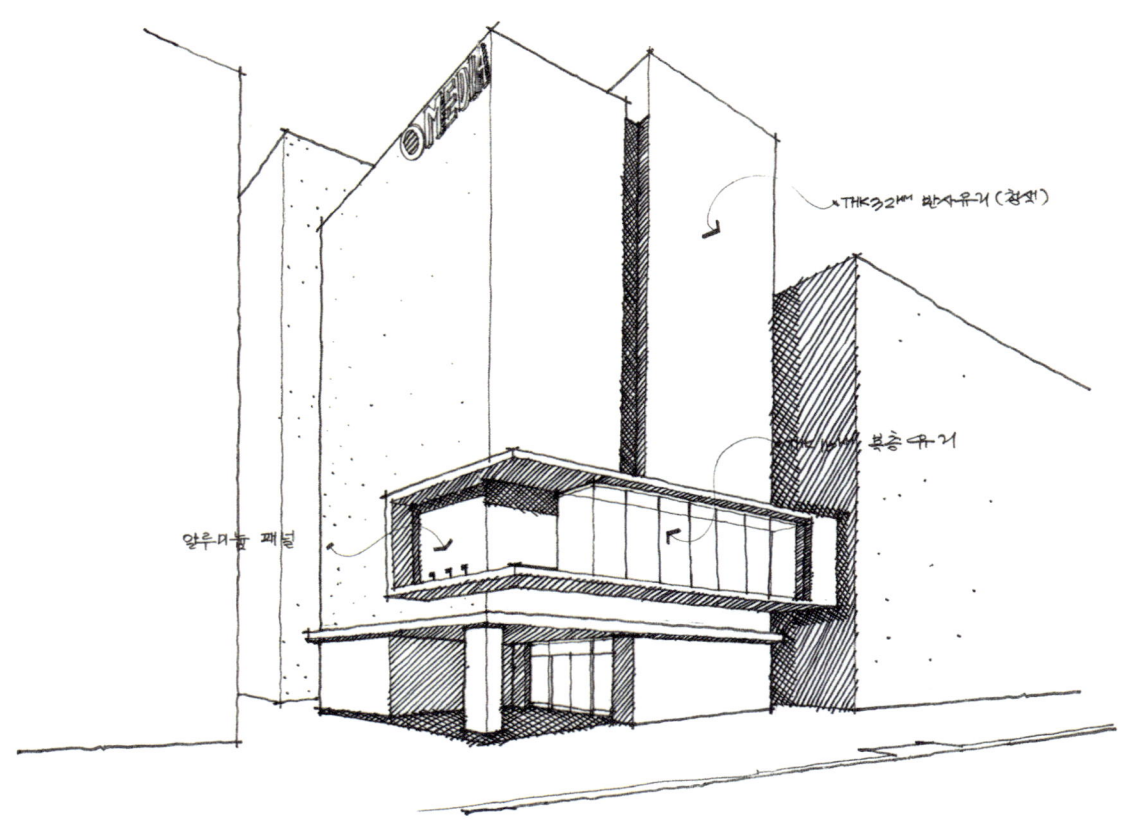

건축 외관 스케치에서는 건물의 매스(mass)를 얼마만큼 효과적으로 표현할 수 있느냐가 관건이다. 건축의 매스 역시 육면체의 형태부터 시작하기 때문에 건축 스케치에서도 역시 육면체를 자연스럽게 그려내는 것이 중요하다.

가구가 대부분 눈높이 아래에 위치하는 반면 건물을 일반 눈높이에서 본다면 옥상 층이 보이지 않는 육면체 형태가 나타난다. 그러나 건축물의 전체 볼륨과 주변 환경요소, 그리고 주변 건물과의 관계를 보여주기 위해 옥상층이 보이는 육면체 형태(건물보다 높은 위치에서 바라본 모습)에서 시작하는 경우도 많다.

육면체에서 건축물의 매스를 스케치할 때는 육면체를 분할하거나 증식하고 또 분할하거나 증식한 매스들을 조합하는 방법을 통해 스케치가 이루어진다.

⫸ 육면체의 분할

건축물이 한 개의 매스로 이루어지는 경우는 드물다. 기능성과 심미성을 위해 건축물의 매스는 분절되고 또 비어 있는(Void) 공간을 만든다. 아래 그림은 건축물을 육면체로 인식하고 육면체의 분할을 통해 건축물을 스케치한 경우이다.

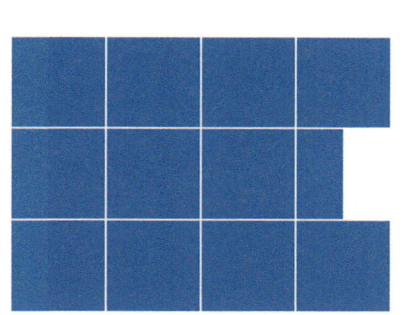 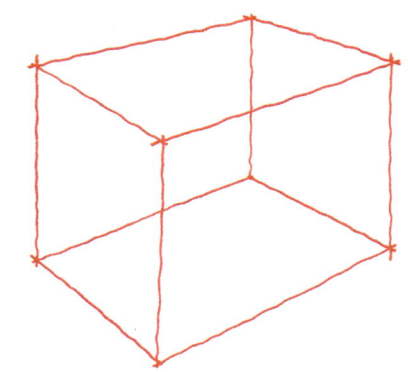 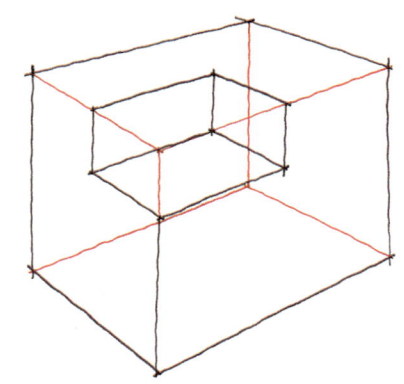 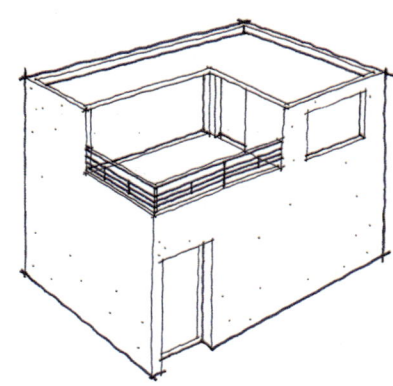

육면체에서 시작한 스케치(육면체의 분할을 이용한 건축물의 구성)

⫸ 육면체의 증식

건축물의 경우 법규와 기능, 구조의 한계로 육면체의 증식에는 제한이 따르지만 육면체의 증식을 통해 독특한 볼륨을 만들어 낼 수 있다. 아래 그림은 건축물을 육면체로 인식하고 육면체의 증식을 통해 건축물을 스케치한 경우이다.

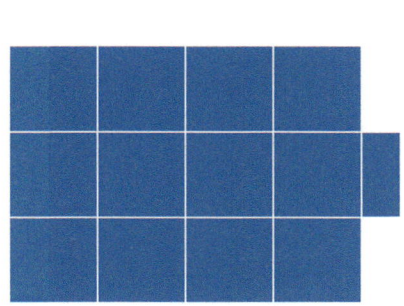 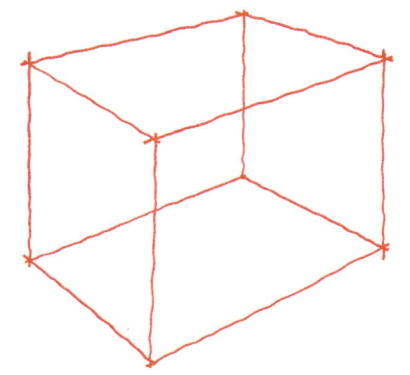 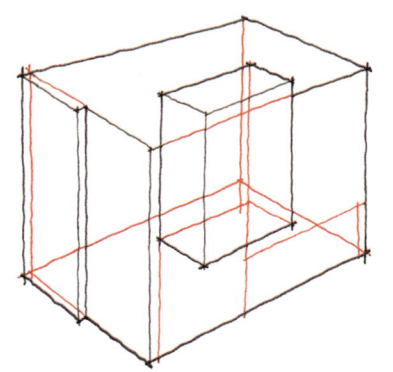 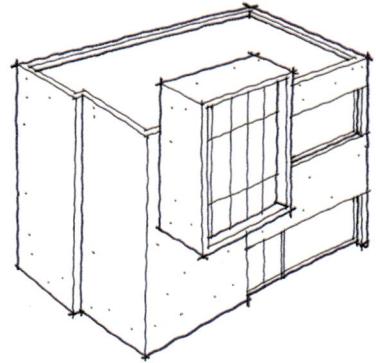

육면체에서 시작한 스케치(육면체의 증식을 이용한 건축물의 구성)

>>> 육면체의 조합 01

건축물의 경우 분할하거나 증식한 매스들을 조합(재구성)하는 방법을 통해 다양한 볼륨을 만든다. 아래 그림은 육면체 매스의 수평적 조합을 통해 건축물을 구성한 경우이다.

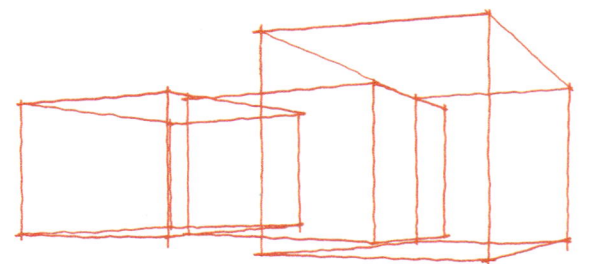 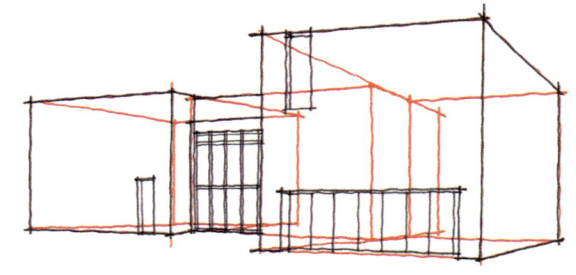 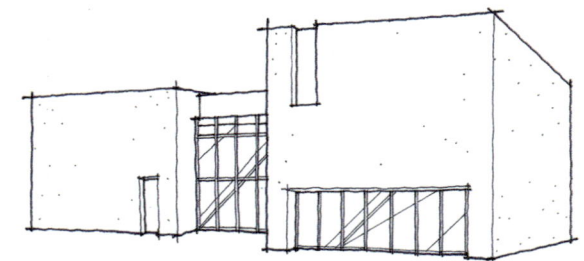

육면체에서 시작한 스케치(육면체의 조합을 통한 건축물의 구성)

≫ 육면체의 조합 02

아래 그림의 경우는 육면체를 분할하여 비어 있는(Void) 공간을 만들고 육면체를 증식하고 또 조합하는 방법을 통해 건축물의 매스를 구성한 경우이다.

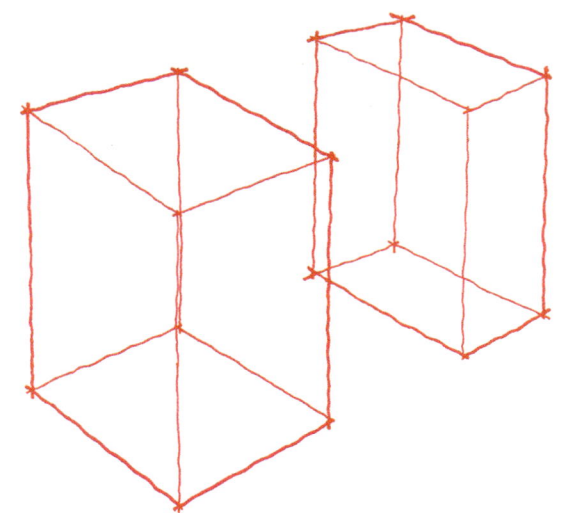 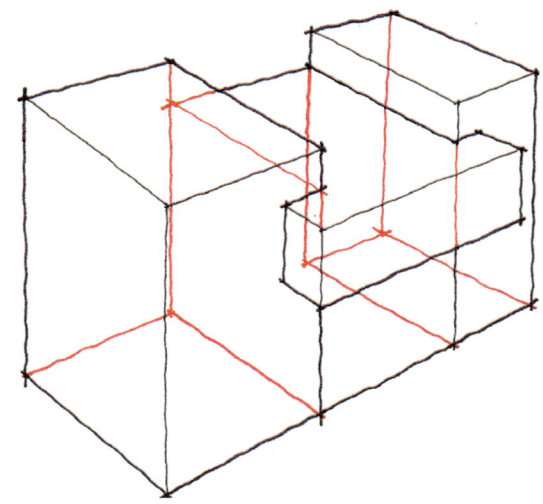 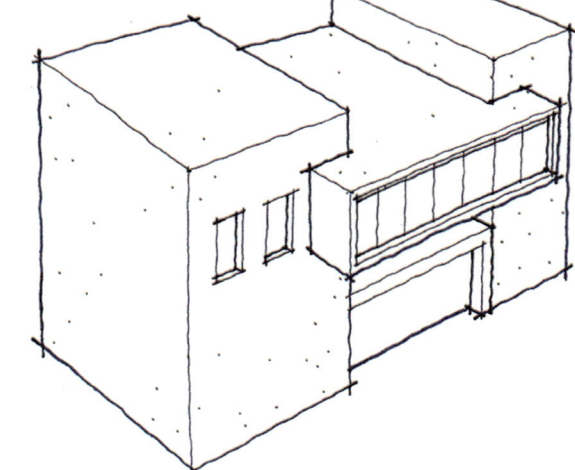

육면체에서 시작한 스케치(육면체의 조합을 통한 건축물의 구성)

04 입체감 있게 보이는 방법

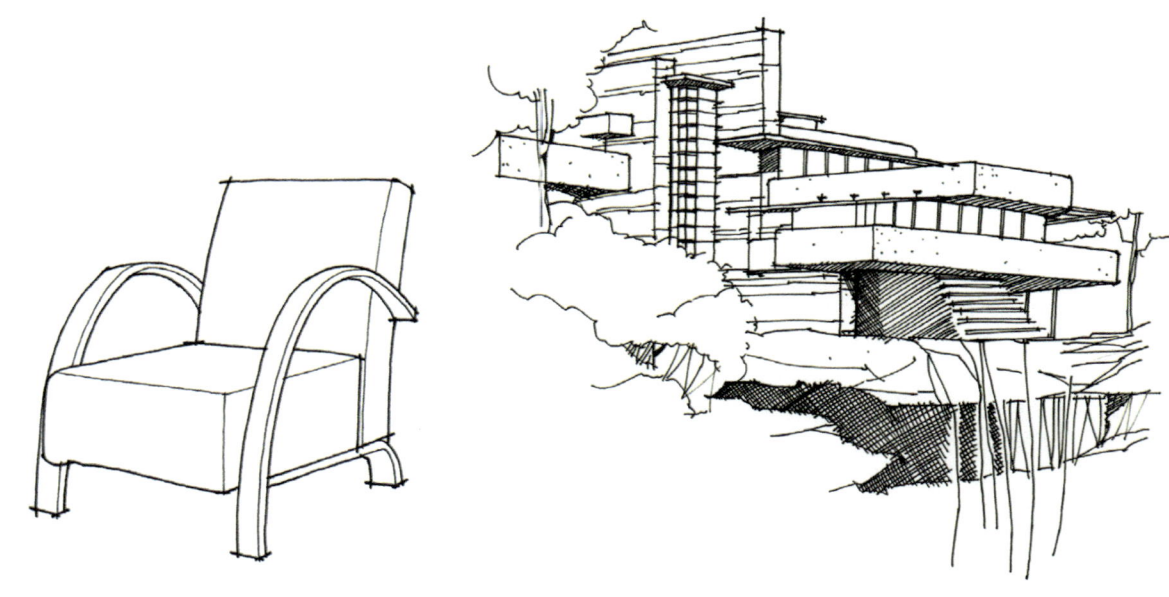

입체감을 표현하기 위해서는 컬러링에 의해 입체감을 주는 것이 가장 실제에 가까운 효과를 줄 수 있다. 그 외에 스케치 상에서는 선의 굵기 차이로 윤곽을 살려 입체감을 표현하는 방법과 선 터치로 사물에 명암을 표현하거나 사물에 음영(그림자)을 표현하는 방법이 있다.

4.1 선의 대비 – 선을 가늘게 또는 굵게

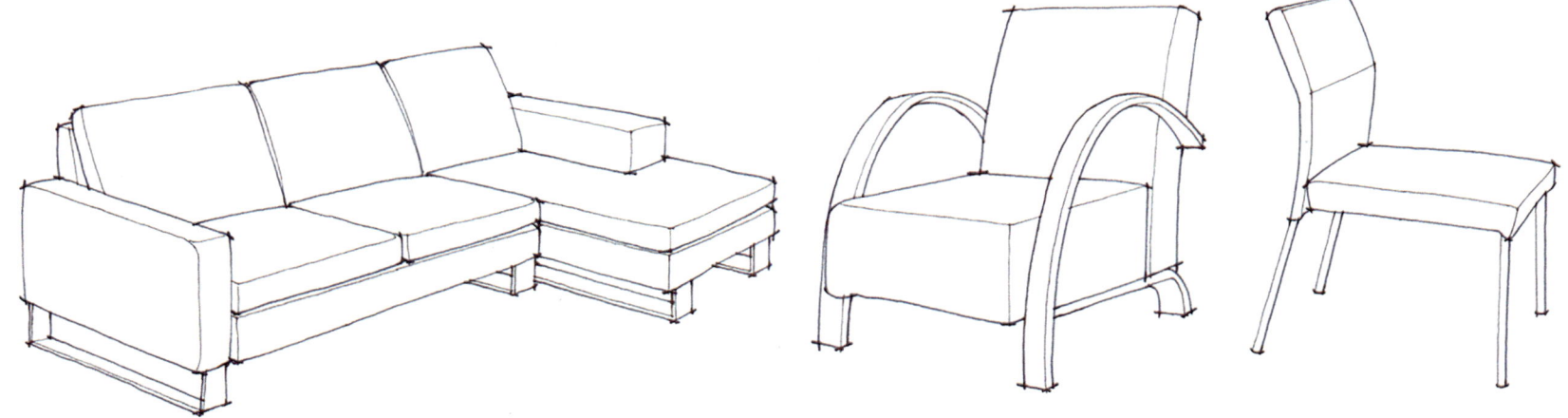

연필이나 펜으로 그린 스케치 자체가 최종 결과물이라면 연필이나 펜으로 간단한 터치나 입체감을 표현하는 것이 좋겠지만, 마커 컬러링을 위한 베이스 작업이라면, 선 굵기의 차이로 입체감을 최대한 표현하는 것도 좋다.

(마커 컬러링의 경우 모든 집기나 가구, 그리고 벽, 바닥, 천장 등을 빈틈없이 컬러로 채워 넣지는 않는다. 따라서 이러한 입체감 있는 스케치는 간단한 마커 터치만으로도 여백이 있는 투명감 있는 결과물을 만들 수 있도록 도와준다)

여기서 **입체감의 표현이란 2차원(평면)상에서의 표현이지만 삼차원의 공간적 부피를 가진 물체를 보는 것과 같은 느낌으로 표현하는 것을 의미한다.**

>>> 입체감 기본 원리

선 굵기 차이를 통한 입체감 표현의 원리는 '대비(contrast)'이다. 대비는 성질이 반대가 되는 것 또는 성질이 서로 다른 것을 경험할 때 이들 성질의 차이가 더욱더 과장되어 느껴지는 현상으로 모든 시각적인 요소에 대하여 동적이고 극적인 분위기를 만드는 작용을 한다. 대조되는 요소로 명암, 흑백, 대소, 원근, 부드러움과 딱딱함, 찬 것과 더운 것, 비슷한 요소가 적은 것 등을 예로 들 수 있다.

스케치를 하는 데서도 이와 같은 원리를 적용하면 각각의 선이 대비되어 두드러져 보이므로 입체감을 효과적으로 표현할 수 있다.

같은 굵기의 선을 긋는 것과 굵은 선과 가는 선을 번갈아가며 긋는 것은 다르다. 아래 그림을 살펴보면 선 굵기를 같게 한 경우〈그림 2-13〉보다 굵은 선과 가는 선을 번갈아가며 그은 선〈그림 2-14〉의 경우 각각이 더 두드러져 보임을 알 수 있다. 따라서 공간 스케치에서 입체감을 표현할 때 특별한 법칙은 없으나 전체 윤곽(덩어리)은 굵게, 나머지 부분은 가늘게 선을 긋는 것이 요령이다.

〈그림 2-13〉 같은 굵기로 선을 그은 경우

〈그림 2-14〉 굵은 선과 가는 선을 번갈아가며 그은 경우

전체 윤곽(덩어리)은 굵게, 나머지 부분은 가늘게 선을 그어 입체감을 표현한 경우

》》》 덩어리(매스)별로 윤곽 살리기

하나의 매스로 구성된 사물을 그릴 때는 선 굵기 차이로 입체감을 표현하는 것이 그리 어려운 일이 아니다. 그러나 대부분의 사물은 여러 개의 매스(덩어리)로 구성되어 있다. 이때 이 덩어리들을 별개로 보고 각각의 윤곽은 굵게 나머지 선은 가늘게 해줌으로써 전체적으로 입체감을 살릴 수 있다.

아래의 1인용 소파는 등받이와 좌판, 그리고 팔걸이와 연결된 다리로 구성되어 있다. 각 각의 매스를 살려 윤곽은 굵게 나머지 선은 가늘게 그려본다.

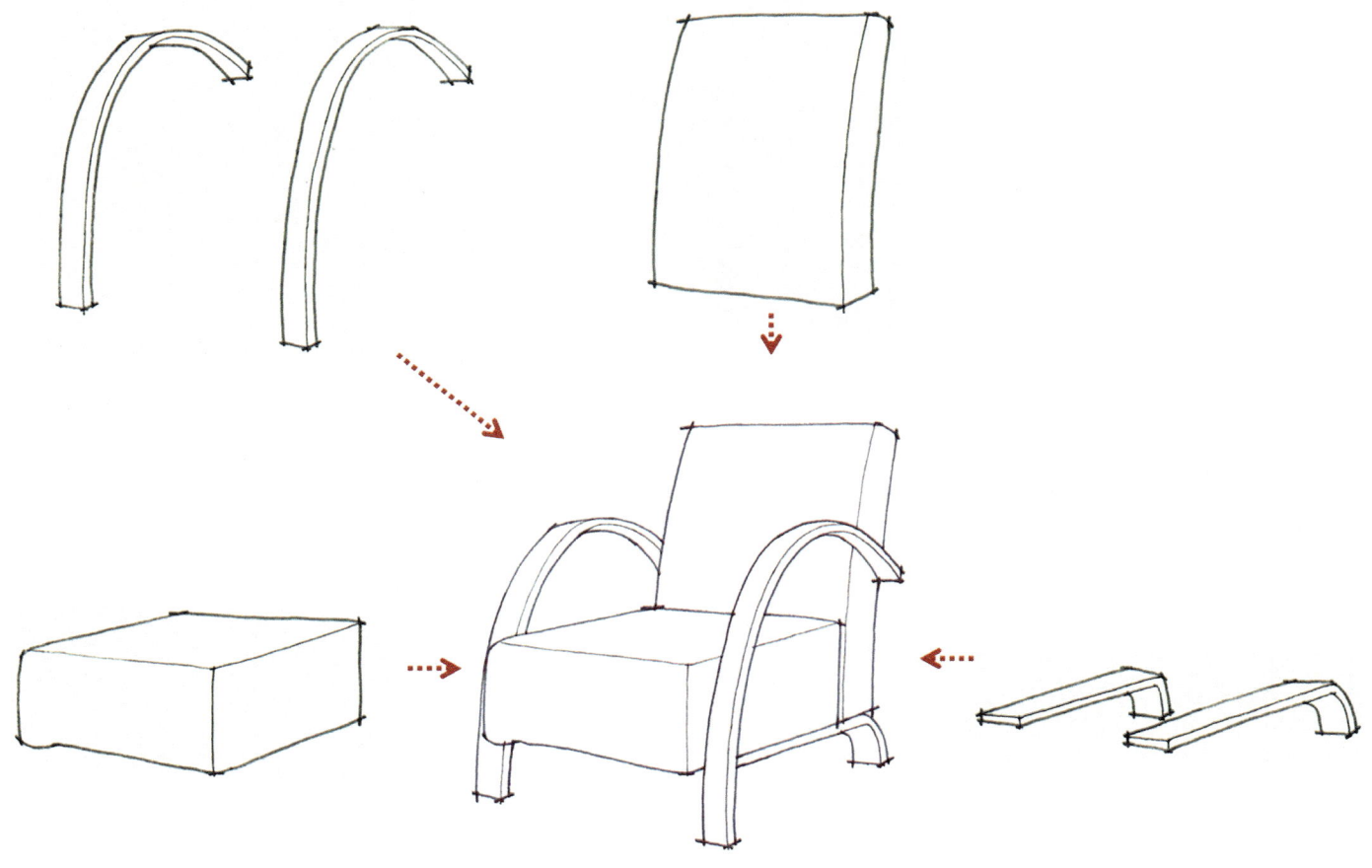

여러 개의 매스(덩어리)로 구성되어 있는 가구
: 각각의 매스(덩어리)를 하나의 개체로 보고 각각의 윤곽을 두드러지게 표현한 매스들을 조합함으로써 전체의 입체감이 표현될 수 있다.

〉〉〉 선 굵기가 같은 경우 · 선 굵기가 다른 경우 비교

아래 그림을 살펴보면 왼쪽의 스케치는 선 굵기를 같게 한 경우이고 오른쪽 스케치는 각각의 윤곽을 살려 선 굵기를 다르게 표현한 경우이다. 결과적으로 오른쪽의 경우가 왼쪽의 경우보다 입체감을 느낄 수 있게 스케치되었다.

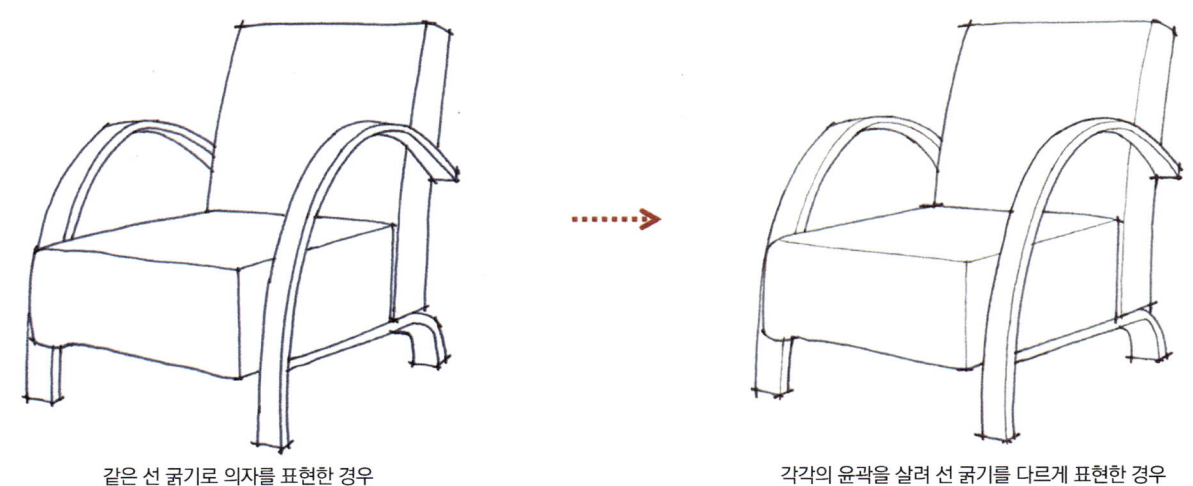

같은 선 굵기로 의자를 표현한 경우 　　　　각각의 윤곽을 살려 선 굵기를 다르게 표현한 경우

〉〉〉 선 굵기 차이로 입체감이 표현된 다양한 스케치의 예

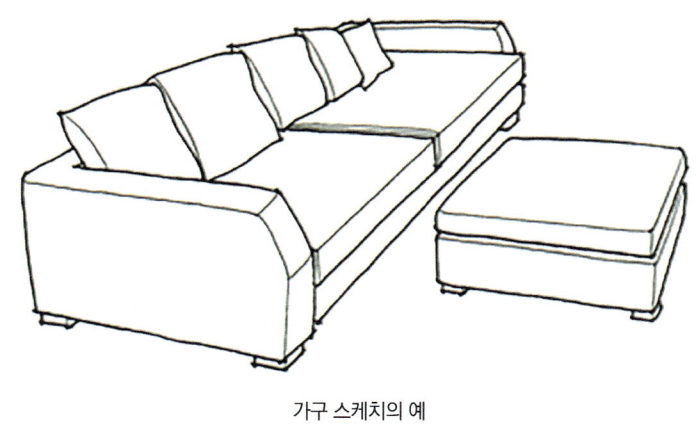

가구 스케치의 예

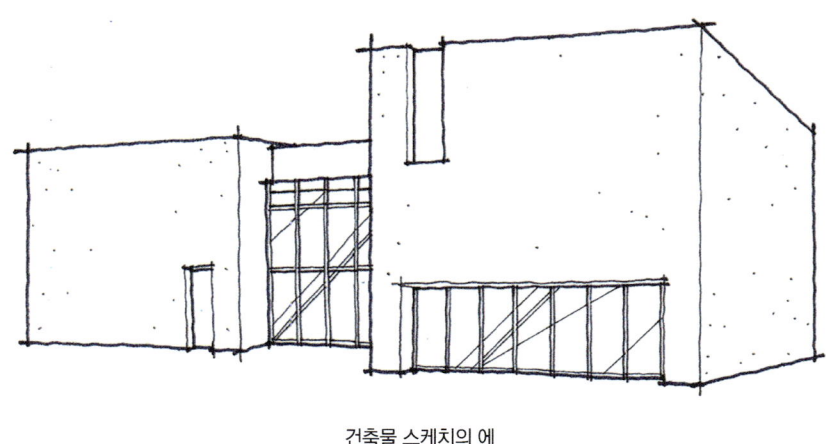

건축물 스케치의 예

4.2 명암과 음영(그림자) - 밝게 또는 어둡게

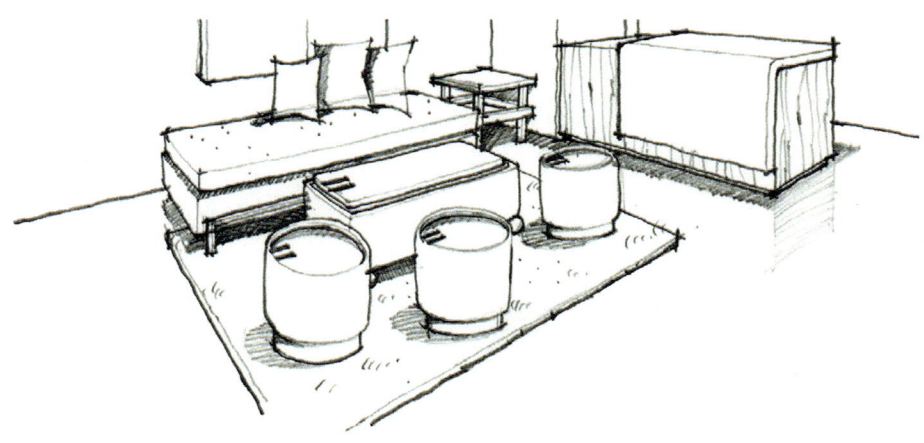

입체감을 표현하는 또 다른 방법에는 사물의 명암과 음영을 표현하는 방법이 있다.

공간(내외부 공간)에는 빛이 존재하며 빛은 사물에 명암을 만들고 또 음영을 드리운다.
명암과 음영은 사물이 삼차원의 공간적 부피를 가진 물체라는 것을 인식시키는 데 중요한 역할을 하므로 명암과 음영의 표현은 재료 자체의 컬러와 질감의 표현 못지않게 중요하다.

간단한 명암과 음영의 표현원리에 대해 알아보고자 한다.
컬러링 과정에서 표현되는 명암과 음영에 대해서는 〈PART4. 컬러링〉에서 자세히 설명하였다.

선 터치만으로 결과물을 표현하는 경우가 아니라면 직접적인 명암과 음영의 표현은 컬러링에서 하는 경우가 많다. 그러나 선 터치에 의한 명암과 음영의 표현은 단시간에 간략한 컬러감의 표현만으로도 스케치 결과물의 완성도를 높일 수 있다는 장점이 있다.

명암(light and darkness)과 음영(shade and shadow)은 구분이 모호한 경우가 많다.

이 책에서는 **명암은 사물 자체에 표현되는 어둡고 밝은 정도로, 음영(shade and shadow)은 사물에 의해 드리워진 그림자로 구분하여 설명한다.**

>>> 명암(light and darkness)의 표현

특별한 경우를 제외하고는 내·외부 공간 모두에서 빛은 사물의 위쪽에 존재한다고 보는 경우가 많다. 따라서 사물은 윗면이 가장 밝으며 빛을 등진 쪽이 가장 어둡게 표현된다.
아래의 설명은 가장 기본적인 사항이다. 그러나 각각의 사물을 표현할 때 기본적인 사항만이라도 지킨다면 입체감을 효과적으로 표현하는 데는 무리가 없을 것이다.

| 육면체의 경우 |

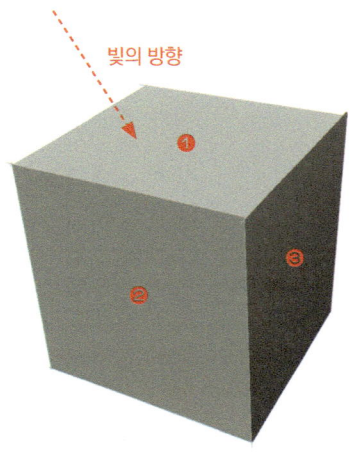

- 그림에서와 같이 광원(자연광, 인공광)이 좌측 상부에 있다고 가정했을 때 육면체의 상부 ①의 면이 가장 밝고 빛을 등진 ③의 면이 가장 어두우며 빛을 비스듬히 받고 있는 ②의 면은 중간 밝기이다.

| 구(sphere)의 경우 |

- 구의 경우도 마찬가지이다. 차이점이 있다면 구의 경우 평평한 면이 아니기 때문에 둥근 면의 흐름에 따라 명암이 나타난다는 점이다.

⟫ 음영(그림자, shade and shadow)의 표현

앞 페이지의 육면체와 구의 경우 사물이 바닥에 놓인 상태라기보다 마치 떠 있는 것처럼 안정감이 없어 보인다.
음영의 표현은 사물을 안정감(중력의 작용에 의한)있게 보이게 하는 동시에 사물의 입체감을 표현할 수 있도록 도와준다.
물론 그림자는 아래 그림에서와 같이 바닥에 착지하지 않고 떠 있는 사물을 표현하기 위한 수단으로 사용되기도 한다.

공간에서 음영은 명도 차에 의해 표현되며 음영의 표현에 의해 사물의 높이와 깊이 등을 파악할 수 있다.
아래 그림에서와 같이 2차원 도면(평면도, 배치도, 입면도)상에도 음영의 표현을 통해 사물의 볼륨감과 깊이감을 표현할 수 있다.

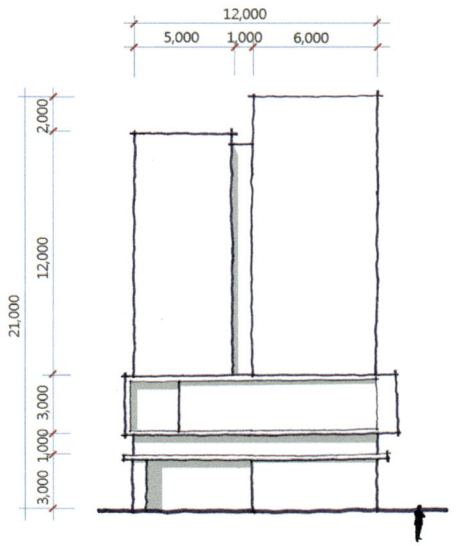

입면 스케치
- 아주 단순한 입면 스케치에서 그림자의 표현은 매스의 깊이감과 볼륨감을 파악할 수 있게 해준다.

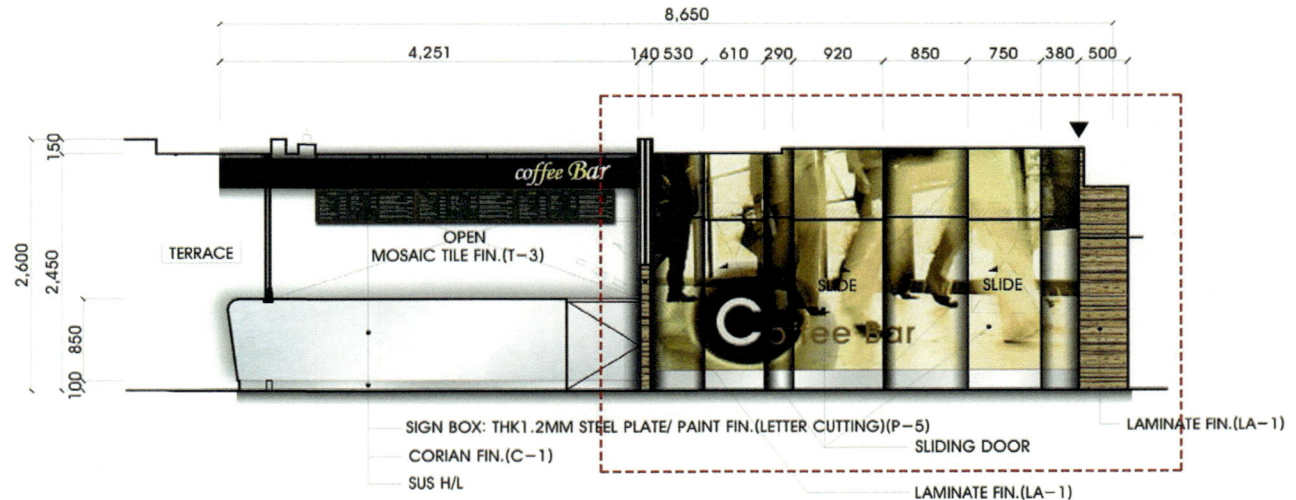

입면도
- 그림자의 표현으로 벽체의 돌출 여부 및 정도를 파악할 수 있게 해준다.

사물의 음영(그림자)은 사물과 인접한 부분이 가장 어두우며 멀어질수록 옅어진다.

육면체의 명암과 그림자

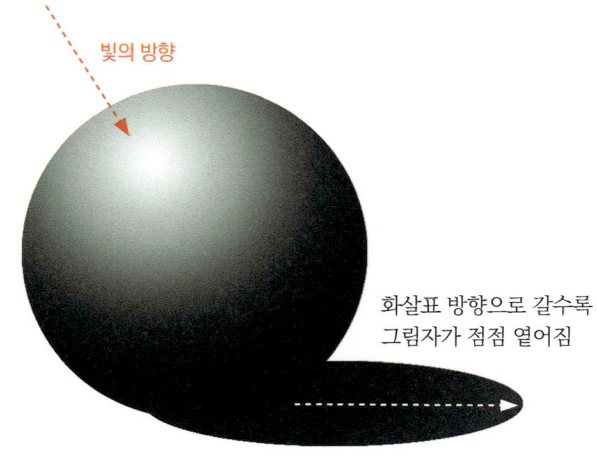

구의 명암과 그림자

| 그림자의 모양 결정하기(내부공간) |

광원은 방향성이 있으므로 물체에 부딪히는 방향에 따라 그림자의 모양은 달라진다.
외부공간과 달리 내부공간에는 여러 개의 조명을 사용하므로 실제로는 사물에 여러 개의 그림자가 생긴다. 따라서 임의로 1개의 조명원을 정하고 그에 따른 그림자의 모양을 결정하게 된다.

그림자의 모양을 결정하는 기본 순서는 다음과 같다.

① 광원의 위치 정하기
   - 내부공간의 경우 임의로 광원의 위치를 설정한다.

② 광원의 방향선 그리기
   - 광원에서부터 물체의 상부 꼭짓점을 지나는 선을 긋는다.(자연광일 때에는 광원의 방향선 각각이 평행으로 표현되는 경우가 많으나 내부공간의 인공광인 경우에는 인공광을 중심으로 방사선으로 뻗어나가는 모양의 방향선이 만들어진다)

③ 그림자의 방향선 그리기
 - 임의로 정한 광원에서 수직으로 바닥에 떨어지는 점을 찍고 그 점으로부터 물체의 하부 꼭짓점을 지나는 선을 그리면 된다.

④ 광원의 방향선과 그림자의 방향선의 교점을 찾는다.
 (아래의 그림에서는 이해를 돕기 위해 상부 꼭짓점을 지나는 광원의 방향선과 하부 꼭짓점을 지나는 그림자의 방향선을 같은 색으로 표현하였다. 광원의 방향선은 점선으로, 그림자의 방향선을 실선으로 표시하였다)

⑤ 가장자리에 위치한 그림자의 방향선과 각각의 교점을 연결하여 그림자의 모양을 완성한다.

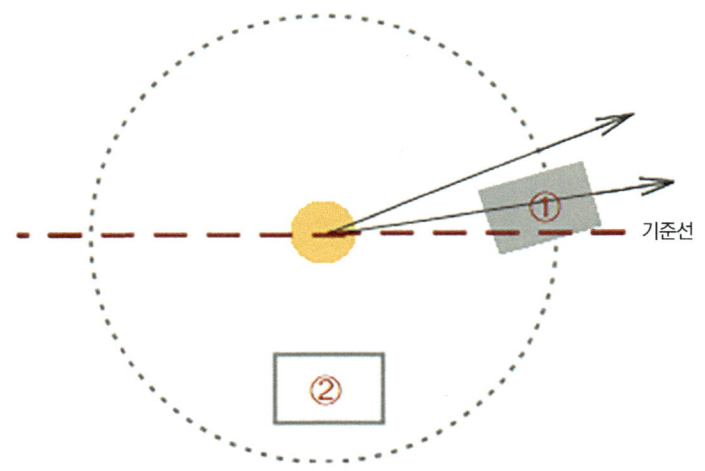

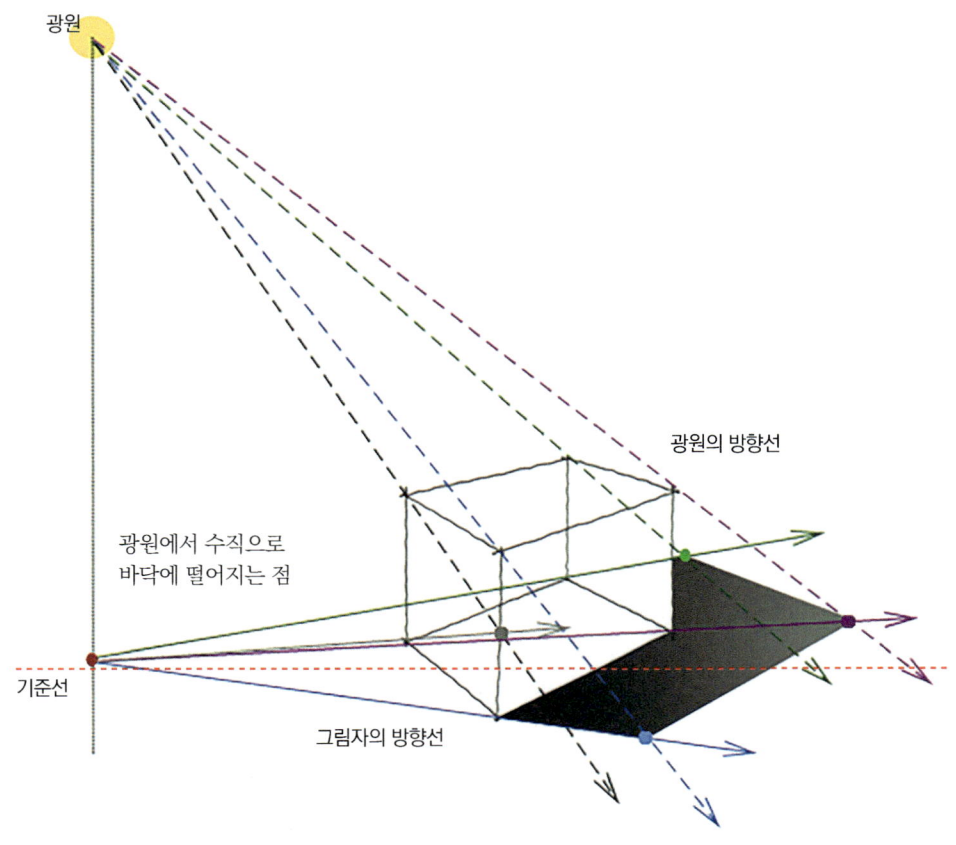

위의 그림은 광원과 물체를 위에서 본 모습이다. 광원이 내부공간의 중앙에 위치한다고 가정했을 때 '광원에서 수직으로 바닥에 떨어지는 점'은 광원과 겹치며 그 중심으로부터 그림자의 방향선을 찾게 된다.

그림에서는 물체 ①이 기준선(------) 뒤쪽에 위치하였으므로 그림자의 방향이 다소 뒤쪽으로 치우친 것처럼 보이지만 물체가 기준선의 앞쪽에 위치할 경우(물체②)에는 그림자가 앞쪽에 생기게 된다.

그림자의 모양 결정하기(외부공간)

외부공간에서 그림자의 모양을 결정하는 방법은 내부공간에서와 크게 다르지 않다.

단 광원의 위치를 임의로 결정하고 광원에서부터 방사선의 형태로 퍼져나가는 방향선(광원)을 설정하는 내부공간과는 달리 외부공간에서 자연광의 방향선은 항상 평행하다는 전제하에 작업이 이루어진다.
또한 광원에서 수직으로 바닥에 떨어지는 점을 기준으로 그림자의 방향선이 그려지는 내부공간과는 달리 외부공간에서는 그림자의 방향선 역시 각각 평행하게 그려진다.

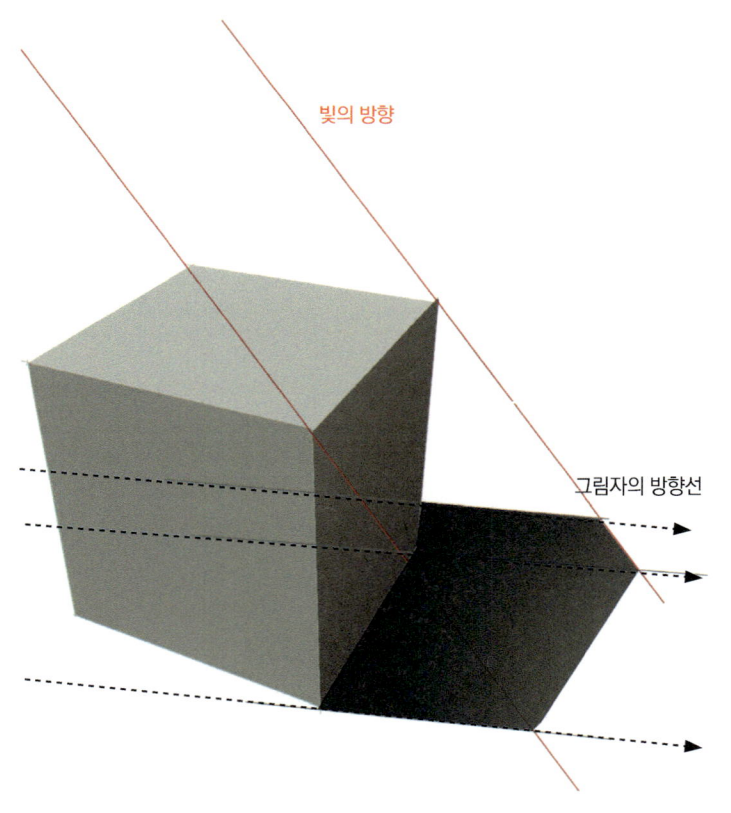

외부공간에서 그림자의 모양을 결정하고자 할 때에는 각각의 자연광의 방향선과 각각의 그림자의 방향선을 평행하게 그린다.

> **Tips** 그림자를 꼭 도법에 맞게 그릴 필요는 없다. 사실 어렵다. 기본 원리를 이해하고 예를 통해 기본적인 형태만이라도 익히면 자연스러운 그림자의 모양을 표현할 수 있다.

선 터치로 음영(그림자)을 표현한 예

다음은 간략한 선 터치로 음영을 표현한 예이다. 시간을 충분하게 투자하여 컬러링까지 할 경우가 아니라면 간략한 선 터치에 의한 음영의 표현으로 입체감을 보여줄 수 있다.

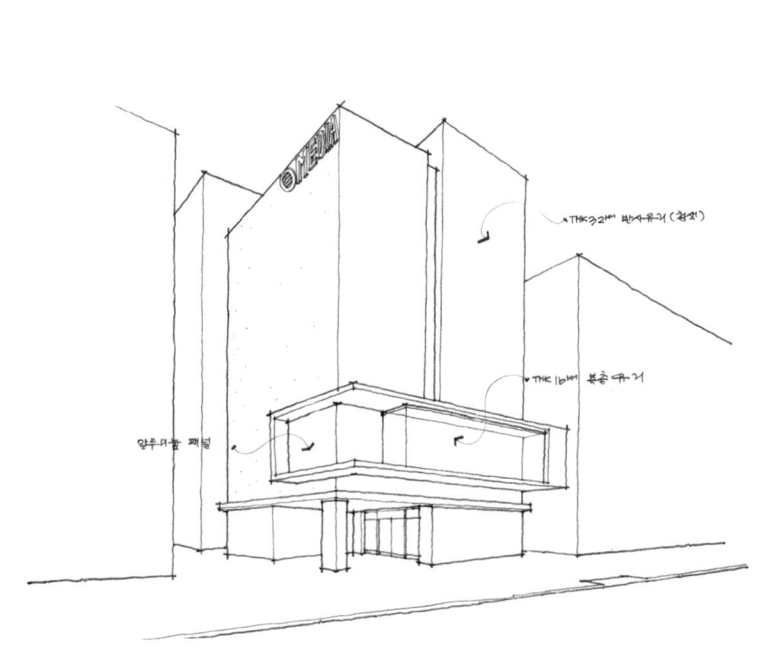

기본 스케치만 한 경우

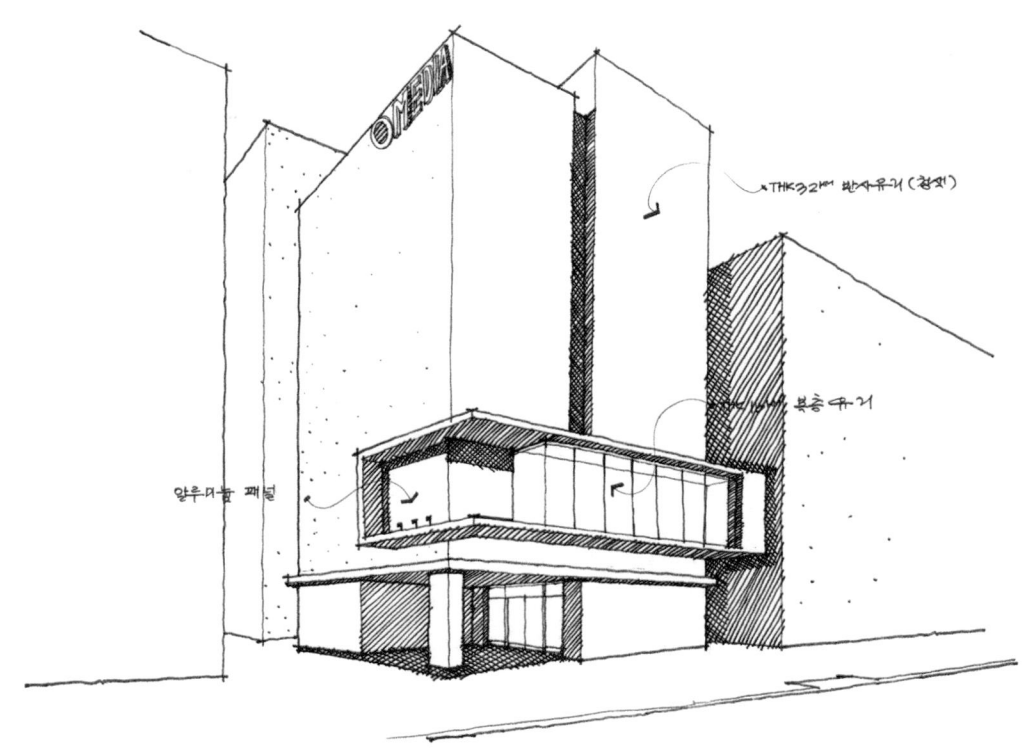

펜 터치로 음영을 준 경우
- 선 터치에 의한 음영의 표현으로 건물의 매스감과 깊이감을 효과적으로 표현할 수 있으며, 건물 지상층의 입구 부분과 전면의 돌출된 매스 등 전체적인 건물의 볼륨감의 파악이 용이하다.

05 육면체 완성하기

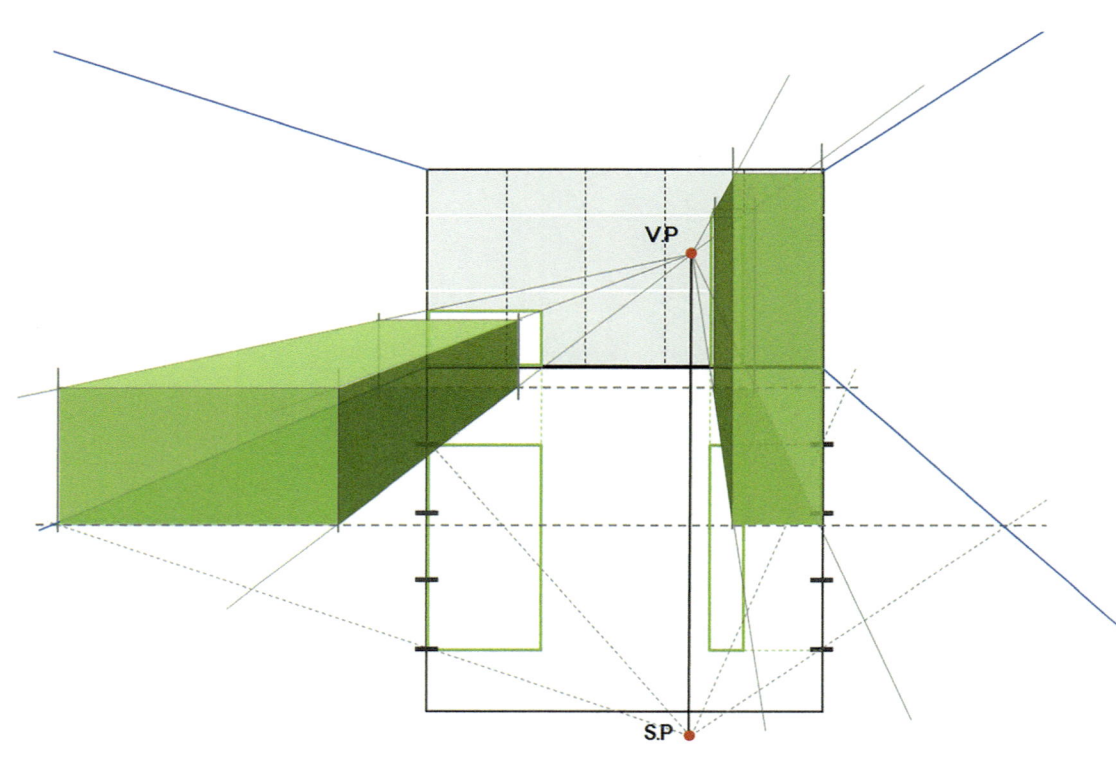

사각상자(육면체)를 늘이거나 줄이는 것으로 모든 사물을 표현할 수 있다. 육면체를 자연스럽게 그려내는 것, 이것이 곧 시각적 표현의 시작이다.

그러나

하나의 시점(視點)을 가진, 원근감이 표현된 여러 개의 육면체를 그리는 것. 방법과 규칙이 필요하다.

☑ 5.1 공간 내부에서 보기

이 장에서 소개될 1소점, 2소점, 찌그러진 2소점은 간략 스케치하는 방법으로 설명하고자 한다. 정확한 작도법에 의해 작도하는 것은 습득하기에도 어렵고 작도하는 시간도 오래 걸리기 때문이다. 앞으로 소개될 방법이 정확성은 떨어지겠지만 이 과정이 익숙해진다면 비교적 자연스럽게 빨리 스케치하는 과정을 익히게 될 것이다.

≫ 소점 하나

| 스케치 가이드(Sketch Guide) |

· 평면 grid size : 1,000 × 1,000
· 천장고(C.H) : 2,500
· 눈높이(VP의 높이) : 1,500

이 방법은 그리드법을 사용한 예이다.

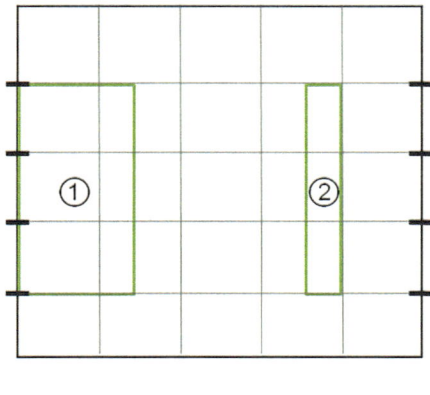
평면도

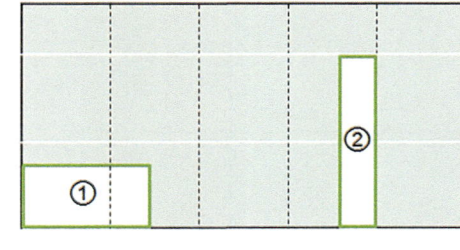
입면도

스케치 순서

입면 그리기 → 기본 소점 정하기 → 천장 라인과 바닥라인 그리기 → 벽체와 바닥의 그리드 그리기 → 육면체 그리기

Tips 이 장에서는 각각의 과정 앞에 소개된 기본 순서를 기준으로 타이틀을 명시하고 설명을 덧붙였다. 그 이유는 무작정 따라할 경우에서 생기는 혼돈을 방지하기 위해서이다.

입면 그리기

1. 먼저 용지의 중앙에 관찰자의 시점에서 마주보이는 입면의 가로×세로 크기를 감안하여 사각형의 형태로 간략하게 그린다. 이때 꼭 정비례(1/100, 1/60, 1/50 등)의 축척으로 입면을 그릴 필요는 없다. 이럴 때 아이 스케일(Eye Scale), 즉 눈대중이란 표현을 쓰는데 절대적인 치수는 필요 없으나 비례감은 잊지 않아야 한다.(눈높이 1,500, 천장고 2,500정도를 기본 치수로 할 때, A3 용지에 그린다면 일단 1/40 scale로 연습하는 것이 적당 – 이때 실의 규모가 변수가 될 수 있는데 가로×세로 크기가 1,000 × 1,000 이하라면 큰 무리가 없다)

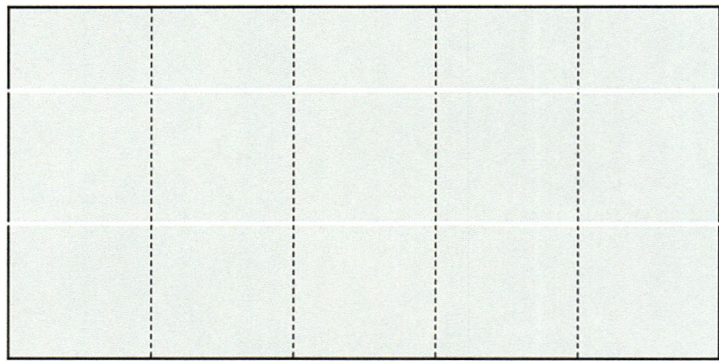

기본 소점 정하기

2. 입면의 축척을 고려하여 눈높이 점(V.P)를 찍는다.(여기서는 눈높이를 1,500으로 설정했다)

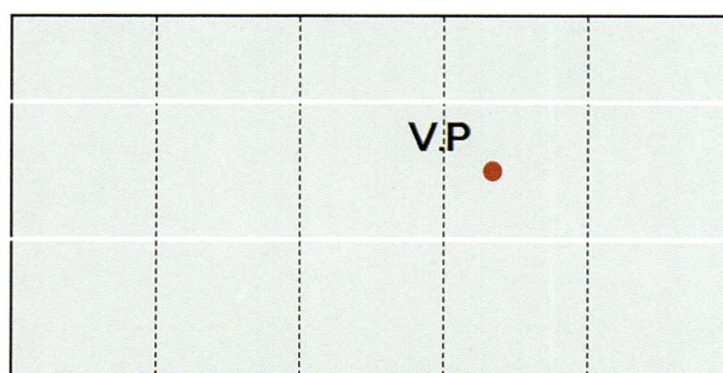

| 천장라인과 바닥라인 그리기 |

3. 소점에서부터 입면의 각 꼭짓점(4개)을 지나는 선을 화면에 꽉 차도록 긋는다. 이 선들은 이 실내공간의 천정라인과 바닥라인이 된다.

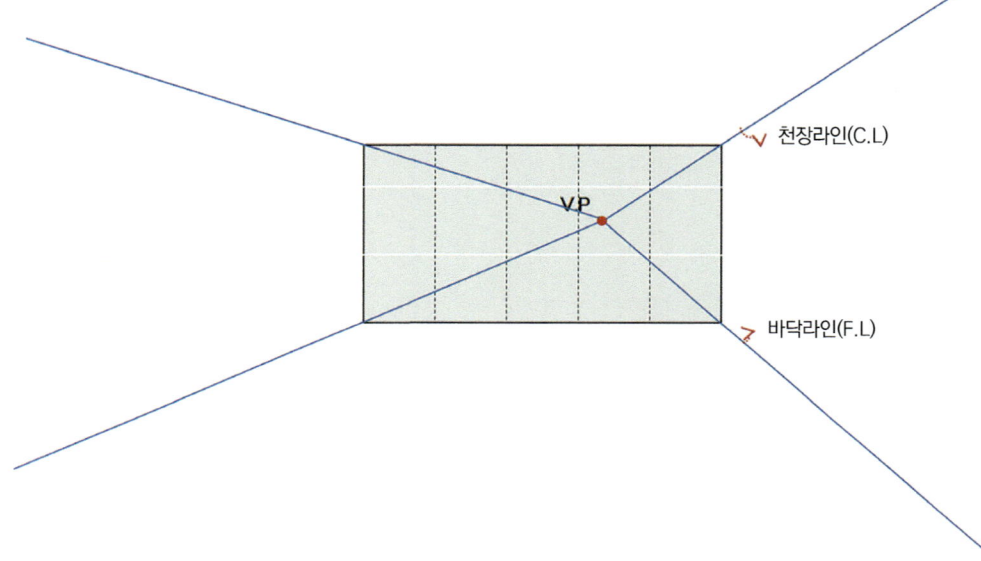

| 벽체와 바닥의 그리드 그리기 |

4. 소점이 위치한 입면(치수의 기준이 됨) 하부에 500 또는 1,000으로 눈금을 표시하고 소점에서부터 이 눈금을 지나는 선을 화면에 꽉 차도록 그린다.
   (기준이 되는 그리드 간격에 제한은 없다. 여기서는 바닥그리드를 1,000으로, 입면그리드를 500으로 정하고 작업하였다)

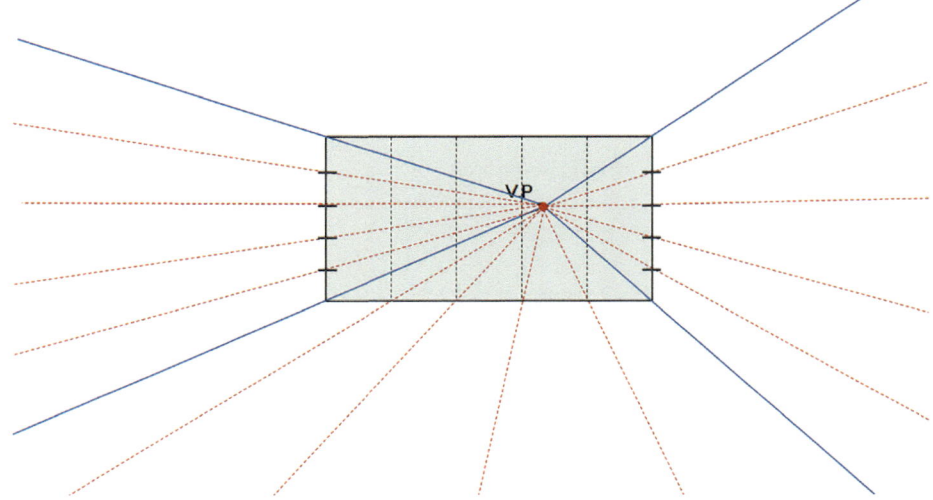

5. 바닥그리드 작업을 위해 일단 실내공간의 깊이를 결정한다.
   (이때 익숙하지 않다면 1소점 작도법을 이용해 실내공간의 깊이를 결정하는 것도 하나의 방법이다)
   1소점 정식 작도법은 〈PART 2. 투시도 스케치 시작 / 5.1 공간내부에서 보기 / 정식 작도법 – 소점 하나〉를 참조하기 바란다.

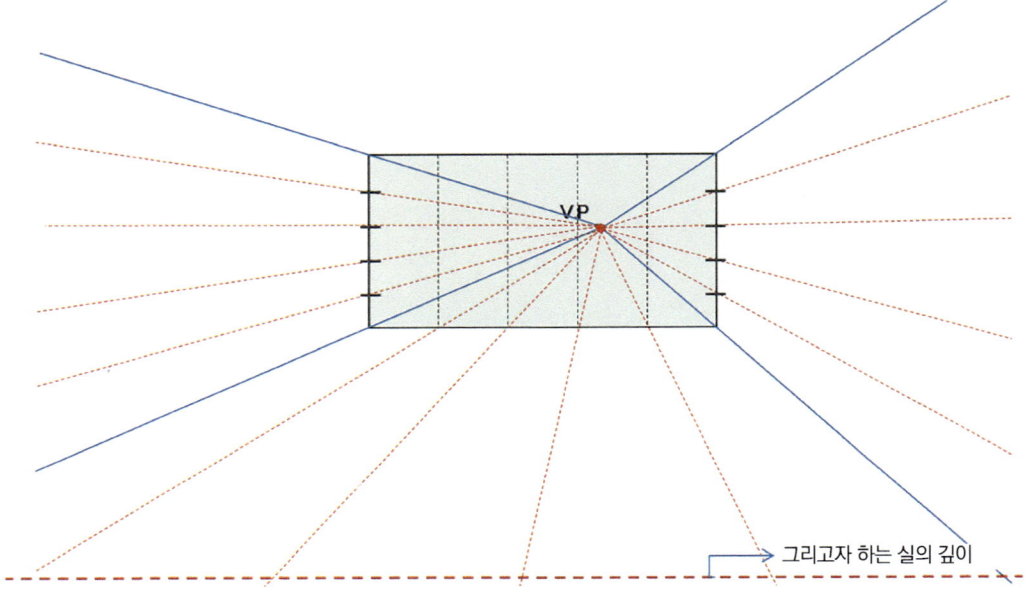

6. 대각선 법을 이용하여 바닥그리드를 그린다.
   바닥면의 가로, 세로 길이가 같고 가로 세로의 분할하고자 하는 그리드의 크기가 같으므로 정사각형의 그리드가 만들어진다.
   (입면의 가로길이 : 5,000, 평면의 깊이 : 5,000 / 그리드 1개의 크기 : 1,000 × 1,000)

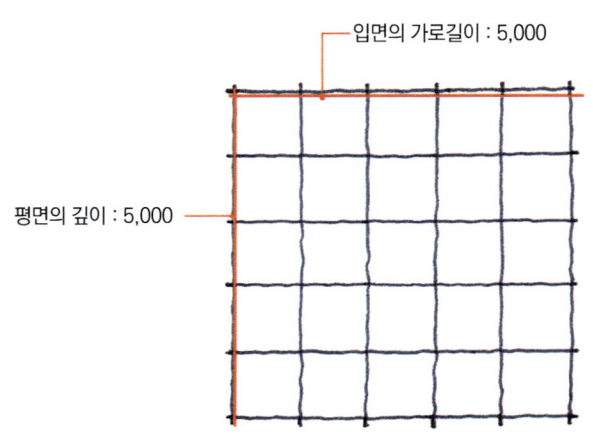
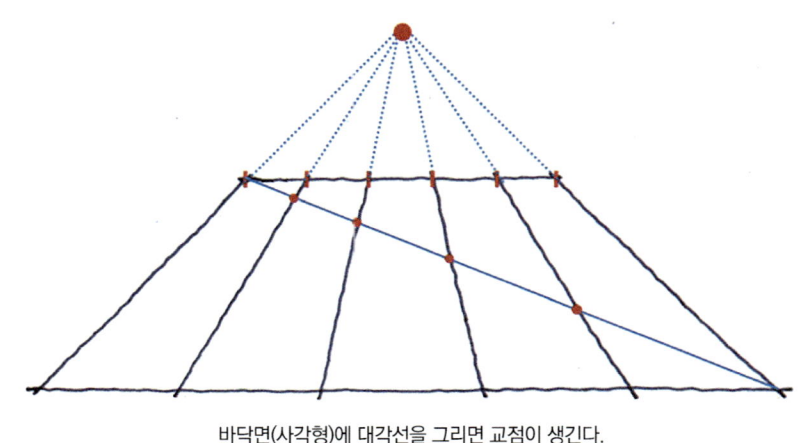

바닥면(사각형)에 대각선을 그리면 교점이 생긴다.

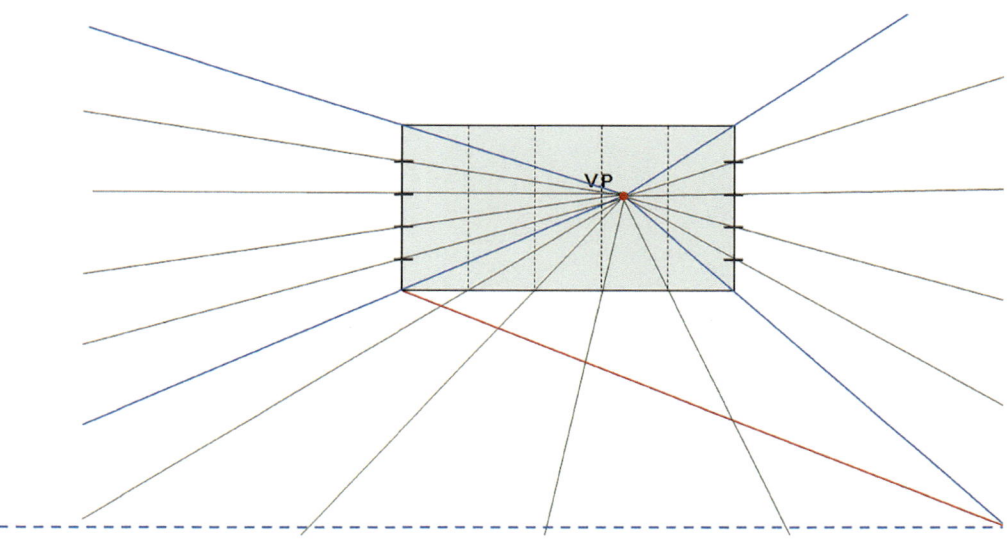

7. 대각선과 소점으로 모이는 선의 교점을 찾아 수평으로 이으면 바닥그리드가 완성된다.

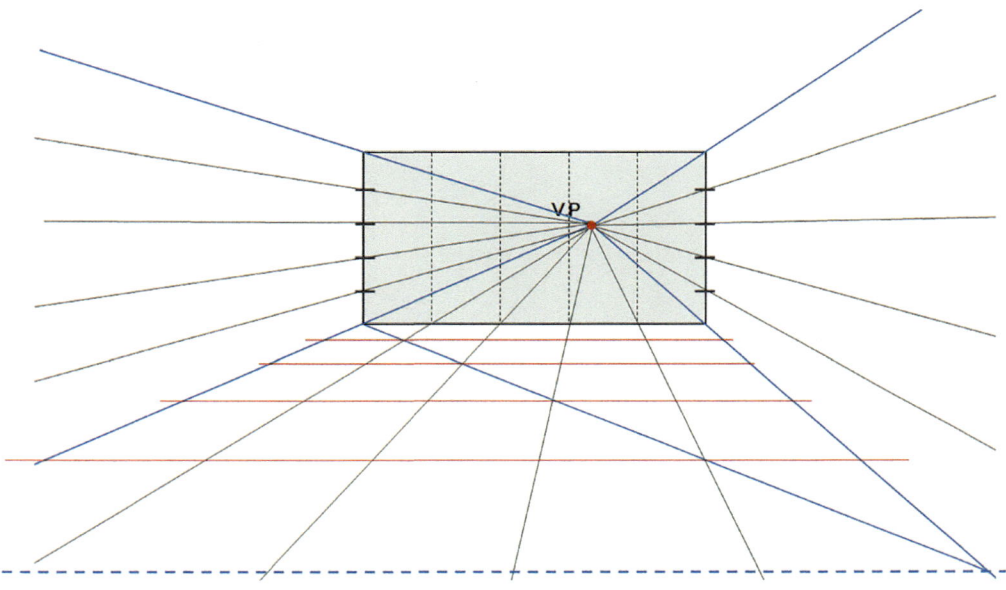

8. 입면그리드를 완성한다. 높이는 500, 깊이는 1,000인 그리드가 완성되었다.

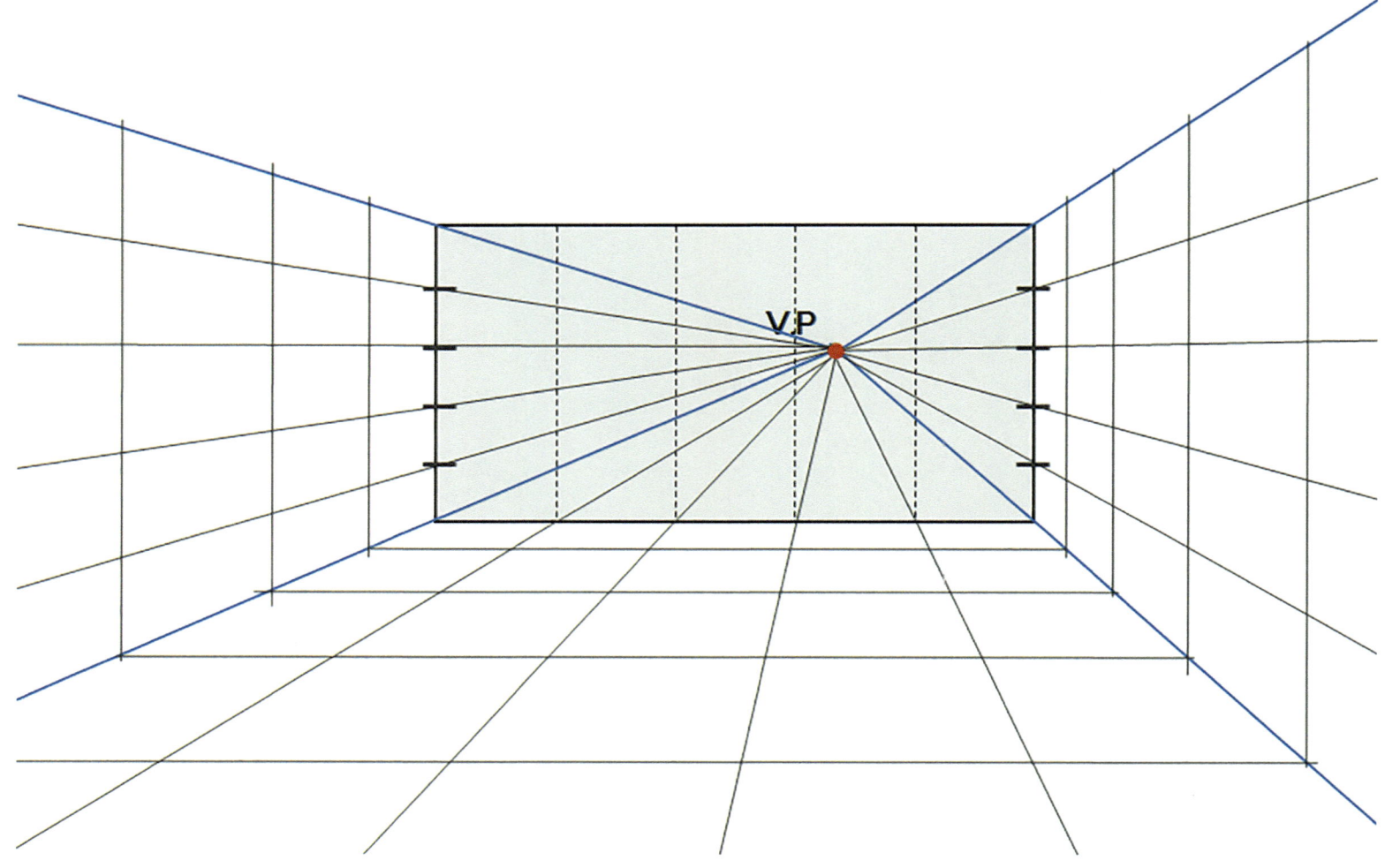

| **육면체 그리기** |

9. 완성된 그리드에 육면체를 그린다.

　이때 치수에 관한 사항은 비례를 감안하여 눈대중으로 그리게 되는데, 입면상에 사물의 높이를 가늠할 수 있는 점을 찍어 소점과 연결하고 연장선을 긋는다.

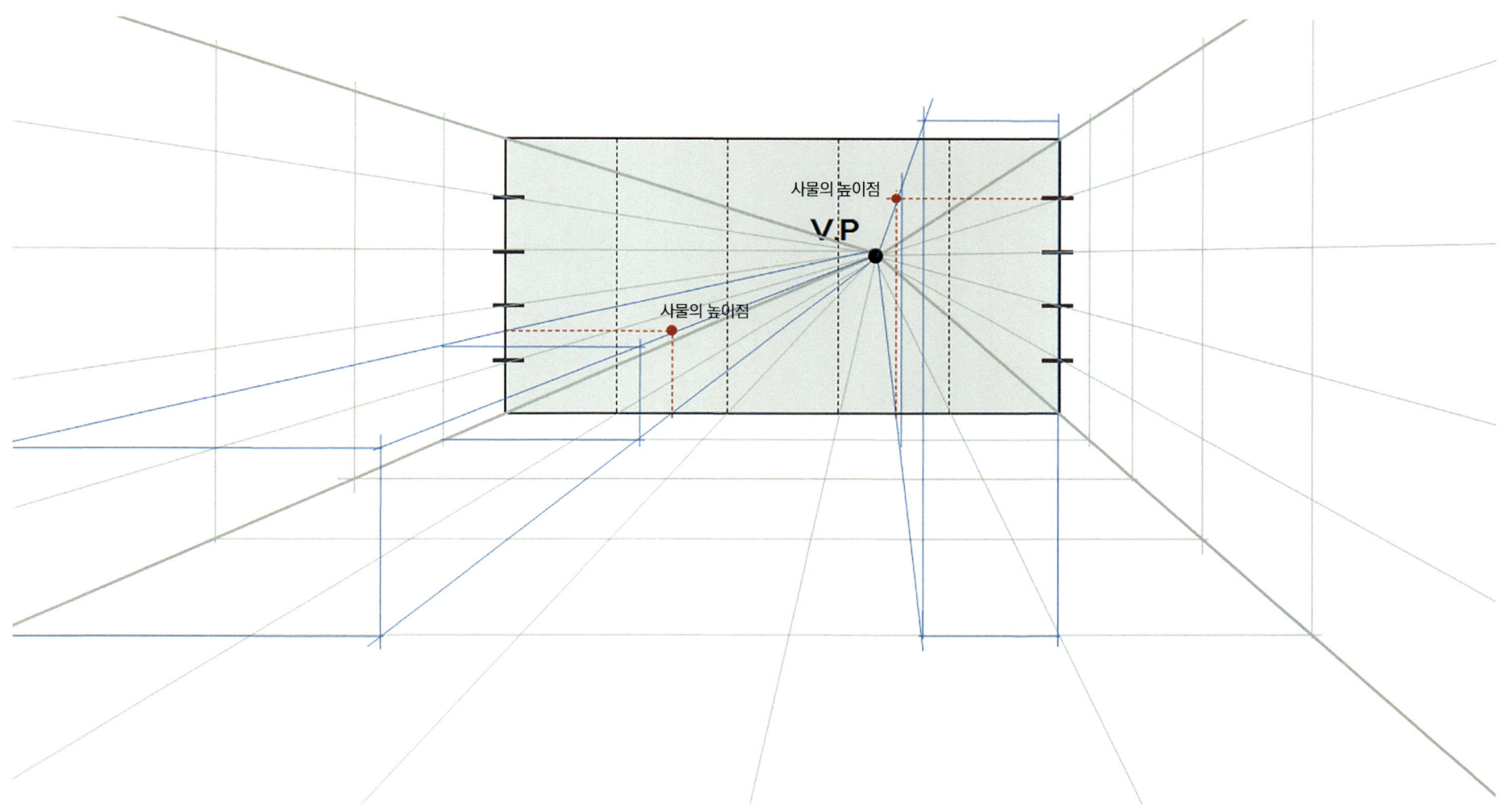

10. 1소점으로 본 사물의 육면체가 완성되었다.

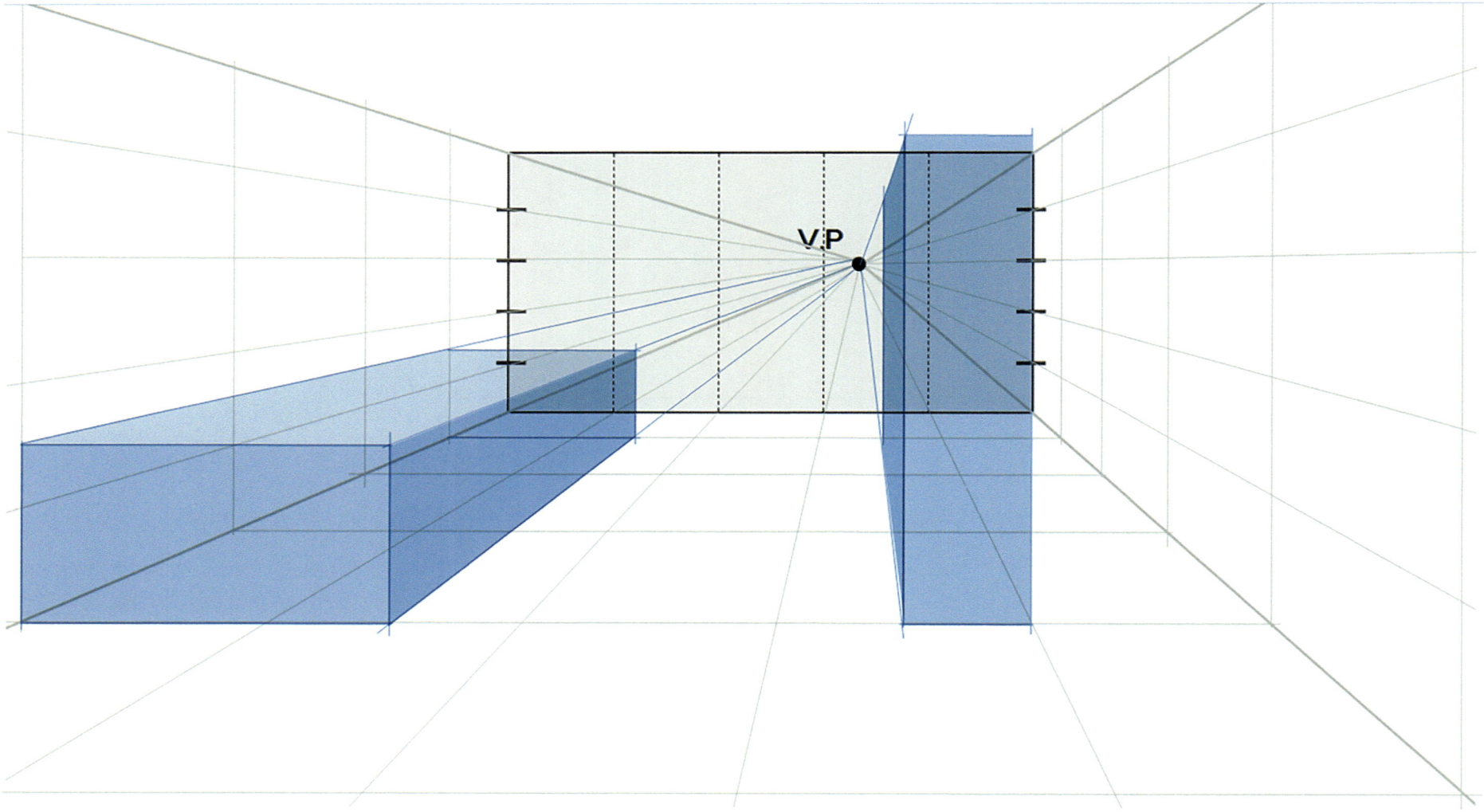

≫ 소점 둘

2소점은 관찰자가 실내공간의 모서리 부분을 바라보면서 생기는 View이다. 따라서 모서리를 기준으로 좌우측에 입면이 보이는 View가 만들어진다.

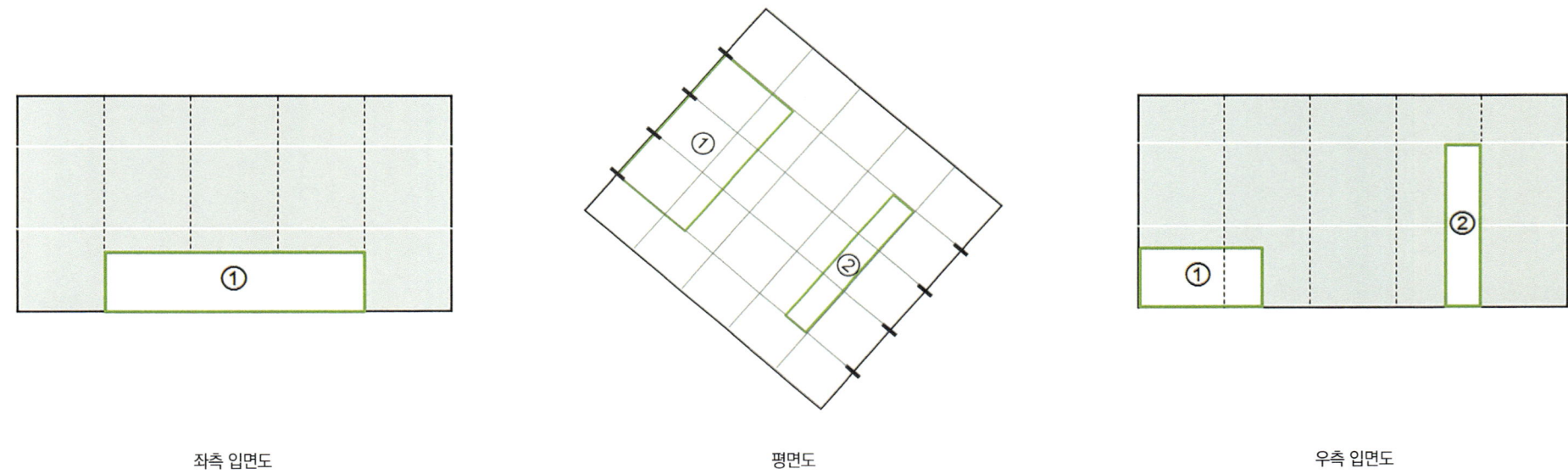

좌측 입면도   평면도   우측 입면도

| 스케치 가이드(Sketch Guide) |

· 평면 그리드 사이즈 : 1,000 × 1,000
· 천장고(C.H) : 2,500
· 눈높이(VP의 높이) : 1,500

이 방법은 그리드법을 사용한 예이다.

스케치 순서
세로선 그리기 → 기본 소점 정하기 → 천장 라인과 바닥라인 그리기 → 벽체와 바닥의 그리드 그리기 → 육면체 그리기

| 세로선 그리기 |

1. 먼저 용지의 중앙에 세로선(좌우측 벽체가 만나는 모서리)을 긋는다. 이 세로선은 치수를 알 수 있는 기준이 되는 선으로, 스케치의 전체 크기를 감안하여 적당한 크기로 용지의 중앙에 위치할 수 있도록 자리를 잡는다.

2. 세로선(좌우측 벽체가 만나는 모서리)을 치수를 알아볼 수 있도록 비례에 맞게 분할한다. 여기서는 천장높이가 2,500이므로 알아보기 쉽게 5등분 했으며 눈금과 눈금 사이의 간격은 500을 나타낸다.(C.H : 2,500 기준, 눈금 사이의 간격 : 500)

| 기본 소점 정하기 |

3. 눈높이를 정하고 수평선(H.L)을 긋는다. 눈높이는 의도하는 바에 따라 자유롭게 정할 수 있다. 여기서는 눈높이를 1,500으로 기준했다.

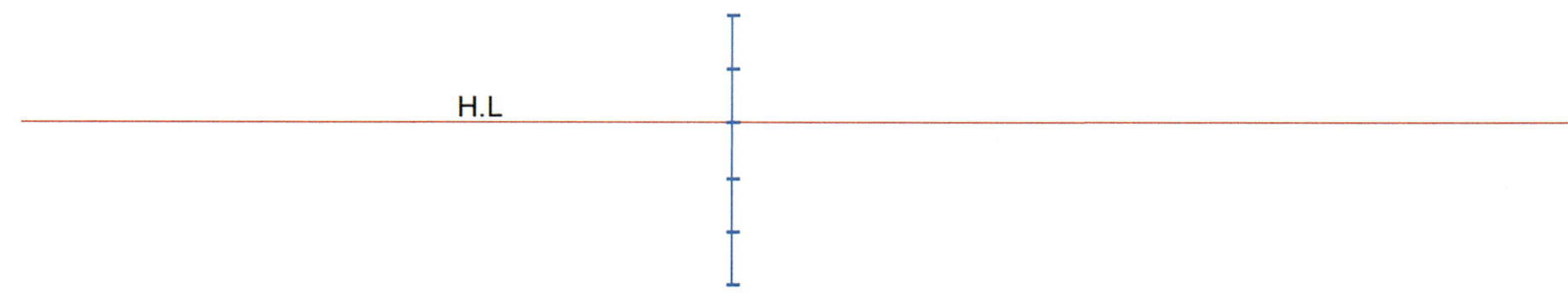

4. 수평선(H.L)상에 소점 V.P1과 V.P2를 찍는다.

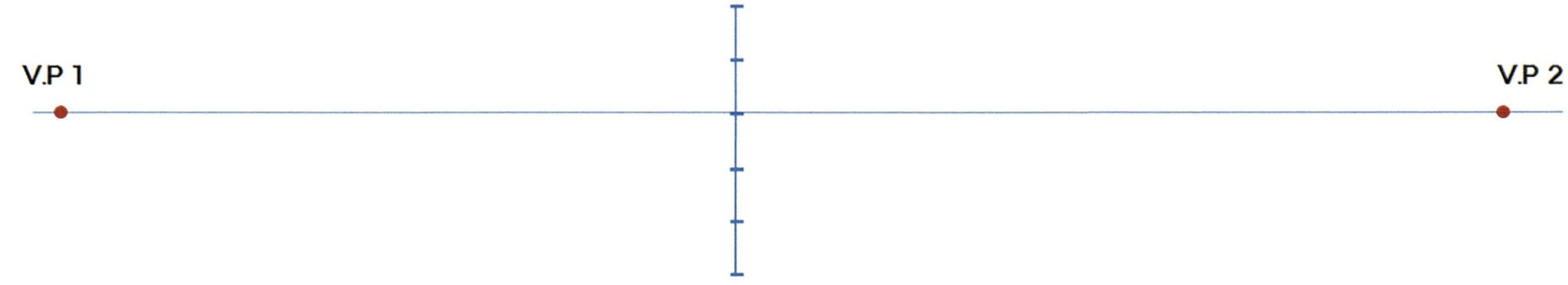

Tips · 좌우측의 벽체가 만나는 모서리와 V.P1과 V.P2의 거리 관계

소점이 좌우측의 입면이 만나는 모서리와 너무 가깝거나 멀 경우 왜곡이 심하거나 평이해질 수 있는 단점이 있다. 따라서 한쪽 소점은 모서리에 가깝고 다른 한쪽 소점은 먼 곳에 잡는 것도 하나의 대안이 될 수 있다.

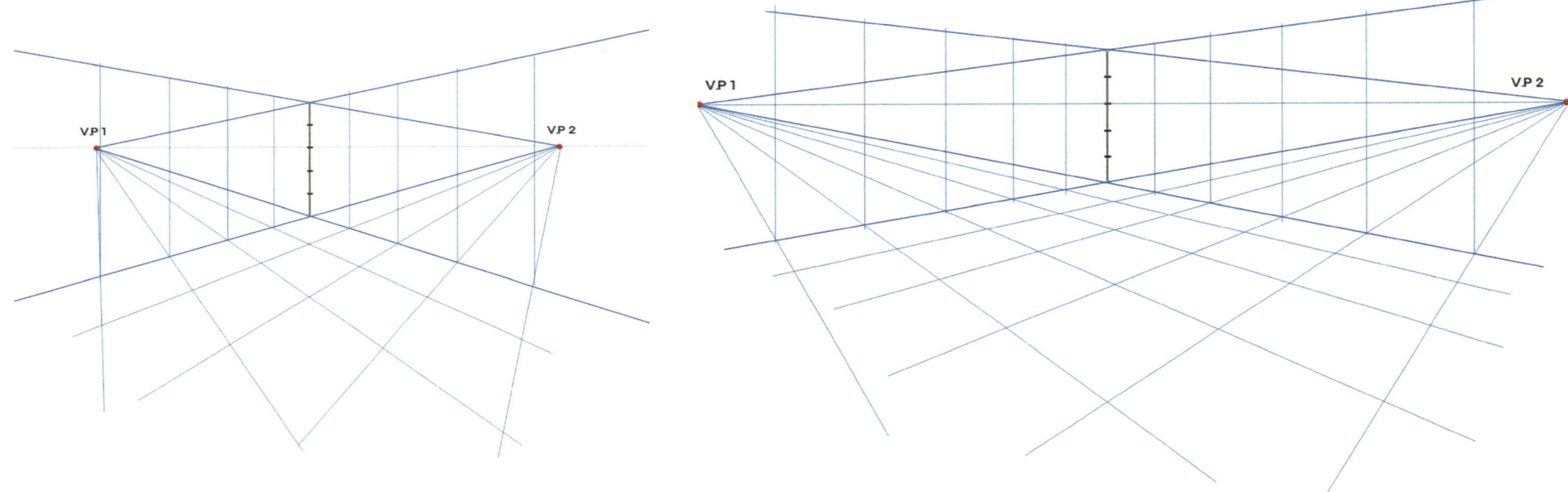

소점이 좌우측의 벽체가 만나는 모서리에서 가까운 경우(소점 간의 거리가 너무 가까울 경우)
- 좀더 극적인 표현을 할 수 있으나 공간이 큰 경우 왜곡이 심해질 수 있다는 단점이 있다.

소점이 좌우측의 벽체가 만나는 모서리에서 먼 경우(소점 간의 거리가 너무 먼 경우)
- 안정적인 View를 만들 수 있으나 입체감이 약하게 표현되고 전체적으로 평이해질 수 있는 단점이 있다.

| 천장라인과 바닥라인 그리기 |

5. 각 소점에서부터 세로선(좌우측의 벽체가 만나는 모서리)의 상하부를 잇는 선을 화면에 꽉 차도록 긋는다. 이 선들은 이 실내공간의 천정라인과 바닥라인이 된다.

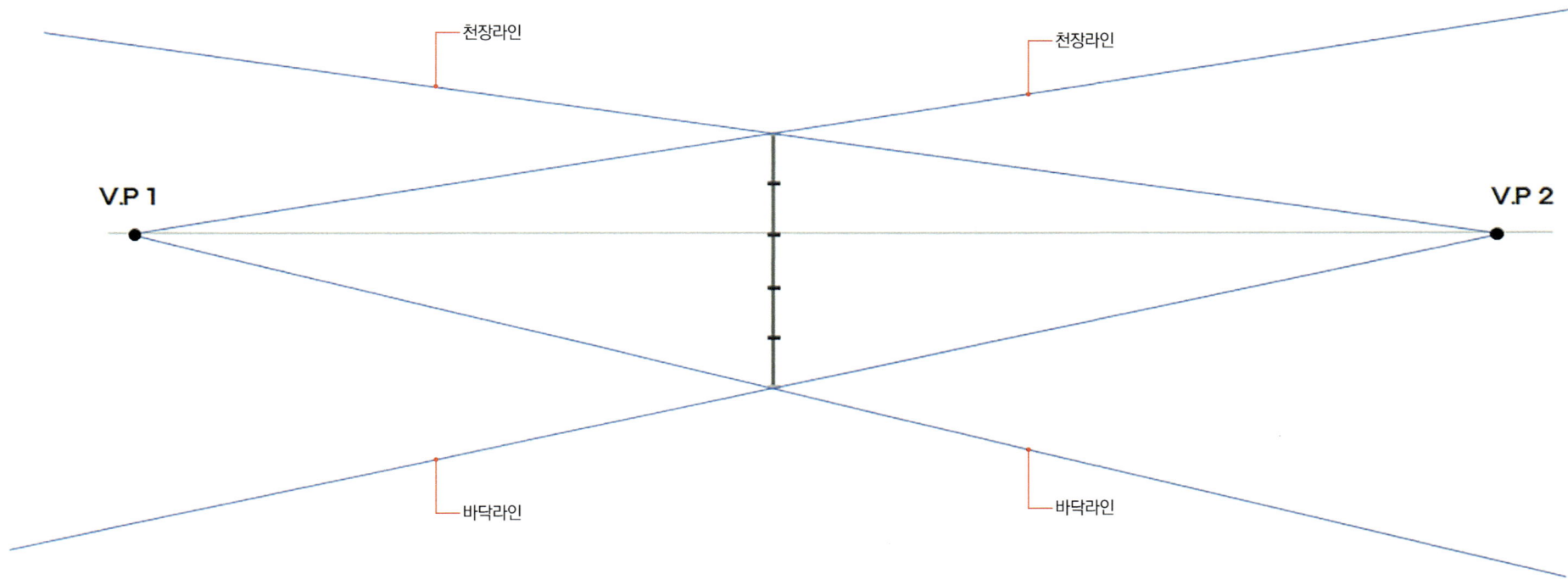

| 벽체와 바닥의 그리드 그리기 |

6. 그리드를 그리기 위해 좌우 벽체를 일정 간격으로 나눈다.

간격을 정하는 데 특별한 기준은 없다. 스케치상에서 비례관계를 확인하고 분할하는데, 원근법에 따라(화면에서 멀수록 작게 보이는 원리) 화면에서 떨어진 거리만큼 가로 세로 길이가 정해진다는 것에 유의한다.

(여기서는 벽체를 1,000 간격으로 나누었다. 가로, 세로의 길이가 똑같이 1,000이라는 것을 감안하여 가로·세로가 비슷한 크기를 유지하도록 하되 세로선에 비해 가로선을 짧게 설정한다. 가까운 곳은 더 크게, 먼 곳은 더 작게 점진적으로 분할한다. – 다음 페이지 설명 참조)

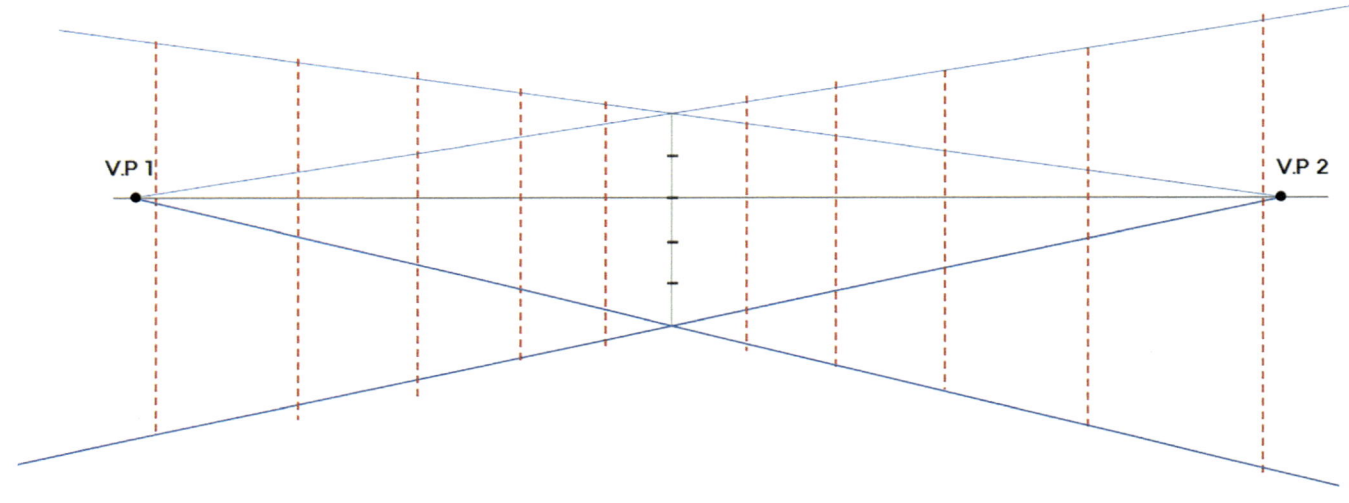

Tips 유의해야 할 것은 대상에 가까이 서서 공간을 표현하는 것에는 위의 방법이 무리가 없으나 대상에서 좀더 멀리 서서 바라보는 경우라면 그리드의 가로 너비를 더 좁게 잡아야 한다는 것이다. 법칙은 없다. 그러나 그리드의 너비는 '벽체 모서리에서 S.P까지의 거리에 반비례'한다는 것을 염두에 두고 그리드의 너비를 설정한다면 정확하진 않더라도 눈에 거슬리지 않는 그리드를 그릴 수 있다.

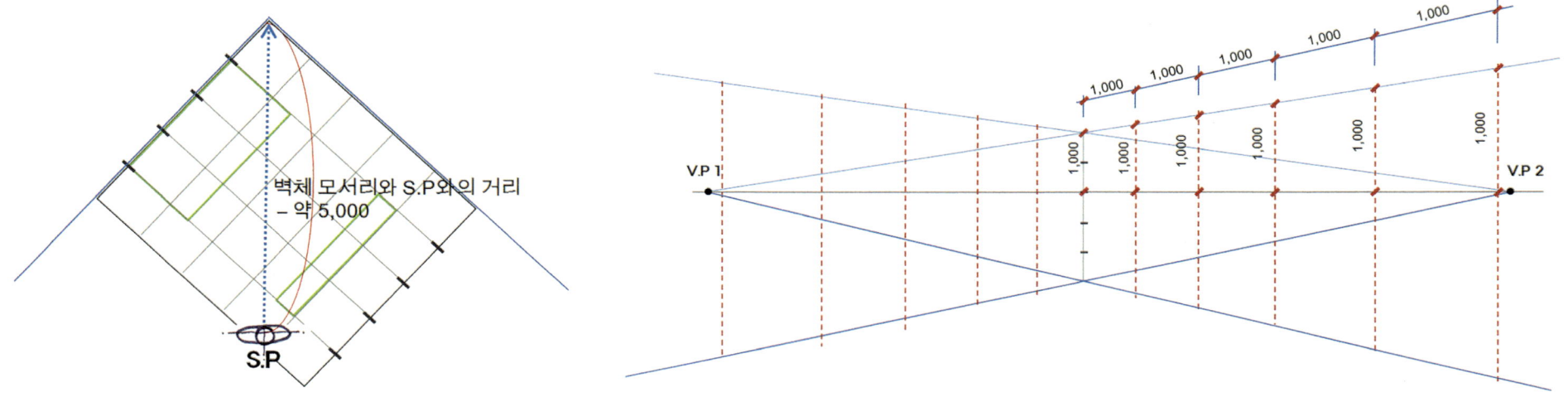

벽체 모서리와 S.P 간의 거리가 약 5,000인 경우의 벽체 그리드 – 가로너비와 세로 높이선의 크기가 거의 같다.

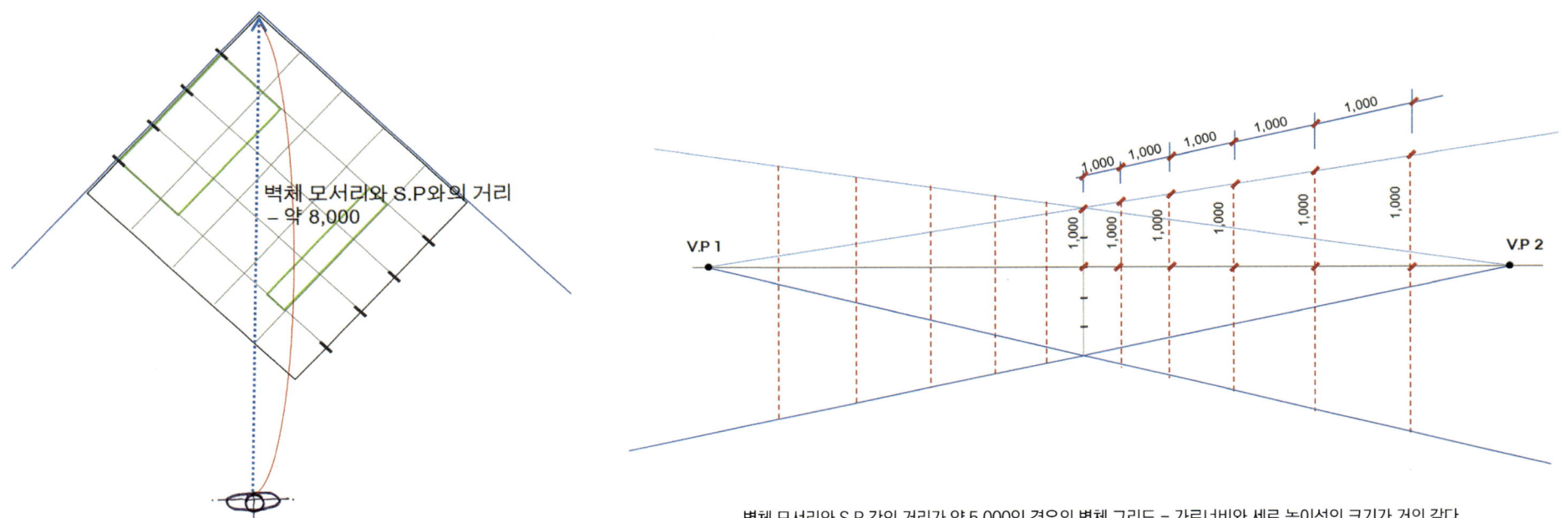

벽체 모서리와 S.P 간의 거리가 약 5,000인 경우의 벽체 그리드 – 가로너비와 세로 높이선의 크기가 거의 같다.

7. 바닥 그리드 작업을 위해 각 소점에서부터 입면의 그리드선(여기서는 1,000 간격) 하부 끝점을 지나는 연장선을 용지의 하단부까지 긋는다. 바닥 그리드가 완성되었다.

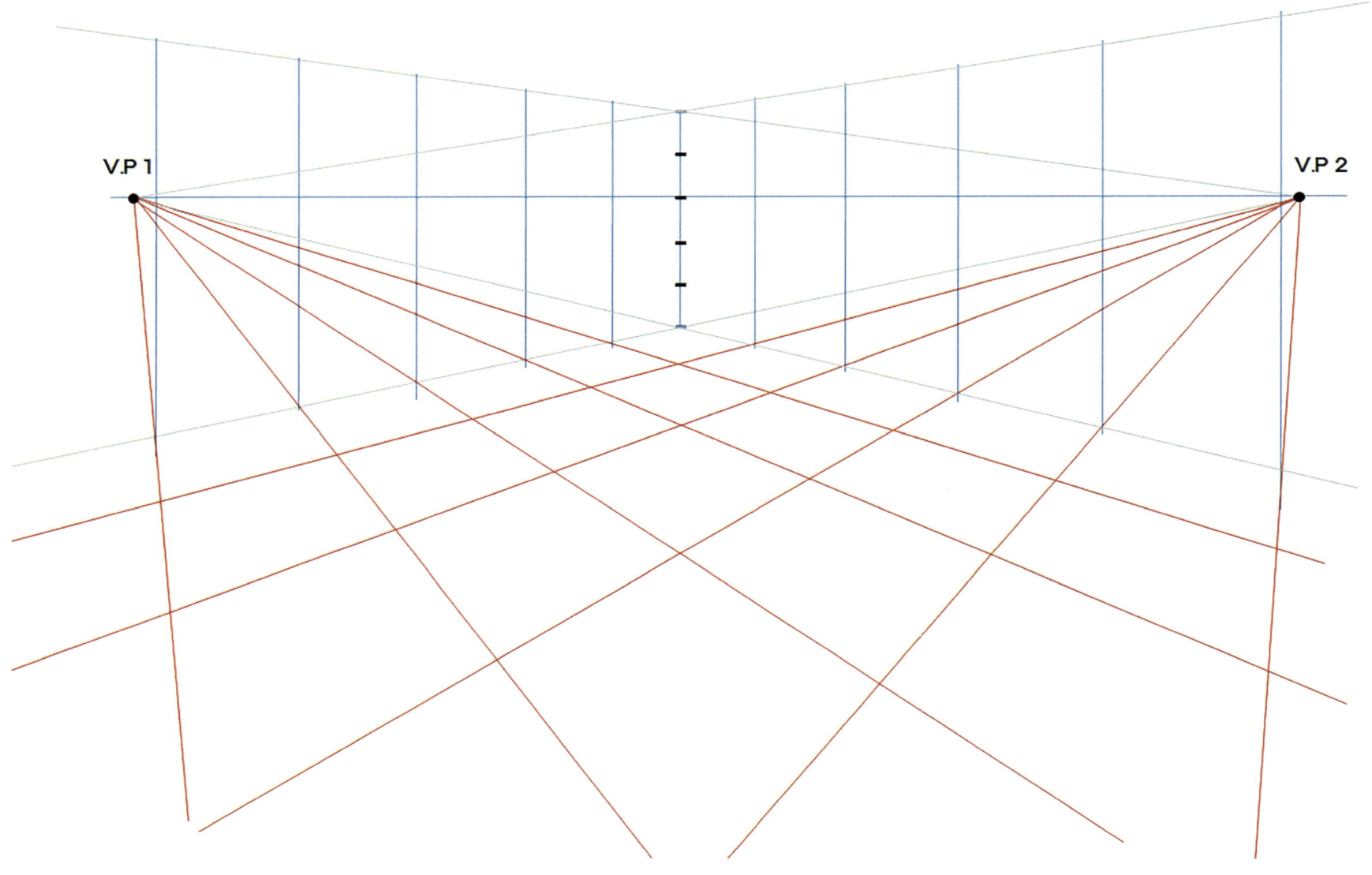

Tips 2소점의 경우 그림과 같이 2개의 소점을 지름으로 하는 원을 그렸을 때 원 밖에 그려지는 사물은 심하게 왜곡된 형태로 그려지므로 실내공간의 크기를 감안하여 그리고자 하는 실내공간의 좌우측 벽체가 2개의 소점 안에 들어가도록 한다.
(앞서 설명했듯이 원은 우리의 시야(視野, field[range] of vision)라고 할 수 있다. 따라서 원 바깥쪽에 그려진 육면체는 소점에 따라 그렸다 할지라도 비현실적 형태를 가지고 있다는 점에 유의한다)

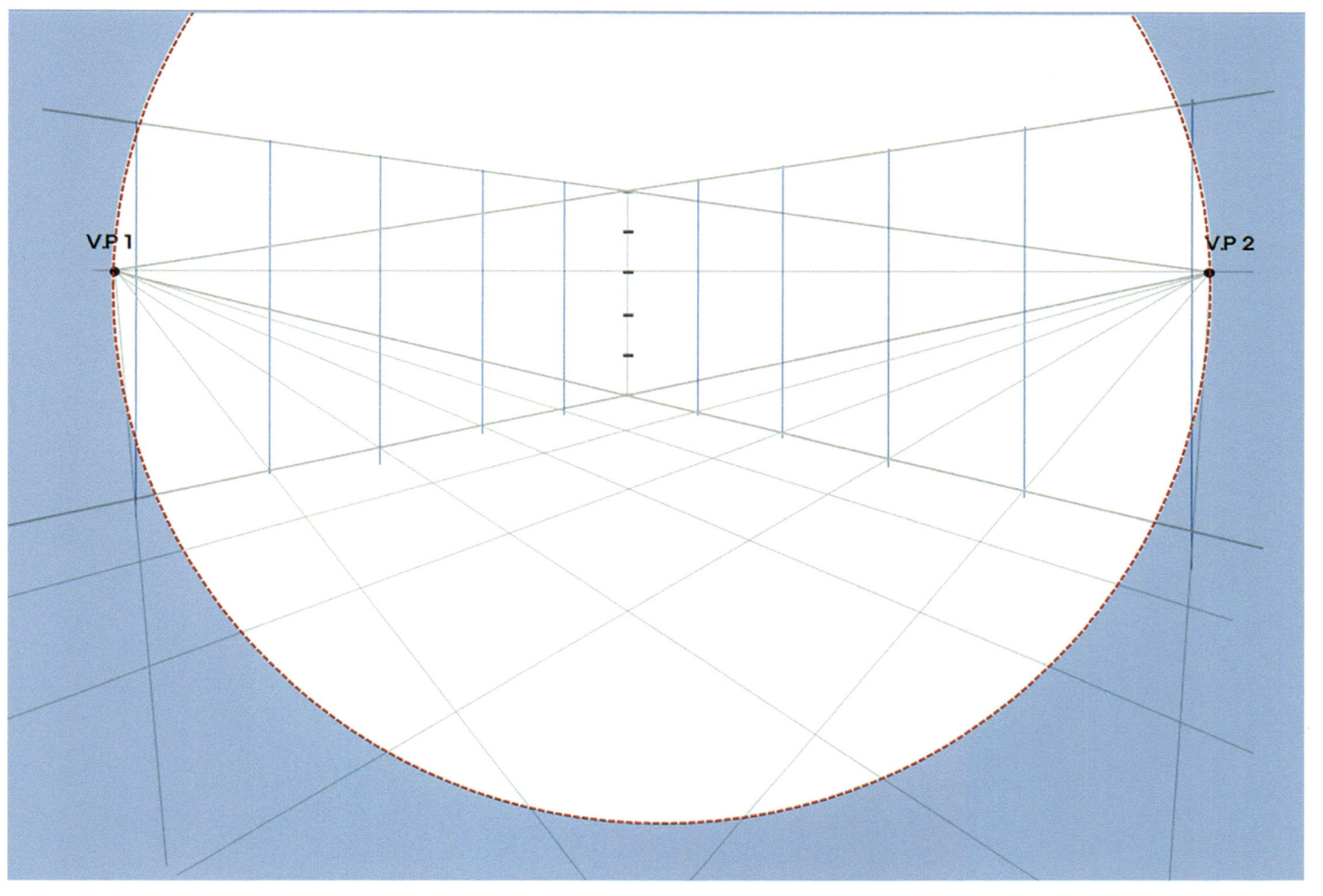

2소점 상에서 소점과 시야와의 관계

| 육면체 그리기 |

8. 좌우측 각각의 벽체와 평면(바닥)이 만나는 바닥라인에 사물(가구)의 위치를 감안하여 점을 찍고, 좌우측 각각의 소점과 연결한다.

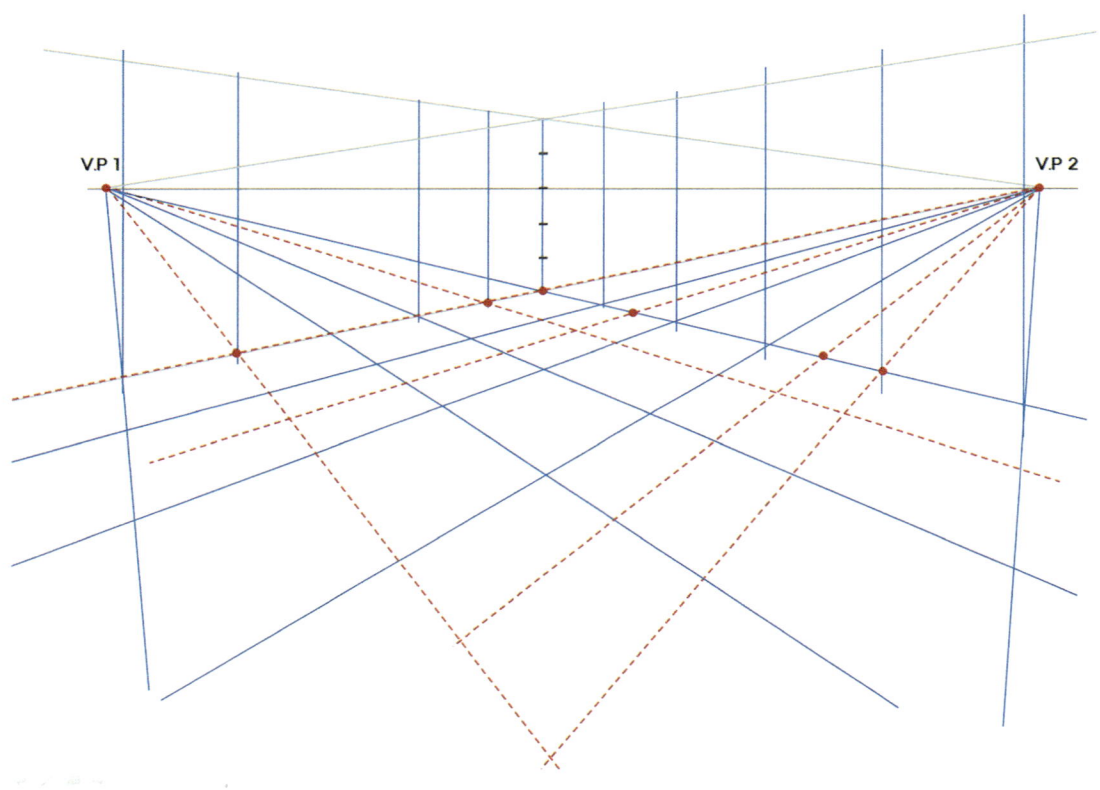
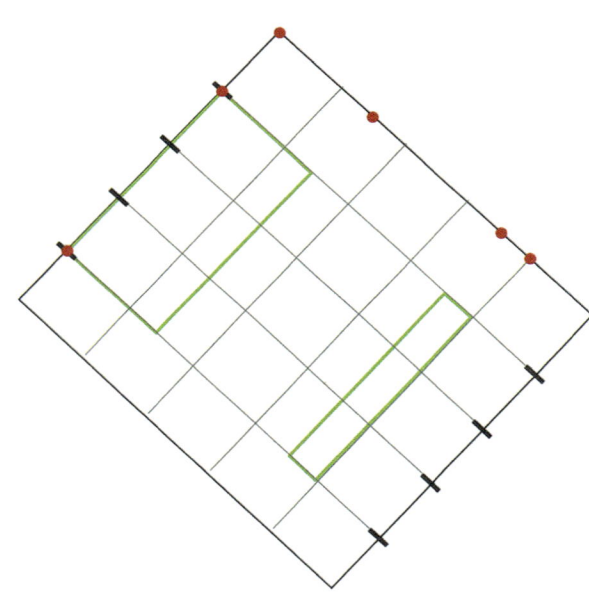

9. 사물(가구)이 놓이는 위치와 사물의 바닥면(파란색 사각형)이 완성되었다.

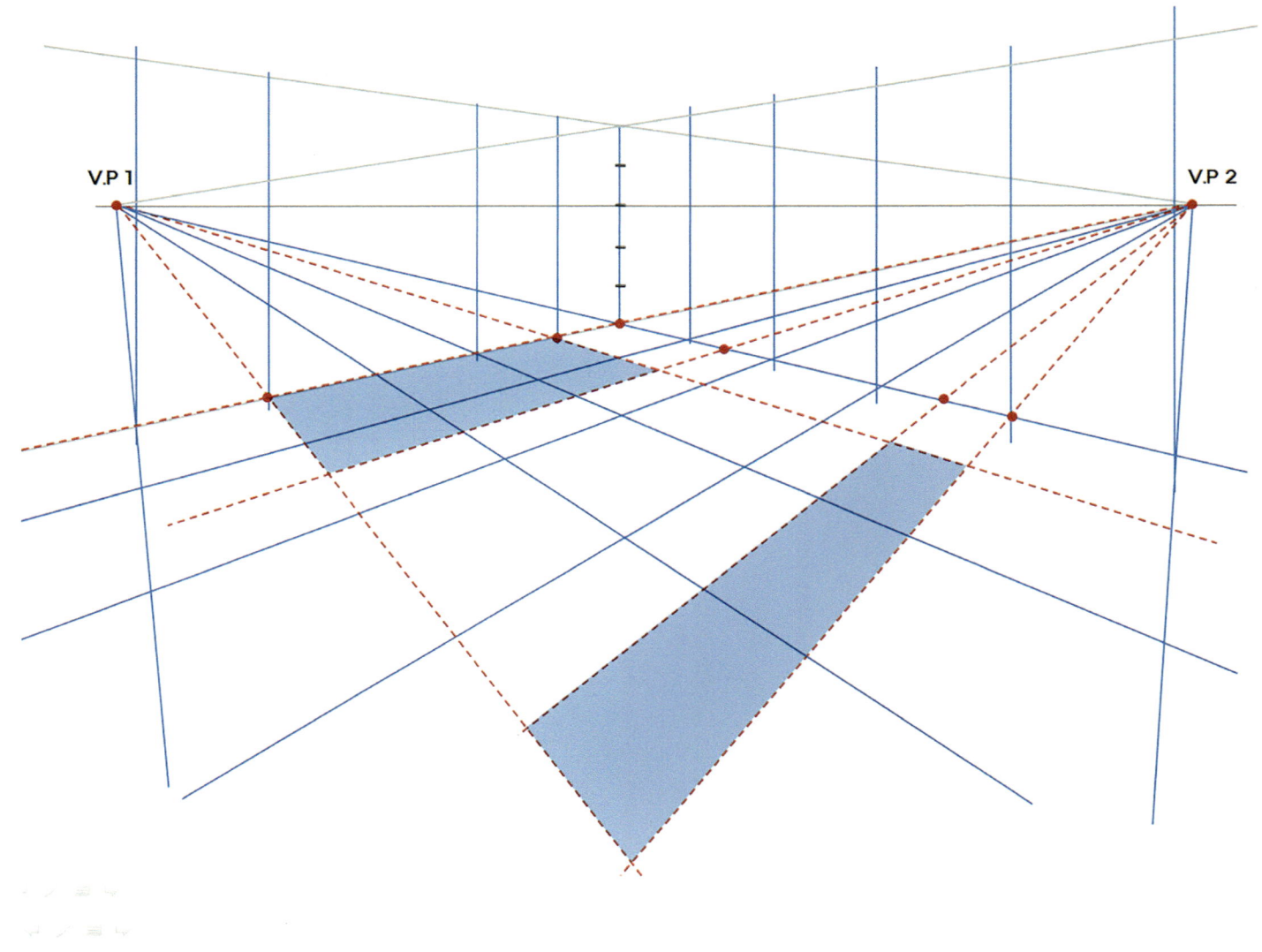

10. 완성된 바닥면(사각형)의 각 꼭짓점에서 수직으로 가선을 긋는다. 이는 사물의 높이를 위한 기준선이 된다.

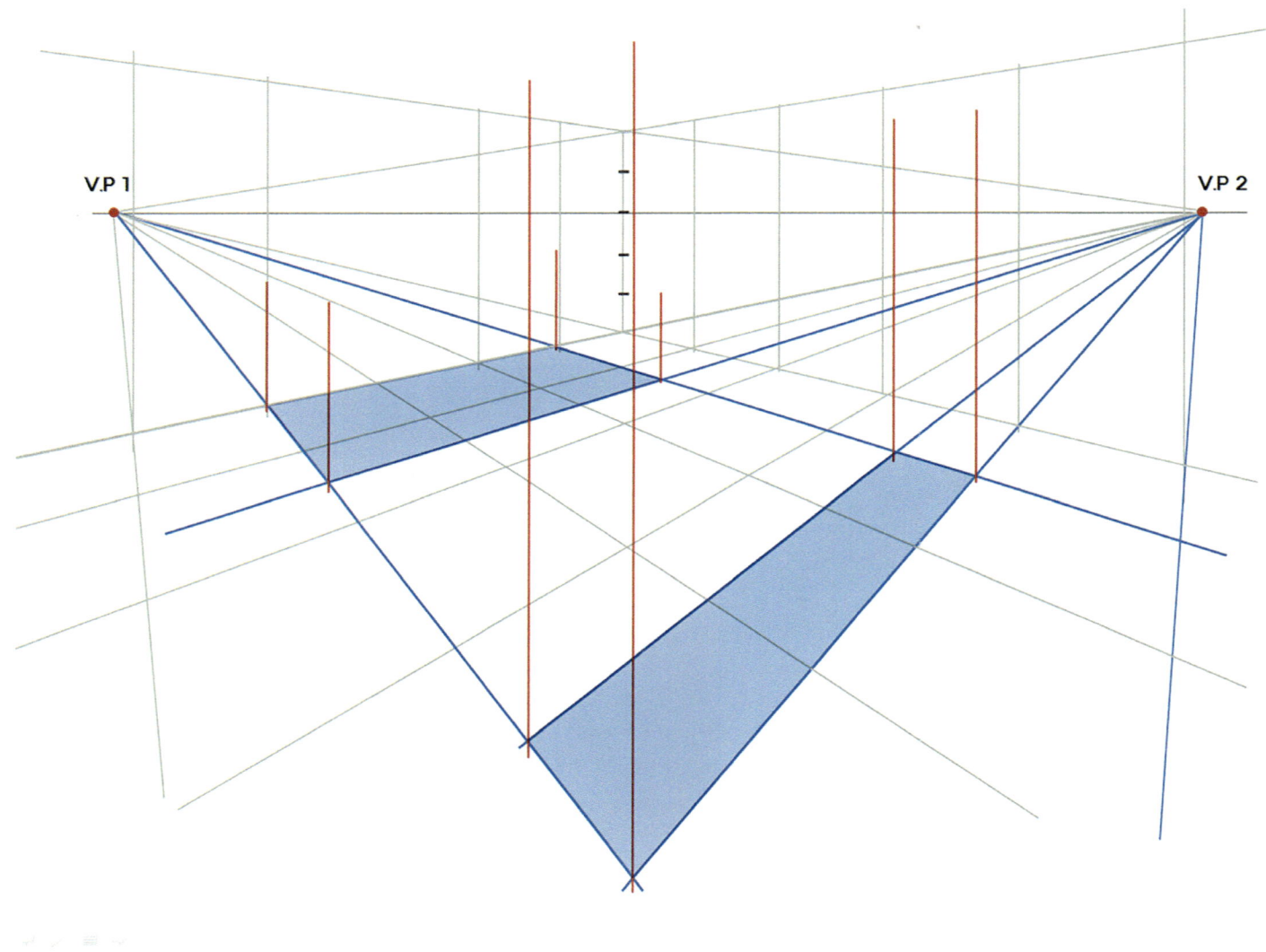

11. 좌우측 각각의 V.P로부터 입면상의 사물의 상부점(사각형의 좌우 꼭짓점)을 잇는 연장선을 그린다.

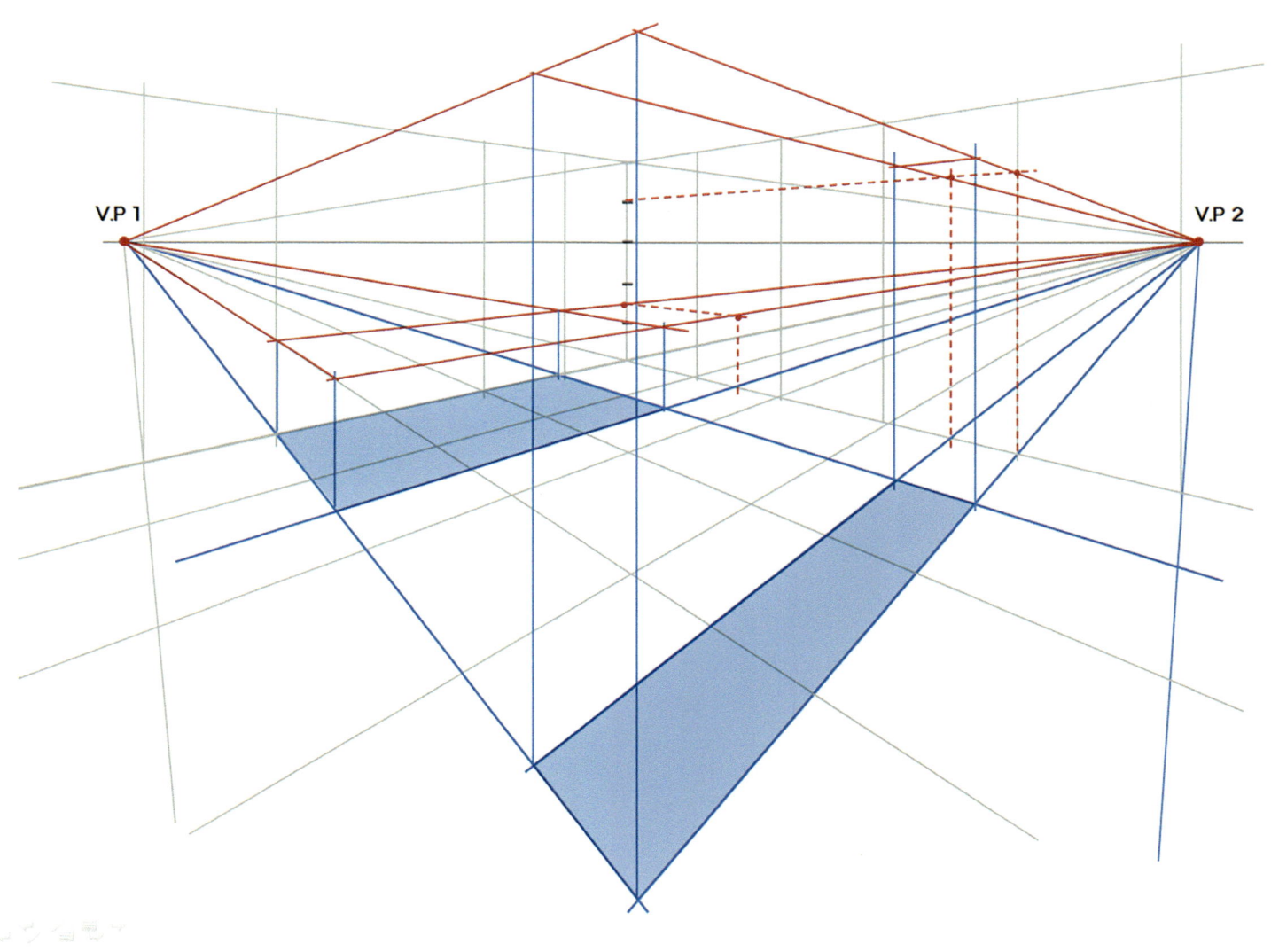

12. 2소점으로 본 사물의 육면체가 완성되었다.

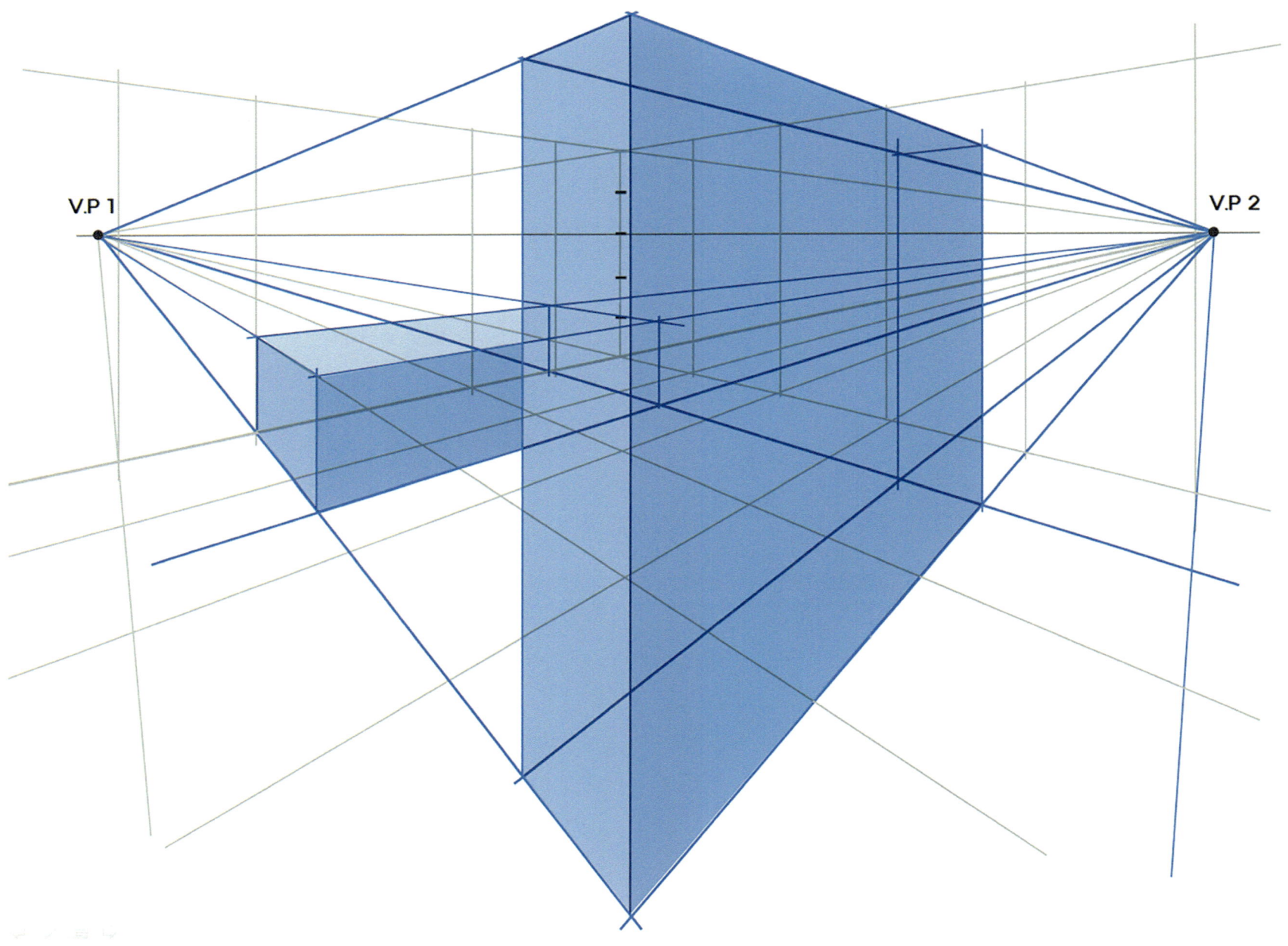

>>> 찌그러진 화면에 소점 둘

찌그러진 2소점은 앞서 설명했듯이 2소점과 마찬가지로 관찰자가 실내공간의 모서리 부분을 바라보면서 생기는 View이다. 단 기본 2소점과 다른 점은 2개의 모서리를 보게 된다는 점과 찌그러진 상태이긴 하지만 1소점과 같이 전면 벽 전체가 다 보인다는 점이다.

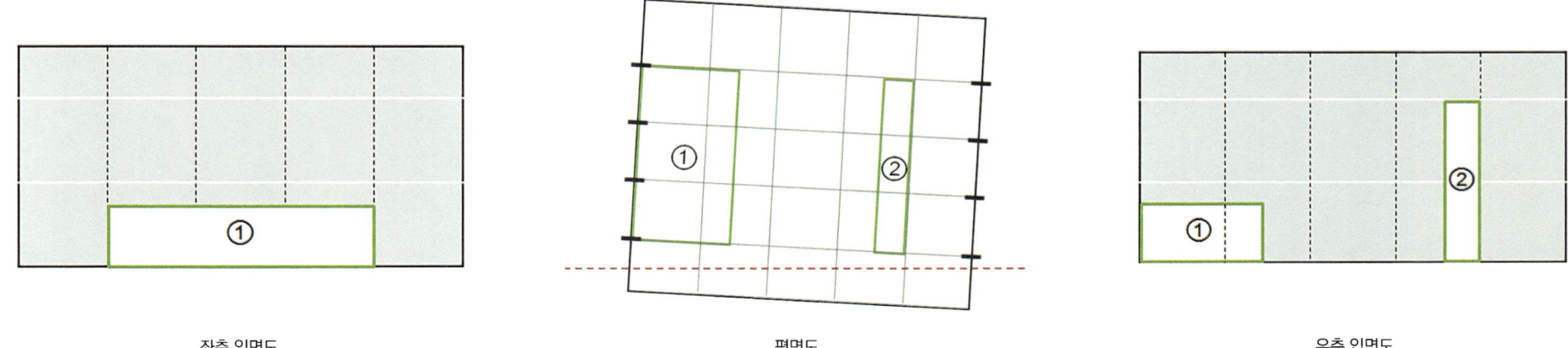

좌측 입면도   평면도   우측 입면도

| 스케치 가이드(Sketch Guide) |

· 평면 그리드 사이즈 : 1,000 × 1,000
· 천장고(C.H) : 2,500
· 눈높이(VP의 높이) : 1,500
· 이 방법은 그리드법을 사용한 예이다.

스케치 순서

입면그리기 → 기본 소점 정하기 → 천장 라인과 바닥라인 그리기 → 벽체와 바닥의 그리드 그리기 → 육면체 그리기

| 입면그리기 |

1. 용지에 마주보는 벽체의 크기를 사각형의 형태로 그린다.(이때 스케일은 원하는 스케일로 하되 그리려는 용지에 적당한 크기로 그려지게 한다)

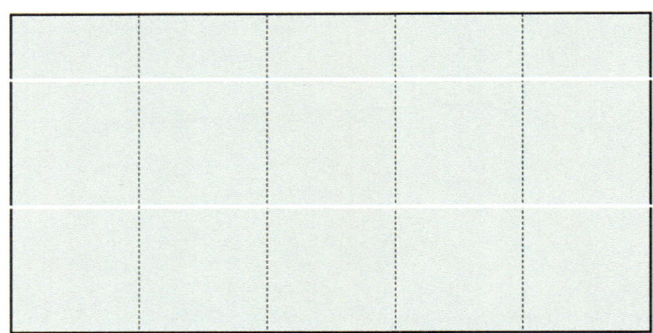

2. 좌우측 세로선 중 크기가 변하지 않는 세로선을 결정하고, 원하는 간격으로 등분한다. 여기서는 천장 높이가 2,500이므로 알아보기 쉽게 5등분했으며 눈금과 눈금 사이의 간격은 500을 나타낸다.(C.H : 2,500 기준, 눈금 사이의 간격 : 500)

찌그러진 2소점은 벽체의 좌우측 세로선 중 한쪽만 크기를 그대로 유지하게 되므로 크기가 변하지 않는 세로 선(변①, ②)을 치수의 기준으로 한다.

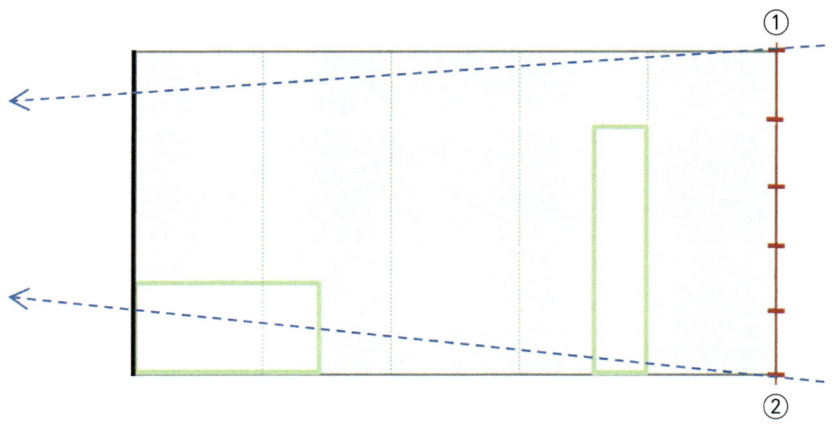

| 기본 소점 정하기 |

3. 눈높이를 정하고 수평선(H.L)을 긋는다. 눈높이는 의도하는 바에 따라 자유롭게 정할 수 있다. 여기서는 눈높이를 1,500으로 기준했다.

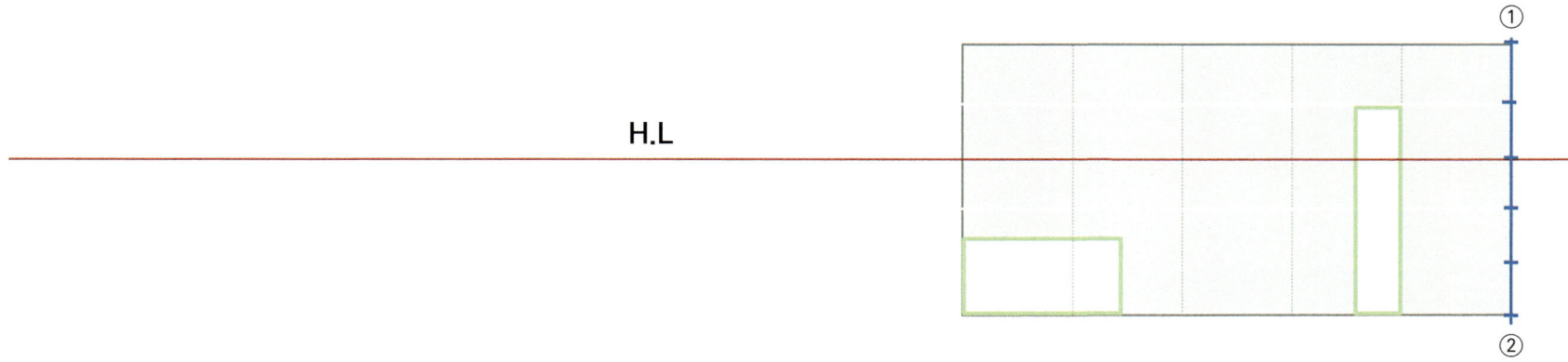

4. 수평선(H.L)상에 소점(V.P1과 V.P2)을 찍는다. 1소점과 마찬가지로 1개의 소점은 마주보는 벽체 내에 수평선(H.L)상에 위치하며 나머지 한 개의 소점은 치수의 기준이 되는 세로선 반대편에 위치하게 된다.

| 천장라인과 바닥라인 그리기 |

5. 멀리 위치한 소점(여기서는 V.P1)과 치수의 기준이 되는 세로선(변①, ②)의 상하부 끝점(①과 ②)을 연결한다.

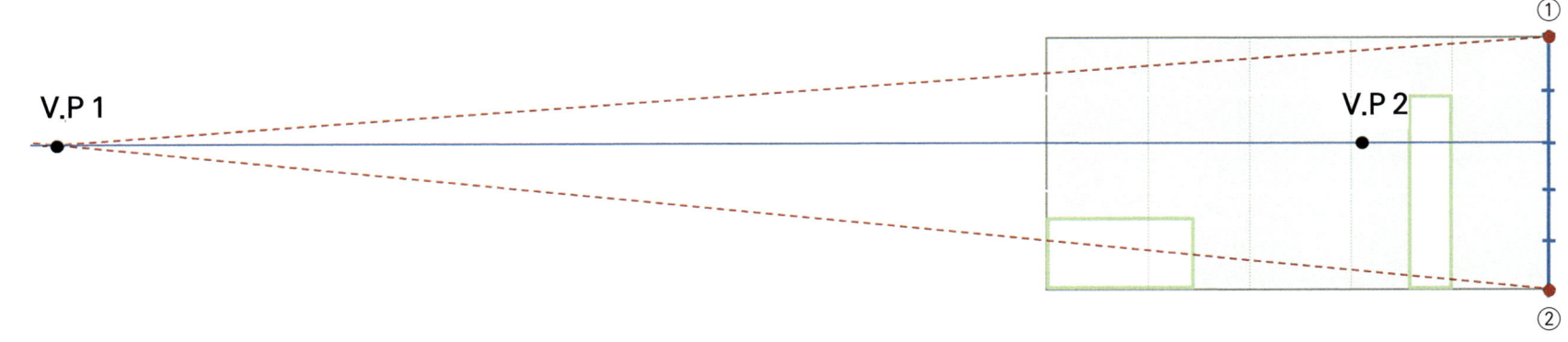

6. 마주보는 벽체 안에 있는 소점(여기서는 V.P2)과 치수의 기준이 되는 세로선의 상하부 끝점(①과 ②)을 지나는 연장선을 그리고, 마주보는 벽체 안에 있는 소점(여기서는 V.P2)와 입면의 나머지 꼭지점(③과 ④)을 지나는 연장선을 그린다.
   (이 과정은 1소점과 같다. 그러나 여기서 1소점과 찌그러진 2소점이 다른 점은 관찰자와 마주보는 벽체의 상하부선이 1소점(벽체의 상하부선이 수평선과 평행)과 달리 벽체 밖에 있는 소점(여기서는 V.P1)을 향하고 있어 수평선과 평행이 아니라는 것이다)

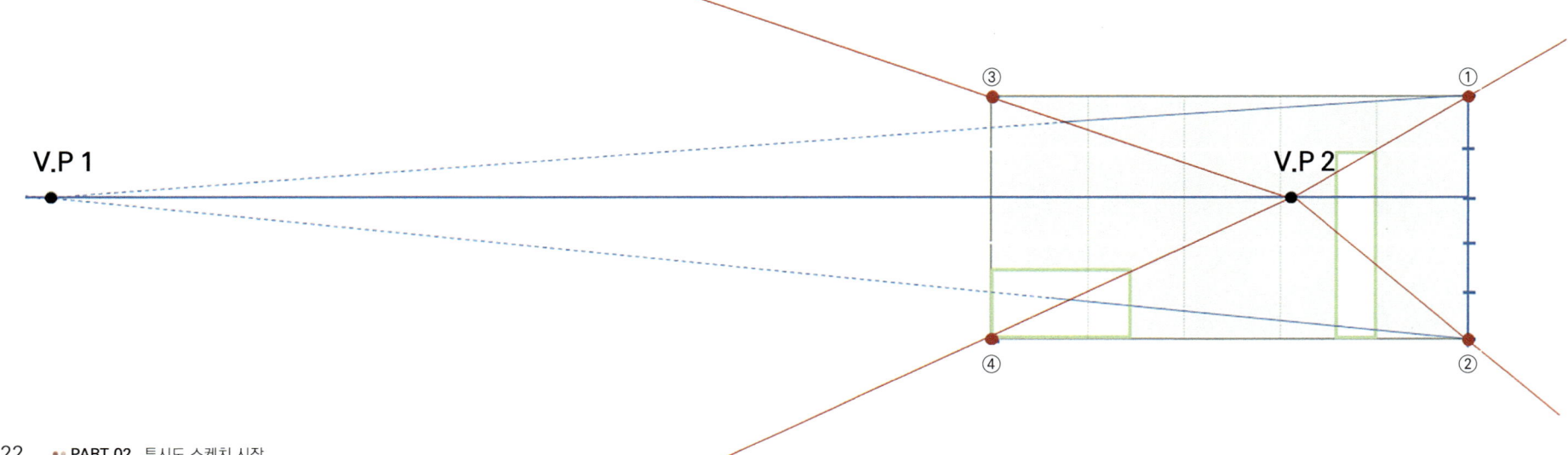

7. 마주보는 벽체 안에 있는 소점(여기서는 V.P2)에서 꼭짓점 ③과 ④를 지나는 연장선과 입면의 나머지 꼭짓점 ①과 ②에서 벽체 밖에 있는 소점(여기서는 V.P1)을 잇는 선과의 교점(점⑤와 ⑥)을 찾고 점⑤와 ⑥을 잇는 선을 그린다.

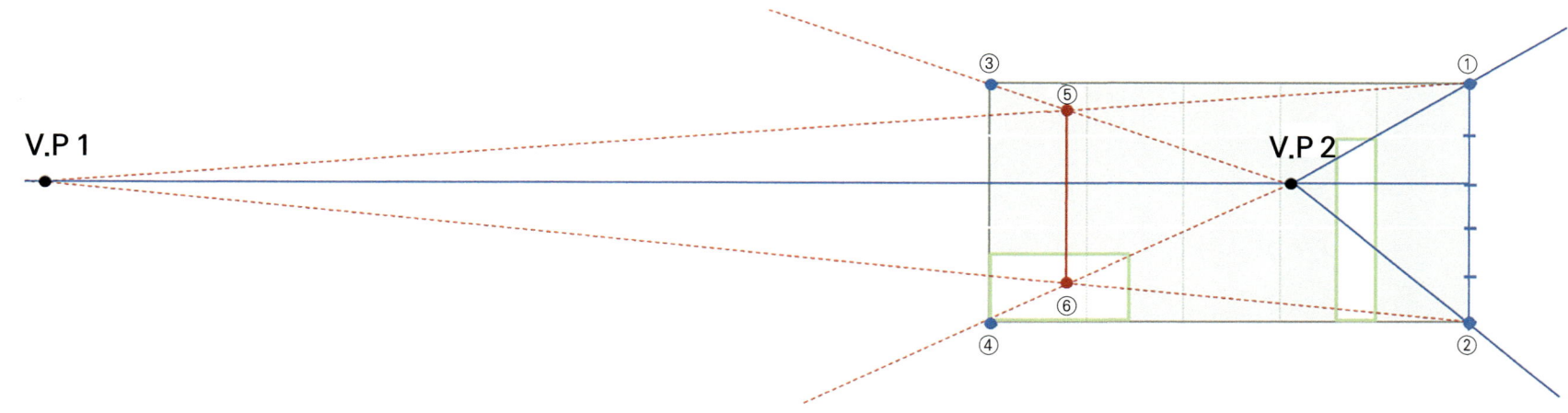

8. 마주보는 벽체 안에 있는 소점(여기서는 V.P2)에서 꼭짓점 ①, ②, ⑤, ⑥을 잇는 각 각의 연장선을 화면에 꽉 차도록 긋는다. 이 선들은 이 실내공간의 천장라인과 바닥라인이 된다.

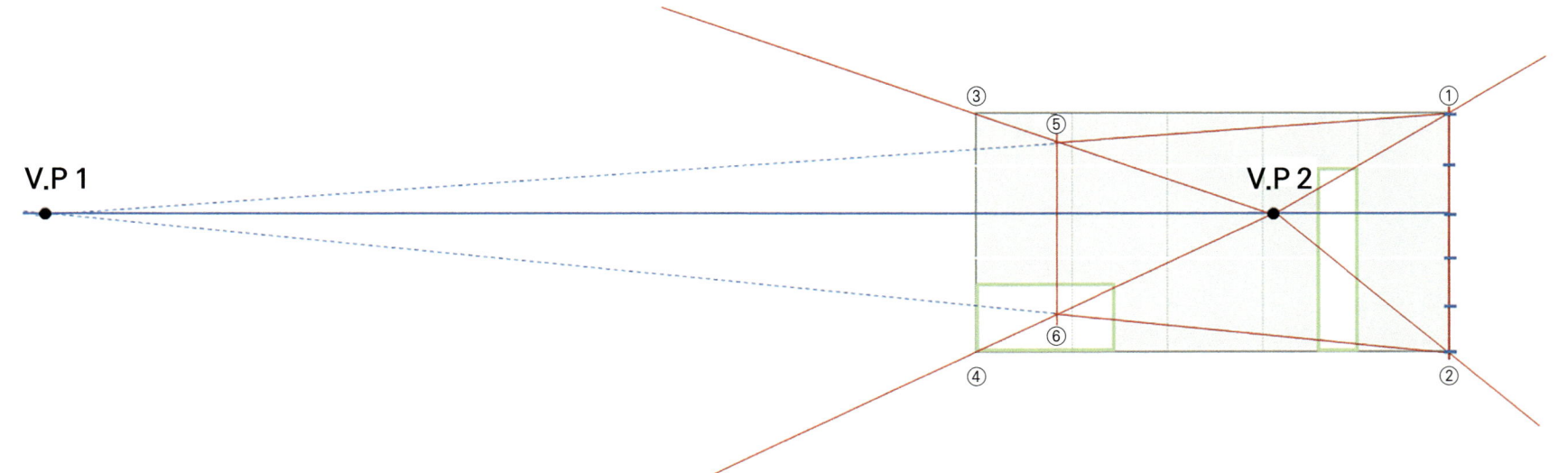

| 벽체와 바닥의 그리드 그리기 |

9. 그리드를 그리기 위해 벽체를 일정 간격으로 나눈다.

간격을 정하는 데 특별한 기준은 없다. 스케치상에서 비례관계를 확인하고 분할하는데, 원근법에 의해 거리만큼 가로 세로 길이가 정해진다는 것에 유의한다.

(여기서는 벽체를 1,000 간격으로 나누었다. 가로, 세로의 길이가 똑같이 1,000이라는 것을 감안하여 가로 · 세로가 비슷한 크기를 유지하도록 하고, 먼 곳은 더 작게, 가까운 곳은 좀 더 크게 점진적으로 분할한다)

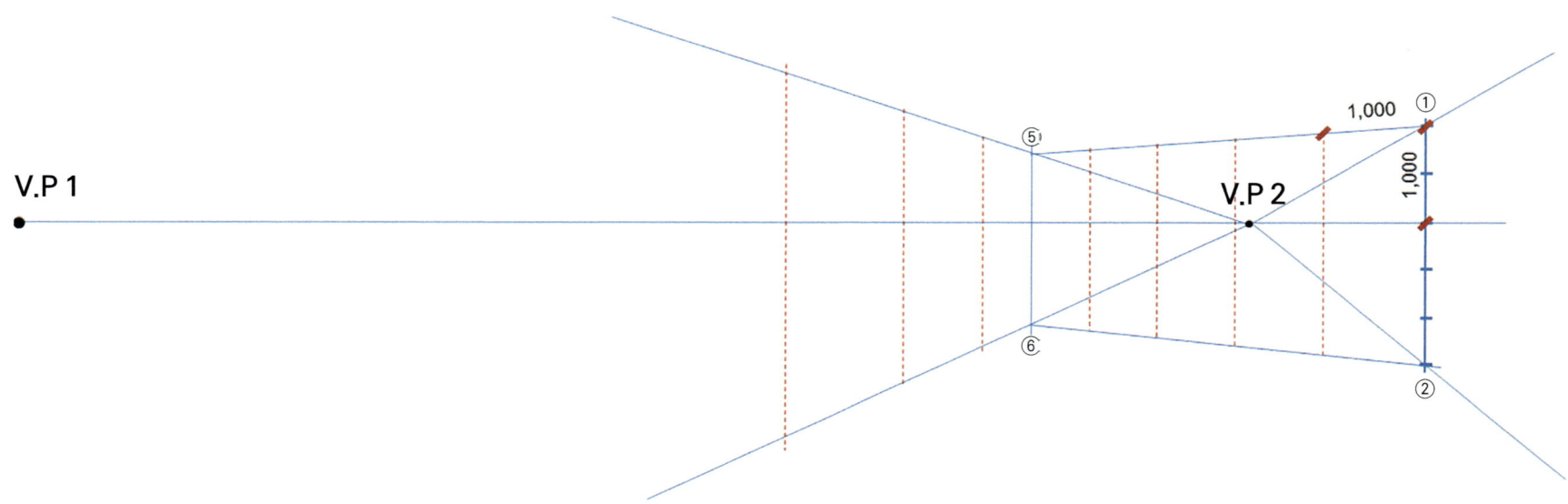

10. 벽체를 분할한 다음, 벽체 내부의 소점(V.P2)과 마주보이는 벽체의 그리드선 하부 끝점을 지나는 연장선을 그린다.

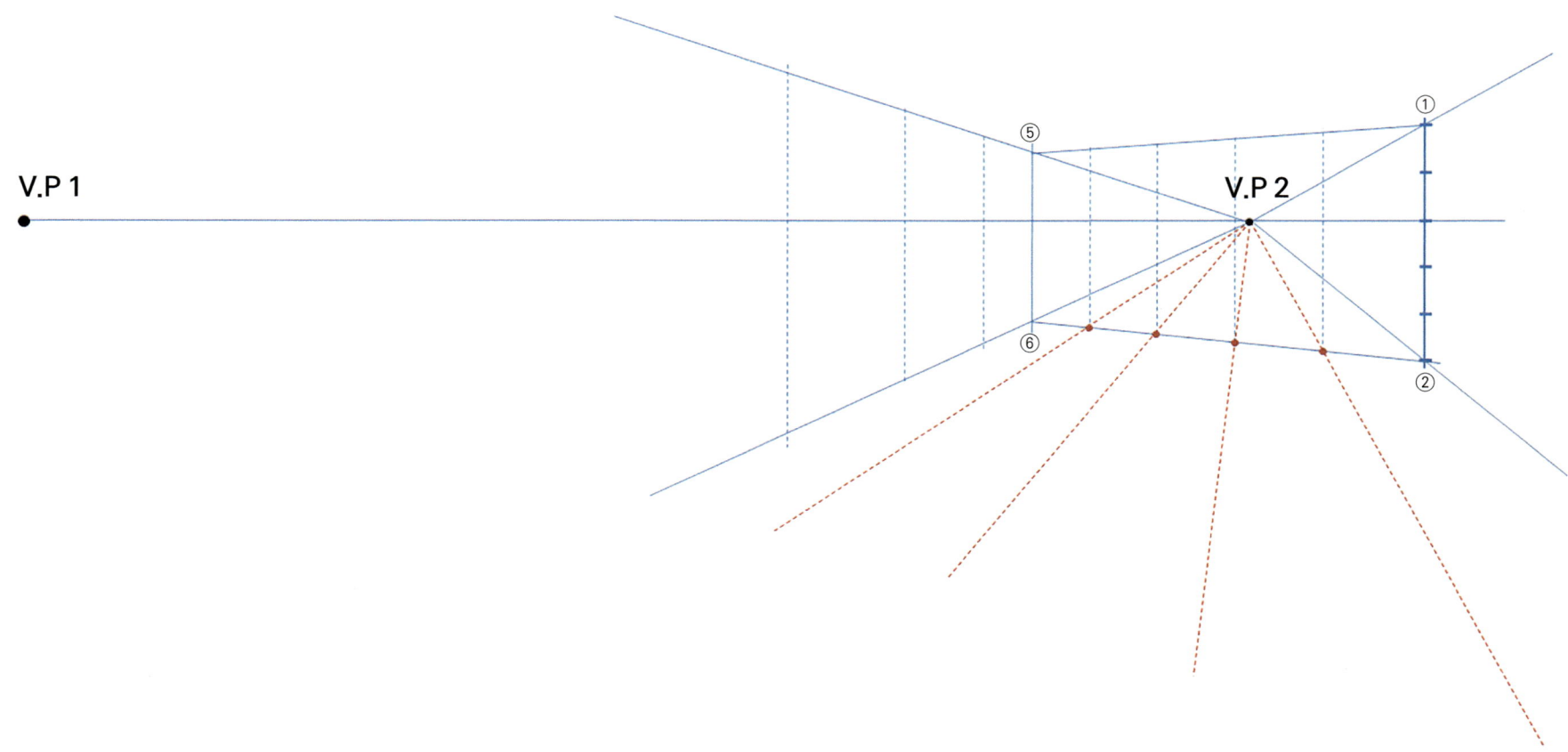

11. 벽체 밖에 있는 소점(여기서는 V.P1)과 좌우측 벽체의 그리드선 하부 끝점을 지나는 연장선을 그린다.

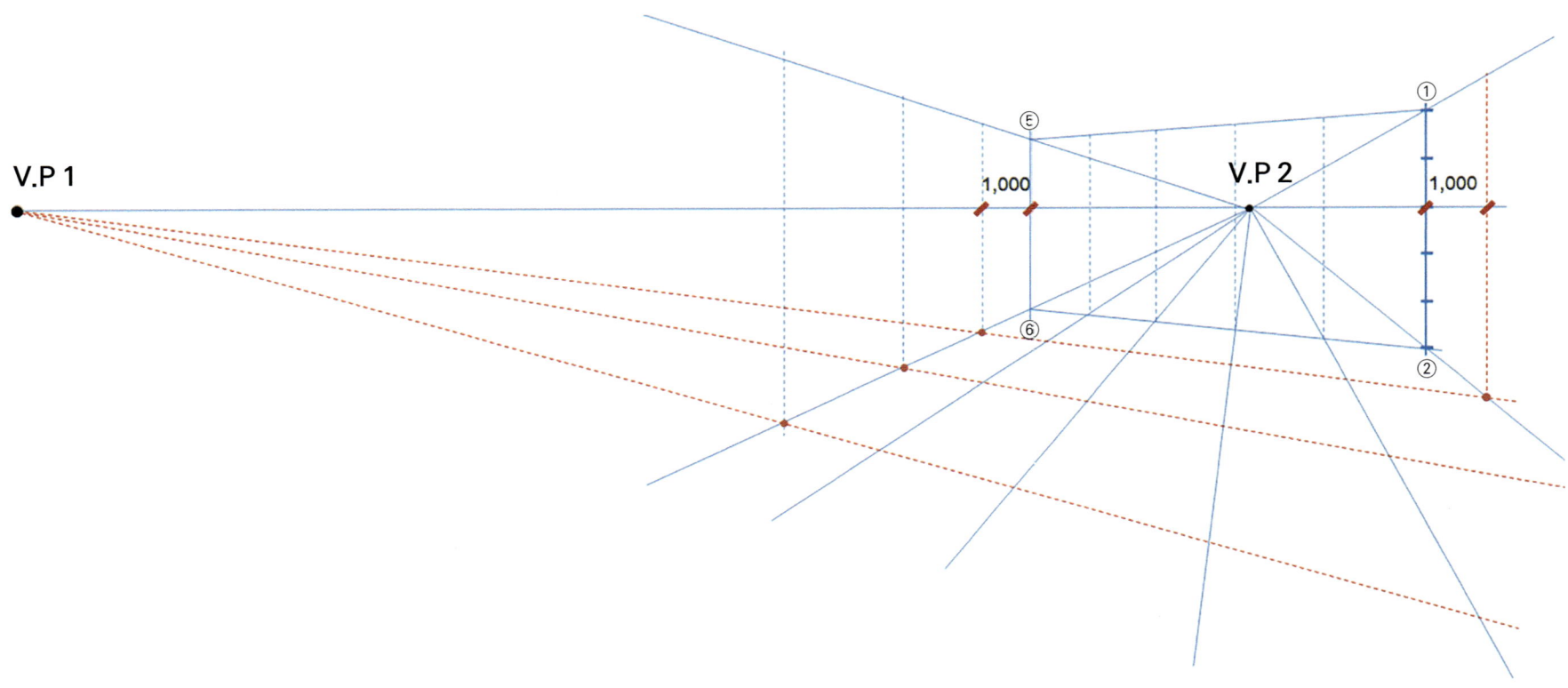

12. 벽체는 너비 1,000의 간격으로 분할되었으며 바닥에는 1,000 × 1,000 간격의 그리드가 완성되었다.

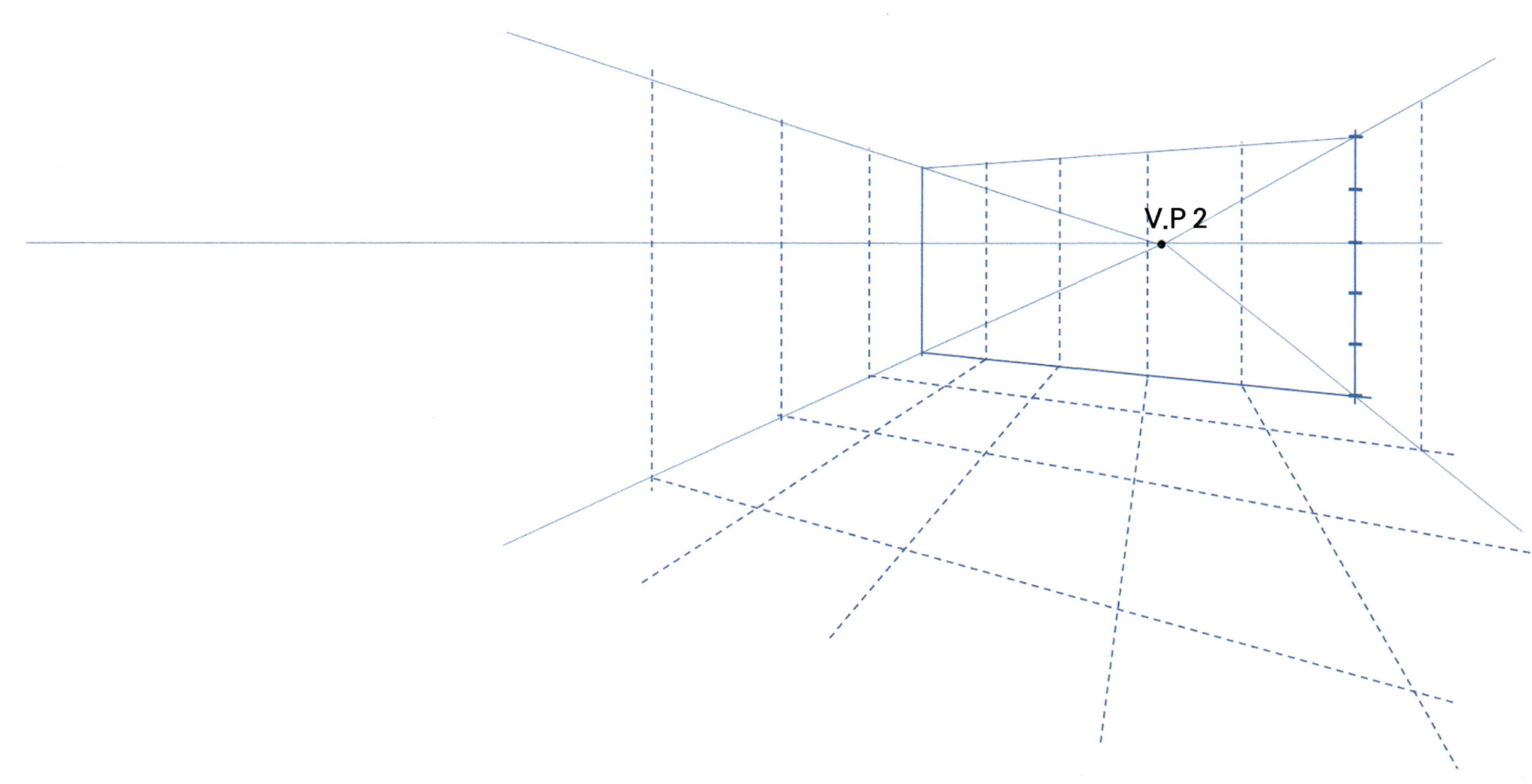

| 육면체 그리기 |

13. 실내에 놓일 사물의 크기와 위치를 확인하고 바닥라인에 점을 찍은 후, 점과 각각의 소점(V.P1 / V.P2)을 연결한다.

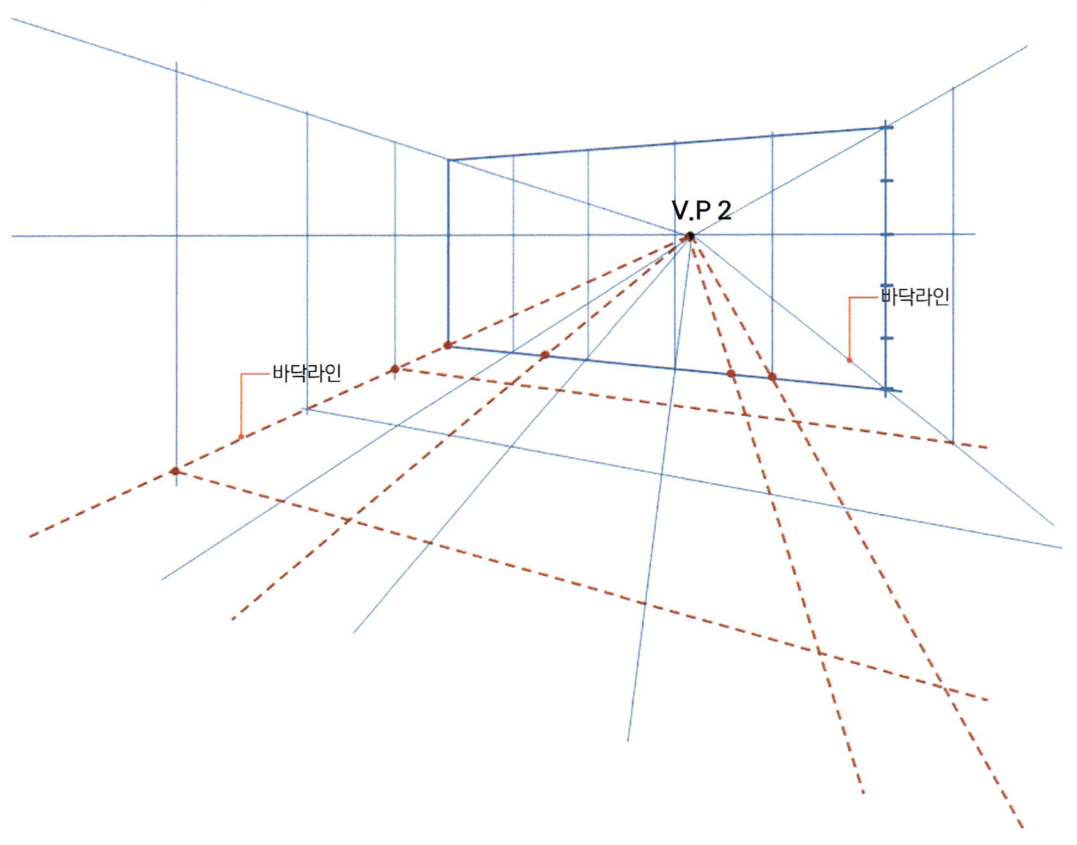
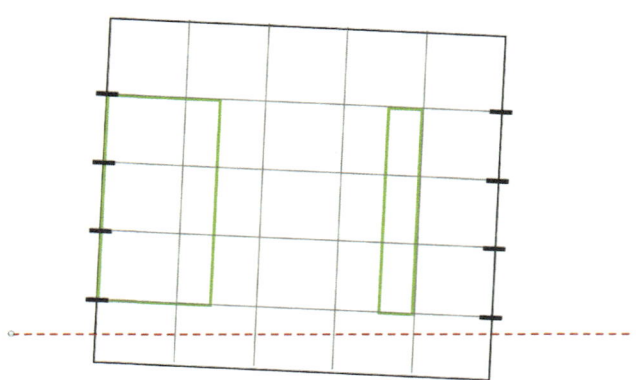

14. 사물(가구)이 놓이는 위치와 사물의 바닥면(파란색 사각형)이 완성되었다.

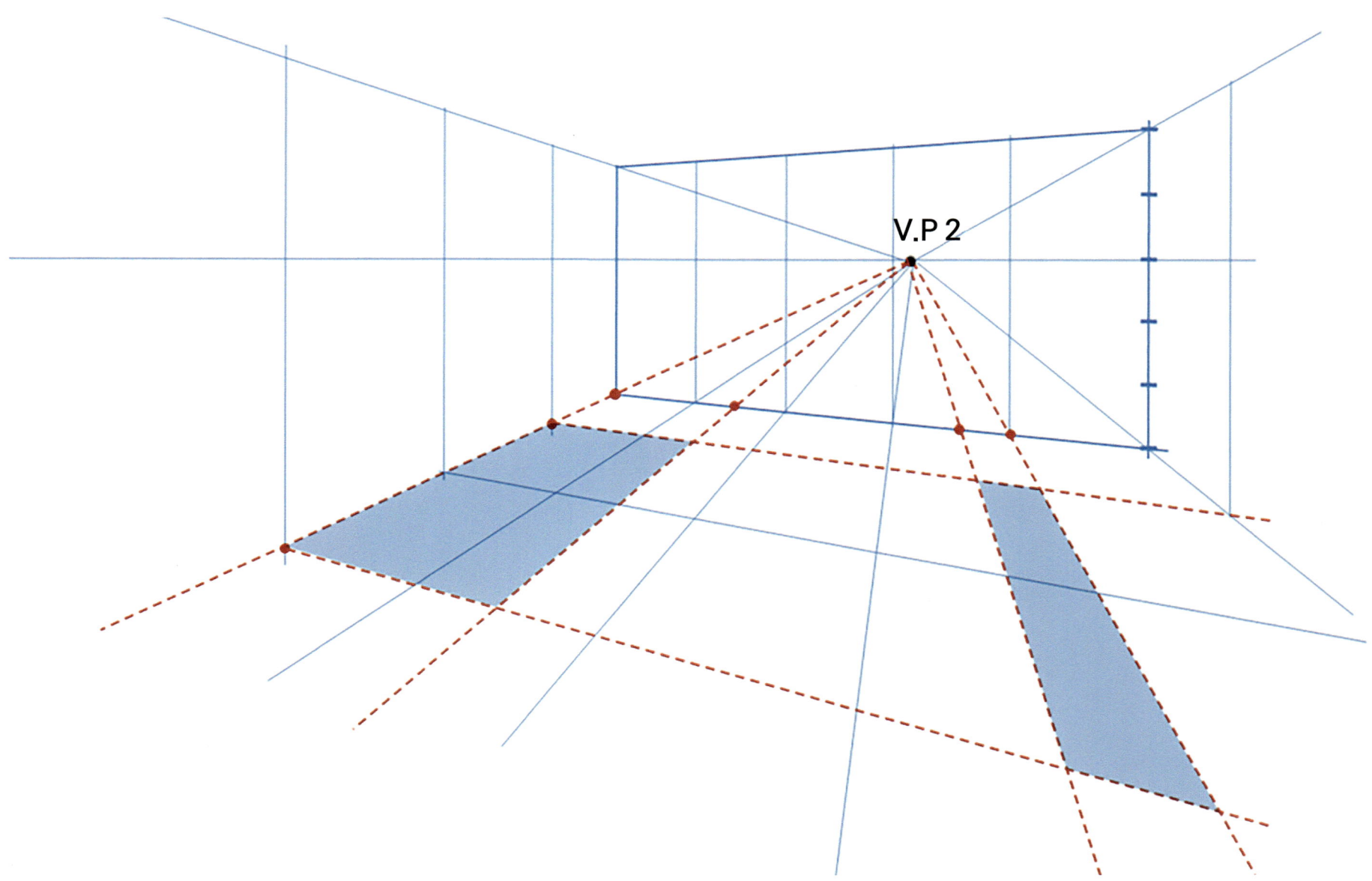

15. 완성된 바닥면(사각형)의 각 꼭짓점에서 수직으로 가선을 긋는다. 이는 사물의 높이를 위한 기준선이 된다.

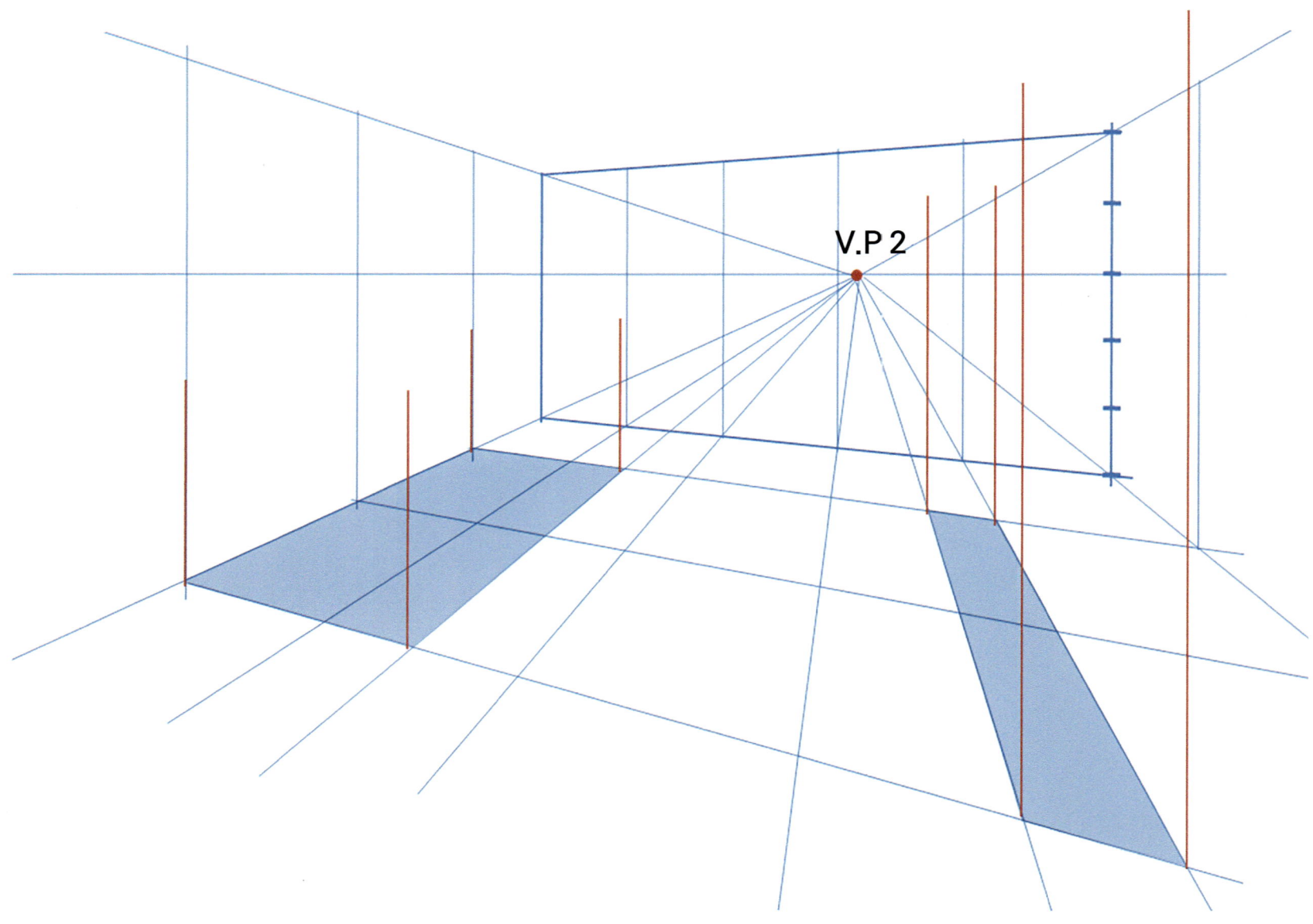

16. 좌우측 각각의 V.P로부터 벽체에 그린 사물의 좌우 꼭짓점을 잇는 연장선을 긋는다.

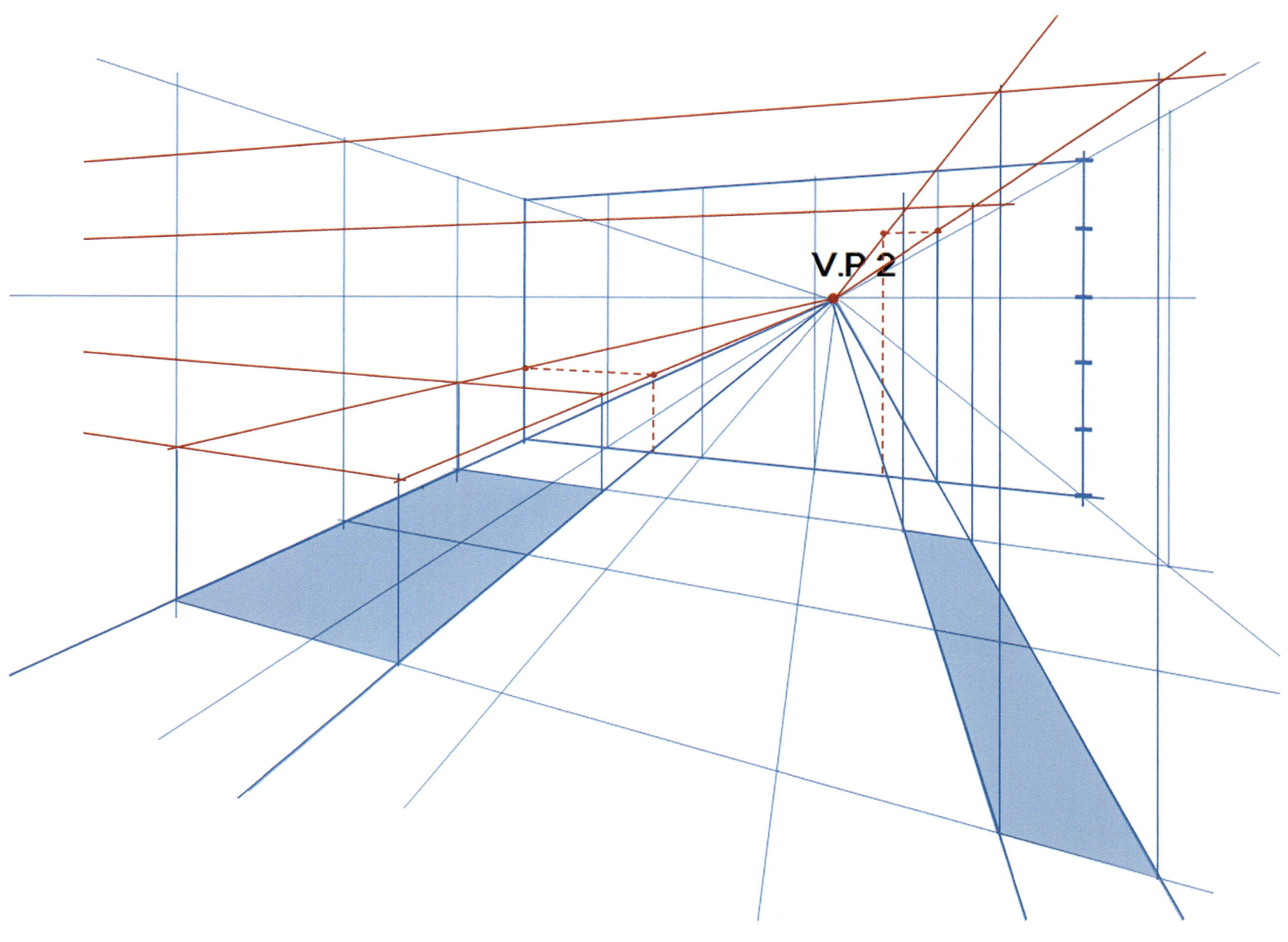

17. 찌그러진 2소점으로 본 사물의 육면체가 완성되었다.

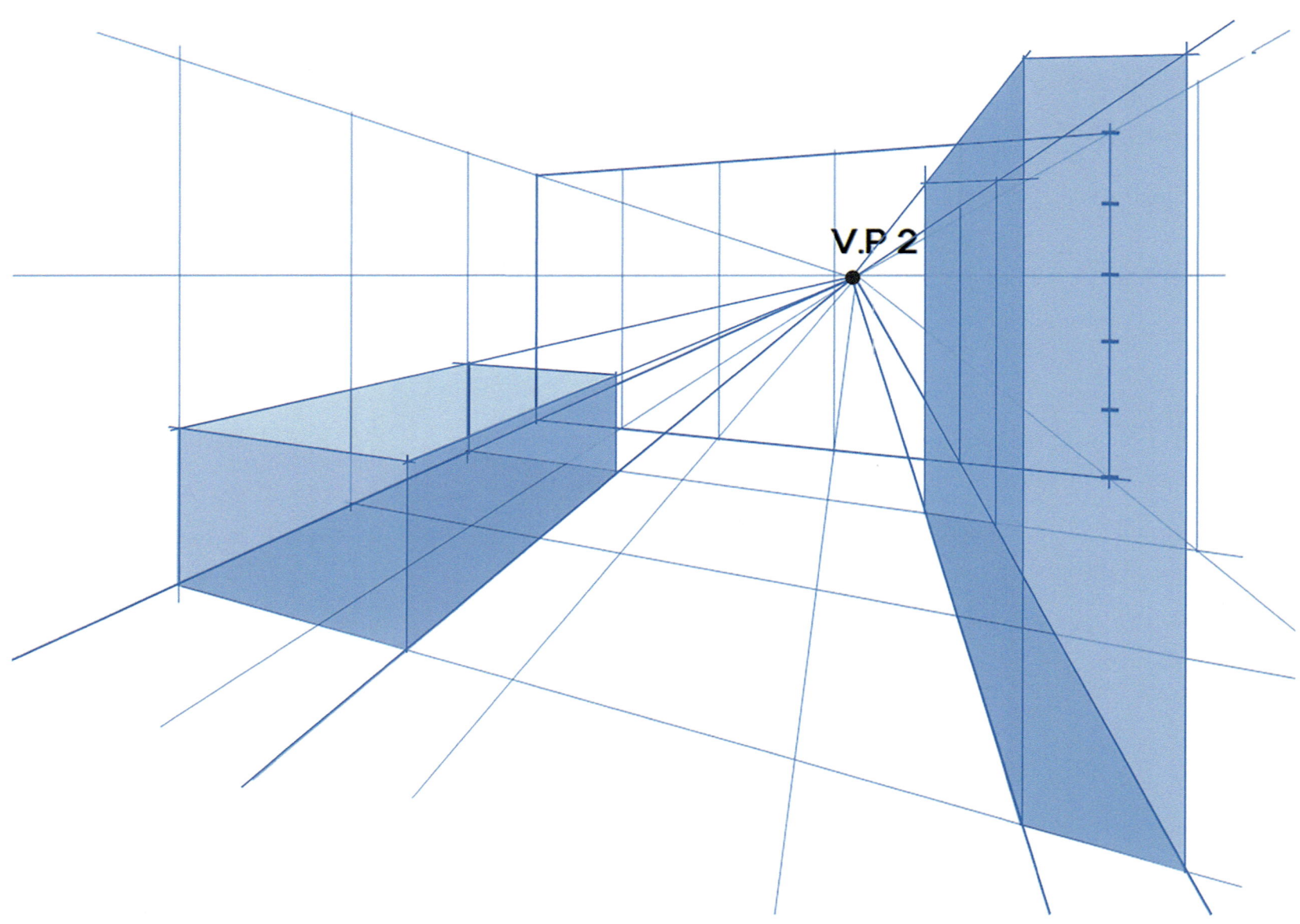

>>> 정식 작도법 – 소점 하나

컴퓨터 그래픽 사용이 보편화된 상황에서 습득하기에도 어려우며 작도에 긴 시간이 소요되는 정식도법을 언급하는 것은 큰 의미가 없다고 생각한다.

투시도 스케치가 아직 익숙하지 않은 사람들에겐 도법에 따라 그려보는 과정도 투시도의 원리 이해에 도움이 되므로 습득이 용이하고 비교적 짧은 시간에 그려낼 수 있는 실내 공간 투시도법(정식 작도법)을 한 가지 소개하고자 한다.

이 방법은 1소점 작도법을 사용한 예이다. 2소점과 3소점 정식 작도법은 난이도가 비교적 높기 때문에 이 책에서는 언급하지 않았다.

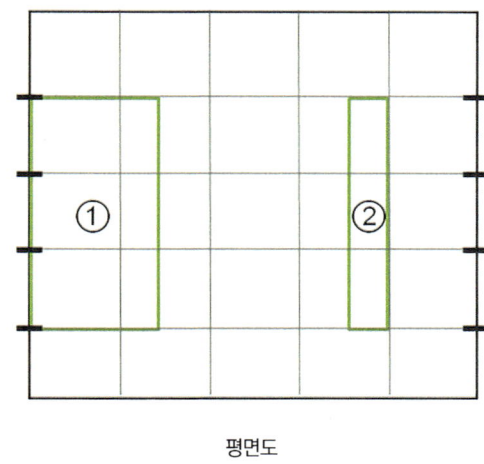

평면도

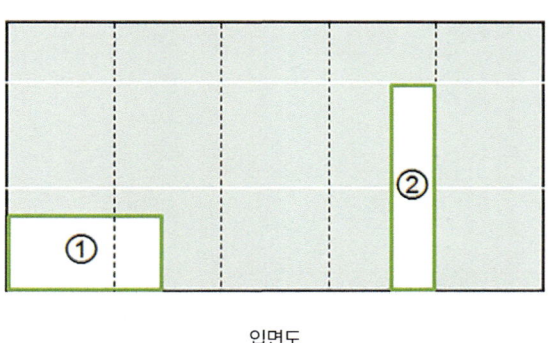

입면도

| 스케치 가이드(Sketch Guide) |

기본 전제 및 조건은 1소점 간략 도법에 소개된 것과 같다.

- 그리드 사이즈 : 1,000 × 1,000
- 천장고(C.H) : 2,500
- 눈높이(VP의 높이) : 1,500

- 완성 스케치의 크기는 A3 사이즈를 기준으로 한다.
- 투시도에 일관되게 적용되는 축척(Scale)은 없다(None Scale). 그러나 도법을 적용할 때 입면과 평면은 같은 스케일의 도면을 기준으로 한다.

Tips 1소점 투시도법과 간략 1소점 스케치 순서의 차이

다음은 1소점 투시도법과 간략 1소점 스케치의 차이점을 설명하기 위해 스케치 순서를 비교한 것이다. 1소점 투시도법은 앞서 소개된 그리드법(간략 1소점 스케치)을 이용한 것이 아니라 사물 각각의 위치 점을 감안해서 그린 작도법(1소점 투시도법)을 이용한 것이다. 따라서 그리드를 그리는 과정 대신 사물의 깊이, 너비, 높이 점을 찾기 위한 가선 그리는 과정이 포함된다.

1소점 투시도법

| 입면그리기 → 기본 소점 정하기 → 천장 라인과 바닥라인 그리기 → **가선 그리기(사물의 깊이 → 사물의 너비 → 사물의 높이)** → 육면체 그리기 |

간략 1소점 스케치

| 입면그리기 → 기본 소점 정하기 → 천장 라인과 바닥라인 그리기 → **벽체와 바닥의 그리드 그리기** → 육면체 그리기 |

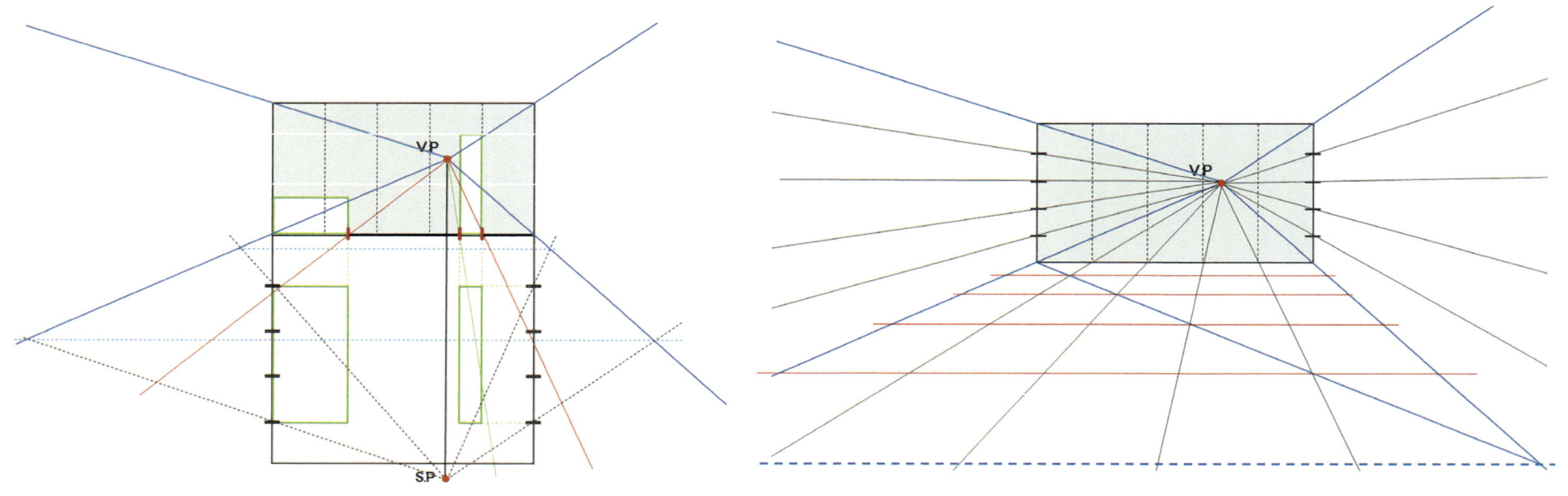

1소점 투시도법
– 작도에 의해 사물 각각의 위치 점을 찾는 과정이 포함됨

간략 1소점 스케치
– 대각선을 이용하여 그리드를 그린 후 사물의 위치 점을 찾음

입면그리기 - 도면(입면, 평면)을 사각형의 형태로 간단히 그리기

1. 용지의 중앙에 관찰자의 시점에서 마주보이는 입면의 가로, 세로 크기를 감안하여 입면을 사각형의 형태로 그린다.
   (이때 스케치상에서는 1가지 축척만을 사용하여야 한다.
   높이 2,500 × 너비 5,000 정도의 공간을 A3 사이즈 용지에 스케치한다면 입면, 평면 모두 1/40이 적당하다. 단 실내공간의 크기에 따라 스케일은 변경 가능하다)

2. 입면도 밑에 평면도를 간단하게 역시 사각형의 형태로 그린다.

기본 소점 정하기 – V.P와 S.P 잡기

3. 스케치의 축척을 고려하여 눈높이에 소점(V.P)을 찍는다.

4. 소점(V.P)과 수직선상에 스케치할 공간의 깊이를 감안하여 입점(S.P)을 찍는다.
   (소점(V.P)과 입점(S.P)이 수직선상에 위치한다는 점에 유의하자)

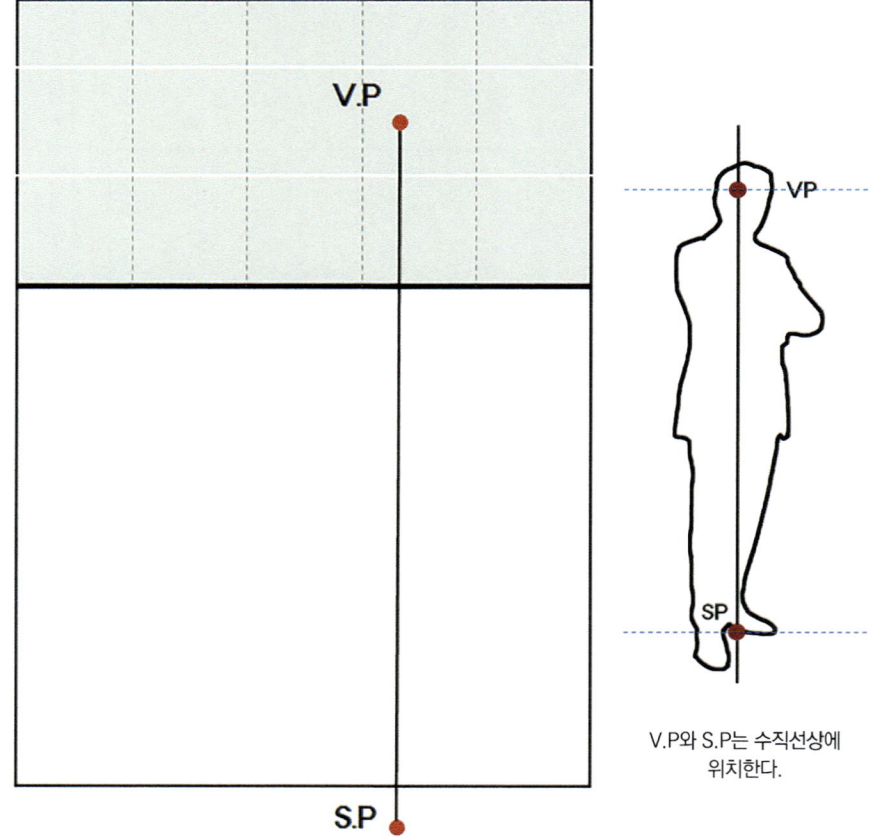

V.P와 S.P는 수직선상에 위치한다.

천장라인과 바닥라인 그리기

5. 소점에서부터 마주보는 벽체의 각 꼭짓점(4개)을 지나는 선을 화면에 꽉 차도록 긋는다. 이 선들은 이 실내공간의 천장라인과 바닥라인이 된다.

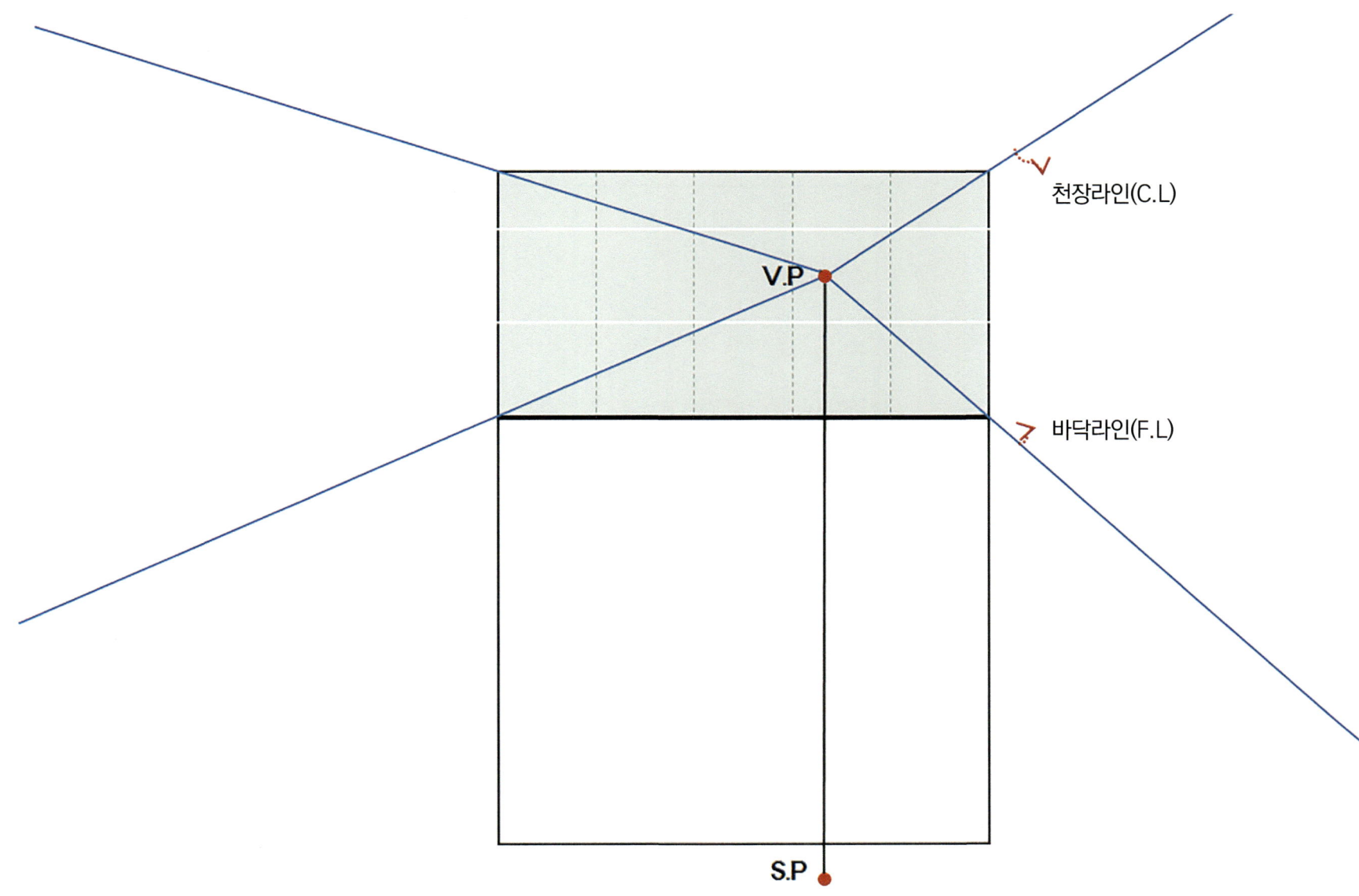

| 가선그리기(사물의 깊이) |

앞으로 소개될 사물의 깊이, 너비, 높이 점을 잡기 위한 가선 그리는 과정에는 평면도와 입면도 위치에 가구가 그려져 있다.(연두색) 이는 작도 과정 중에 꼭 그려야 되는 것은 아니며 단지 이해하는 데 도움이 되도록 한 것이다.

6. 평면도의 양쪽 라인이 공간 깊이의 기준선이 된다.(빨간색 선)

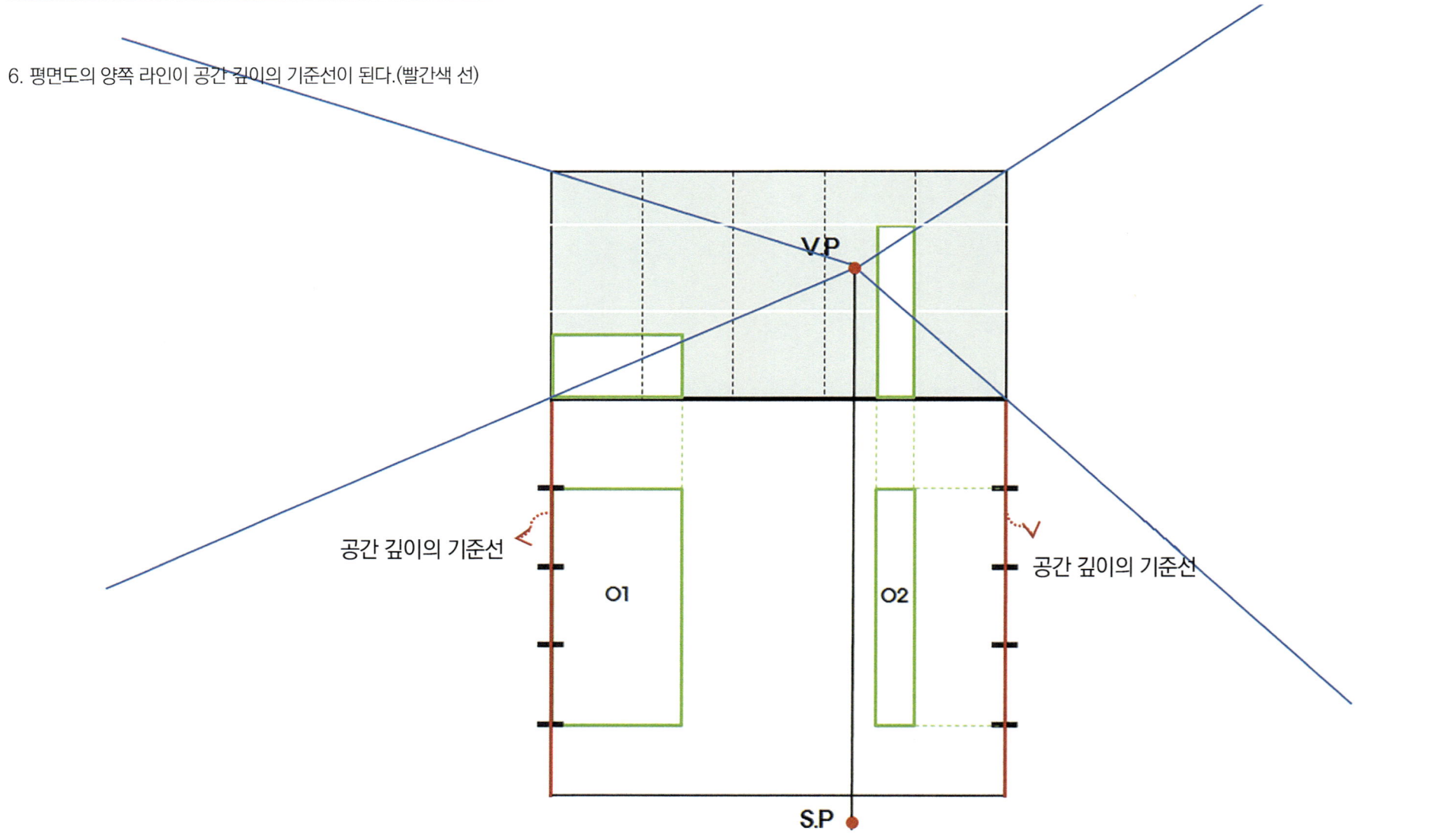

7. 사물(가구)의 깊이를 알기 위해 S.P 로부터 바닥라인까지 가선을 긋고, 바닥라인에 찍힌 점을 기준으로 수평선을 긋는다.
   (이때 좌우 양측 벽에 붙어 있는 사물(여기서는 왼쪽 가구)은 S.P와 사물이 양측 벽에 접한 점(꼭짓점)의 연장선을 바닥라인까지 긋지만 양쪽 벽에서 떨어져 있는 사물(여기서는 오른쪽 가구)은 사물로부터 좌우 양측 중 한 벽체까지 연장선을 그려 생성된 점을 지나는 가선을 바닥라인까지 긋는다)

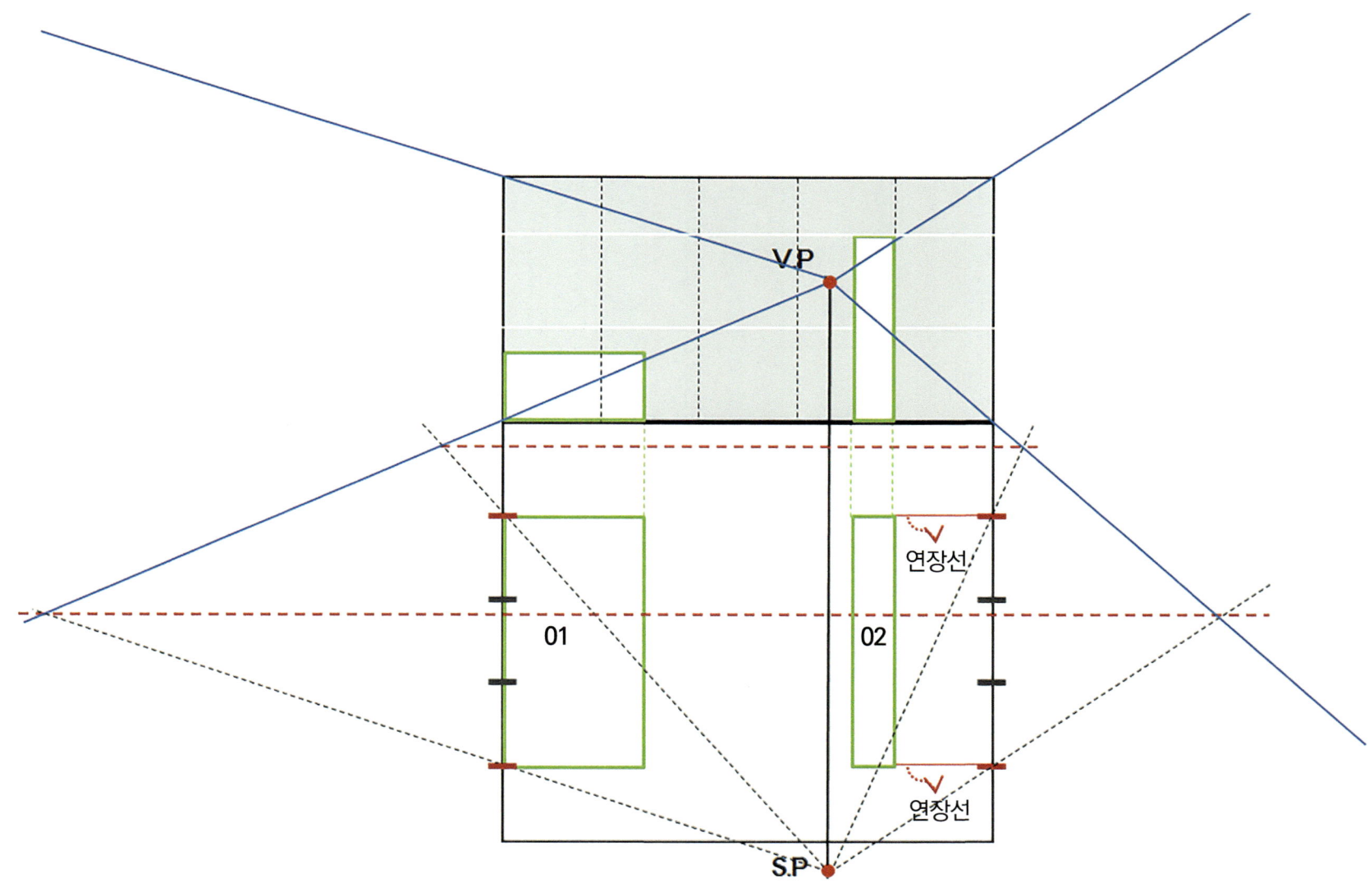

가선 그리기(사물의 너비)

8. V.P로부터 벽체 입면에 그려진 사물의 바닥점을 잇는 연장선을 그린다.

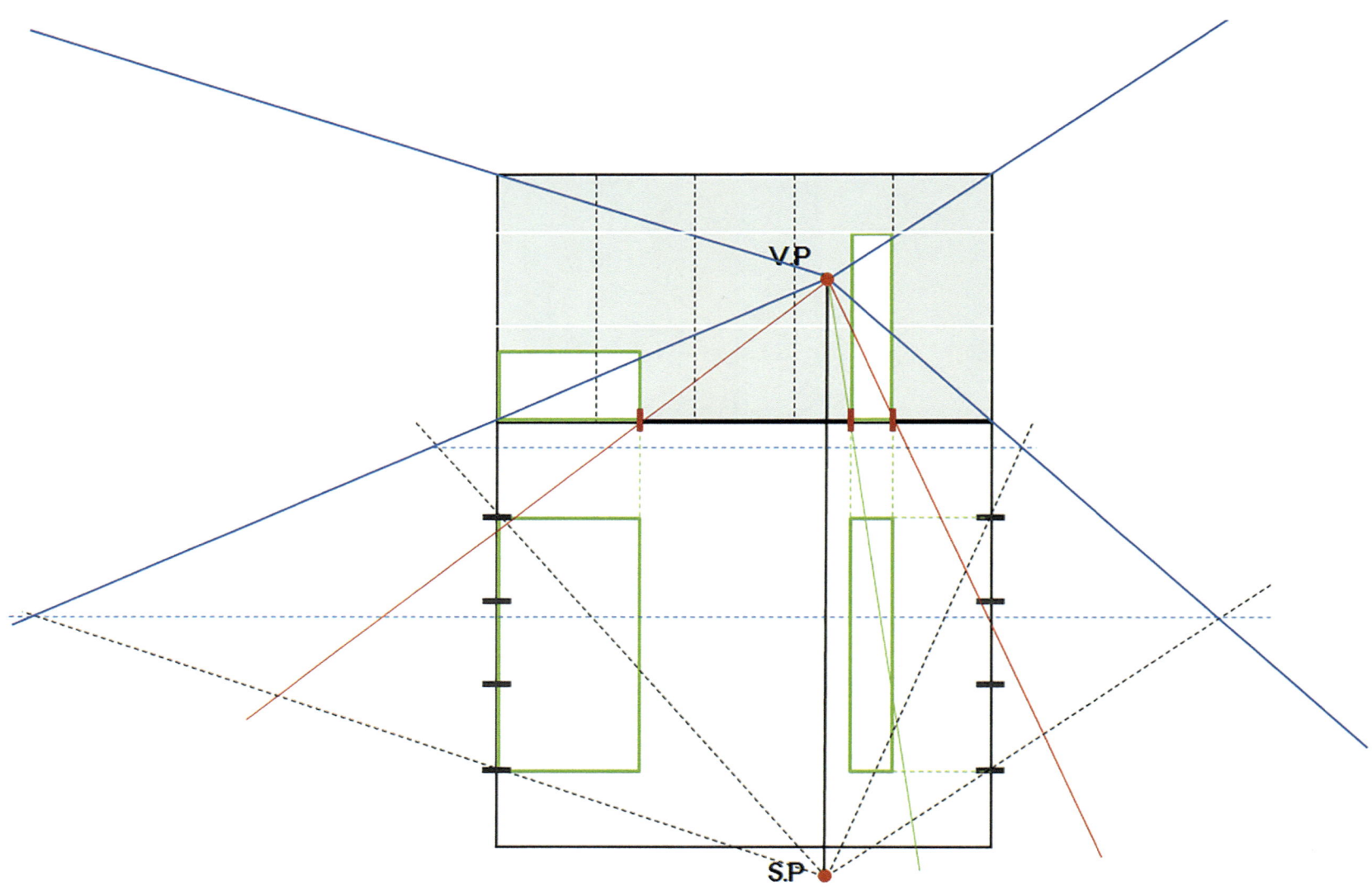

9. 사물의 배치점(원근비 사각형)이 완성되었다.

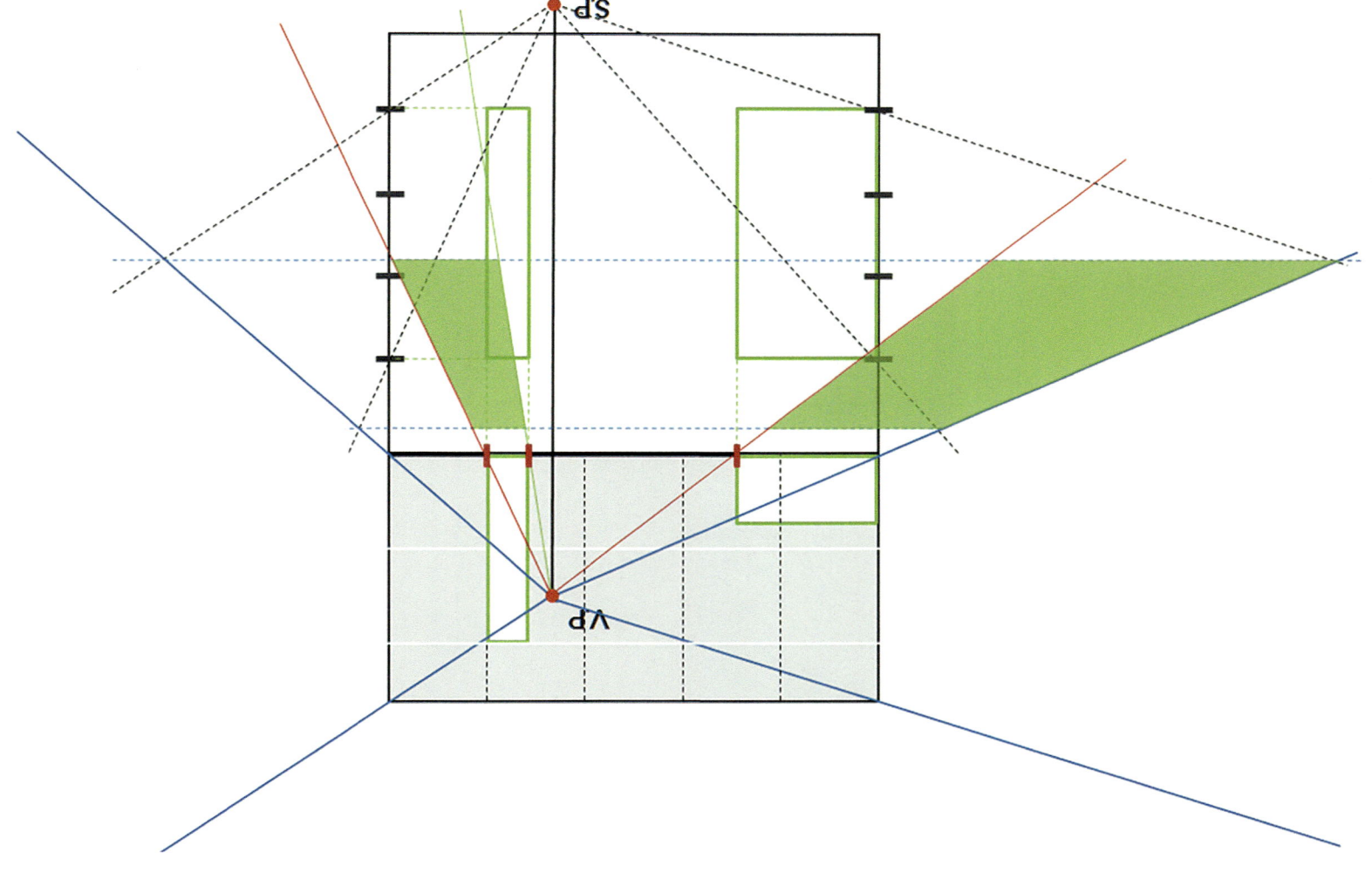

| 거리 그리기(사물의 폭이) |

10. 양쪽의 바닥면(사각형)의 각 꼭짓점에서 수직으로 기준을 긋는다. 이는 사물의 폭을 위한 기준이 된다.

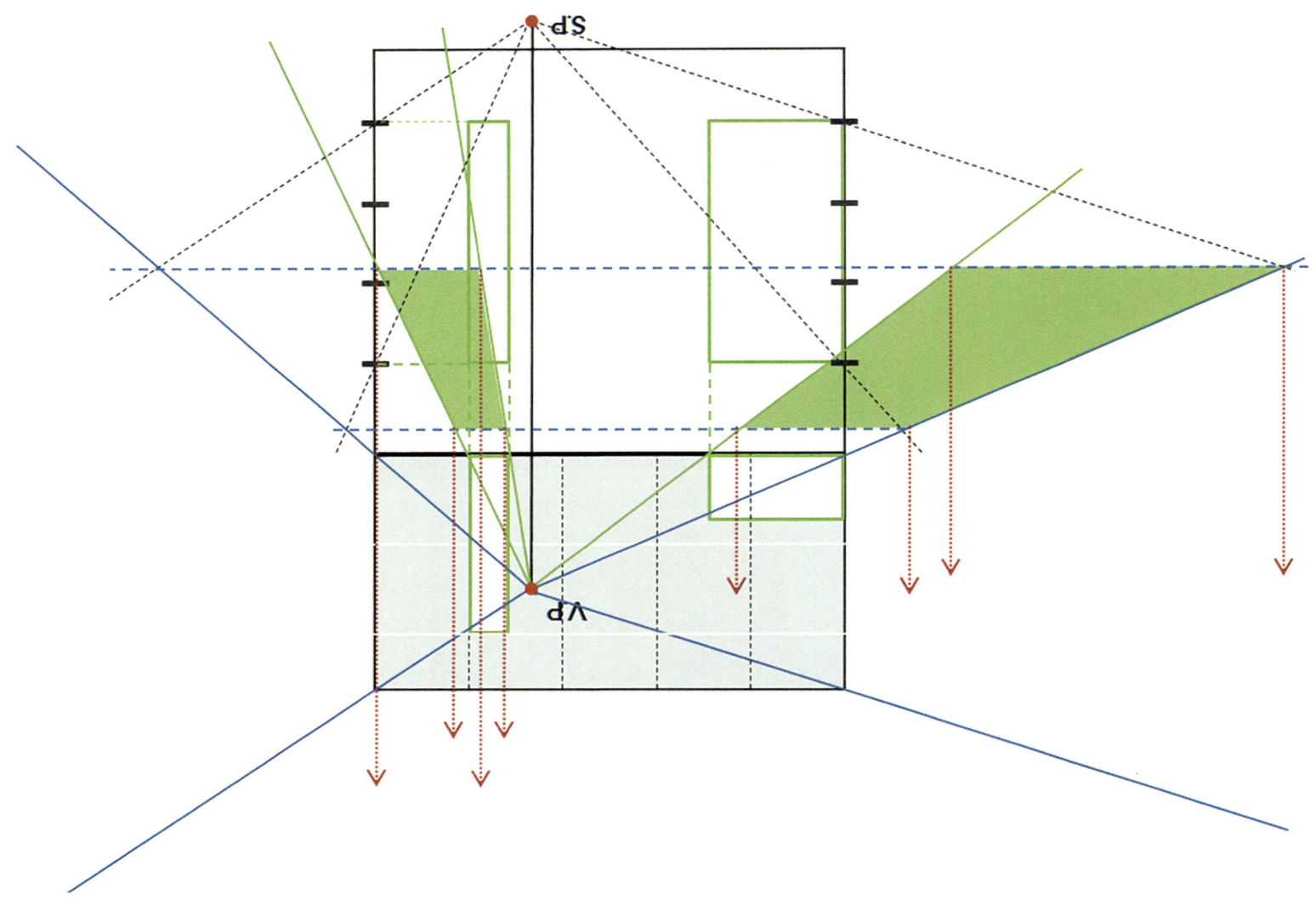

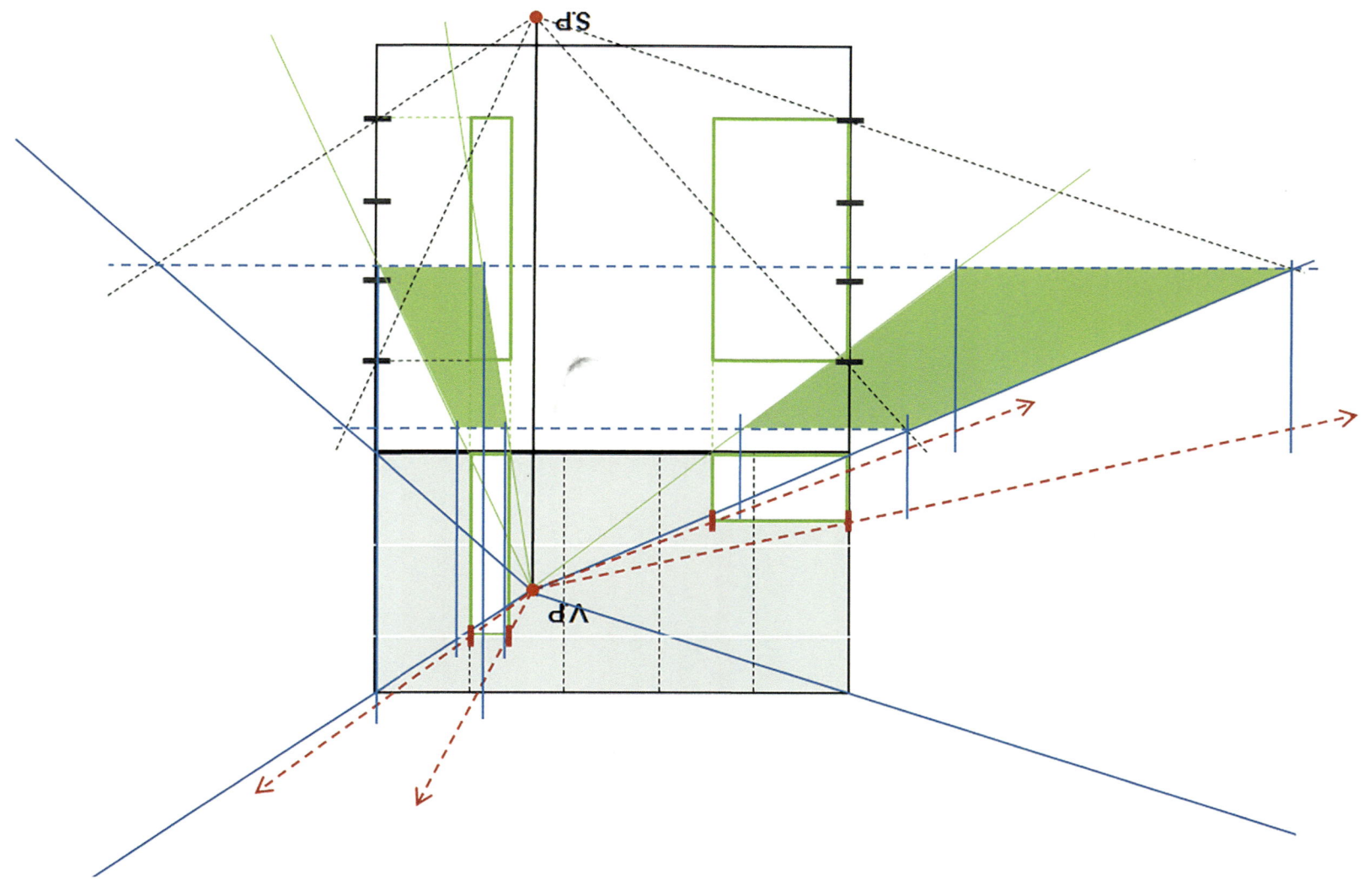

11. V.P로부터 벽체입면에 그려진 사물의 안쪽점(사다리꼴의 작은 꼭짓점)을 이어 연장선을 그린다.

| 음영체 그리기 |

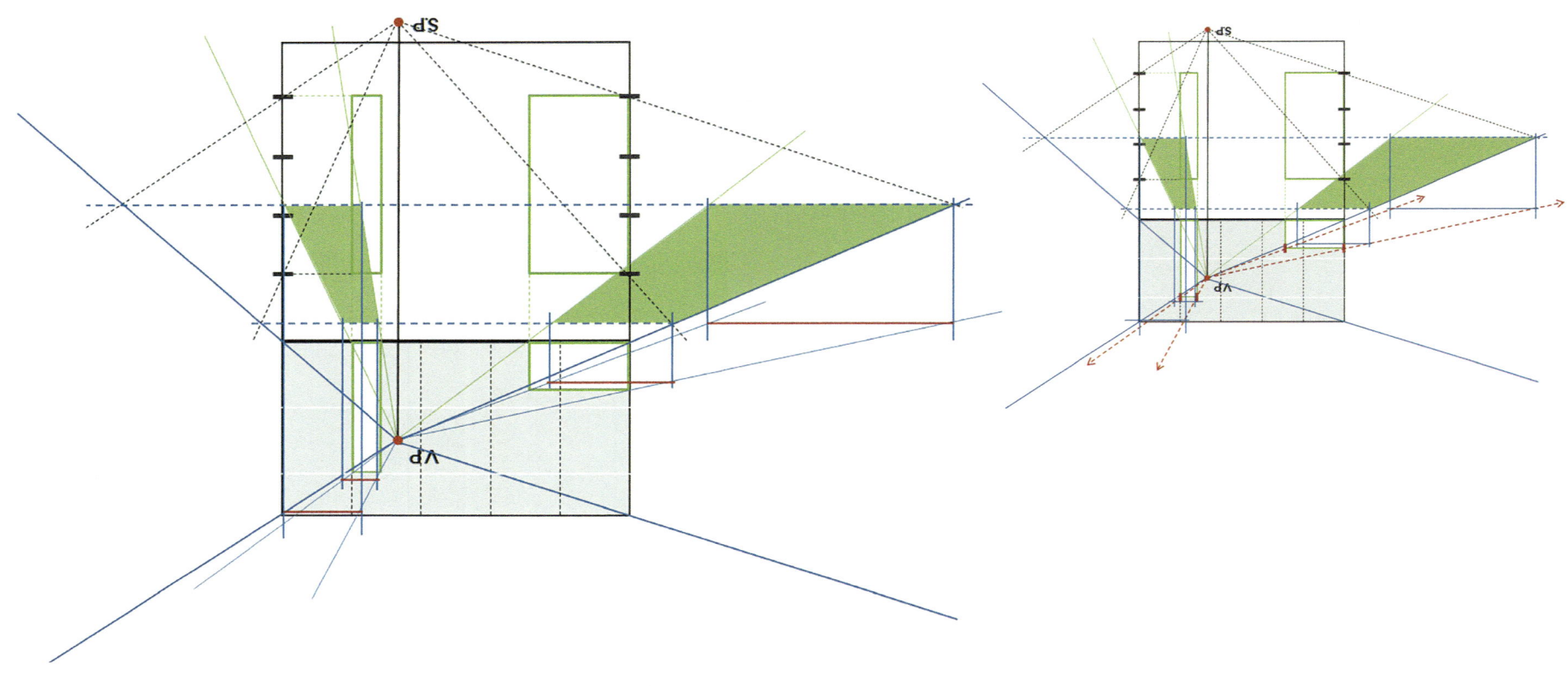

12. 상하편 바닥면(사각형)이 두 꼭짓점에서 수직으로 그은 가상선 V.P로부터 가상의 상부면 그리기 입문에 사용된 그래픽의 차원 명장식의 교점에 찾아 수렴선을 긋는다.

13. 1소점으로 본 사물의 육면체가 완성되었다.

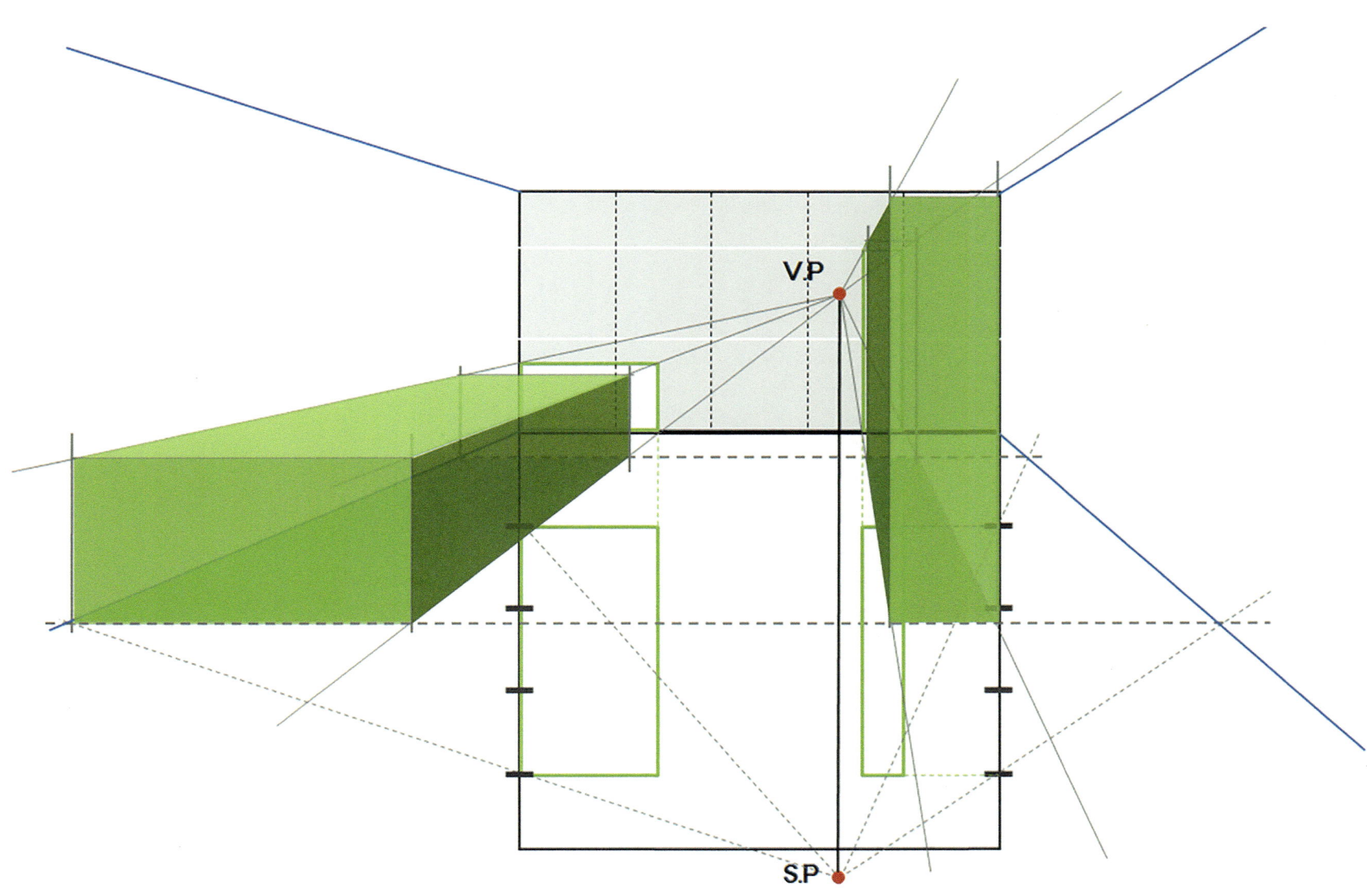

》》 서 있는 위치(S.P)와 보는 높이(V.P)에 따른 사물 형태의 변화

사물은 서 있는 위치(S.P)와 보는 높이(V.P)에 따라 형태가 다르게 보인다. 큰 변화는 아닐지라도 디자이너가 보여주고자 하는 부분을 더 부각할 수도 있고 전체 분위기를 다르게 보이게 할 수도 있다. 기본적인 차이를 알고 스케치한다면 본인이 의도한 바를 더 효과적으로 표현할 수 있다.

| V.P & S.P의 수평이동에 따른 변화 |

다음의 예는 V.P & S.P의 수평이동에 따른 변화를 보여주는 예이다. V.P & S.P가 중앙에 위치한 ②의 경우에 비해 ①의 경우(V.P & S.P의 위치-좌측으로 치우침)는 사물의 오른쪽 면이, ③의 경우(V.P & S.P의 위치 – 우측으로 치우침)는 사물의 왼쪽 면이 더 부각되어 보인다.

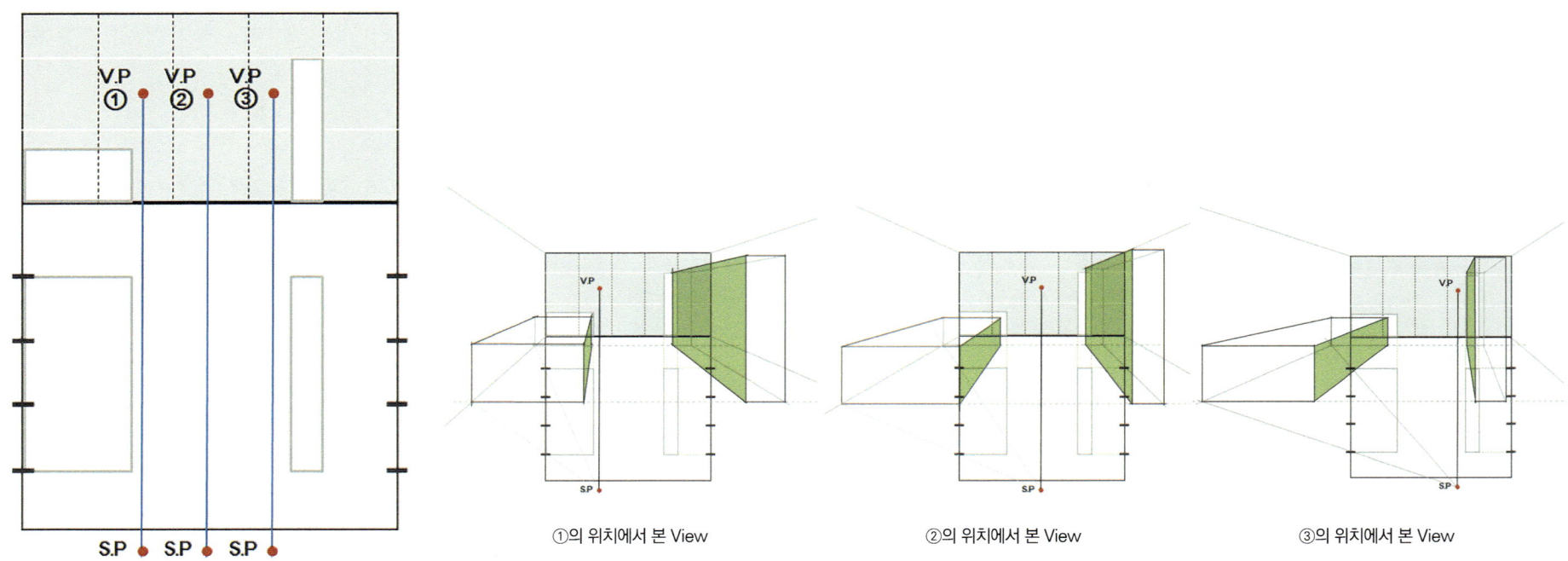

①의 위치에서 본 View ②의 위치에서 본 View ③의 위치에서 본 View

①. V.P & S.P의 위치 - 좌측으로 치우침

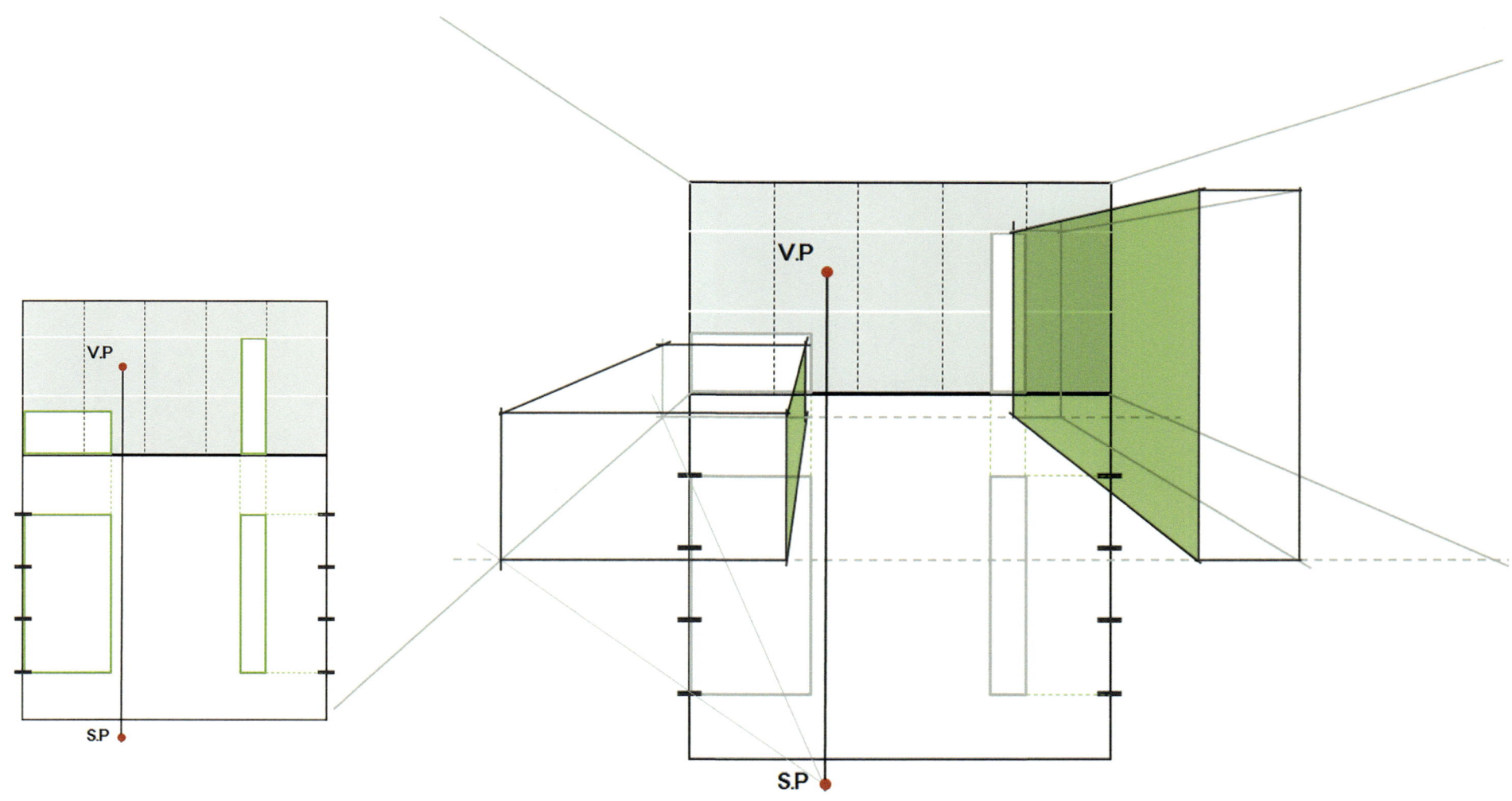

②. V.P & S.P의 위치 – 중간

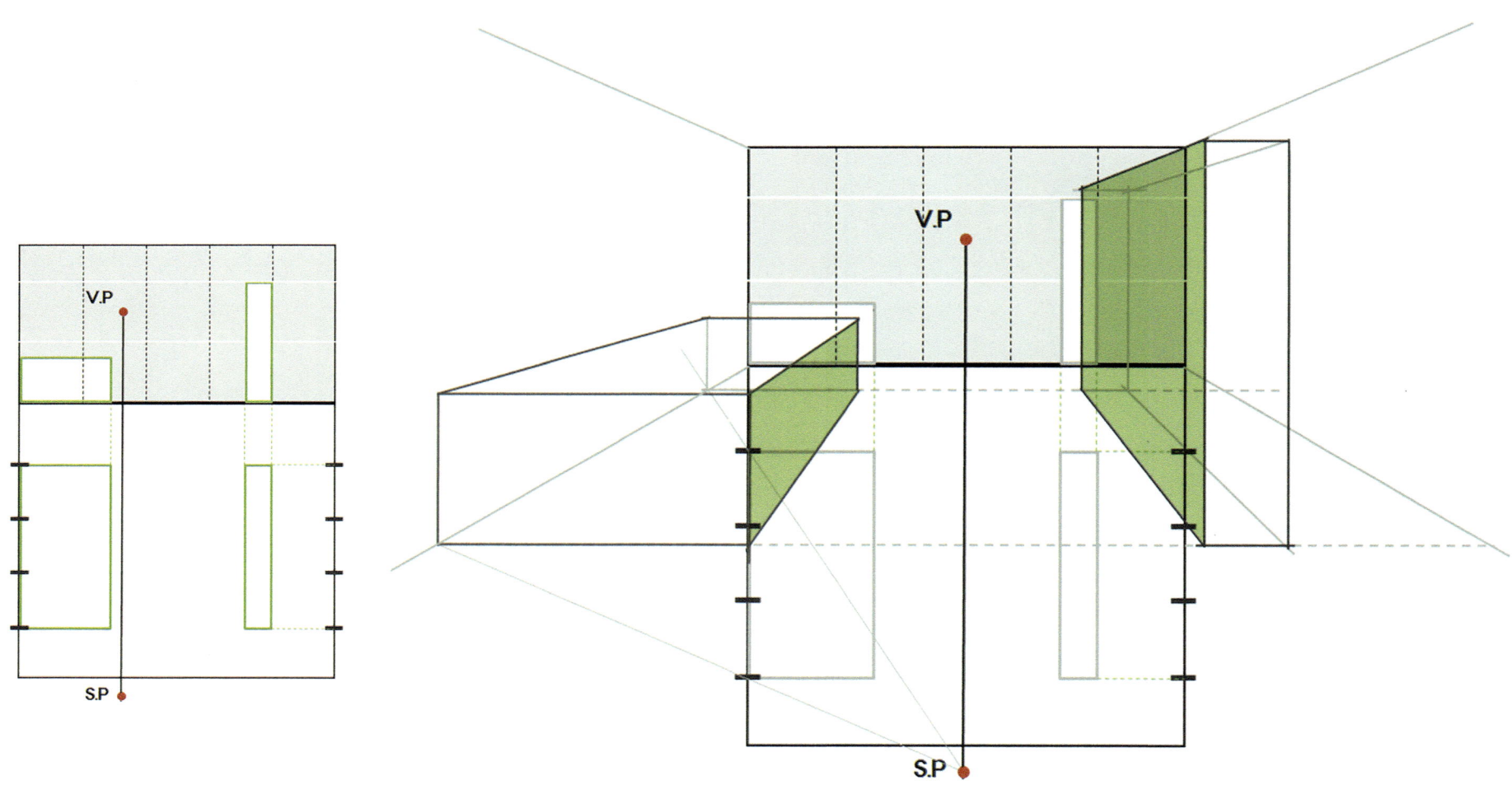

148　•• PART.02 _투시도 스케치 시작

③. V.P & S.P의 위치 - 우측으로 치우침

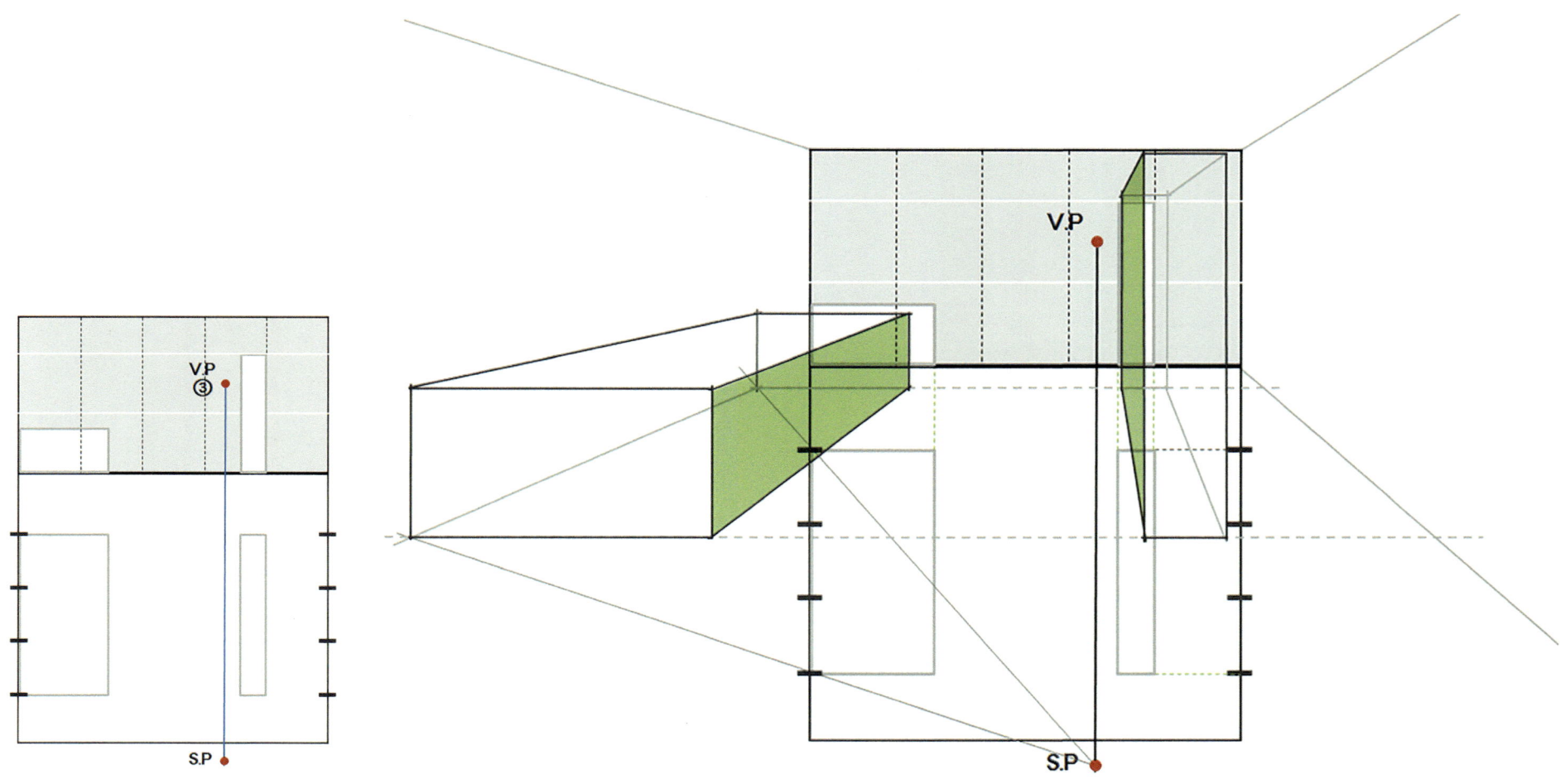

V.P의 높이에 따른 변화(S.P고정)

S.P의 위치가 같은 상태에서 눈높이의 변화만으로 상대적으로 사물이 높아 보이거나 낮아 보일 수 있다.

다음의 예는 V.P의 높이 이동에 따른 변화를 보여주는 예이다. ①의 경우 사물의 윗면이 많이 보이는 반면 ③의 경우에는 사물의 윗면이 적게 보이며 ②의 경우는 ①과 ③의 중간 정도이다.

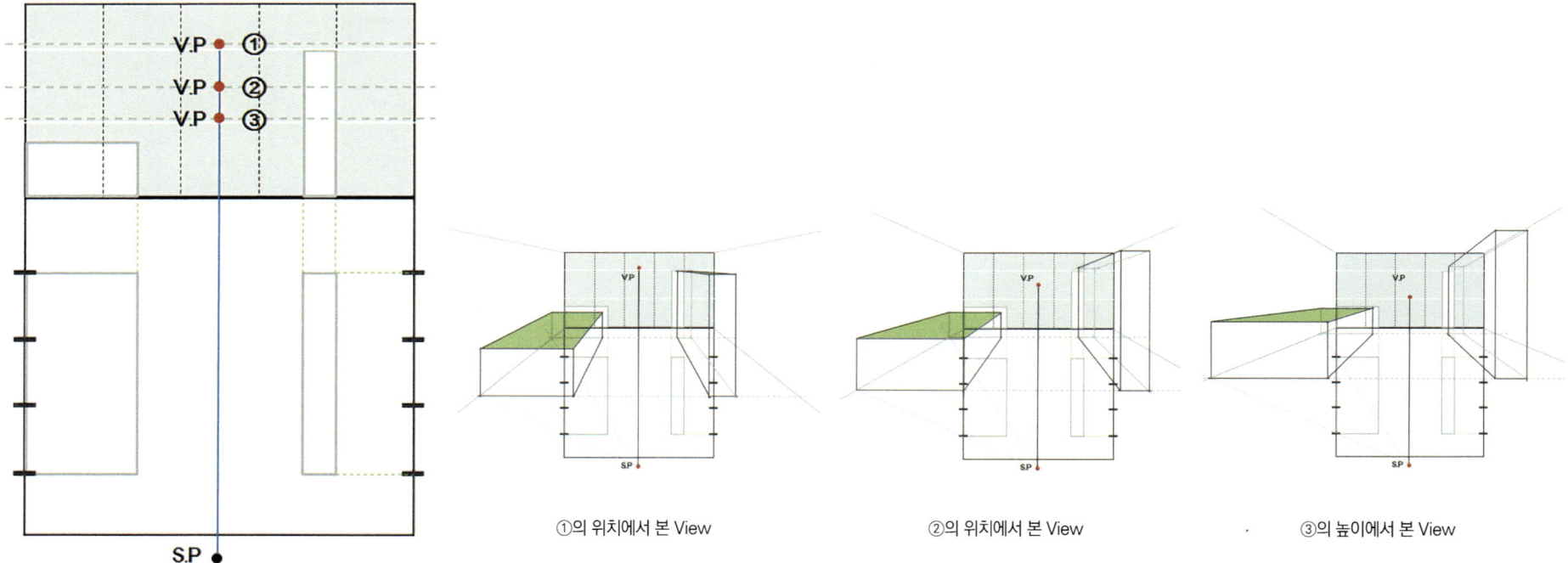

①의 위치에서 본 View   ②의 위치에서 본 View   ③의 높이에서 본 View

① 높은 곳에서 본 경우(H2,100) → 사물의 윗면이 많이 보임

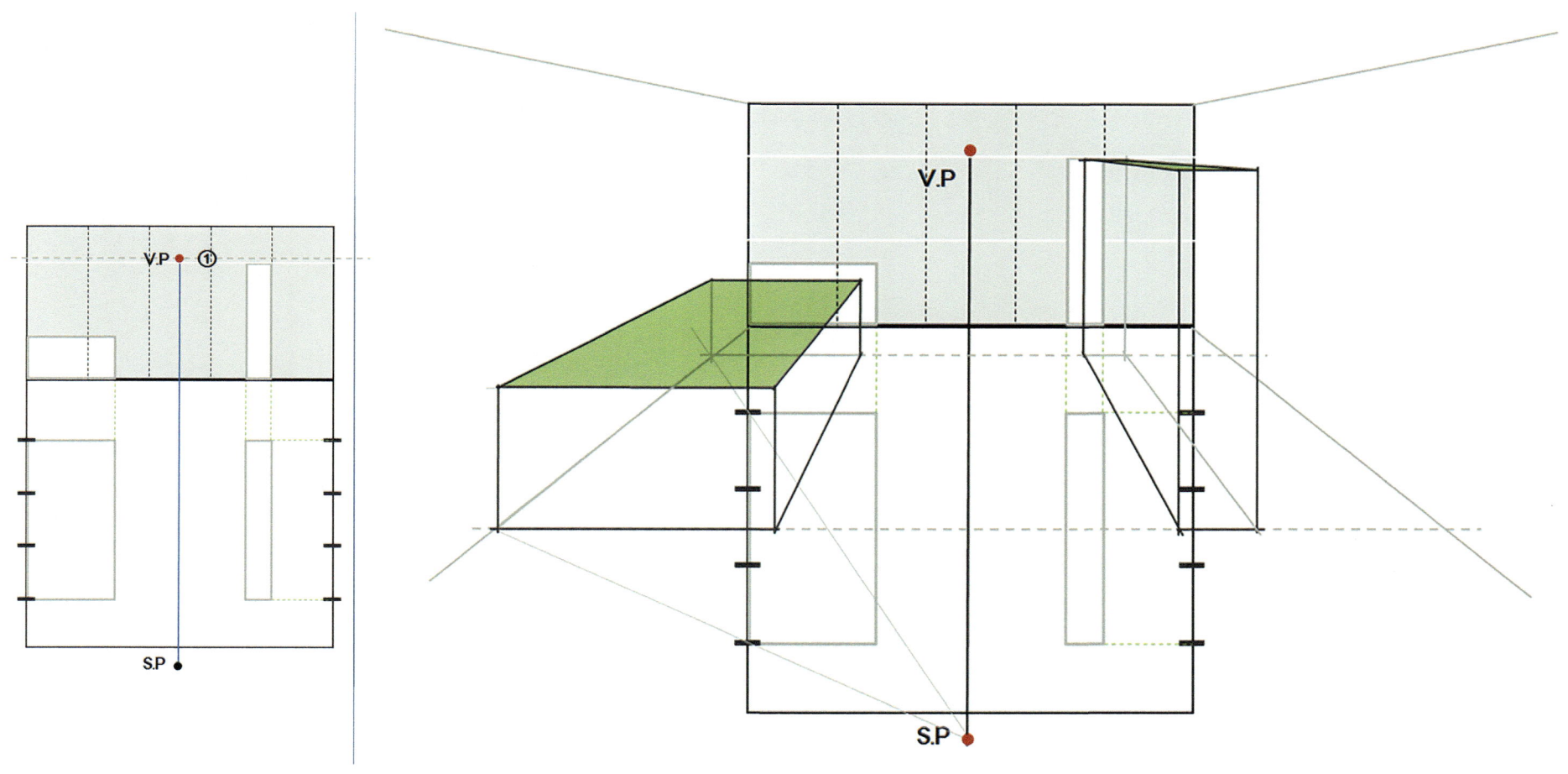

일반적인 눈높이(1,500)보다 높은 위치에서 본 View로 사물의 윗면이 많이 보이며 ②, ③의 경우에 비해 사물이 상대적으로 낮아 보인다. 바닥면이 많이 보이므로 바닥면을 부각시켜 그릴 수 있다.

② 중간(H1,500)

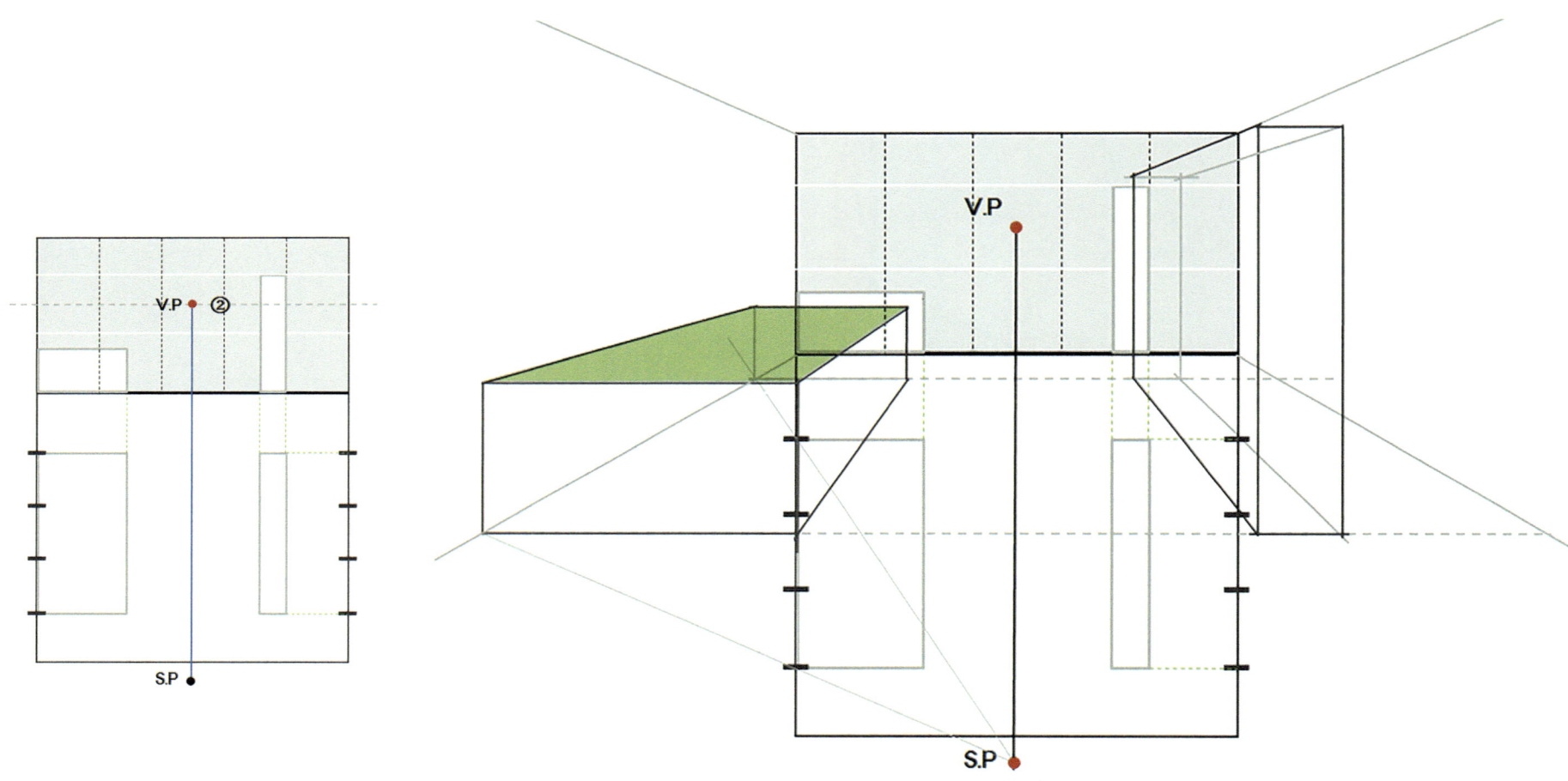

가장 많이 쓰이는 안정적인 View이다. 천장면과 바닥면이 고르게 보이며 사물을 실제 보이는 모습과 가장 흡사하게 그려낼 수 있다.

③ 낮은 곳에서 본 경우(H1,100) → 사물의 윗면이 적게 보임

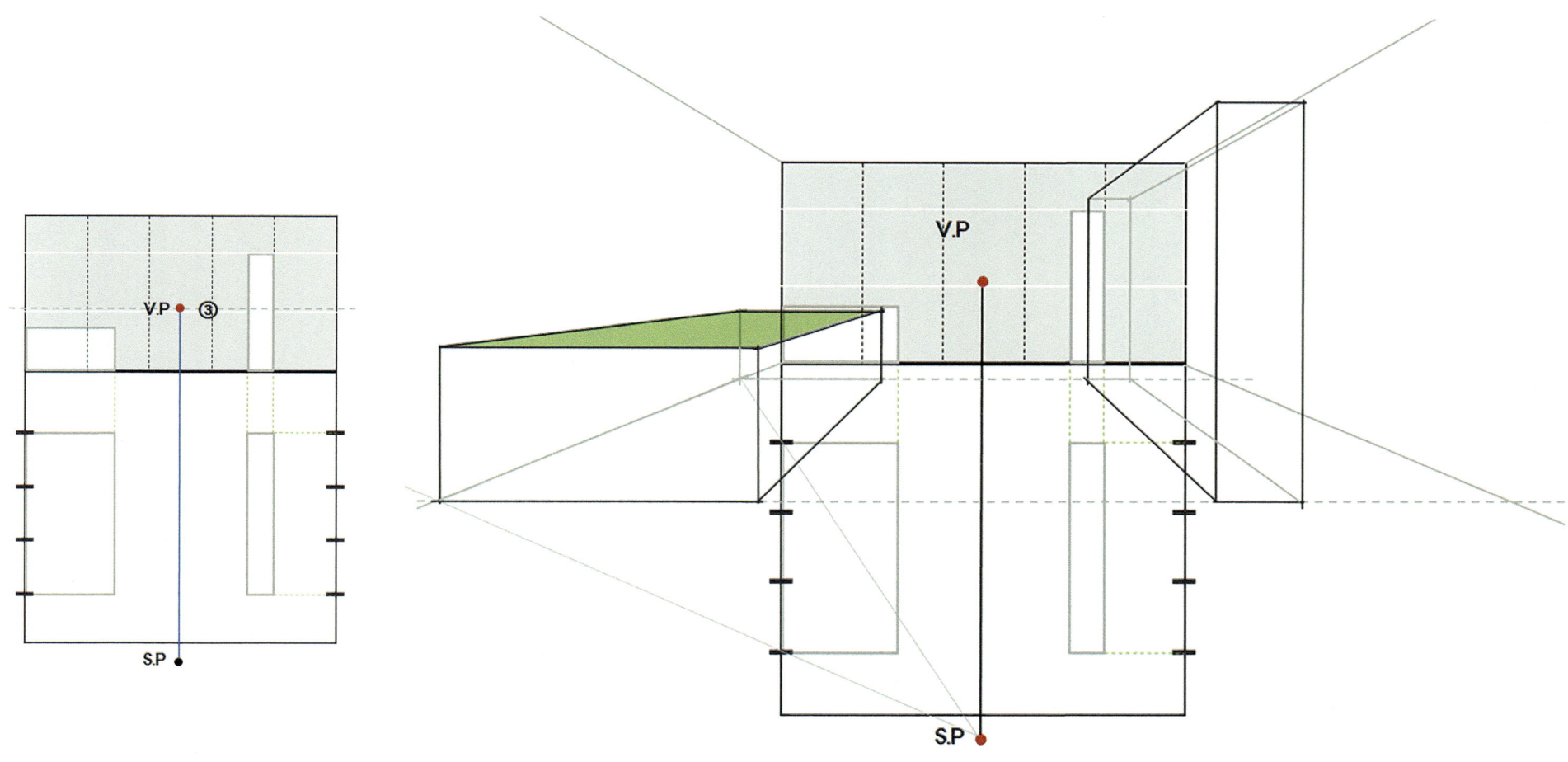

일반적인 눈높이(1,500)보다 낮은 위치에서 본 View로 사물의 윗면이 적게 보이며 ①, ②의 경우에 비해 사물이 상대적으로 높아 보인다. 천장면이 많이 보이므로 천장면을 부각시켜 그릴 수 있다.

S.P의 차이(V.P고정)에 따른 변화

다음의 예는 V.P의 위치는 같은 상태에서 서 있는 위치(S.P)의 변화에 따른 View를 보여주는 예이다.

서 있는 위치(S.P)는 곧 '대상물과의 거리'를 의미하므로 대상물과 S.P의 거리가 가까울수록 사물이 더 커 보이며 멀수록 사물이 작아 보인다고 할 수 있다.

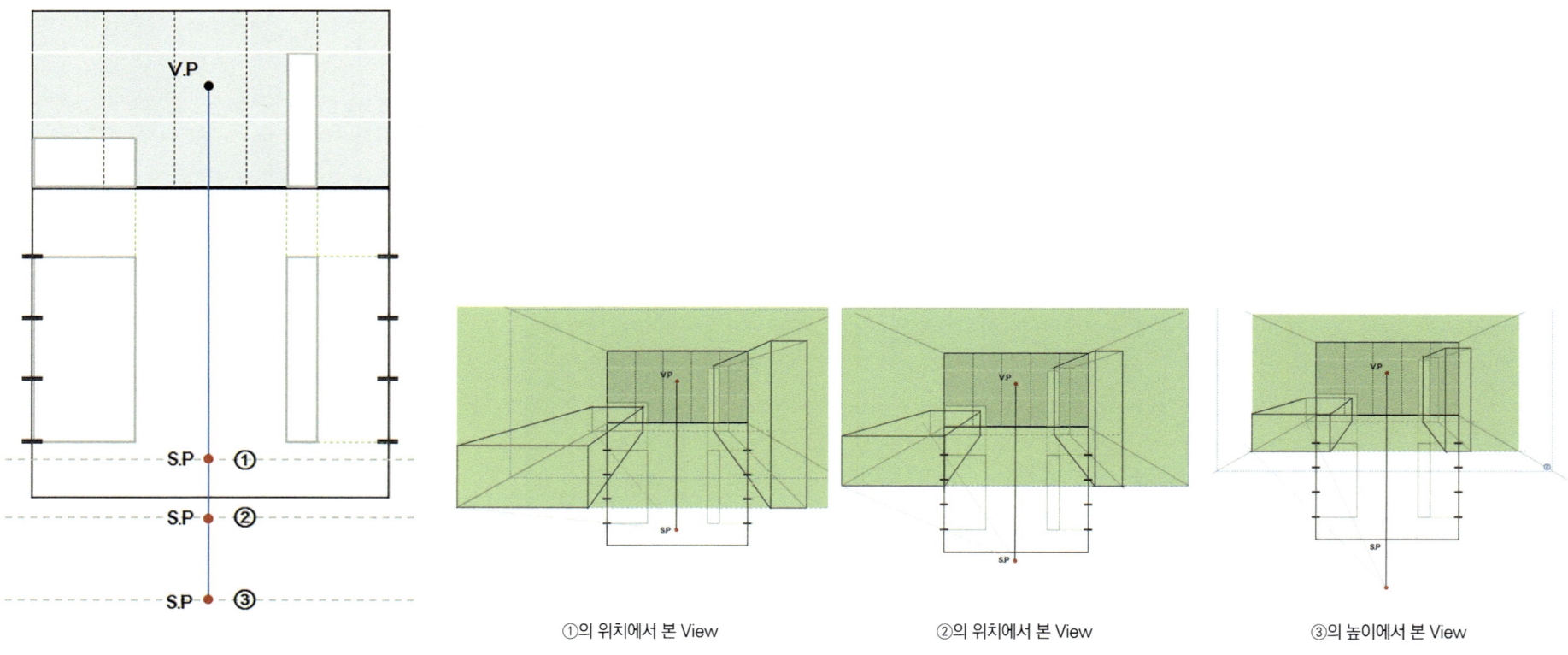

①의 위치에서 본 View   ②의 위치에서 본 View   ③의 높이에서 본 View

① 공간 깊숙이 들어가서 본 경우 → 사물이 더 크게 보임

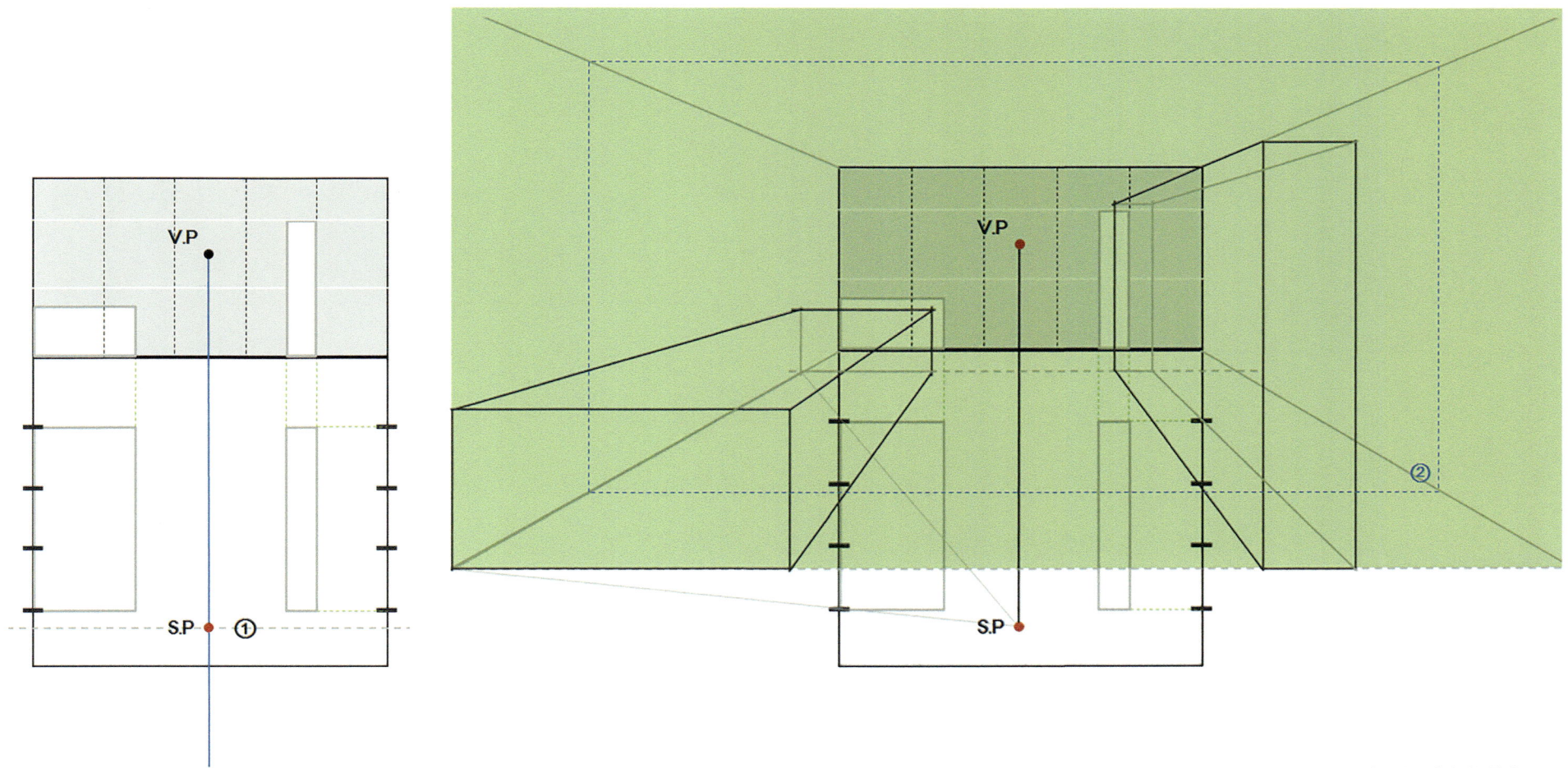

대상물과 S.P의 거리가 가까운 경우이다. 위의 그림에서와 같이 ②의 경우보다 화면크기가 더 크므로 전체적으로 사물이 커 보이기 때문에 사물의 정밀 묘사가 가능하다.

② 중간

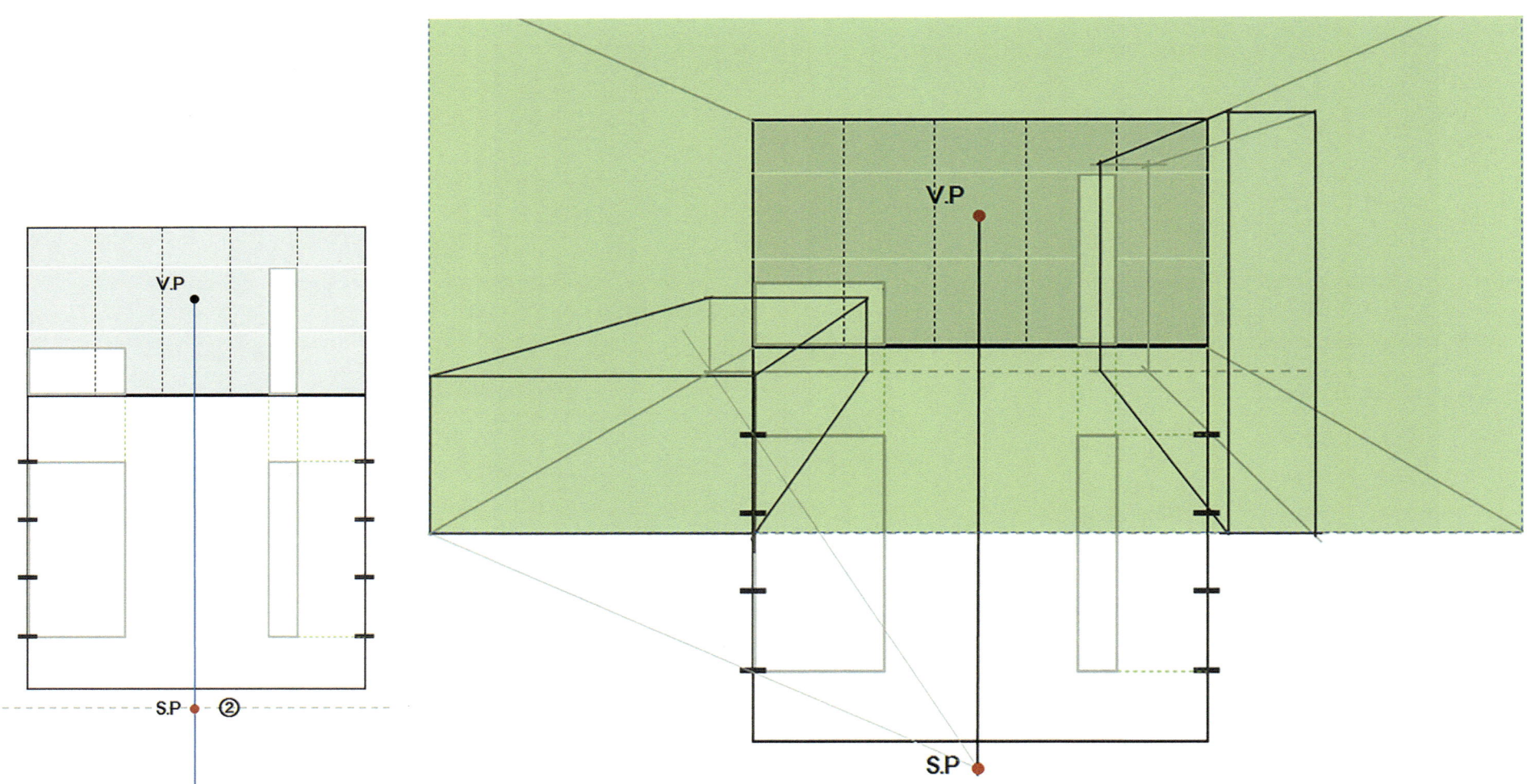

①의 경우에 비해 상대적으로 사물의 크기가 작아 보인다.

③ 멀리서 본 경우 → 사물이 더 작게 보임

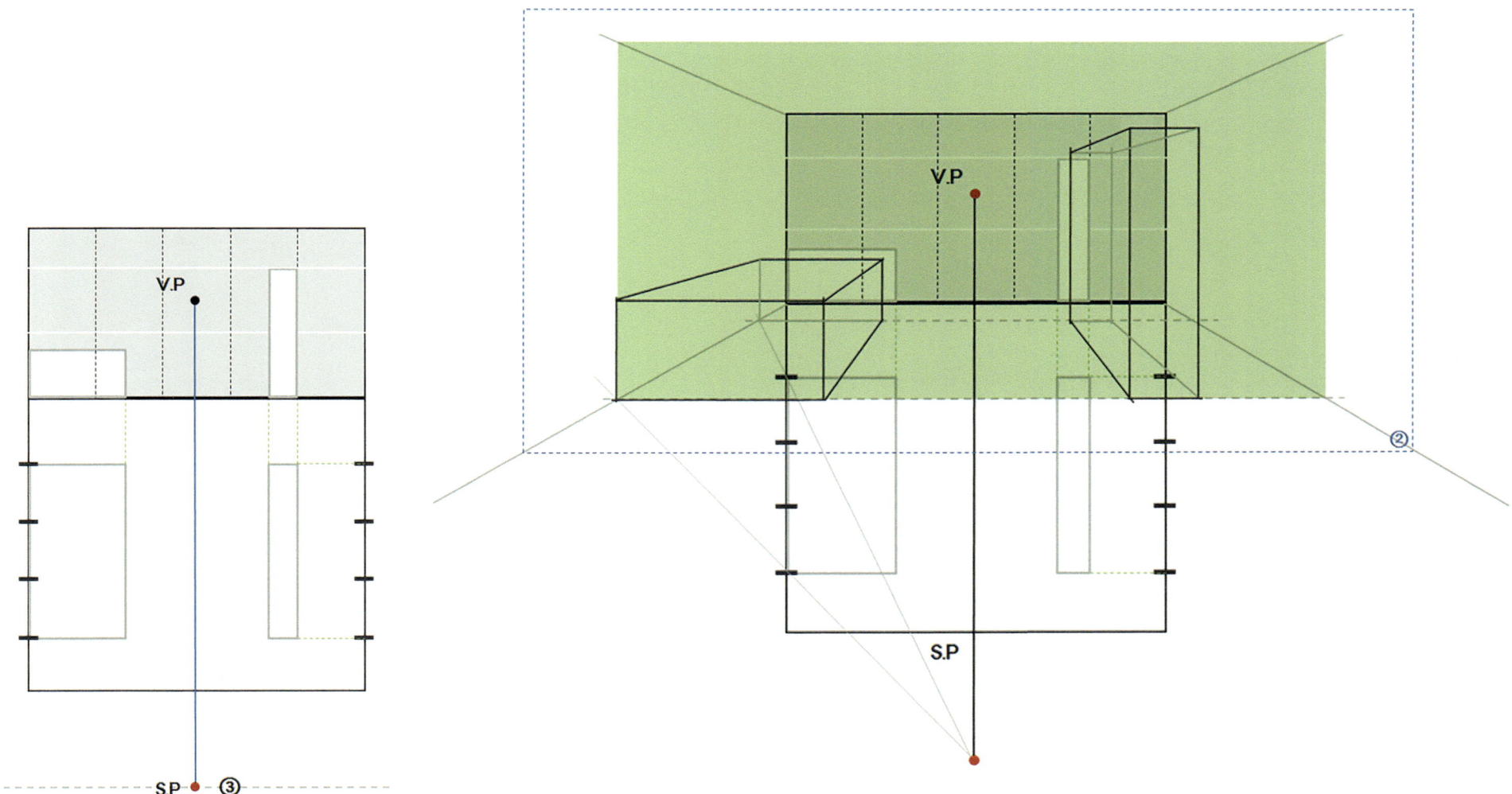

대상물과 S.P의 거리가 먼 경우이다. 위의 그림에서와 같이 ②의 경우보다 화면 크기가 작으므로 전체적으로 사물이 작아보인다.

5.2 건물(공간) 외부에서 보기

건축 스케치에서 육면체 볼륨을 만들어 내는 과정과 원리는 사물을 밖에서 보느냐 안에서 보느냐의 차이일 뿐 실내 공간 스케치와 크게 다르지 않다. 다만 일반 눈높이에서 보는 View에서부터 마치 새가 높이 날아올라 아래를 내려다보는 것과 같은 View까지 다양한 높이의 소점으로 표현된다는 점과 실내 공간 스케치에서보다 3소점이 자주 사용된다는 점 등이 특징이다.

〈PART 2. 투시도 스케치 시작/ 5. 육면체 완성하기 / 5.1 공간 내부에서 보기〉에서 각 소점별로 육면체가 만들어지기까지의 과정을 자세히 설명하였으므로 1소점과 2소점 관련 사항에 대해서는 특징적인 부분 위주로 간략하게 설명하고자 한다.

≫ 소점 하나

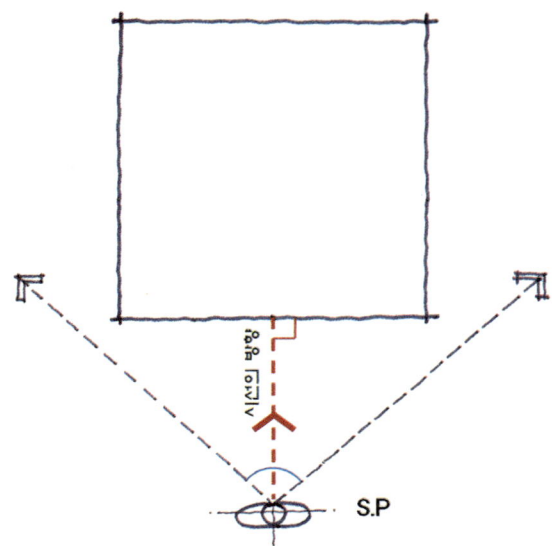

1소점은 거리상에서 보이는 파사드(Facade) 위주로 표현하고자 할 때 주로 사용된다. 역시 1소점 실내 스케치에서와 마찬가지로 입면의 가로·세로 비율관계를 바탕으로 간략하게 스케치한다.

간략 스케치 순서

1. 스케치하고자 하는 건물의 가로 · 세로 기준선을 긋고 비례에 맞도록 입면을 간단히 그린다.
2. 눈높이를 정한다.
3. 소점(V · P)을 잡는다.
4. 건물의 깊이를 결정한다.

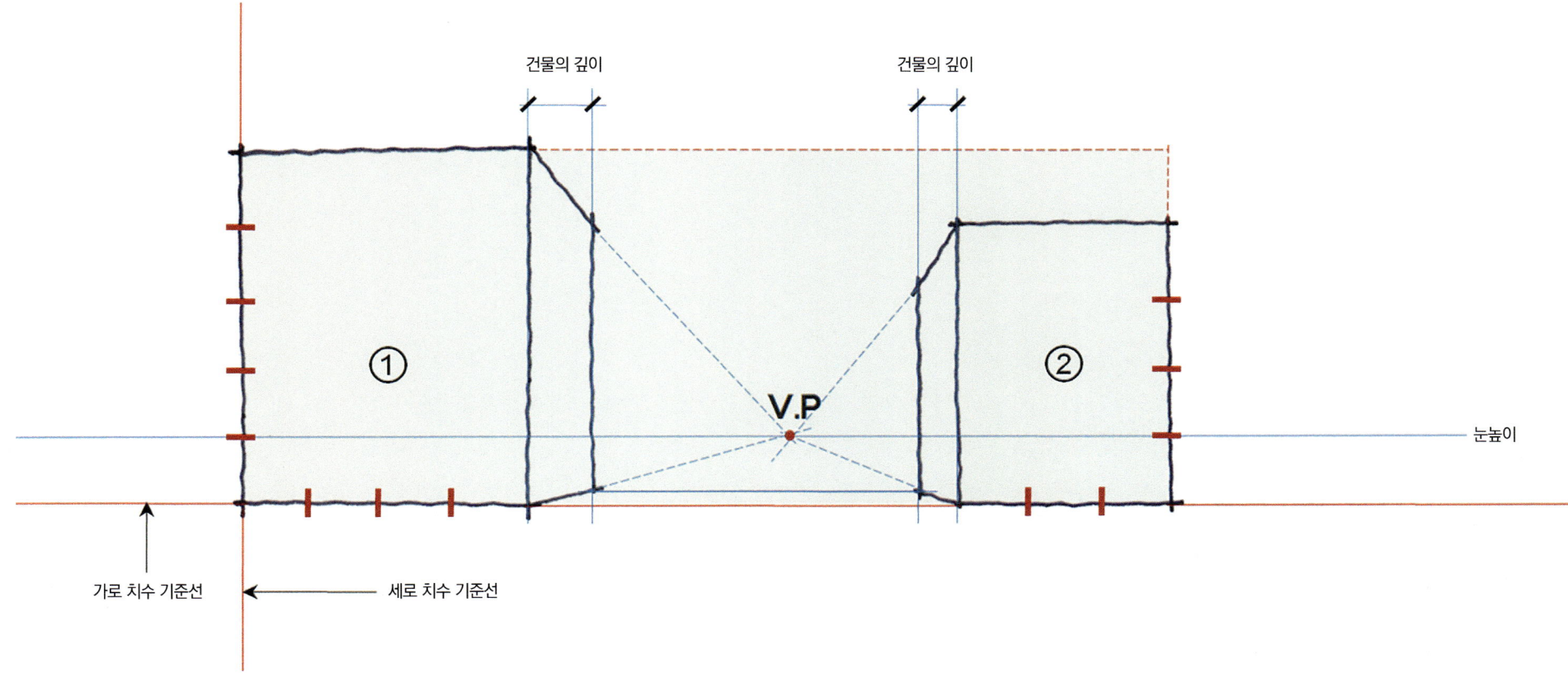

Tips 위의 스케치상에서 ①번 건물과 ②번 건물의 깊이는 다르게 보이지만 ①번 건물과 ②번 건물의 실제 깊이는 같다. 이렇듯 건물의 실제 깊이가 같지만 스케치상에서 다르게 보이는 이유는 소점과 그리려는 사물이 가까울수록 사물의 (안)깊이가 짧게 보이기 때문이다.

▶▶ 소점 둘

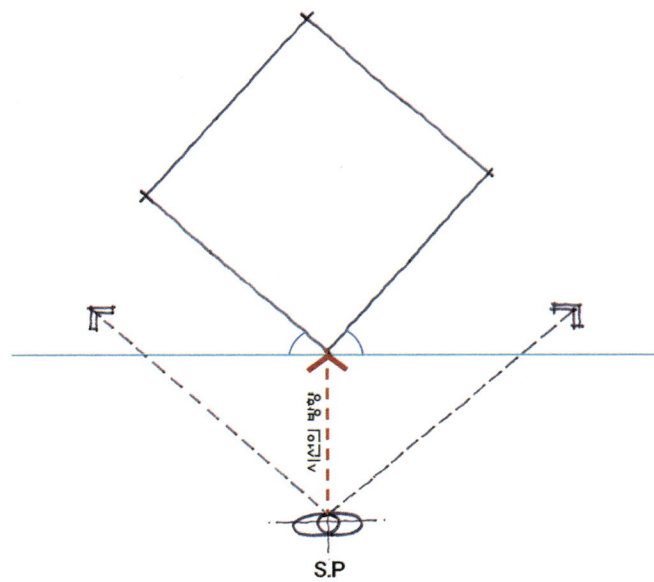

2소점은 건축물 외관의 양쪽 면을 동시에 보여주고자 할 때 주로 사용된다.
2소점 투시의 경우 실내에서의 View가 실내 모서리 면을 기준으로 볼 때 양쪽 벽이 화면 가까이 전진한 형태라면, 건축물의 외관은 모서리 면을 기준으로 양쪽 면이 후퇴된 형태로 그려지게 된다.
역시 2소점 실내 스케치에서와 마찬가지로 좌우측의 입면이 만나는 모서리를 기준으로 치수를 산정한다.

| 간략 스케치 순서 |

1. 스케치하려는 건물의 좌우측 입면이 만나는 세로 기준선을 긋고 비례에 맞도록 건물의 높이를 결정한다.
   (구체적인 치수나 스케일보다 가로·세로·높이의 비례관계가 스케치하는 기준이 된다)
2. 눈높이를 정한다.
3. 소점(V.P1 / V.P2)을 잡는다. 세로 치수 기준선에서 결정된 건물의 상부점과 하부점을 좌우측의 소점과 연결한다.
4. 건물의 좌우 깊이를 결정한다.

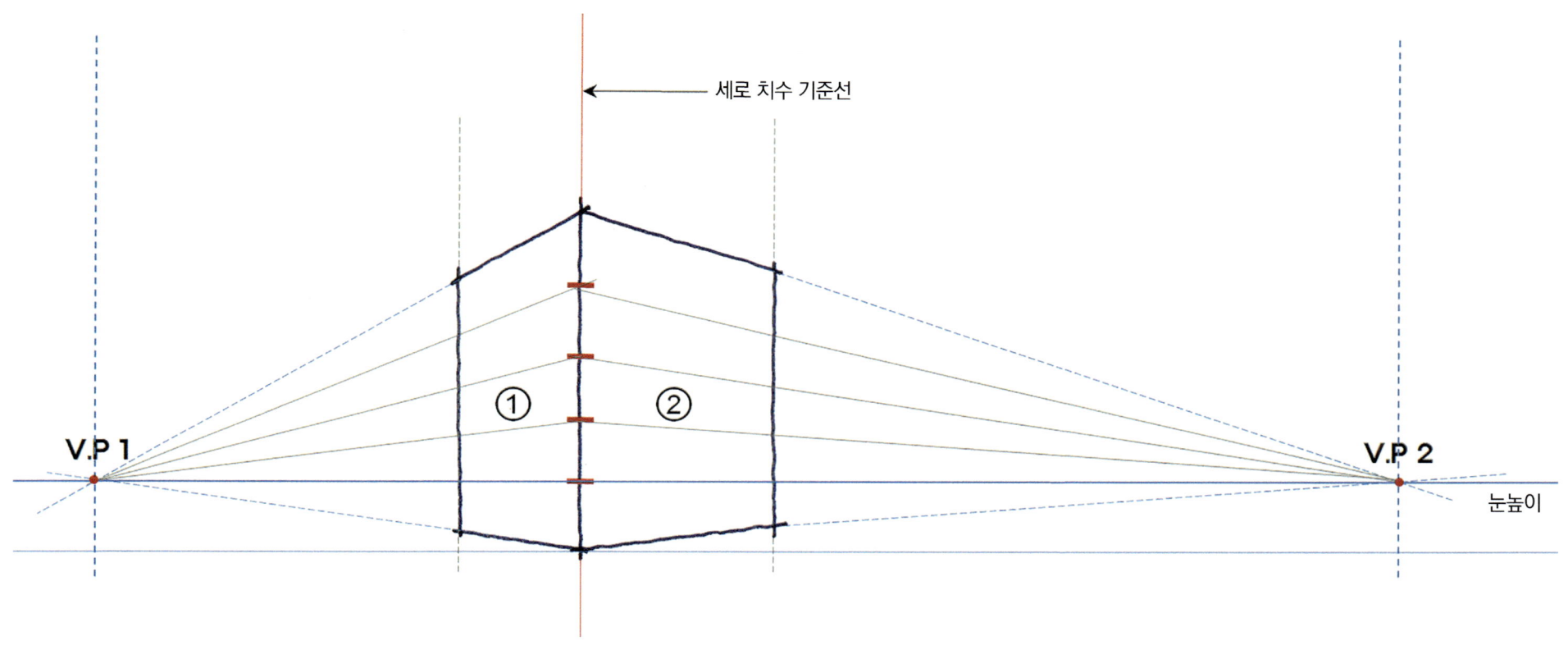

Tips ①번 건물과 ②번 건물의 깊이가 같다고 가정했을 때 보이는 깊이는 다르게 보인다. 그 이유는 세로 치수 기준선과 소점과의 거리가 멀수록 전면에서 보이는 건물의 폭(너비)이 커지고, 소점과의 거리가 가까울수록 작아지기 때문이다.

》》》 소점 세 개, 하늘에서 보기

이 장에서 소개될 3소점은 간략 스케치하는 방법으로 설명하고자 한다. 정확한 작도법은 좀 더 현실적인 View를 만드는 데 도움은 되겠지만 1·2소점에 비해 생소하고 습득하기도 어려우며 작도하는 시간도 오래 걸리기 때문이다. 앞으로 소개될 방법은 정확성은 떨어지겠지만 3소점의 기본적인 원리를 쉽게 익힐 수 있으며 짧은 시간 내에 자연스럽게 스케치하는 과정을 익히는 데 도움이 될 것이다.

| 스케치 가이드(Sketch Guide) |

한 개의 건물을 기준으로 육면체 그리는 과정을 설명하였으며 가장 기본적인 예를 보여준다.

- 평면 · 입면 그리드 사이즈 : 2,000 × 2,000
- 건물의 규모(가로 × 세로) : 8,000 × 6,000 / 높이 : 12,000

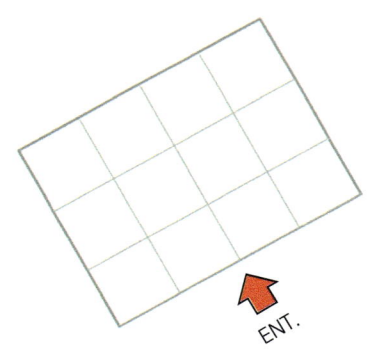

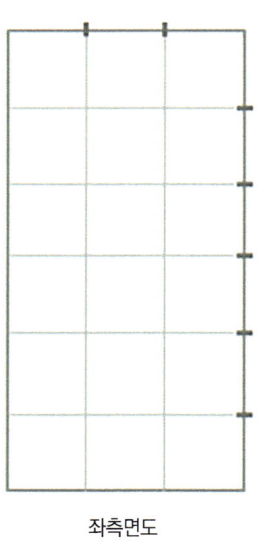

좌측면도

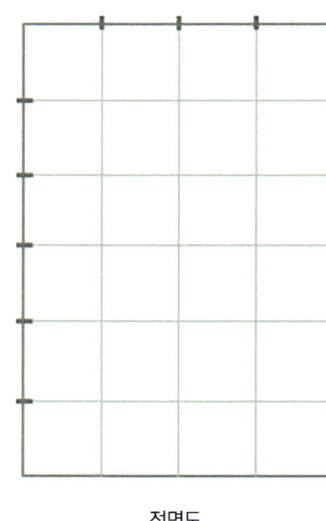

정면도

스케치 순서

기본 소점 정하기 → 건물의 상부 면(옥상부분) 결정하기 → 건물의 높이 결정하기 → 육면체 그리기

| 기본 소점 정하기 |

1. 먼저 용지의 중앙에 화면선(P.P)을 그린다.

―――――――――――――――――――――――――――――p.p

2. 수평선(H.L)상에 소점(V.P1 / V.P2)을 찍고 하부에 세 번째 소점(V.P3)을 찍는다.

(화면선(P.P)과 수평선(H.L)과의 거리가 멀수록 소점이 높은 곳에 위치하게 된다. 따라서 좀더 높은 곳에서 본 모습을 그리려면 소점이 위치하게 될 수평선(H.L)을 용지상에 좀더 높은 곳에 위치하도록 하는 것이 방법이다.

또한 좌우측의 소점의 위치를 정할 때는 건물의 정면과 측면 중 어느 면을 더 많이 보이게 할지를 결정하고 많이 보여주고자 하는 면 쪽에 있는 소점을 중앙에서 먼 위치에 설정하면 된다)

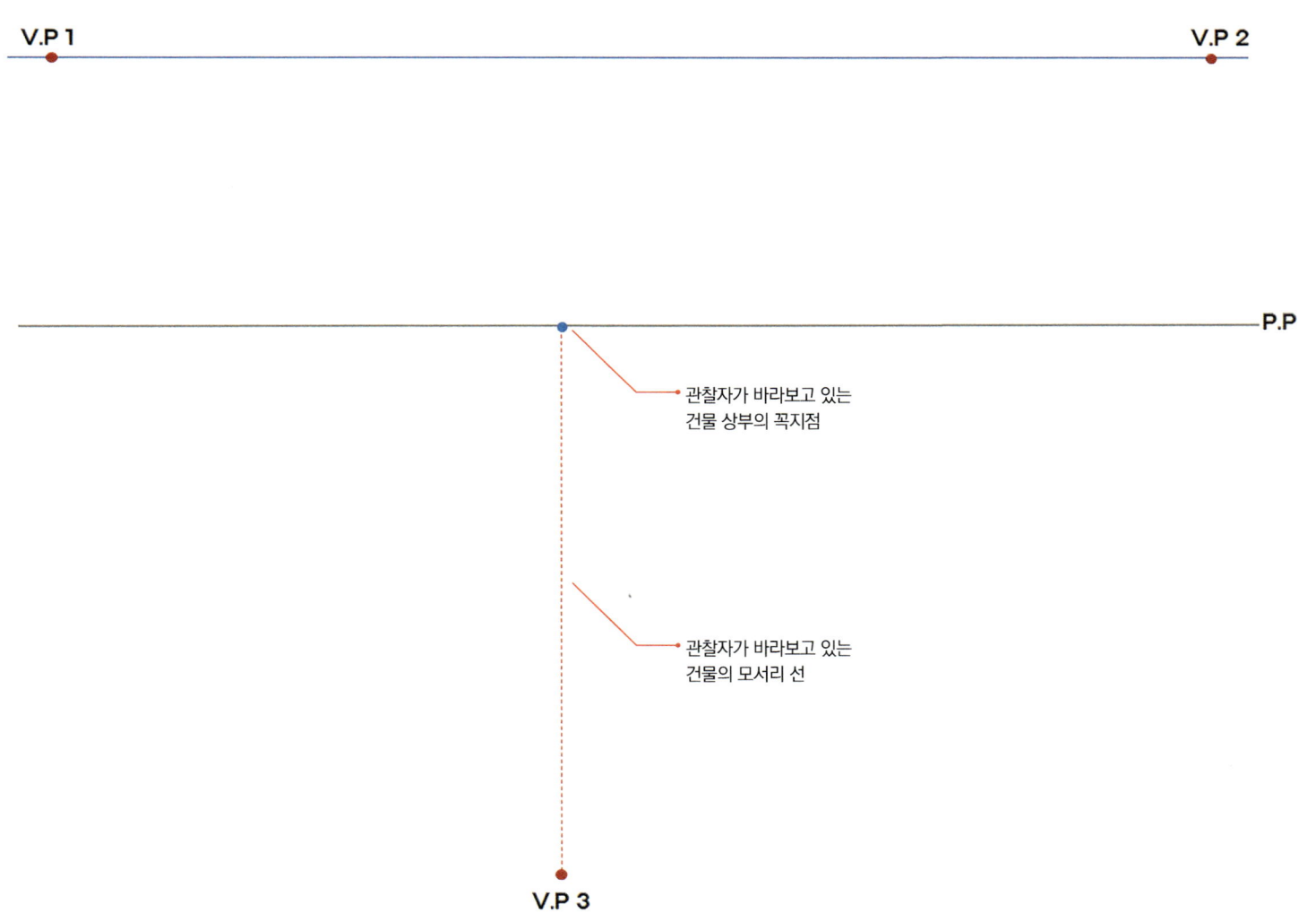

| 건물의 상부 면(옥상부분) 결정하기 |

3. 화면선(P.P)에 정면과 좌측면의 크기를 감안하여 기준 점을 찍는다.(여기서는 건물의 너비를 8,000, 건물의 깊이를 6,000으로 설정하였으므로 우측에 4칸, 좌측에 3칸의 점을 찍으면 된다)

다음 건물의 깊이를 나타내는 좌측 점은 오른쪽의 소점(V.P2)에 연결하고 건물의 너비를 나타내는 우측 점은 왼쪽의 소점(V.P1)에 연결한다.

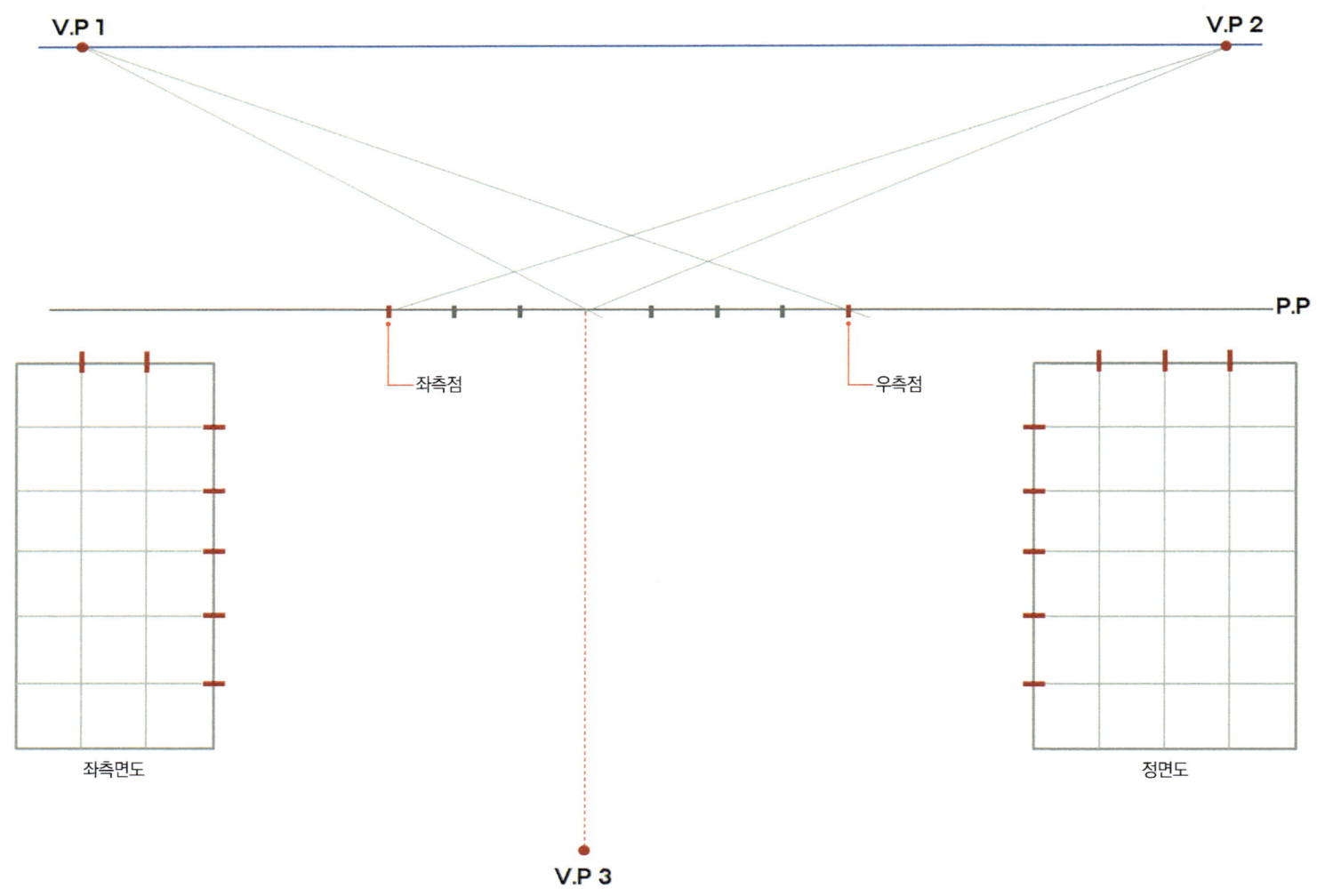

| 건물의 높이 결정하기 |

4. 앞 단계의 작업 결과 4개의 교점이 생기는데 이것은 건물 상부(사각형)의 꼭짓점(4개)이 된다. 이 중 좌우측에 생기는 교점을 세 번째 소점(V.P3)에 연결한다.

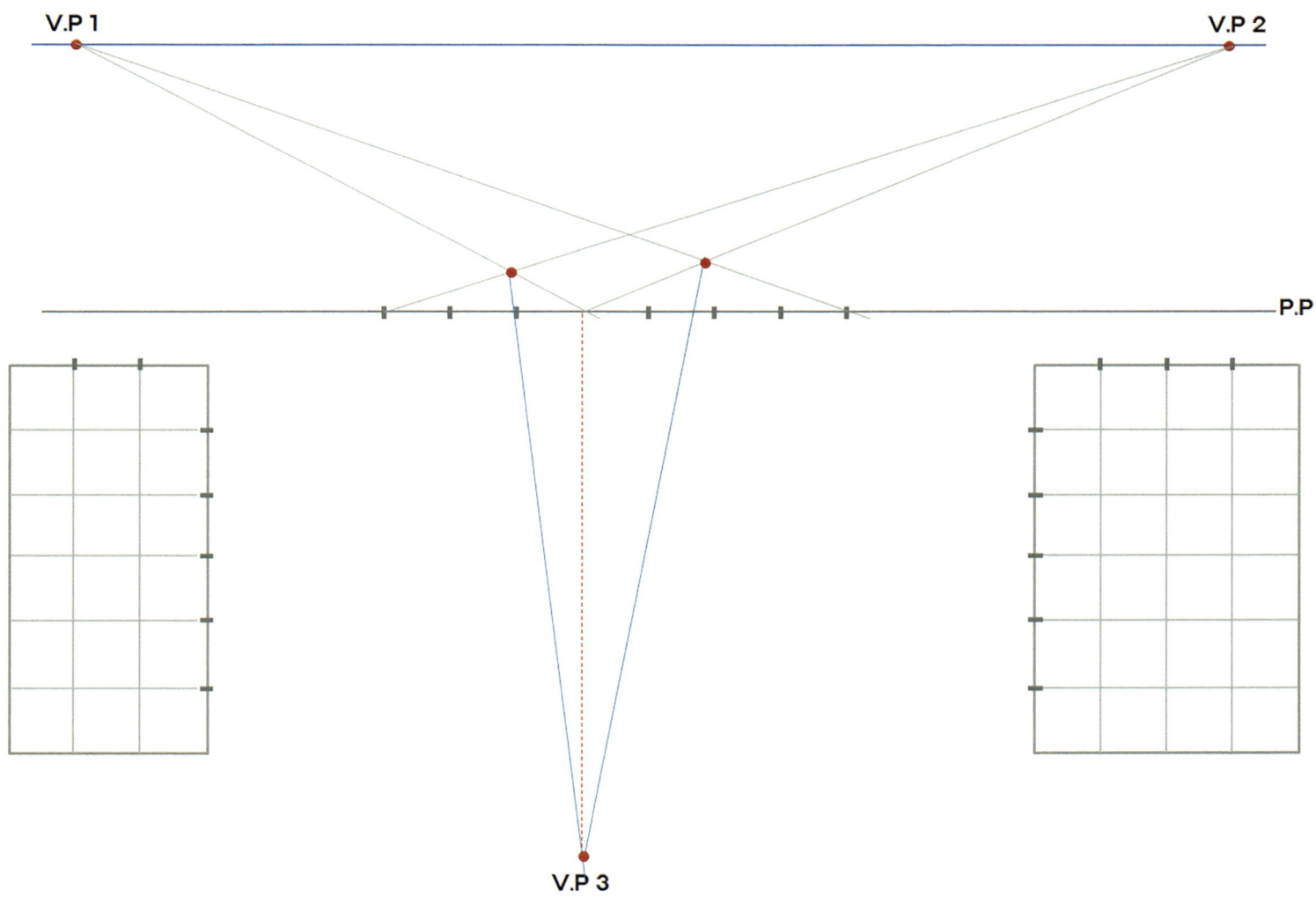

5. 건물의 모서리선(높이 기준선)에 건물의 높이 점을 찍는다.(여기서 1·2소점과 다른 점은 기준선에 높이 점을 치수 그대로 찍지 않고 하부로 갈수록 높이 점을 점점 짧게 설정한다는 것이다.
이때 정식 도법에 의한 작도가 아니기 때문에 특별한 공식은 없다. 다만 같은 크기로 설정한 그리드 1개 치수가 어느 정도인지 확인하고 그에 준하여 높이 점을 찍으면 된다)

건물의 최하부 점과 좌우측의 소점을 연결한다.

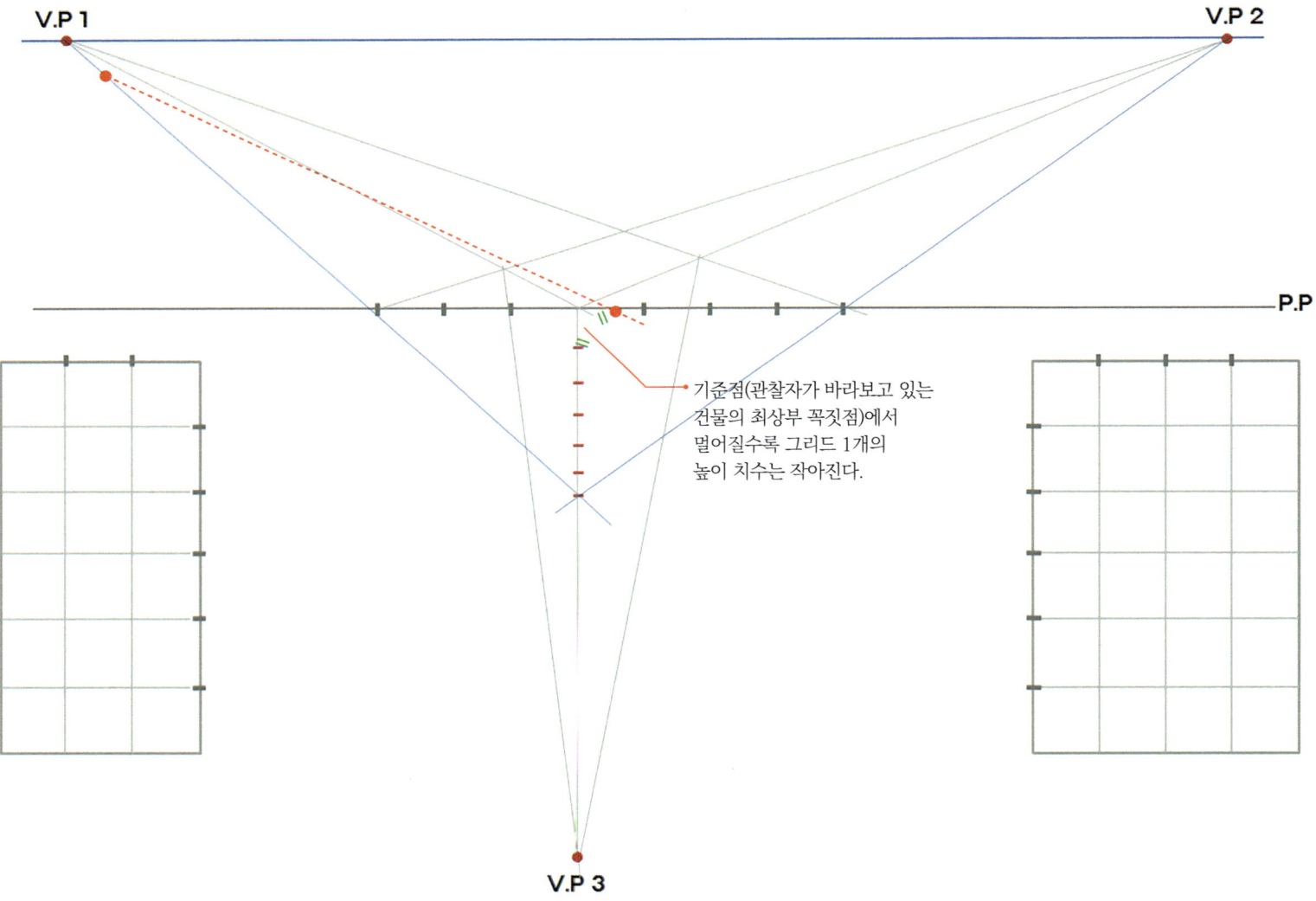

기준점(관찰자가 바라보고 있는 건물의 최상부 꼭짓점)에서 멀어질수록 그리드 1개의 높이 치수는 작아진다.

| 육면체 그리기 |

6. 세 개의 소점을 가진 육면체가 완성되었다.

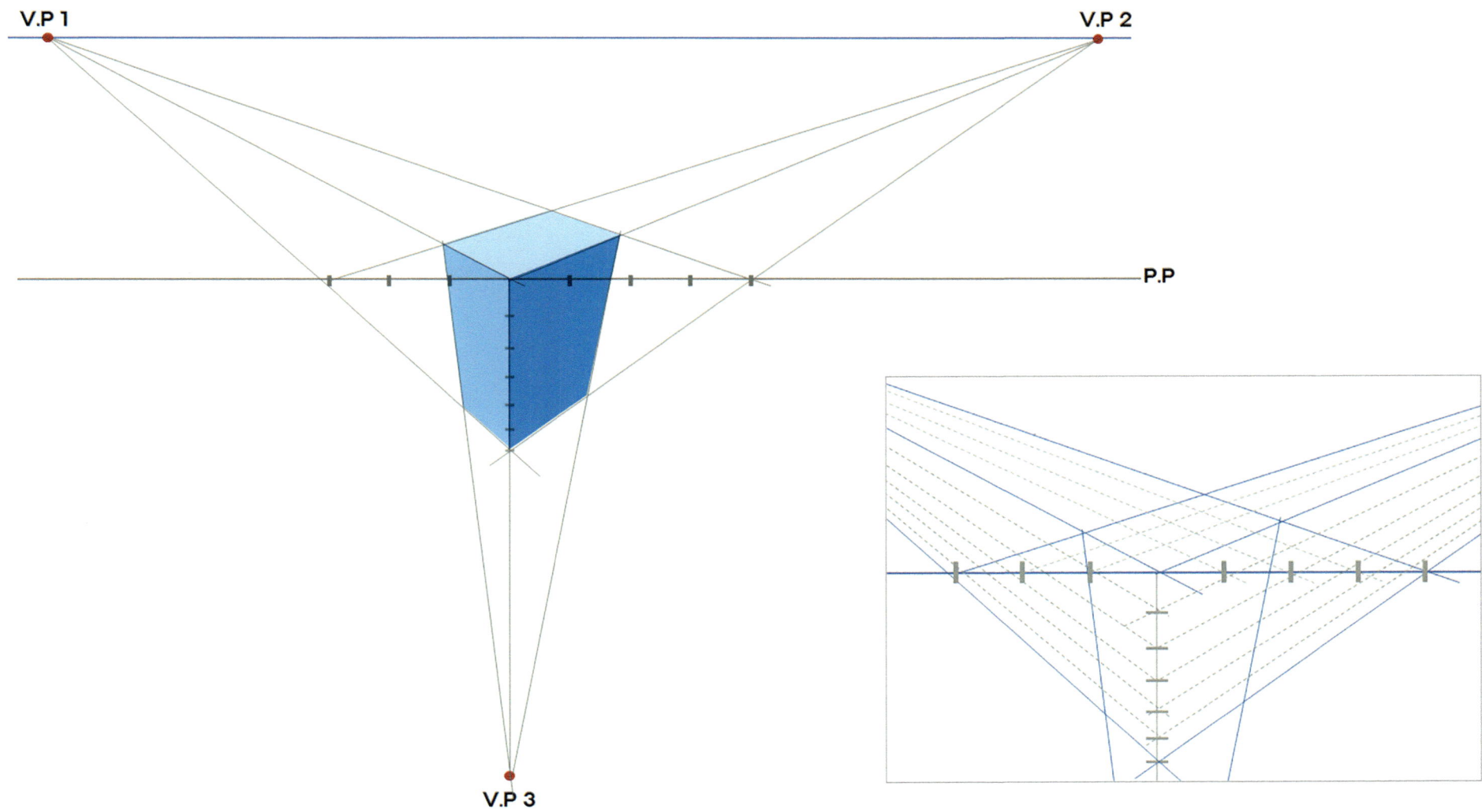

현실감 있게 공간 표현하기

투시도 스케치 완성

PART. 03

06 스케치 완성하기

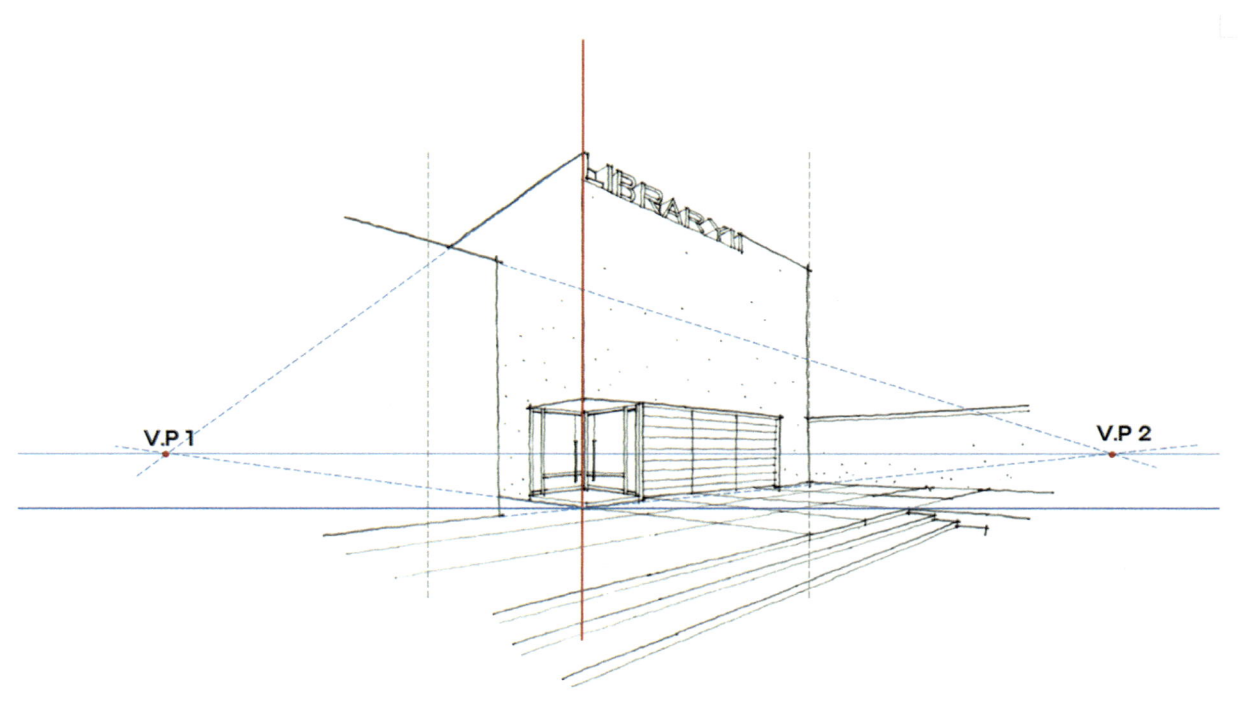

자연스럽게 잘 정렬된 육면체들만으로는 사물이 생명력을 가질 수 없다. 현실감 있게 보이도록 하는 것, 구체적인 재현이 필요한 시점이다.

6.1 공간 내부에서 보기

실내 공간 스케치는 지붕, 벽 등의 물리적 요소에 둘러싸인 공간의 내부를 표현하는 것이므로 건축 스케치에 비해 비교적 규모가 작은 사물을 표현해야 한다. 따라서 마감재의 질감 등을 더욱 디테일하게 표현해야 하며, 가구나 소품도 중요한 요소로 작용한다.

〉〉 같은 조건, 다른 소점(1소점·2소점·찌그러진 2소점)

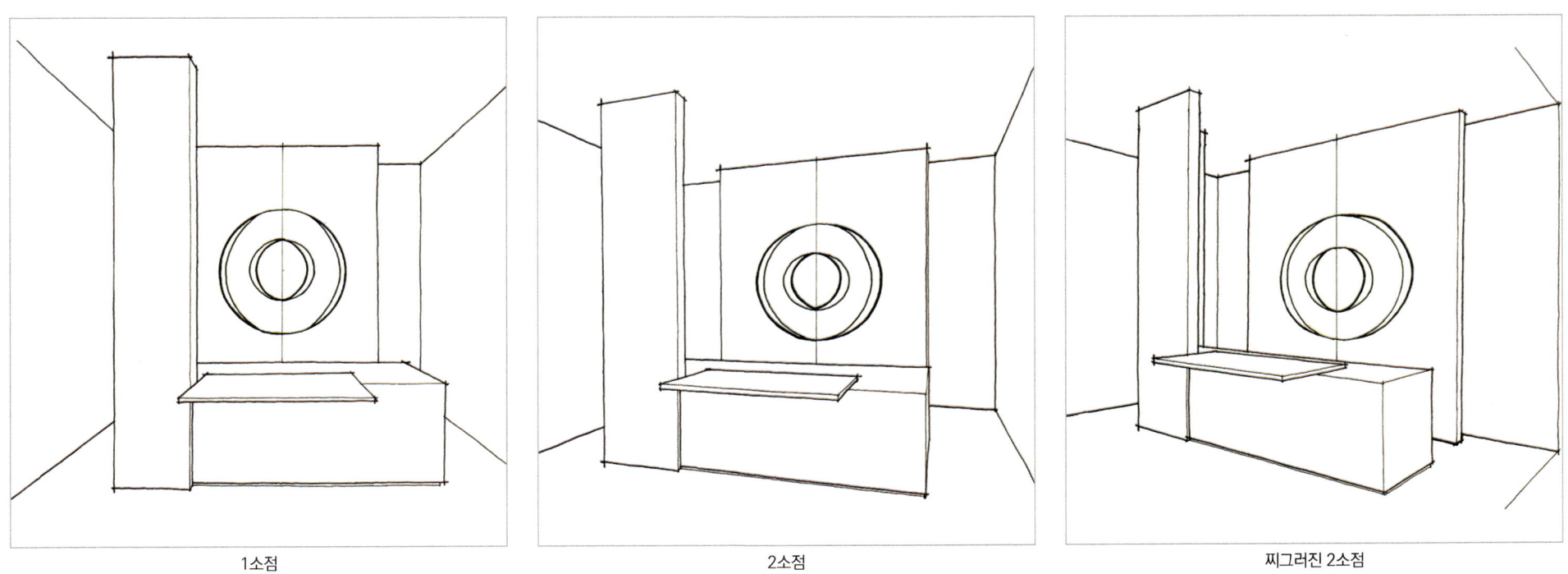

1소점 　　　　　　　　　　　2소점 　　　　　　　　　　　찌그러진 2소점

다음의 예는 소점별 스케치, 즉 같은 조건에서 소점을 달리했을 경우의 예를 보여주기 위한 것으로 실내공간에서의 1소점과 2소점, 그리고 찌그러진 2소점의 예를 설명하고자 한다.

| 안내공간(Information Area)스케치 |

- 기본벽체 + image wall + information desk

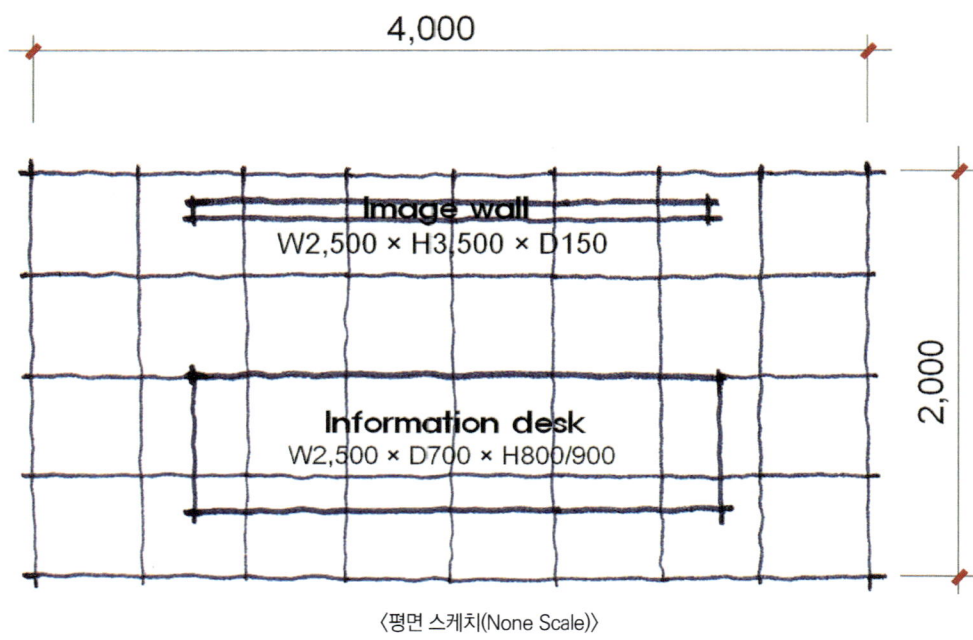

〈평면 스케치(None Scale)〉

| 스케치 가이드(Sketch Guide) |

- 실의 너비 : W4,000 / 천장높이(C.H) : 3,500 / V.P의 높이 : 1,500
- 안내 데스크(Information Desk) : W2,500 × H800 / 900 × D700
- 이미지 월(Image Wall) : W2,500 × H3,500 × D150
- 평면그리드 1칸 치수 : 500 × 500

| 1소점 |

> **스케치 순서**
> 기본(입면 그리기 → 기본 소점 정하기 → 천장라인과 바닥라인 그리기 → 벽체와 바닥의 그리드 그리기) → 육면체 그리기(바닥면 → 높이 → 육면체 완성) → 마무리

기본(입면 그리기 → 기본 소점 정하기 → 천장라인과 바닥라인 그리기 → 벽체와 바닥의 그리드 그리기) → 육면체 그리기(바닥면 → 높이 → 육면체 완성) → 마무리

1. 마주보이는 입면(벽체)을 그린 뒤 소점을 정하고 입면의 각 꼭짓점을 지나는 연장을 그어 천장라인과 바닥라인을 만든 후, 바닥과 벽체에 그리드를 만든다.

   비교적 간단한 평면이기 때문에 촘촘한 그리드를 만들 필요는 없다. 간단하게 기준이 될 수만 있으면 된다.(여기서는 벽체 너비를 1,000 간격으로 하고, 바닥에는 1,000 × 1,000의 그리드를 만들었다)

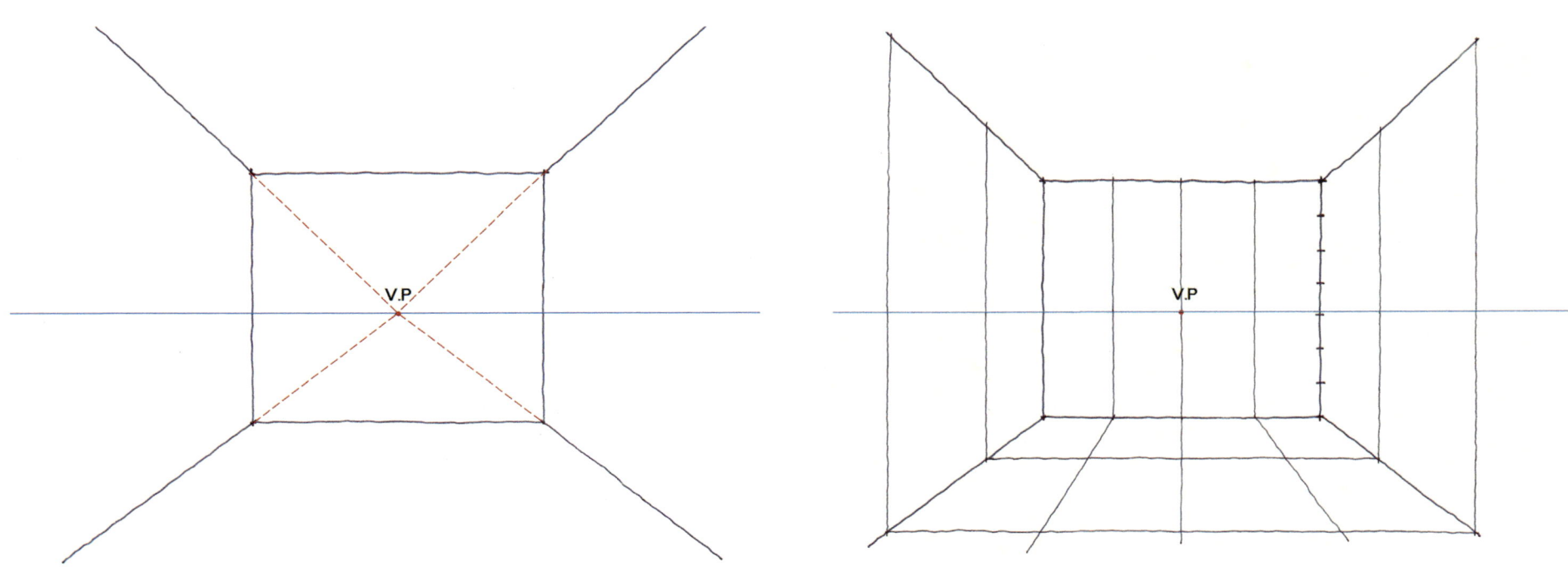

기본(입면 그리기 → 기본 소점 정하기 → 천장라인과 바닥라인 그리기 → 벽체와 바닥의 그리드 그리기) 과정

기본(입면 그리기 → 기본 소점 정하기 → 천장라인과 바닥라인 그리기 → 벽체와 바닥의 그리드 그리기) → 육면체 그리기(바닥면 → 높이 → 육면체 완성) → 마무리

2. 입면과 평면이 만나는 바닥라인에 사물의 위치점을 찍고 소점과 연결하여 사물의 바닥면을 만들고, 완성된 바닥면(사각형)의 각 꼭짓점에서 수직으로 가선을 긋는다. 이 선은 사물의 높이 점을 찾기 위한 것으로 소점과 입면상에 찍은 점의 연장선과의 교점을 찾으면 된다.

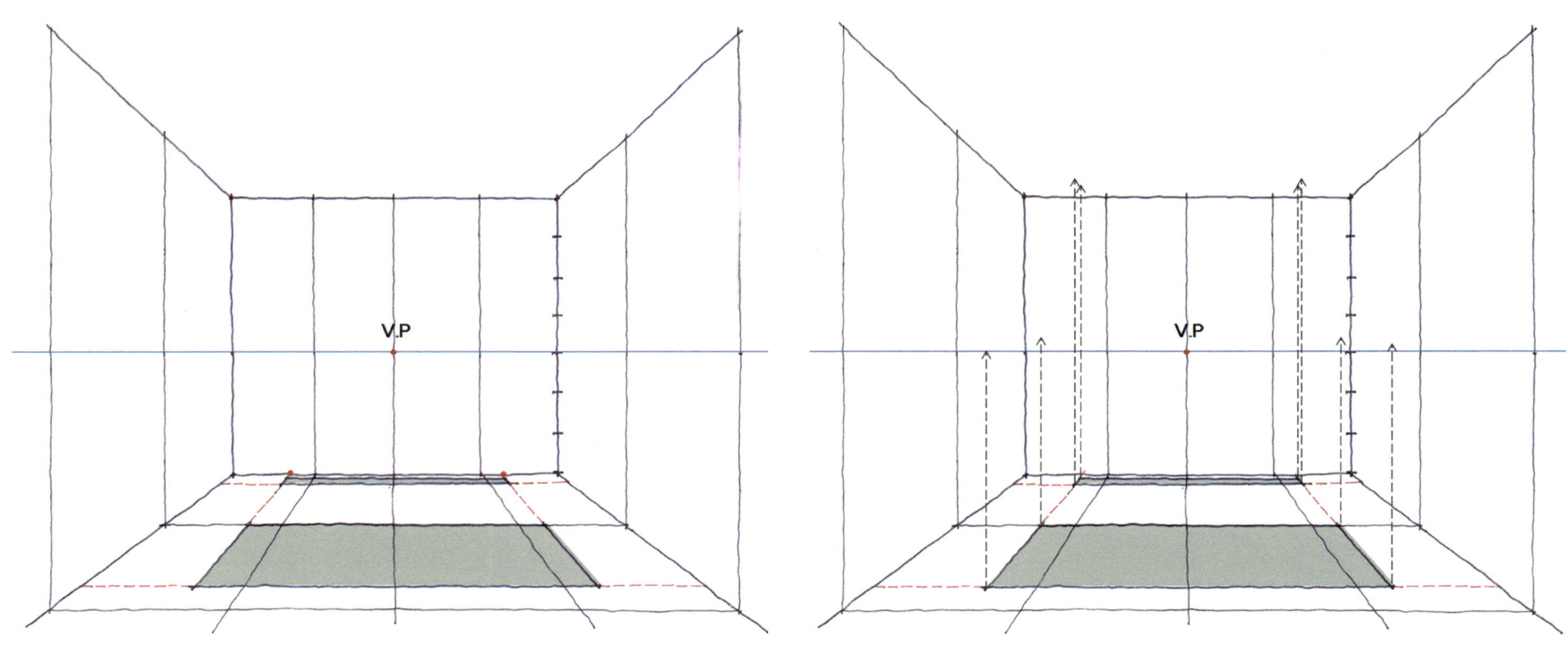

육면체 그리기(바닥면 → 높이 → 육면체 완성) 과정 01

기본(입면 그리기 → 기본 소점 정하기 → 천장라인과 바닥라인 그리기 → 벽체와 바닥의 그리드 그리기) → 육면체 그리기(바닥면 → 높이 → 육면체 완성) → 마무리

3. 소점(V.P)으로부터 입면상의 사물의 상부점(사각형의 좌우 꼭짓점)을 잇는 연장선을 그리면 이미지 월과 안내 데스크, 그리고 안내 데스크 앞쪽 가벽의 육면체가 완성된다.

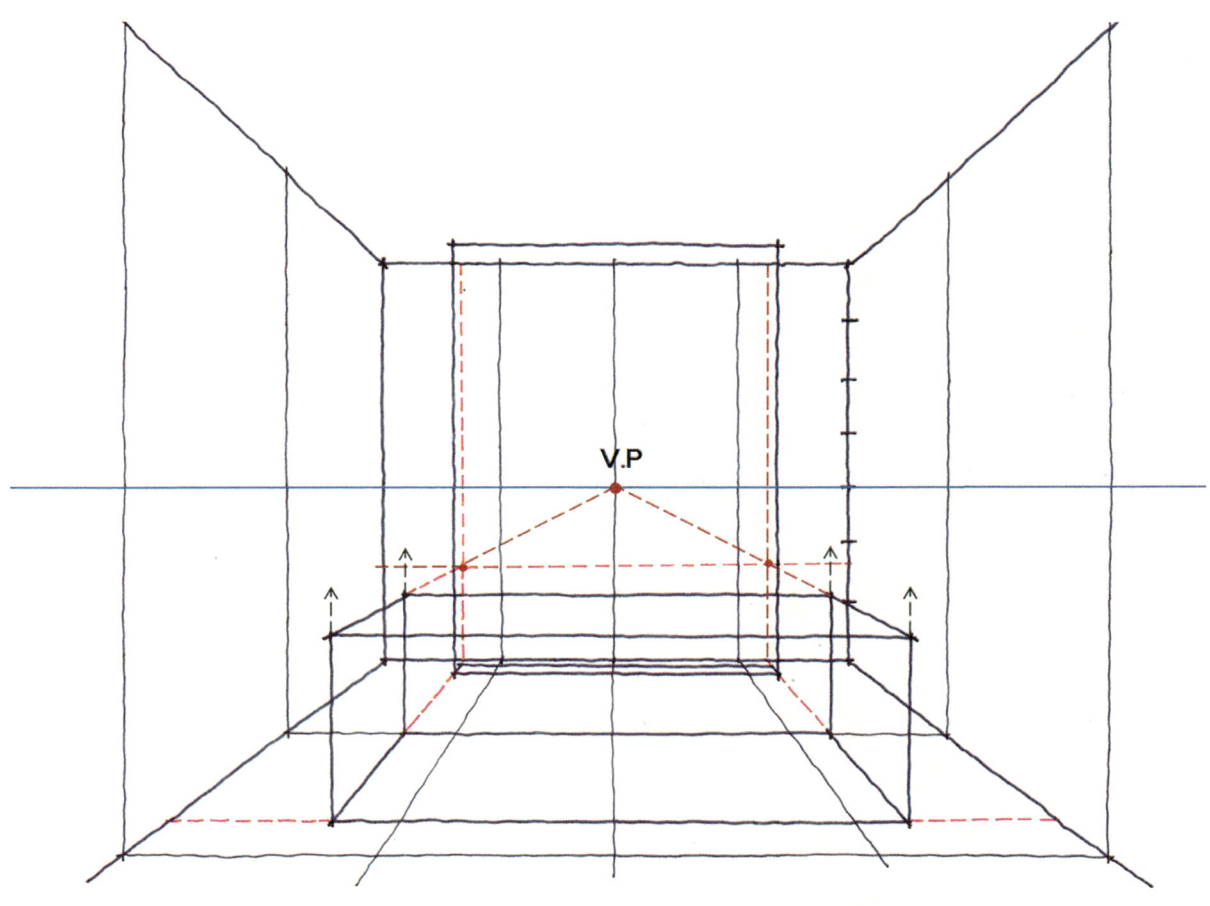

육면체 그리기(바닥면 → 높이 → 육면체 완성) 과정 02

기본(입면 그리기 → 기본 소점 정하기 → 천장라인과 바닥라인 그리기 → 벽체와 바닥의 그리드 그리기) → **육면체 그리기(바닥면 → 높이 → 육면체 완성)** → 마무리

4. 나머지 사물의 육면체를 완성한다.

   (안내 데스크 앞쪽 가벽은 데스크 앞쪽 라인의 위치에서 수평으로 선을 긋고 바닥라인에서 벽체를 타고 수직으로 천장라인에서 다시 수평으로 그은 후, 바닥면에서 그은 높이를 위한 가선과 교점을 그어주면 완성된다)

   안내 데스크 앞쪽 가벽의 높이는 천장 높이(3,500)와 같다. 만약 높이가 다르더라도 굳이 소점까지 가지 않고 수직선 자체에서 비례감만으로도 높이점을 찍을 수 있다.

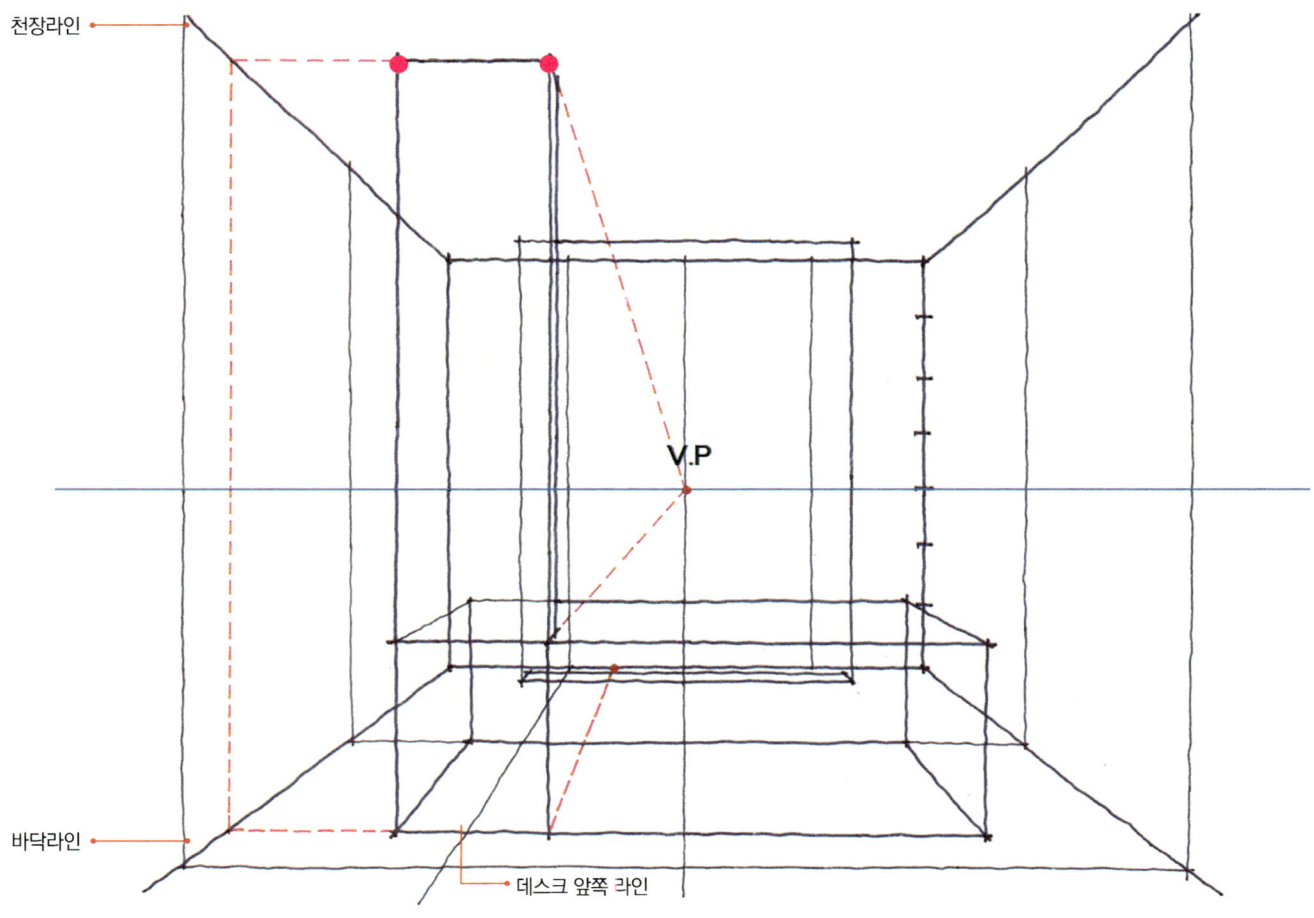

육면체 그리기(바닥면 → 높이 → 육면체 완성) 과정 03

기본(입면 그리기 → 기본 소점 정하기 → 천장라인과 바닥라인 그리기 → 벽체와 바닥의 그리드 그리기) → 육면체 그리기(바닥면 → 높이 → 육면체 완성) → 마무리

5. 나머지 세부적인 부분을 마무리하여 스케치를 완성한다.

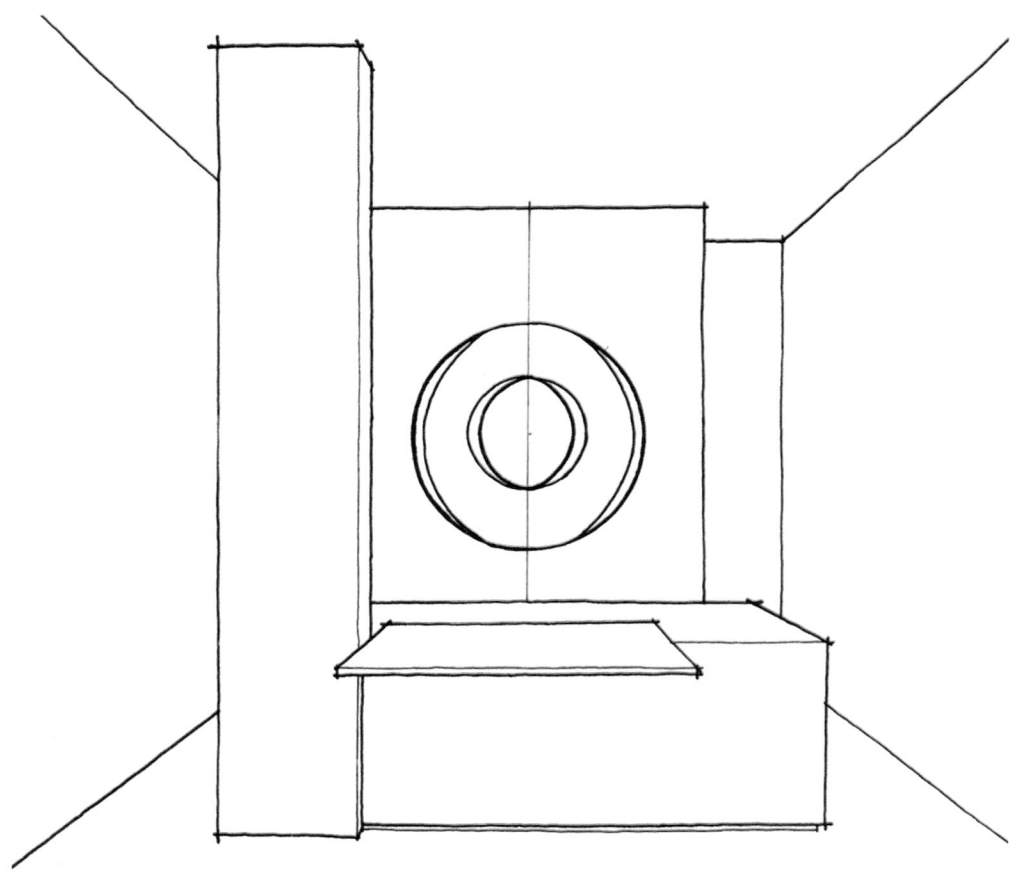

| 2소점 |

스케치 순서

기본(세로선 그리기 → 기본 소점 정하기 → 천장라인과 바닥라인 그리기 → 벽체와 바닥의 그리드 그리기) → 육면체 그리기(바닥면 → 높이 → 육면체 완성) → 마무리

기본(세로선 그리기 → 기본 소점 정하기 → 천장라인과 바닥라인 그리기 → 벽체와 바닥의 그리드 그리기) → 육면체 그리기(바닥면 → 높이 → 육면체 완성) → 마무리

1. 용지의 중앙에 세로선(좌우측 벽체가 만나는 모서리)을 긋고 세로선(좌우측 벽체가 만나는 모서리)을 치수를 알아볼 수 있도록 비례에 맞게 분할한다. 여기서는 천장 높이가 3,500이므로 알아보기 쉽게 7등분했으며 눈금과 눈금 사이의 간격은 500을 나타낸다.(C.H : 3,500 기준, 눈금 사이의 간격 : 500)

눈높이를 정하고 수평선(H.L)을 그은 다음 수평선(H.L)상에 소점(V.P1 / V.P2)를 찍는다. 각 소점에서부터 세로선(좌우측 벽체가 만나는 모서리)의 상하부를 잇는 선을 화면에 꽉 차도록 긋는다.

좌우 벽체를 일정 간격으로 나누고 바닥 그리드를 완성한다.(여기서는 벽체를 1,000 간격으로 나누었으며 바닥에는 1,000 × 1,000 간격의 그리드를 완성하였다)

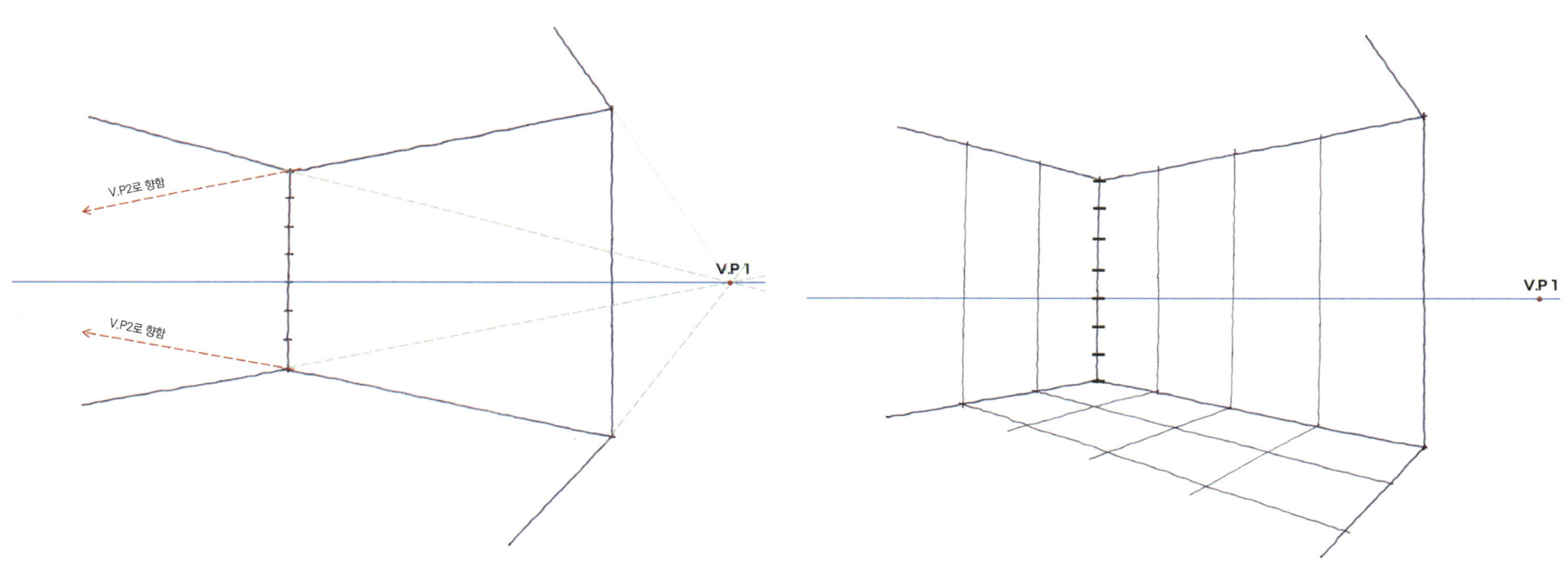

기본(세로선 그리기 → 기본 소점 정하기 → 천장라인과 바닥라인 그리기 → 벽체와 바닥의 그리드 그리기) 과정 01

2. 좌우측 각각의 벽체와 바닥평면이 만나는 바닥라인에 사물(가구)의 위치를 감안하여 점을 찍고, 좌우측 각각의 소점과 연결한다. 사물(가구)이 놓이는 위치와 사물의 바닥면이 완성되었다.

완성된 바닥면(사각형)의 각 꼭짓점에서 수직으로 가선을 긋는다. 이는 사물의 높이를 위한 기준선이 된다.

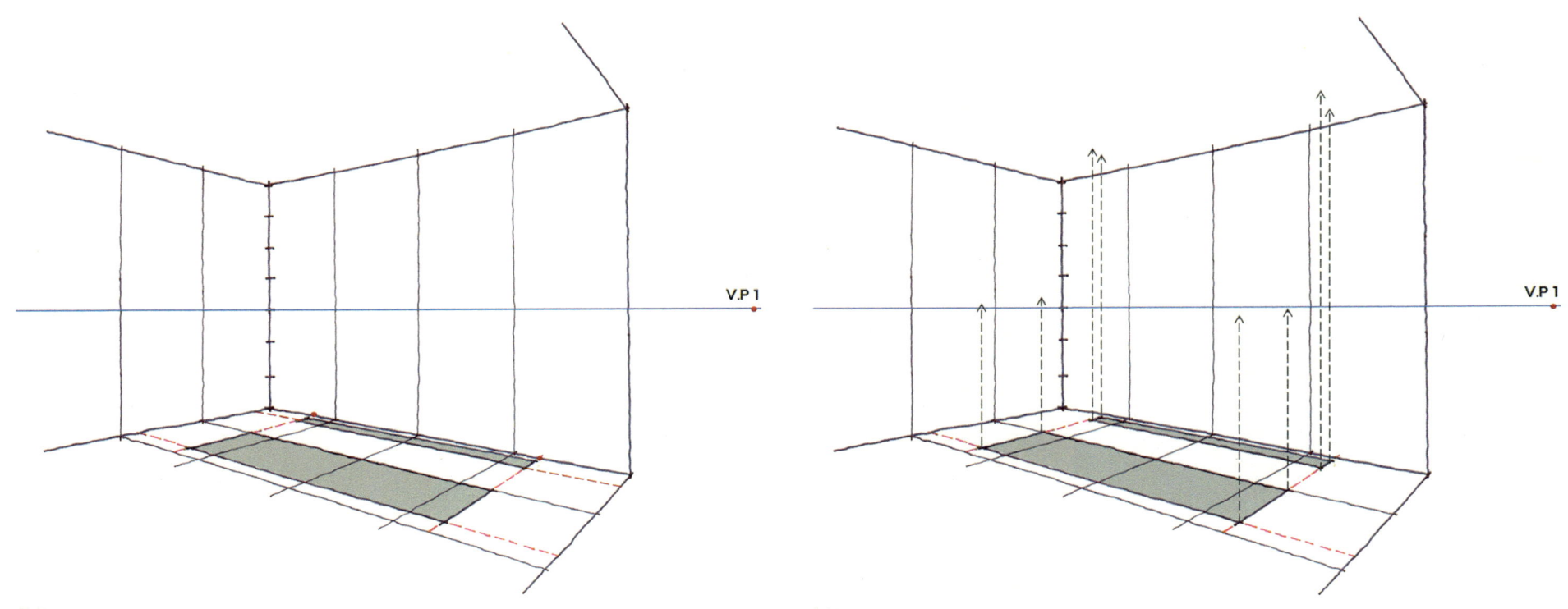

기본(세로선 그리기 → 기본 소점 정하기 → 천장라인과 바닥라인 그리기 → 벽체와 바닥의 그리드 그리기) 과정 02

기본(세로선 그리기 → 기본 소점 정하기 → 천장라인과 바닥라인 그리기 → 벽체와 바닥의 그리드 그리기) → 육면체 그리기(바닥면 → 높이 → 육면체 완성) → 마무리

3. 소점(V.P)으로부터 입면상의 사물의 상부점(사각형의 좌우 꼭짓점)을 잇는 연장선을 그리면 이미지 월과 안내 데스크, 그리고 안내 데스크 앞쪽 가벽의 육면체가 완성된다.

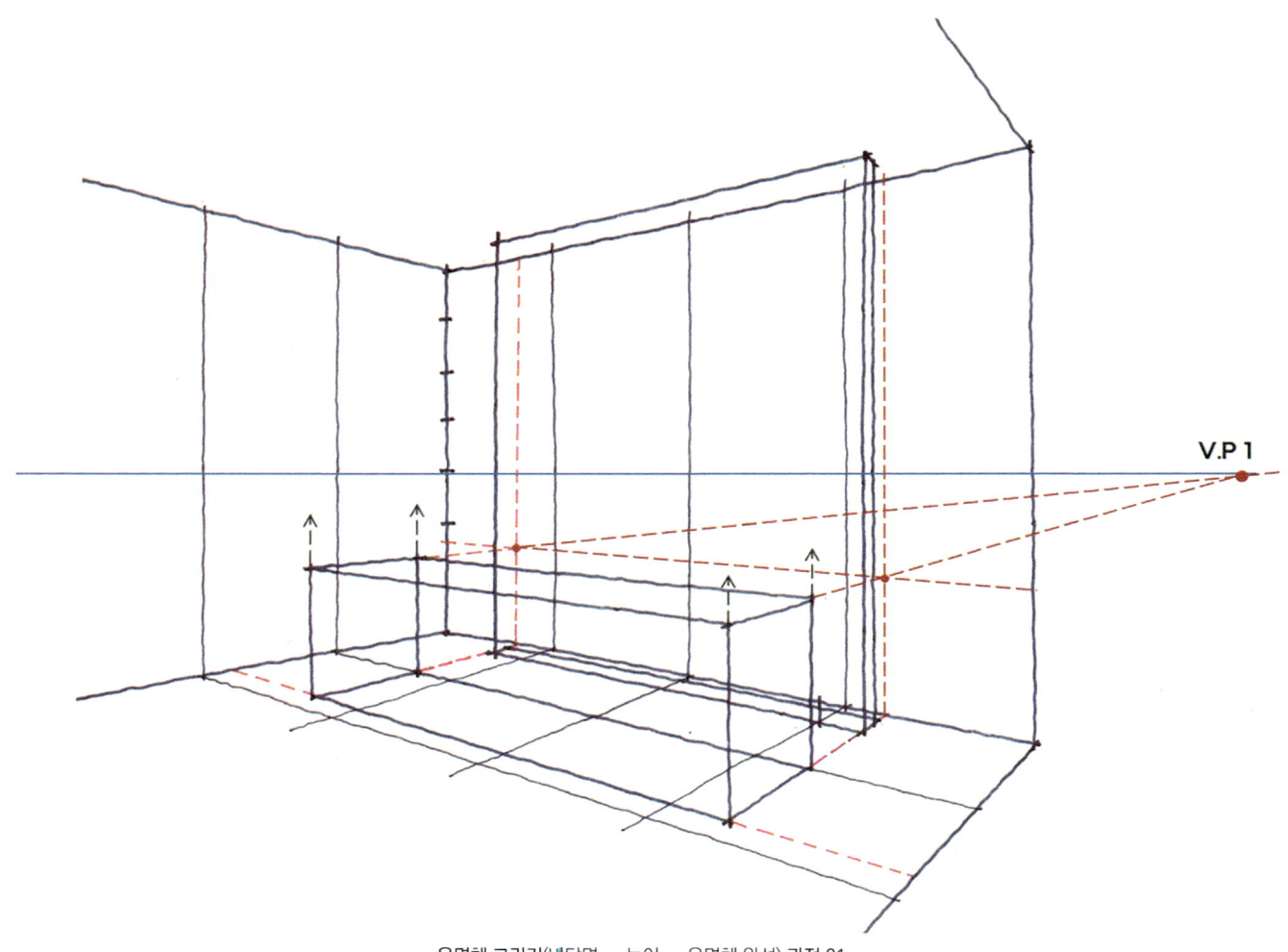

육면체 그리기(바닥면 → 높이 → 육면체 완성) 과정 01

4. 나머지 사물의 육면체를 완성한다.

('안내 데스크 앞쪽 가벽의 높이 점'을 찾기 위해서는 데스크 앞쪽 라인의 위치에서 소점(VP2)을 향해 바닥라인까지 선을 긋고 바닥라인에서 벽체를 타고 수직으로 천장라인까지, 다시 소점(VP2)을 향해 그은 선과 바닥면에서 그은 높이를 위한 가선과의 교점을 찾아주면 된다. / 안내 데스크 앞쪽 가벽의 높이는 천장 높이(3,500)와 같다)

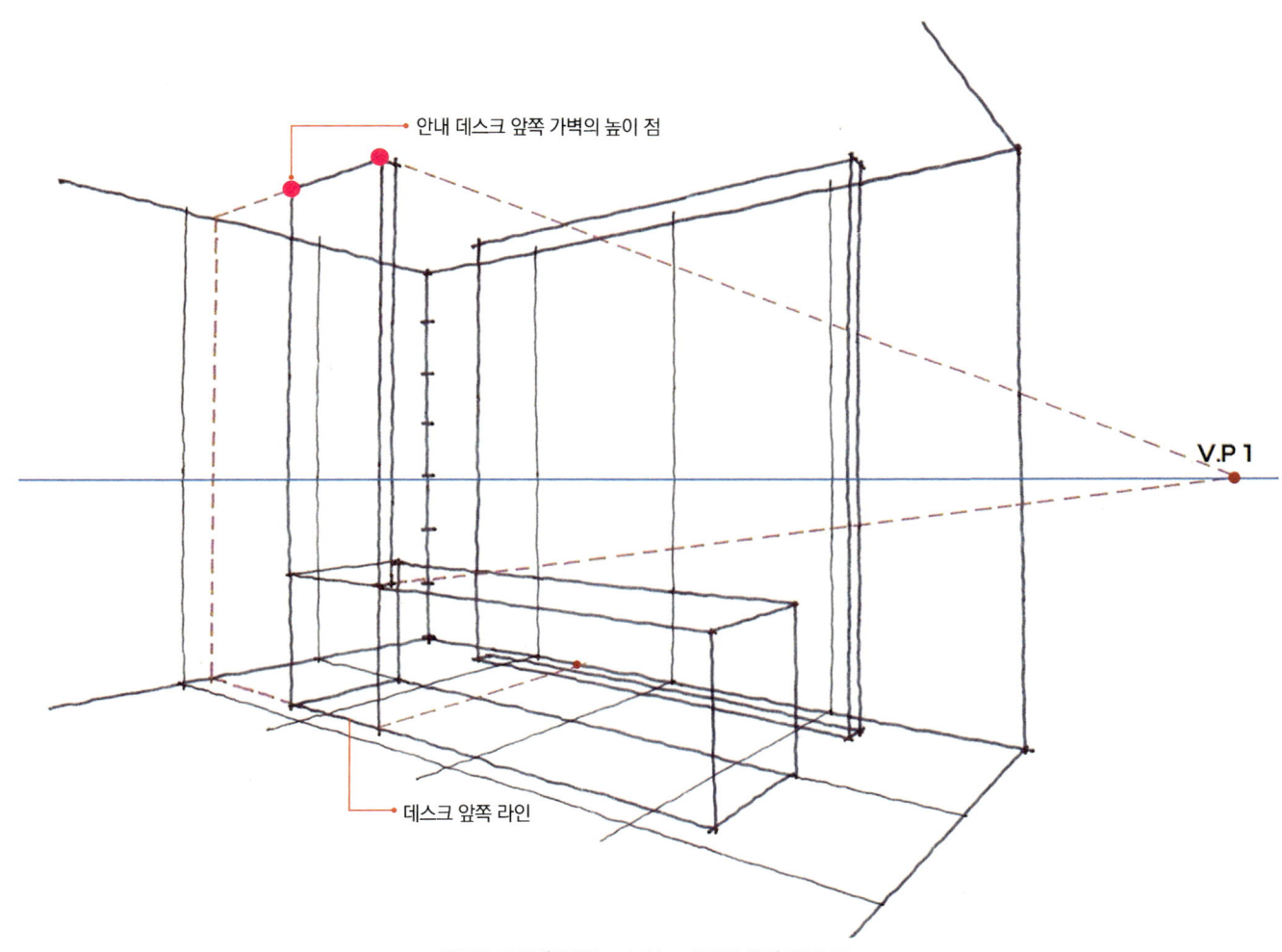

육면체 그리기(바닥면 → 높이 → 육면체 완성) 과정 02

기본(세로선 그리기 → 기본 소점 정하기 → 천장라인과 바닥라인 그리기 → 벽체와 바닥의 그리드 그리기) → 육면체 그리기(바닥면 → 높이 → 육면체 완성) → 마무리

5. 나머지 세부적인 부분을 마무리하여 스케치를 완성한다.

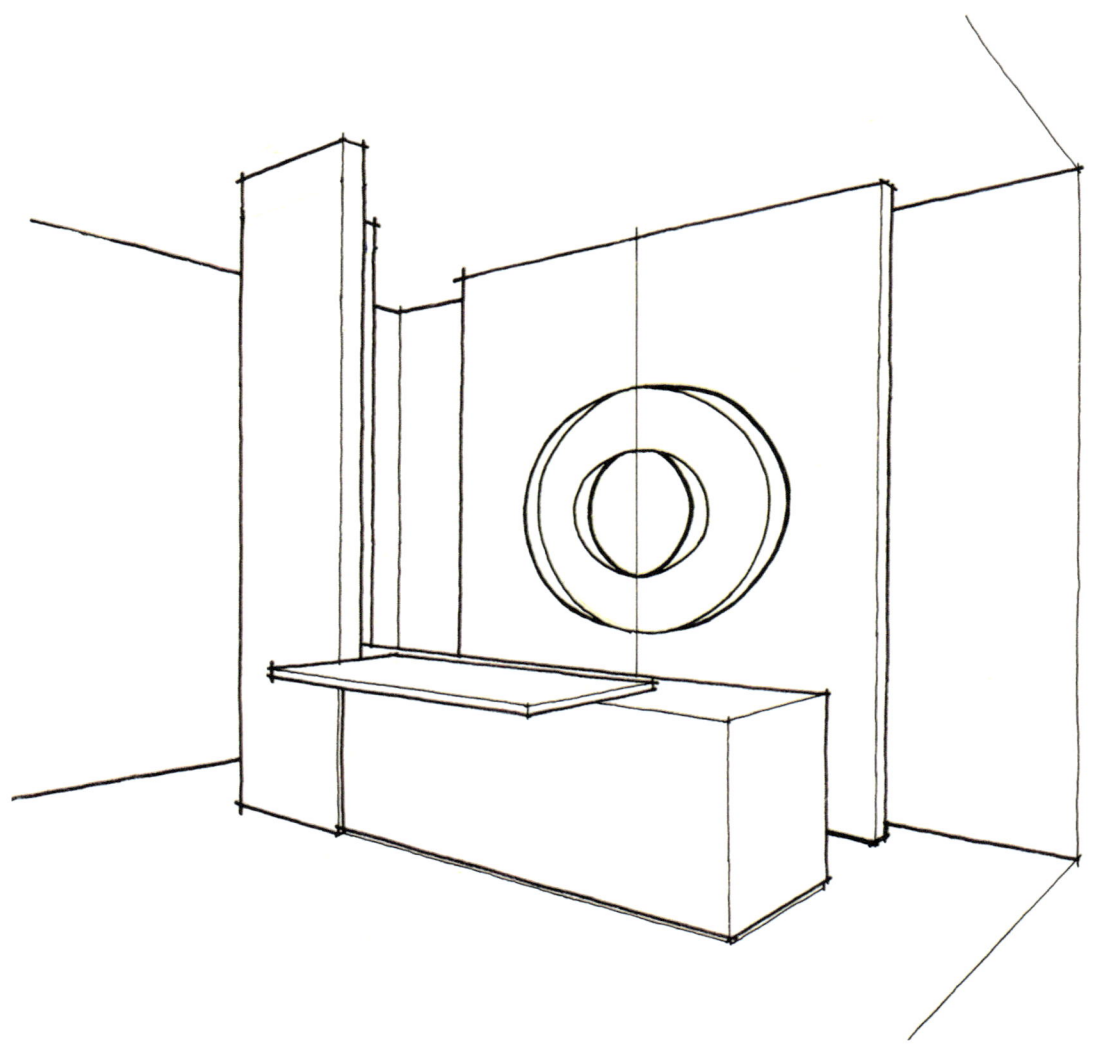

찌그러진 2소점

> **스케치 순서**
> 기본(입면 그리기 → 기본 소점 정하기 → 천장라인과 바닥라인 그리기 → 벽체와 바닥의 그리드 그리기) → 육면체 그리기(바닥면 → 높이 → 육면체 완성) → 마무리

기본(입면 그리기 → 기본 소점 정하기 → 천장라인과 바닥라인 그리기 → 벽체와 바닥의 그리드 그리기) → 육면체 그리기(바닥면 → 높이 → 육면체 완성) → 마무리

1. 좌우측 세로선 중 크기가 변하지 않는 세로선을 선택하여 원하는 간격으로 등분하고 눈높이를 정하고 수평선(H.L)을 긋는다. 다음 수평선(H.L)상에 소점(V.P1 / V.P2)을 찍고 벽체와 바닥그리드를 그린다.(여기서 바닥 그리드는 1,000 × 1,000, 벽체는 너비 1,000으로 등분한다)

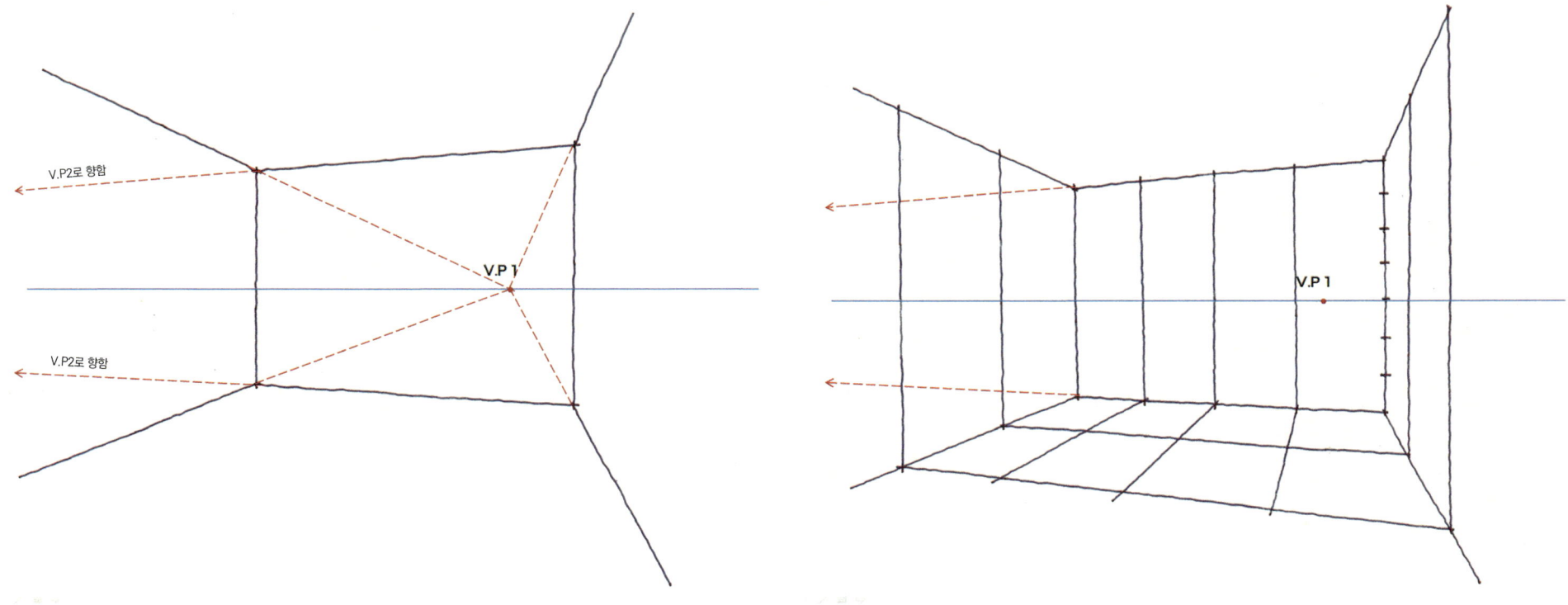

기본(입면 그리기 → 기본 소점 정하기 → 천장라인과 바닥라인 그리기 → 벽체와 바닥의 그리드 그리기) 과정

기본(입면 그리기 → 기본 소점 정하기 → 천장라인과 바닥라인 그리기 → 벽체와 바닥의 그리드 그리기) → 육면체 그리기(바닥면 → 높이 → 육면체 완성) → 마무리

2. 좌우측 각각의 입면과 평면이 만나는 바닥라인에 사물(가구)의 위치를 감안하여 점을 찍고, 각각의 소점과 연결한다. 사물(가구)이 놓이는 위치와 사물의 바닥면이 완성되었다.

완성된 바닥면(사각형)의 각 꼭짓점에서 수직으로 가선을 긋는다. 이는 사물의 높이를 위한 기준선이 된다.

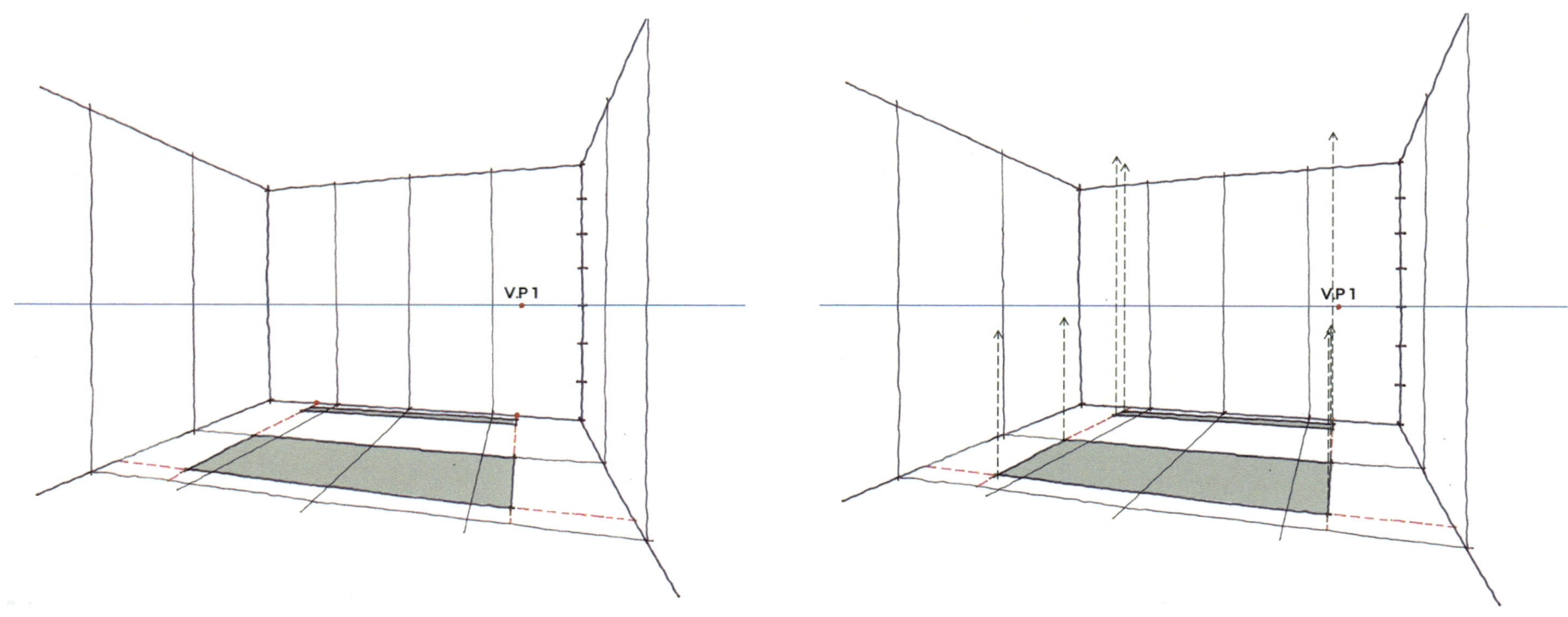

육면체 그리기(바닥면 → 높이 → 육면체 완성) 과정 01

3. 소점(V.P 1)으로부터 벽체입면상의 사물의 상부점(사각형의 좌우 꼭짓점)을 잇는 연장선을 그리면 이미지 월과 안내 데스크, 그리고 안내 데스크 앞쪽 가벽의 육면체가 완성된다.

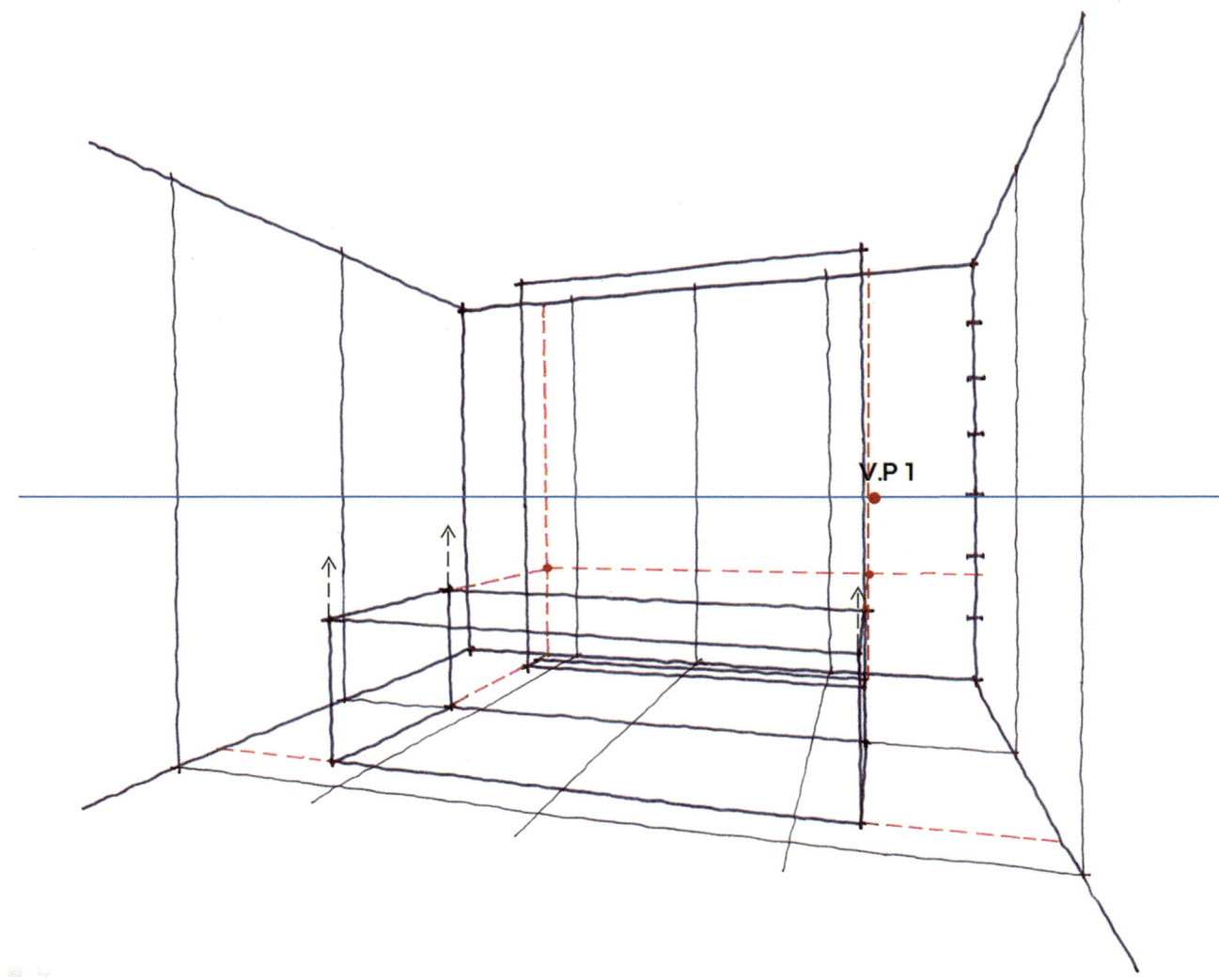

육면체 그리기(바닥면 → 높이 → 육면체 완성) 과정 02

4. 나머지 사물의 육면체를 완성한다.

(안내 데스크 앞쪽 가벽은 앞의 2소점 4단계에서 설명한 것과 마찬가지로 데스크 앞쪽 라인의 위치에서 수평으로 선을 긋고 바닥라인에서 벽체를 타고 수직으로 천장라인에서 다시 수평으로 그은 후, 바닥면에서 그은 높이를 위한 가선과 교점을 그어주면 완성된다. / 안내 데스크 앞쪽 가벽의 높이는 천장 높이(3,500)와 같다)

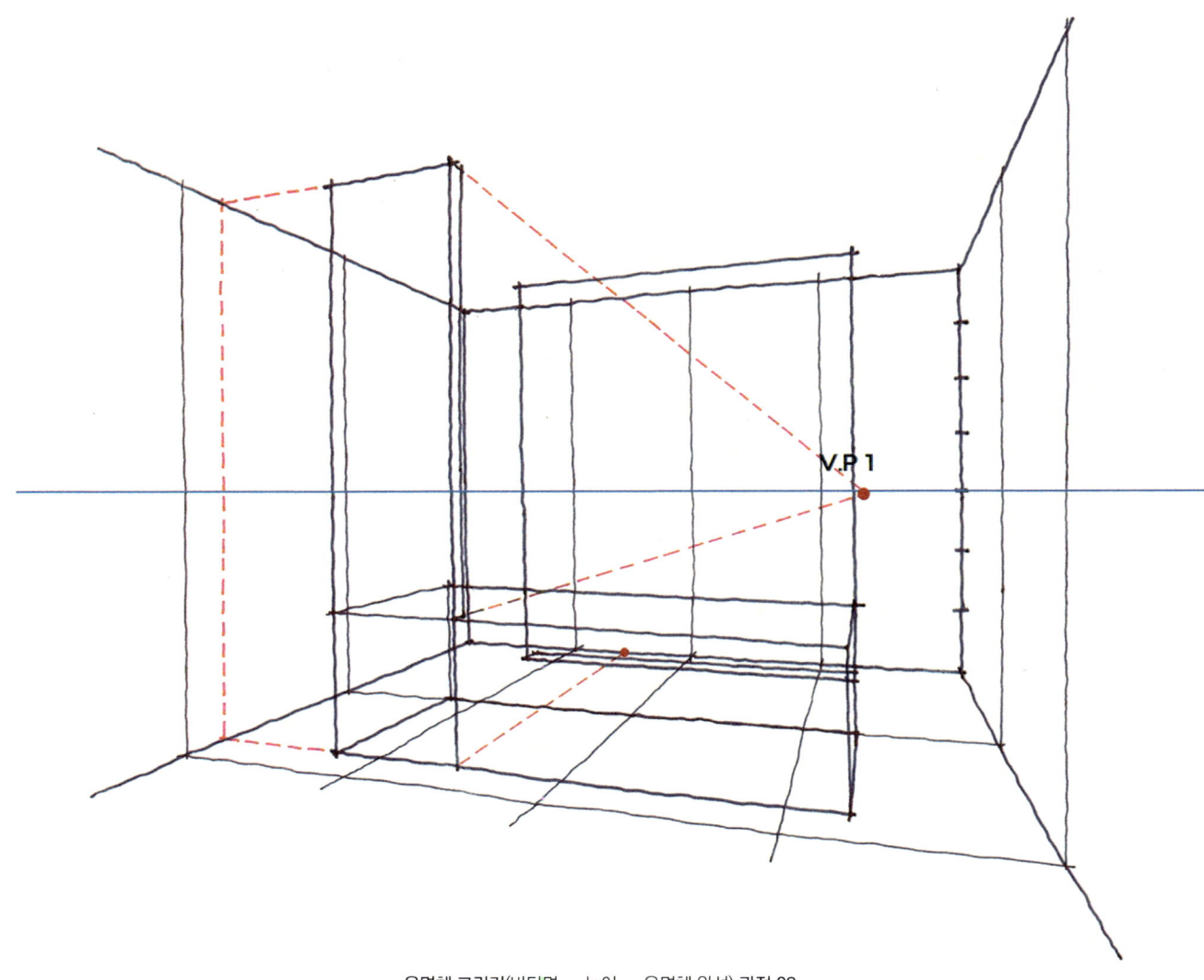

육면체 그리기(바닥면 → 높이 → 육면체 완성) 과정 03

기본(입면 그리기 → 기본 소점 정하기 → 천장라인과 바닥라인 그리기 → 벽체와 바닥의 그리드 그리기) → 육면체 그리기(바닥면 → 높이 → 육면체 완성) → 마무리

5. 나머지 세부적인 부분을 마무리하여 스케치를 완성한다.

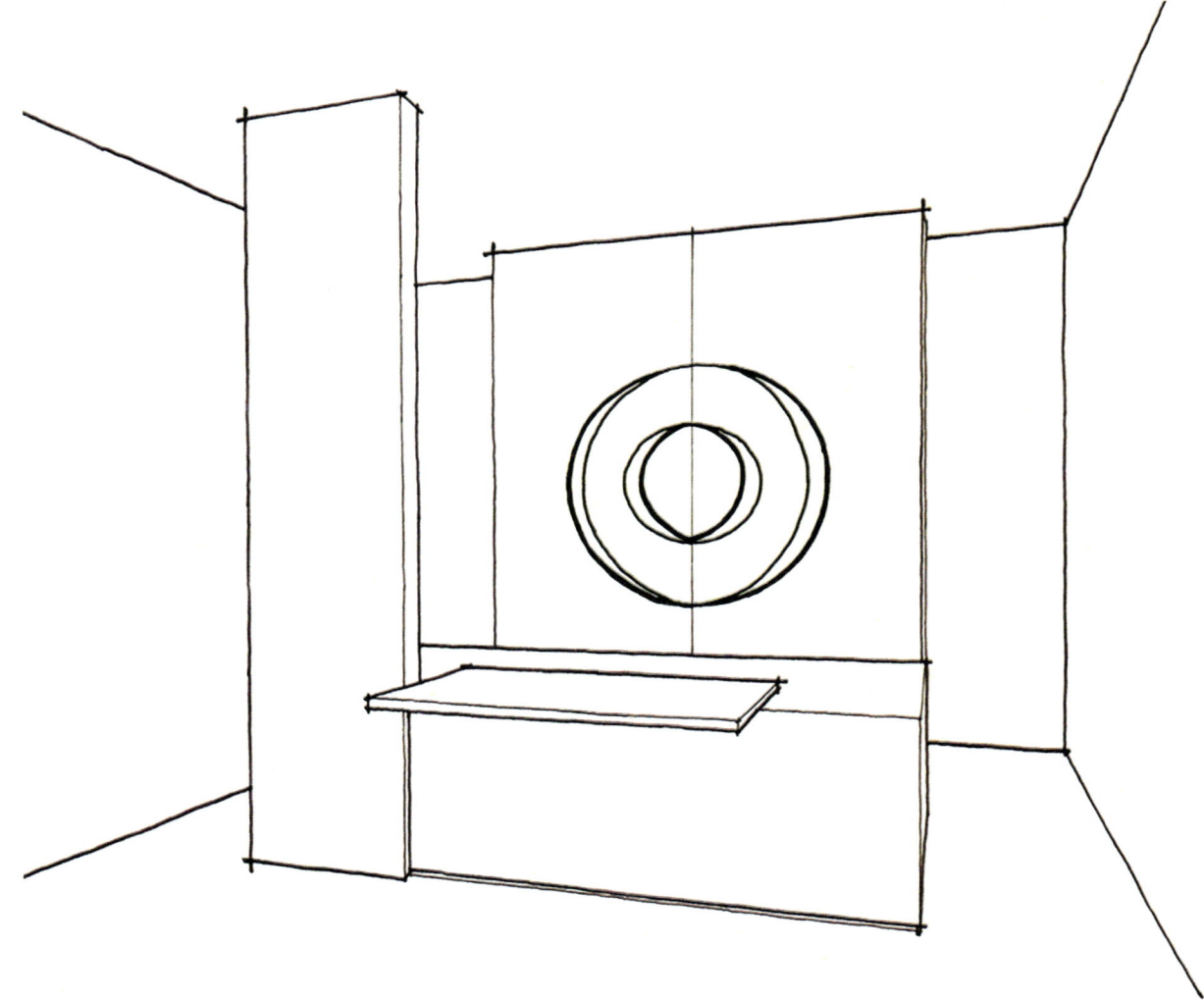

≫ 소점 하나 – 입면 마주보기 – 대기 공간 바라보기

| 대기공간(Waiting Area) 스케치 |

- Dental Clinic(Information Desk + Sofa + Table + Stool)

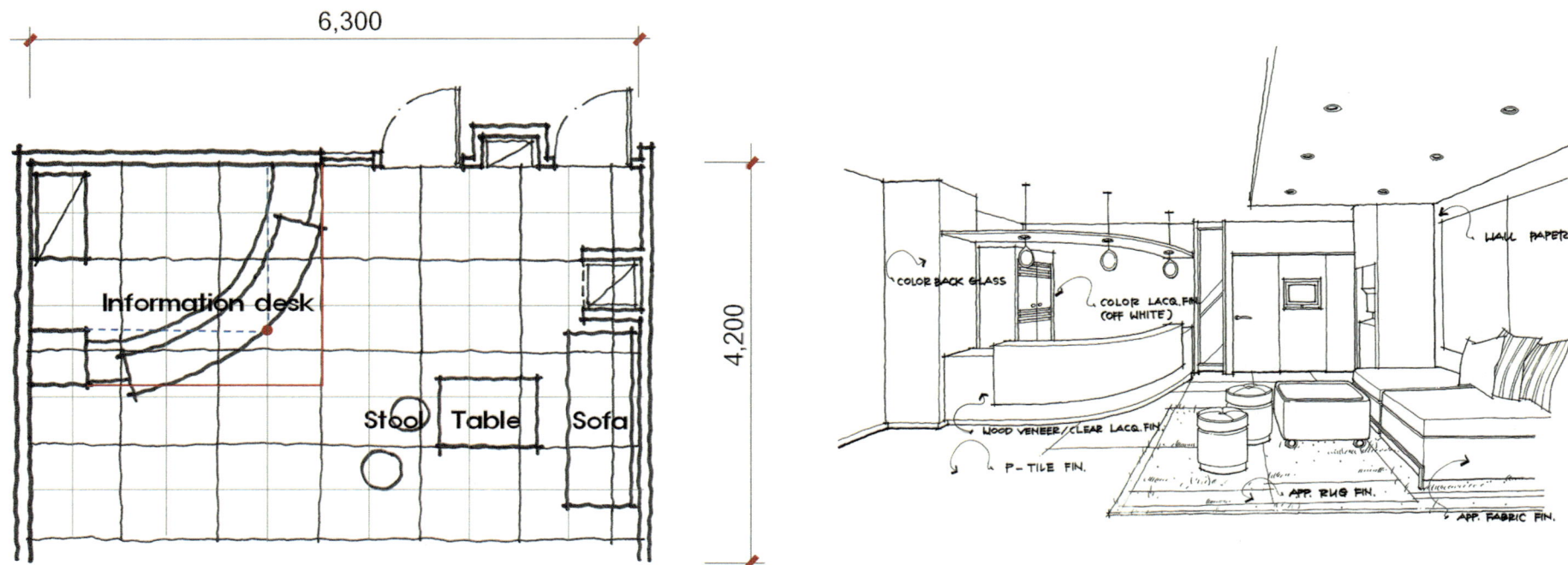

| 스케치 가이드(Sketch Guide) |

- 실의 너비 : W6,300 × H4,200 / 천장높이(C.H) : 2,700 / V.P의 높이 : 1,500
- 평면 그리드 1칸 치수 : 500 × 500

1. 마주보이는 벽체 입면을 간략하게 그린 뒤 소점을 정하고 입면의 각 꼭짓점을 지나는 연장선을 그어 천장라인과 바닥라인을 만든다.

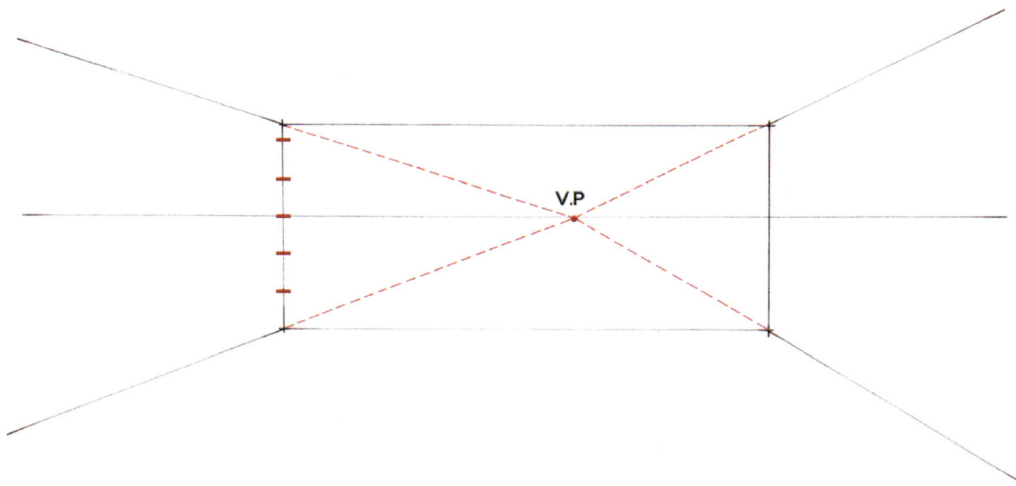

2. 바닥과 벽체에 기준이 될 그리드를 만든다. 비교적 간단한 평면이기 때문에 촘촘한 그리드를 만들 필요는 없다. 간단하게 기준이 될 수만 있으면 된다.(여기서는 벽체 너비를 1,000 간격으로 하고, 바닥에는 1,000 × 1,000의 그리드를 만들었다)

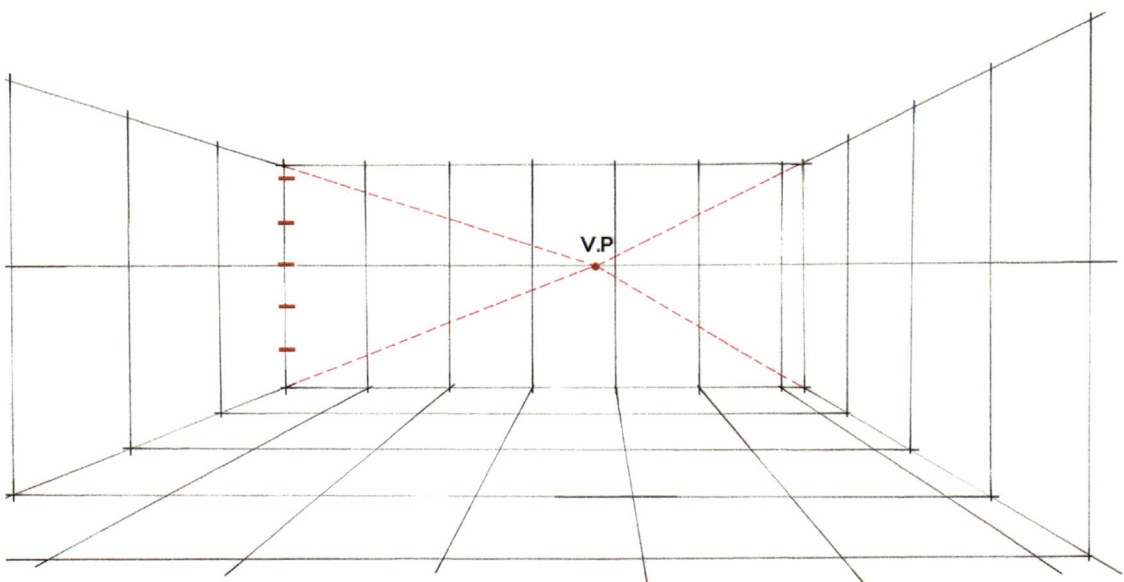

3. 마주보이는 벽체 입면 하부에 사물의 위치 점을 찍고 소점과 연결하여 사물의 바닥면을 만든다. 완성된 바닥면(사각형)의 각 꼭짓점에서 수직으로 그은 선과, 소점과 입면 상에 찍은 높이 점을 잇는 연장선과의 교점을 찾으면 사물의 육면체가 완성된다.

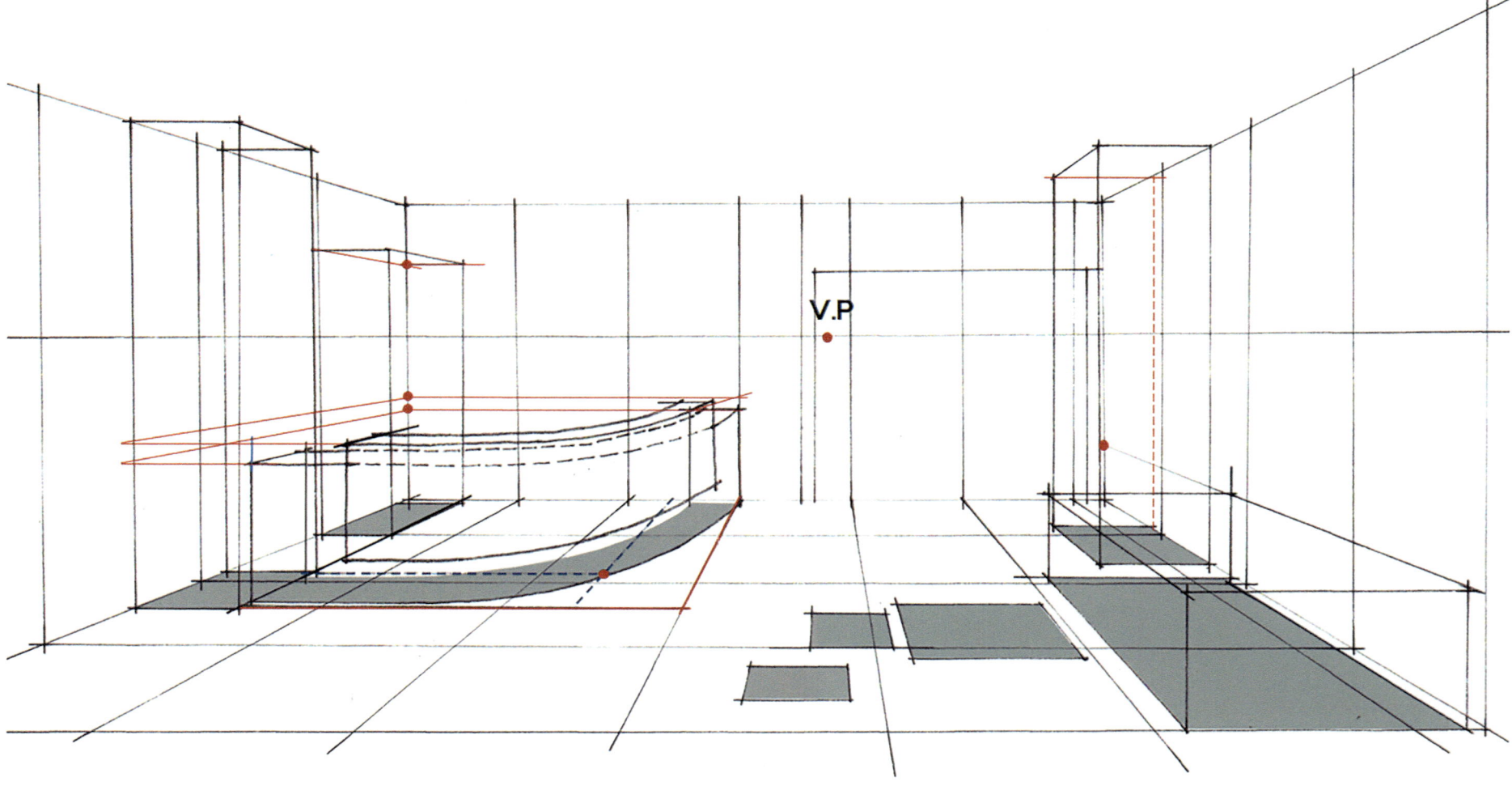

Tips 마주보이는 벽체 입면에 사물의 위치점을 찍는 이유는 마주보이는 입면이 유일하게 투시 형태에 영향을 받지 않고 비례를 유지하고 있어 사물의 치수를 측정하는 기준이 될 수 있기 때문이다.(마주보이는 벽체 입면을 제외한 바닥, 천장, 좌우 입면은 이미 투시 형태로 그려져 있기 때문에 사물의 치수를 측정하는 기준이 되기는 어렵다)

Tips 곡선 형태의 바닥면 그리기

사물의 바닥면이 직각으로 이루어진 형태를 그리는 것은 어렵지 않으나 곡선으로 이루어진 사물의 바닥면을 찾는 것은 일일이 바닥점을 찾기도 쉽지 않고 비교적 까다롭다.

곡선 형태의 바닥면을 그리는 방법은 여러 가지가 있으나 여기서는 기준이 될 수 있는 점을 찾아 최대한 자연스럽게 곡선을 그려주는 방법을 제안한다. 유의해야 할 점은 정확한 작도법이 아니므로 형태를 그려본 후 육안으로 자연스러워 보일 수 있도록 보정이 필요하다는 것이다.

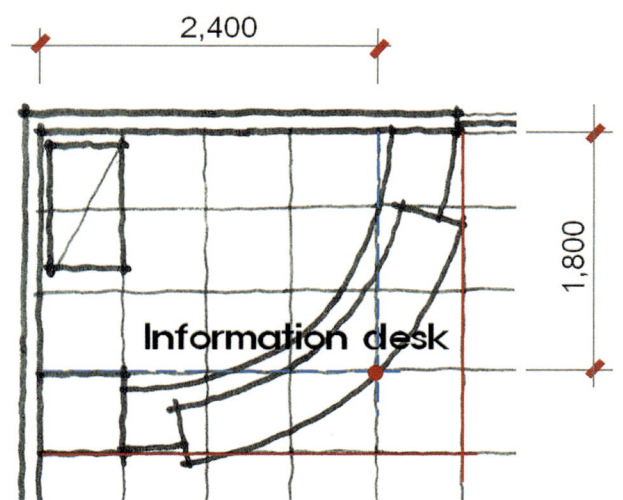
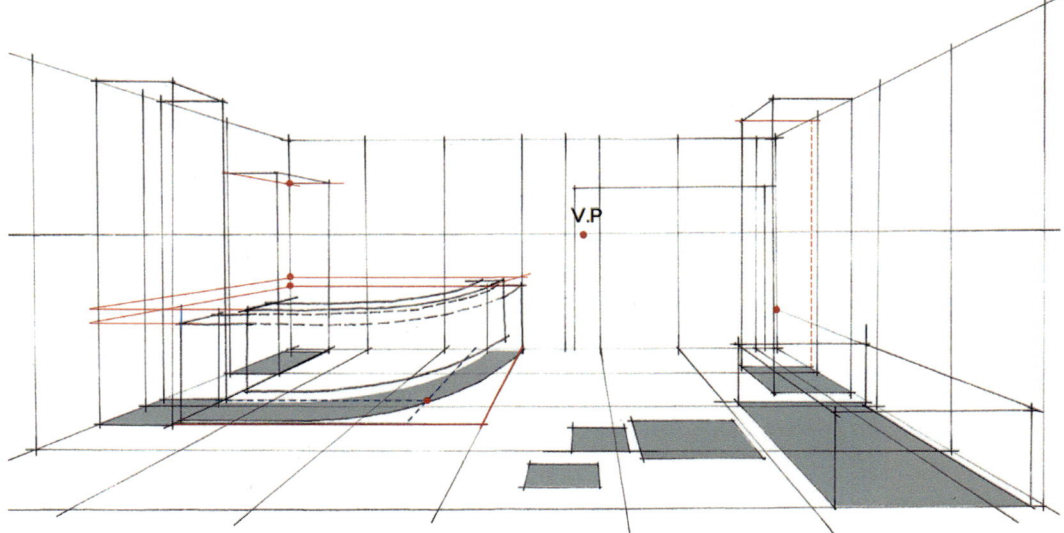

4. 나머지 사물의 육면체를 완성한다.

　마주보이는 벽체 입면에서 천장 등박스와 구조물의 높이점을 찾아 소점과의 연장선을 그어 육면체 형태를 완성한다.

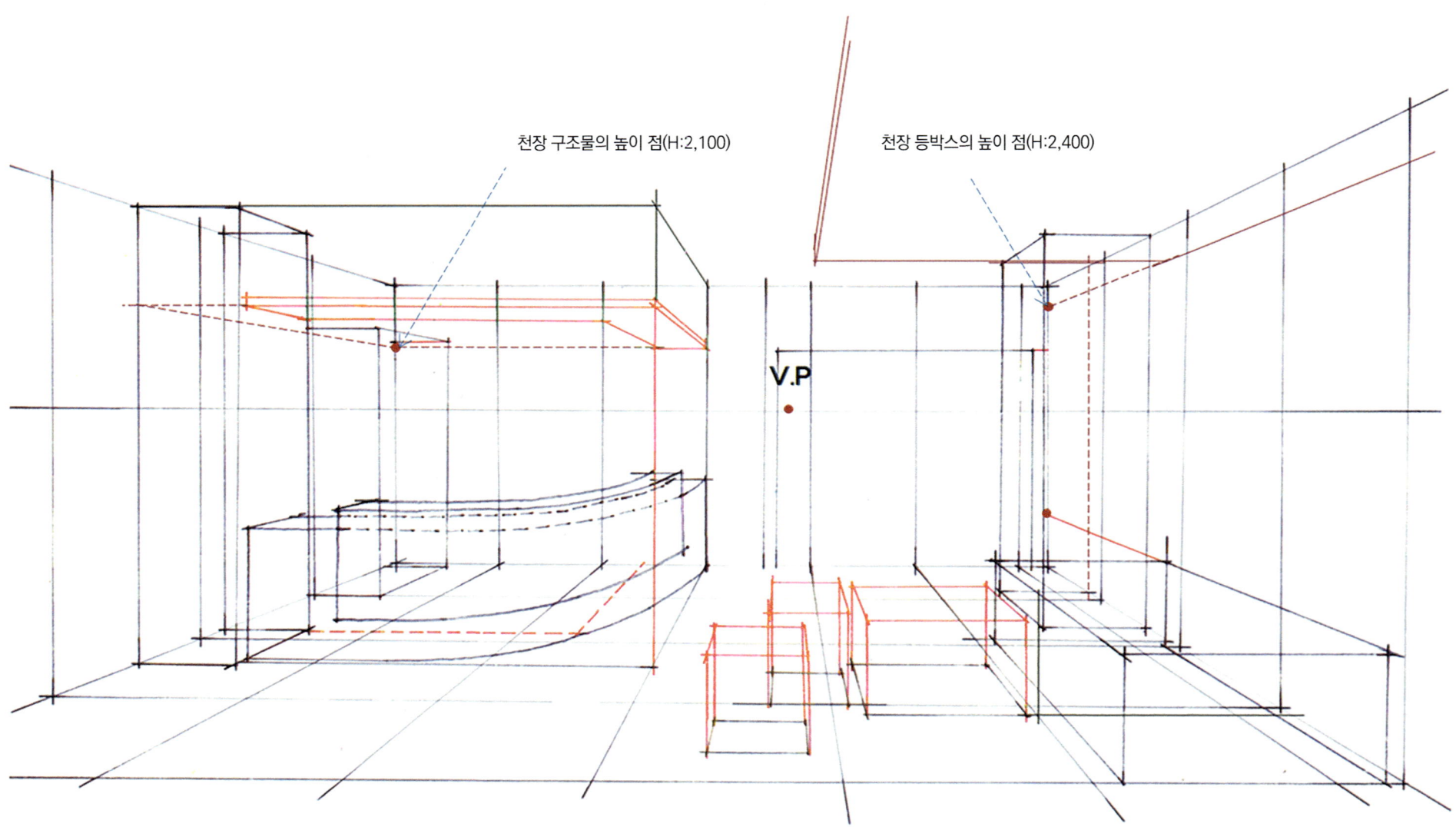

천장 구조물의 높이 점(H:2,100)

천장 등박스의 높이 점(H:2,400)

V.P

5. 조명 및 소품의 위치를 선정한다.

　천장의 조명(다운 라이트) 라인과 바닥 러그, 벽면에 아트 워크(ART WORK)의 위치를 잡아준다.

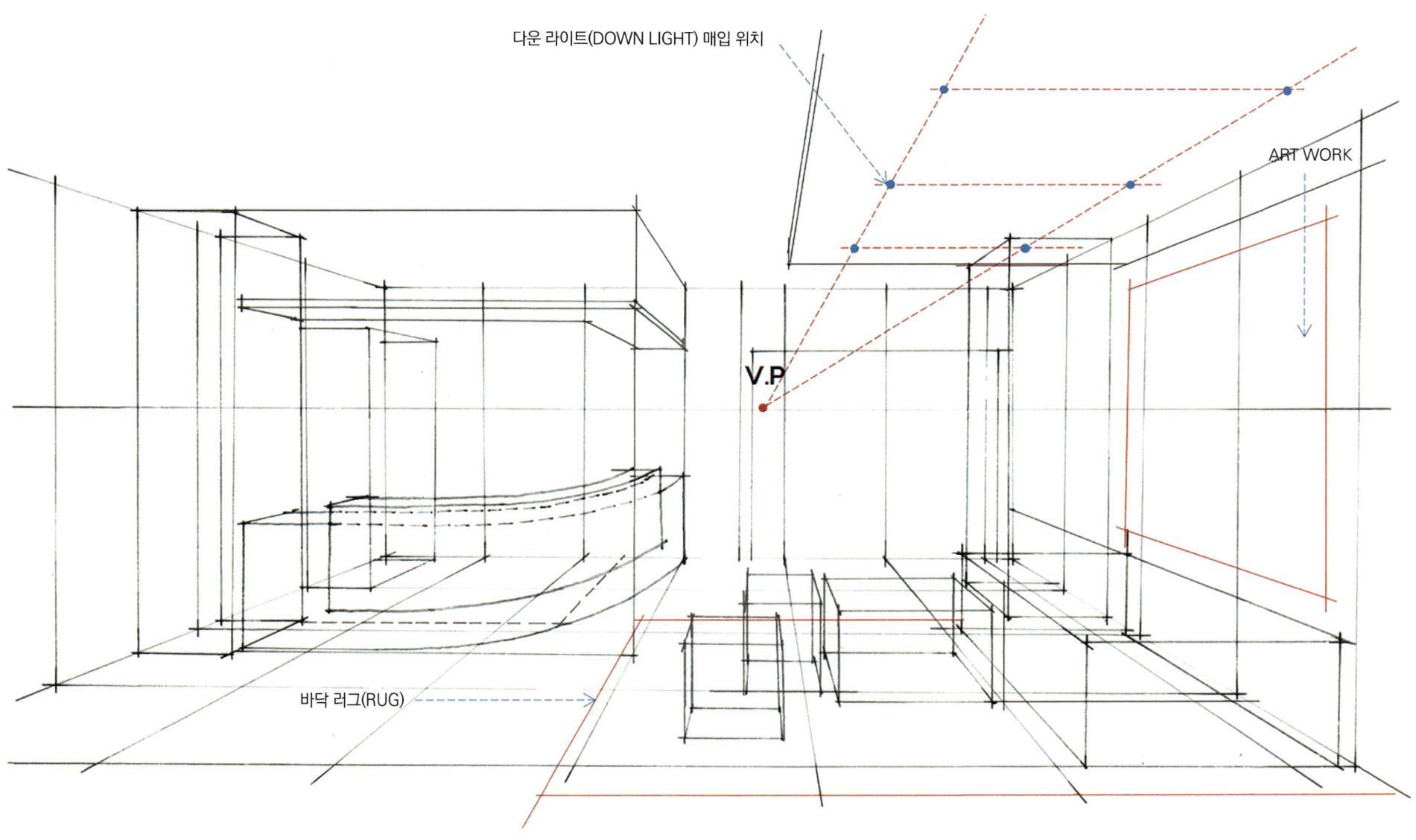

6. 가구, 조명, 소품 등의 육면체 형태를 최대한 자연스러운 형태로 만들어준다.

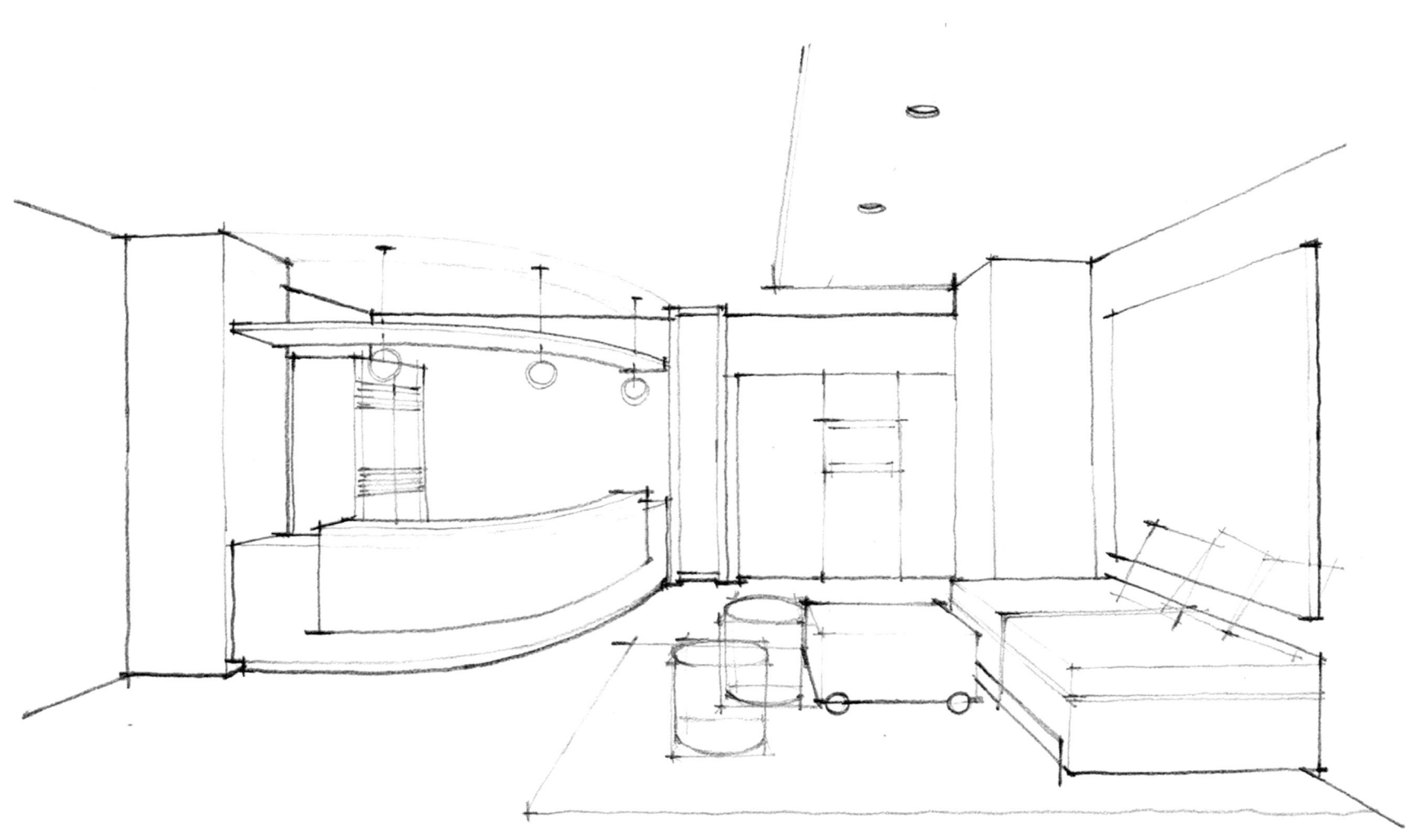

7. 디자이너의 의도가 표현되도록 마무리 작업을 하고 재료명을 기입한다.
   1소점 스케치가 완성되었다.

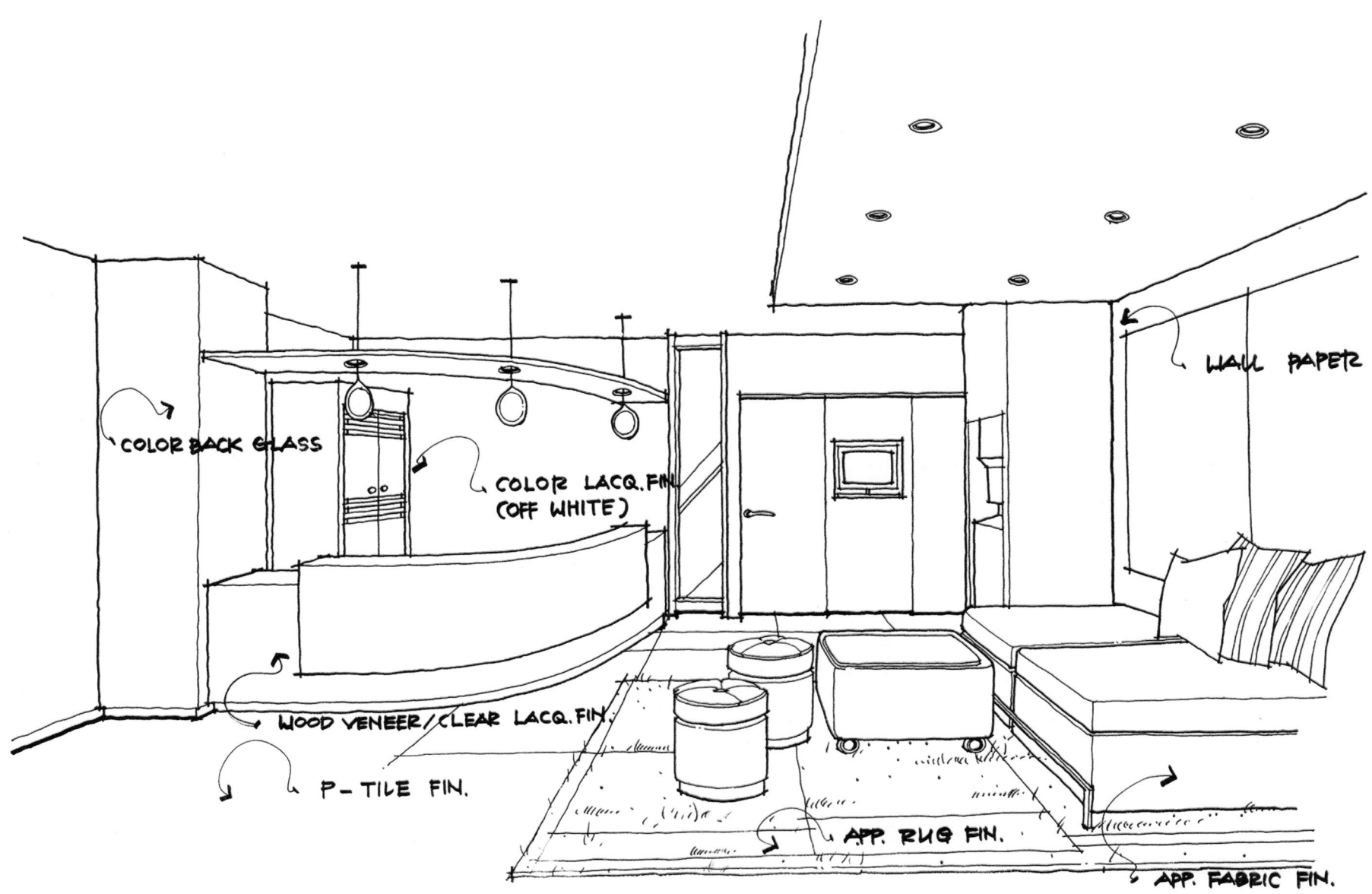

≫ 소점 둘 – 모서리 보기 – 주방 바라보기

| 주방(Kitchen)스케치 |

– Sink + Table + Chair

| 스케치 가이드(Sketch Guide) |

- 평면 그리드 사이즈 : 500 × 500
- 천장고(C.H) : 2,500
- 눈높이(VP의 높이) : 1,500

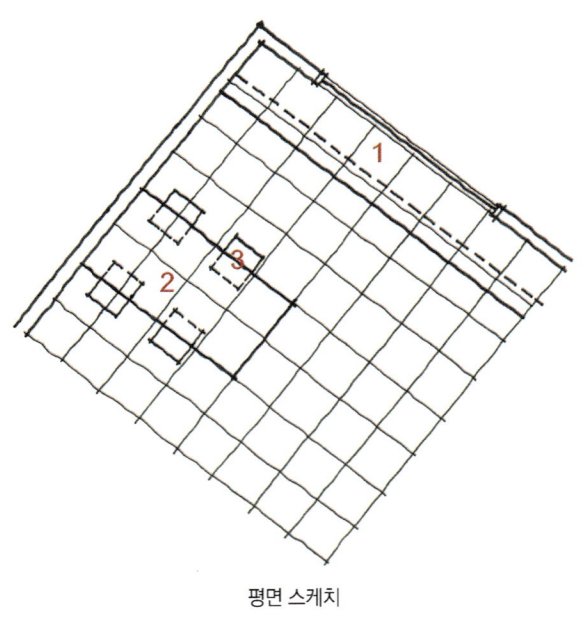

평면 스케치

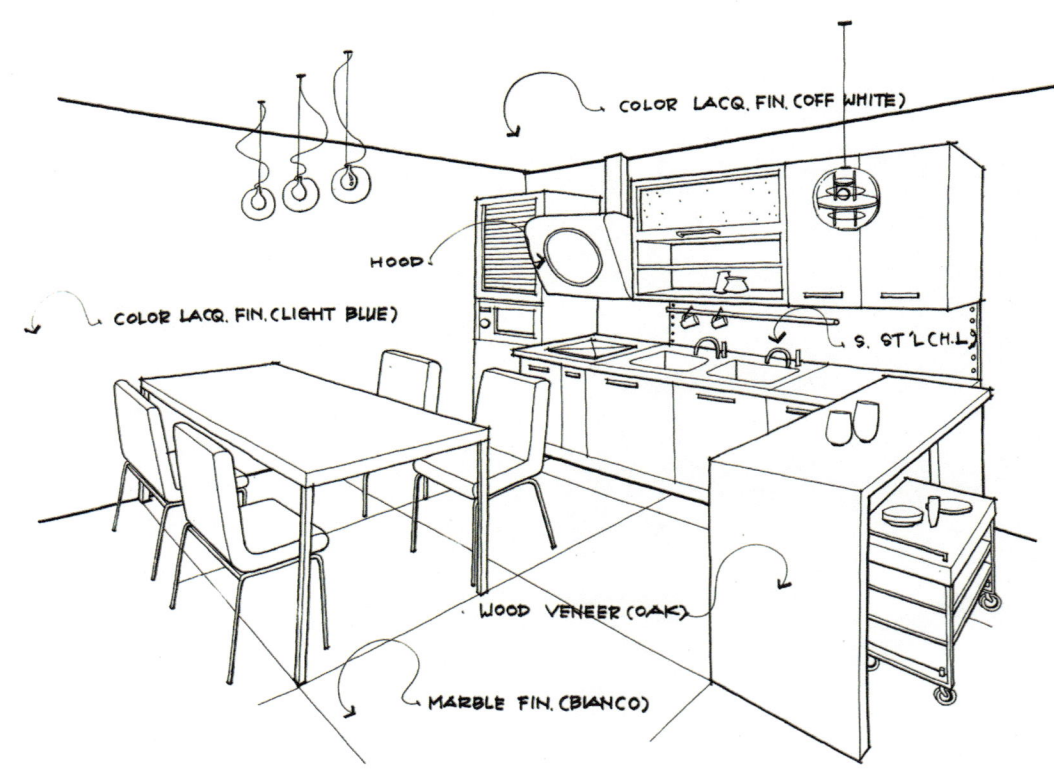

1. 용지의 중앙에 세로선(좌우측의 입면(벽체)이 만나는 모서리)을 그린 뒤, 세로선을 비례에 맞게 분할한다.(여기서는 천장 높이가 2,500이므로 알아보기 쉽게 5등분했으며 눈금과 눈금 사이의 간격은 500을 나타낸다.)

    다음 눈높이를 정하고 수평선(H.L)을 그린 뒤 수평선(H.L)상에 소점(V.P1 / V.P2)을 찍는다.

    각 소점에서부터 세로선(좌우측의 입면이 만나는 모서리)의 상하부를 잇는 선을 화면에 꽉 차도록 긋는다. 이 선들은 이 실내공간의 천장라인과 바닥라인이 된다.

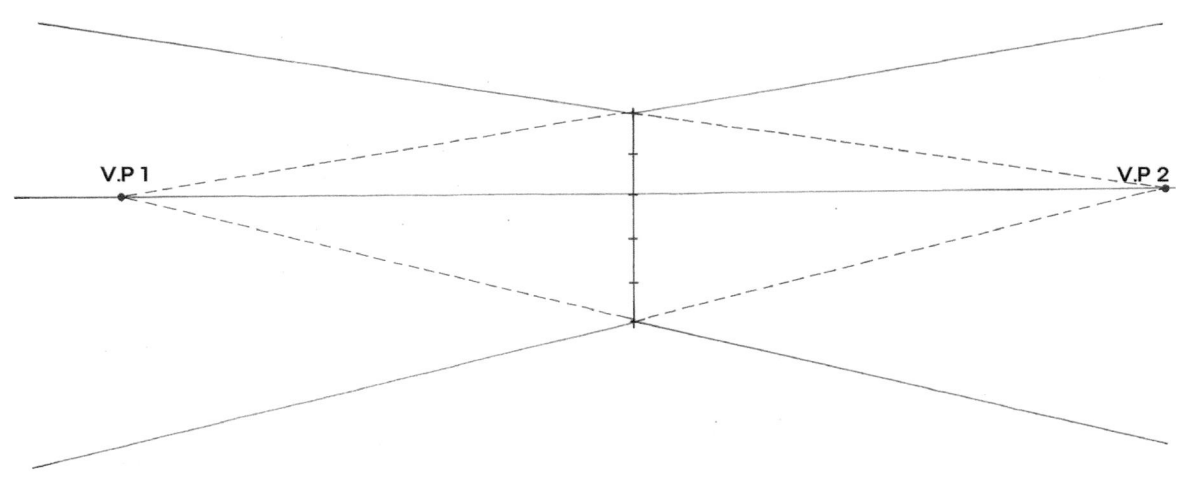

2. 벽체 그리드를 그리기 위해 좌우 벽체를 일정 간격으로 세로로 나누고, 바닥 그리드 작업을 위해 각 소점에서부터 입면의 세로 그리드선(여기서는 1,000 간격) 하부 끝점을 지나는 연장선을 용지의 하단 부까지 긋는다. 바닥 그리드가 완성되었다.

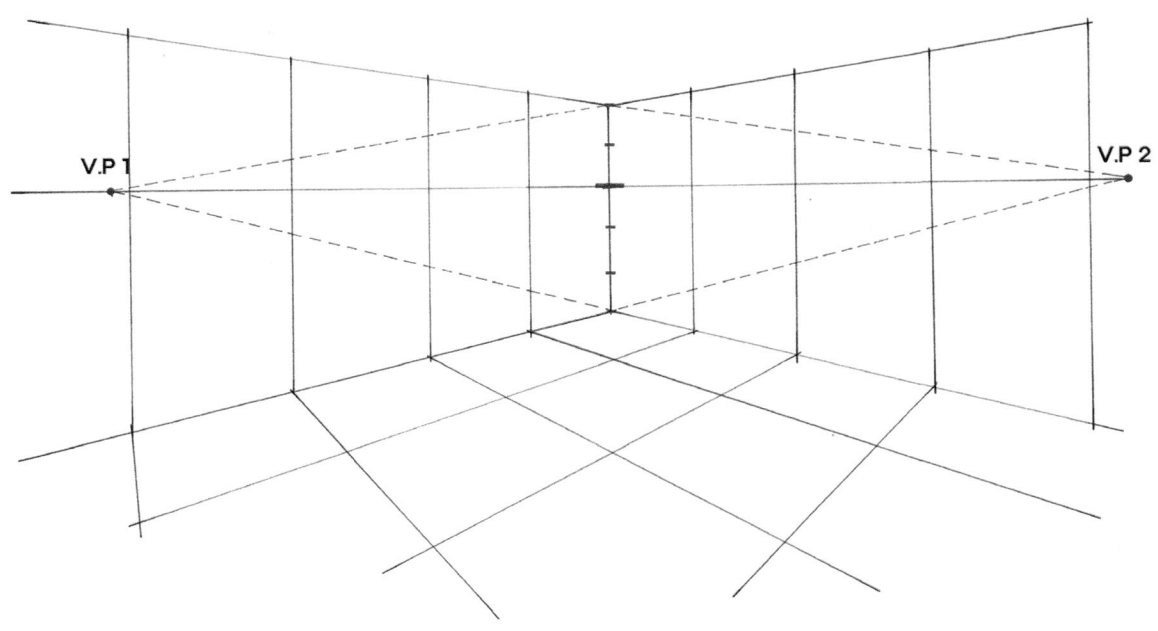

3. 좌우측 각각의 입면과 평면이 만나는 바닥 라인에 사물(가구)의 위치 점을 찍고, 좌우측 각각의 소점과 연결하여 사물의 바닥면을 완성한다. 완성된 바닥면(사각형)의 각 꼭짓점에서 수직으로 가선을 긋는다. 이는 사물의 높이를 위한 기준선이 된다.

좌우측 각각의 V.P로부터 입면상의 사물의 상부점(사각형의 좌우 꼭짓점)을 잇는 연장선을 그린다. 2소점으로 본 사물의 육면체가 완성되었다.

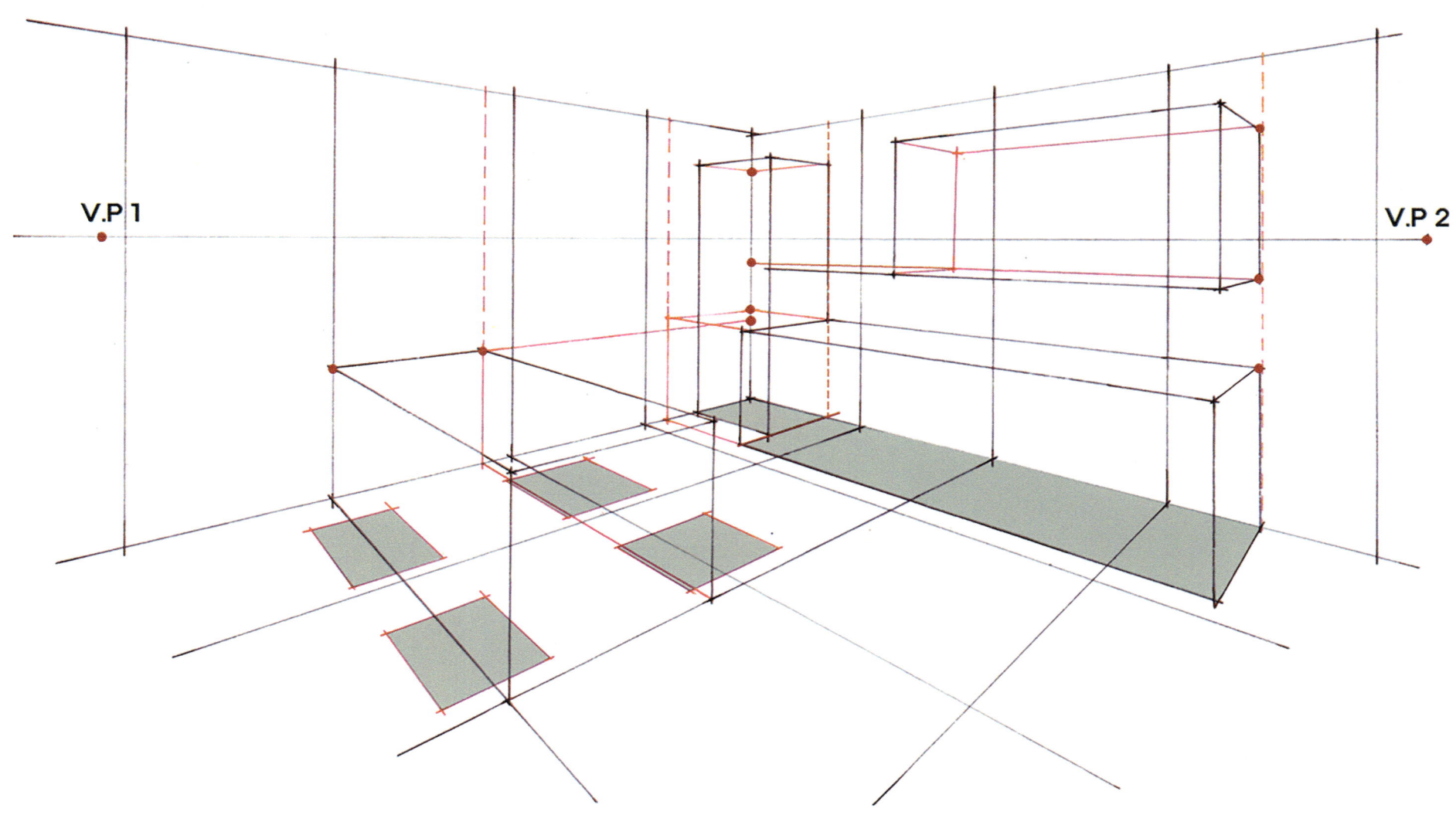

4. 나머지 사물의 육면체를 완성한다.

양측 테이블의 중앙에 늘어뜨릴 펜던트의 위치를 결정하기 위해 각각의 테이블 상판에 대각선을 그어 중심점을 찾고 소점과 연결한다.

양측 펜던트의 위치가 결정되었다

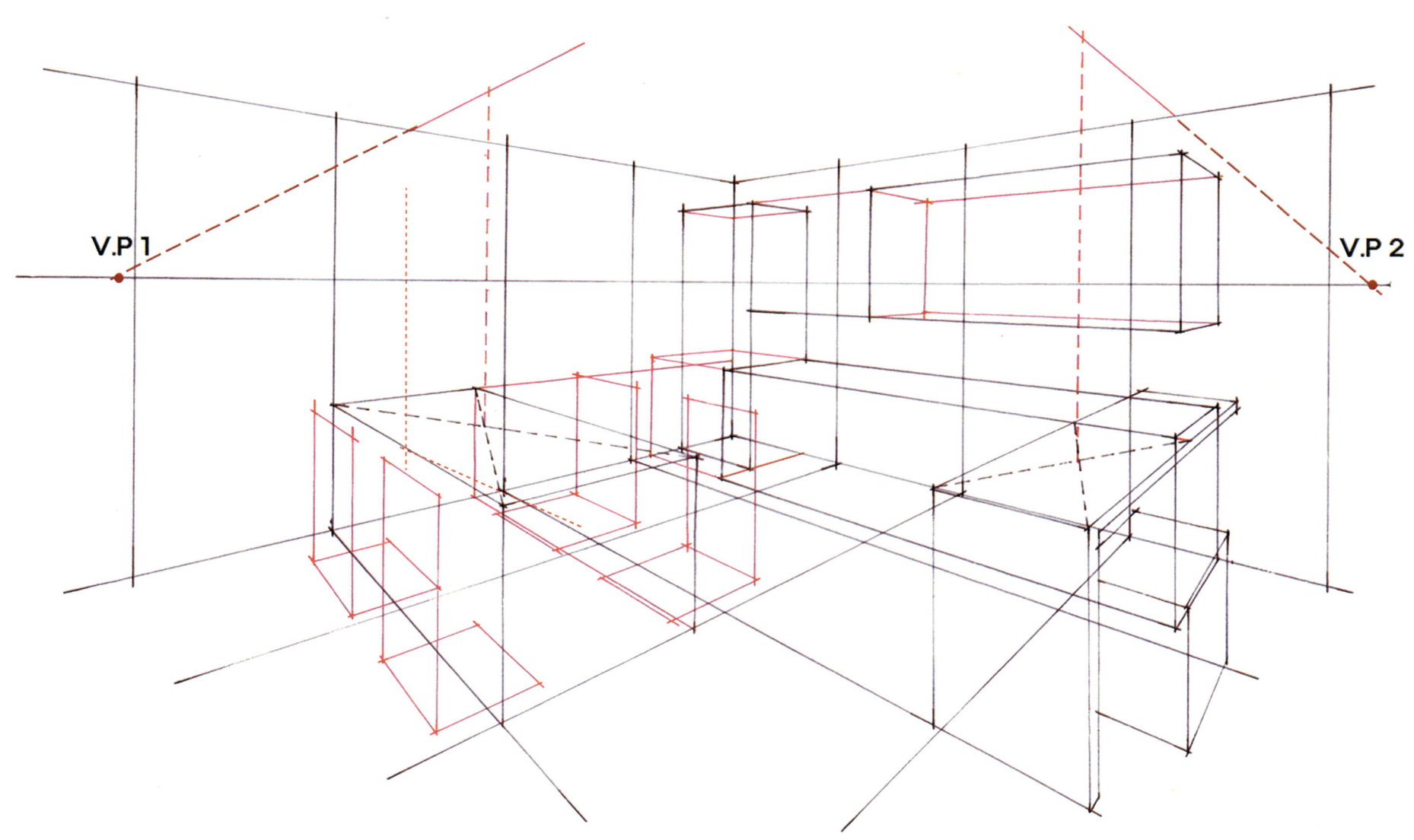

5. 가구, 조명, 소품 등의 육면체 형태를 최대한 자연스러운 형태로 만들어준다.

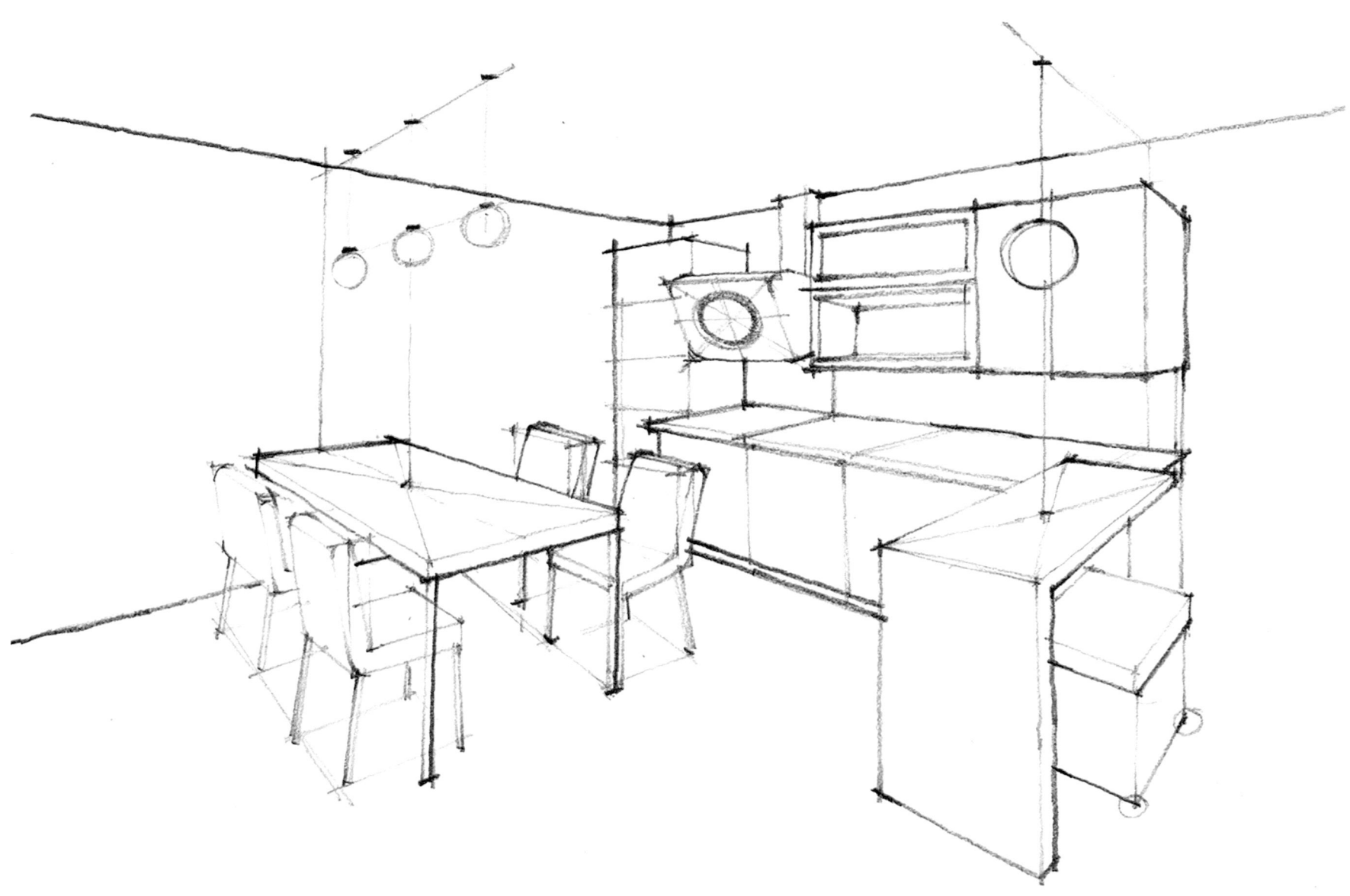

6. 2소점 스케치가 완성되었다.

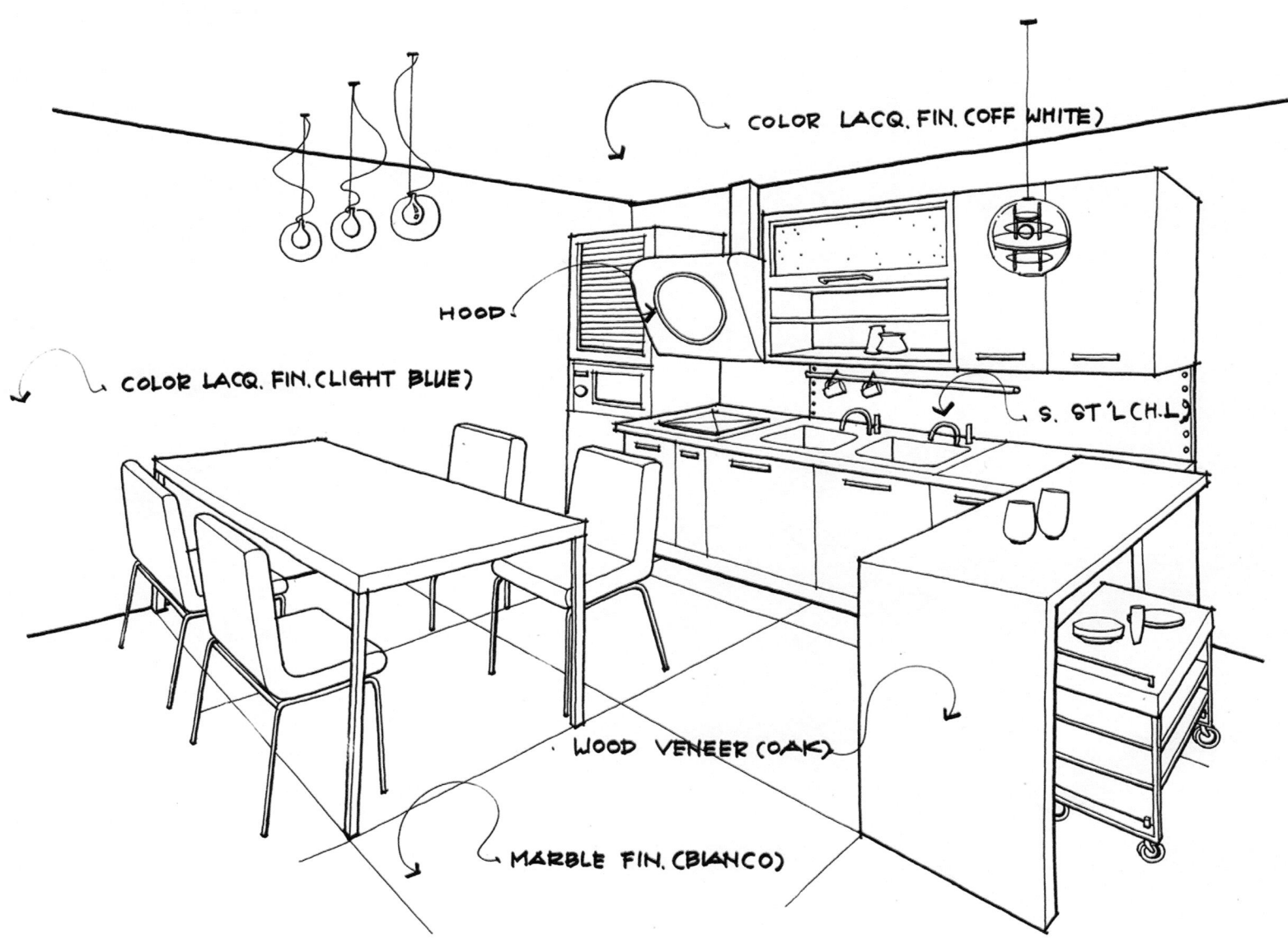

》》 내부 공간 스케치의 예

• SKETCH 01

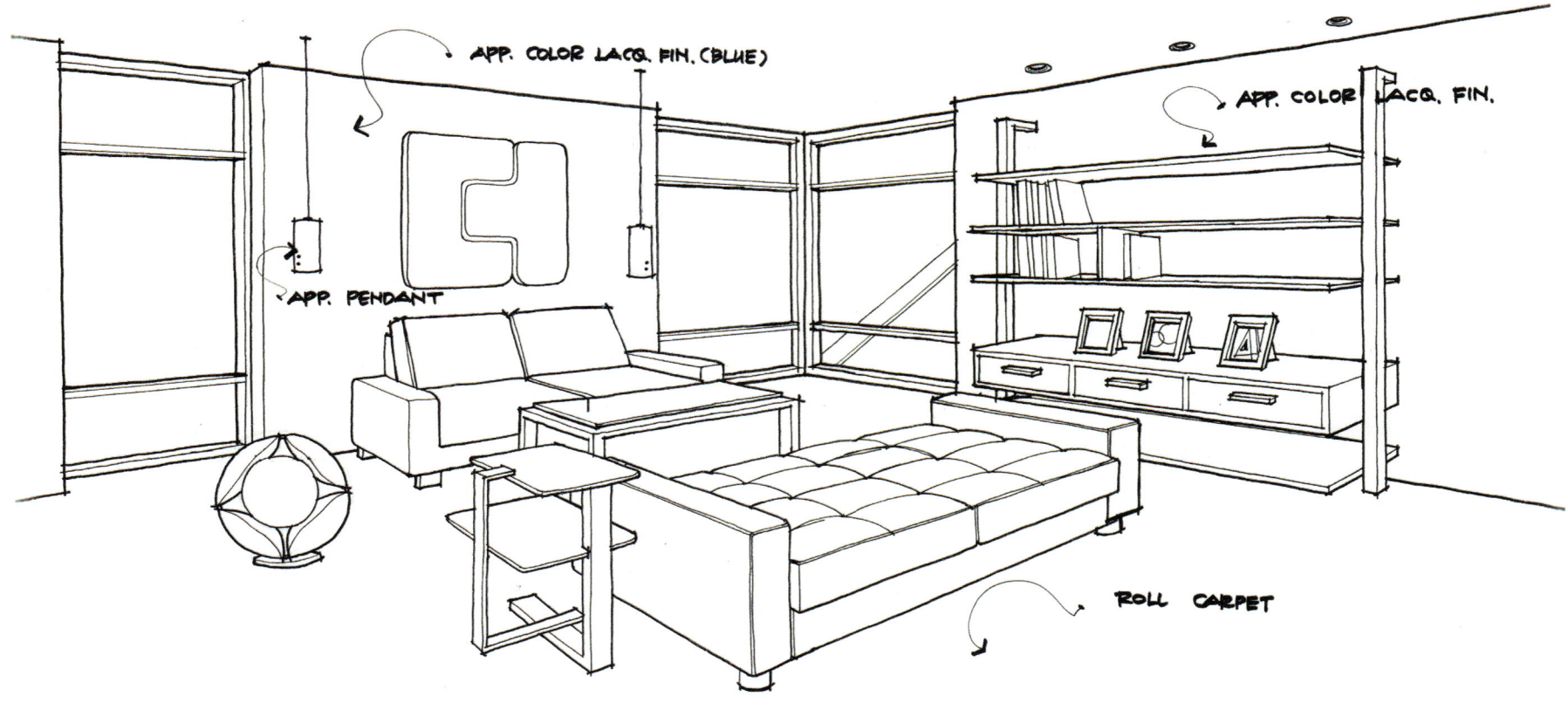

Tips 여기서 SKETCH 01/02/03은 마감재료명을 표기한 경우이고 SKETCH 04/05/06은 마감재료 명을 표기하지 않은 경우이다. 마감재료명을 표기하는 경우 스케치의 자연스러운 느낌을 살릴 수 있는 장점이 있으나 좀더 완성도 있는 컬러링 결과물을 위한 베이스 작업이라면 마감재료 명을 표기하지 않는 것도 방법이다.

• SKETCH 02

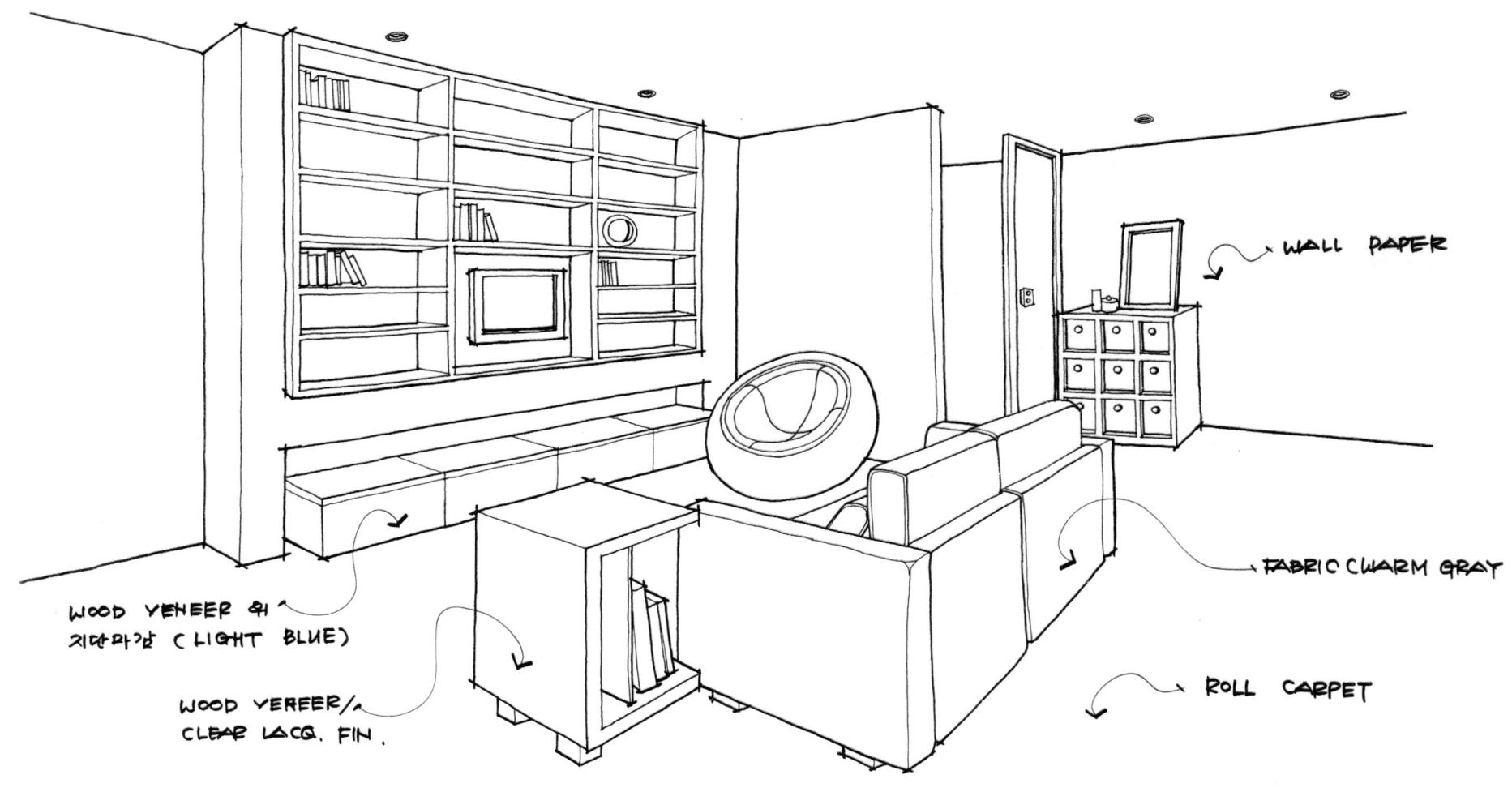

• SKETCH 03

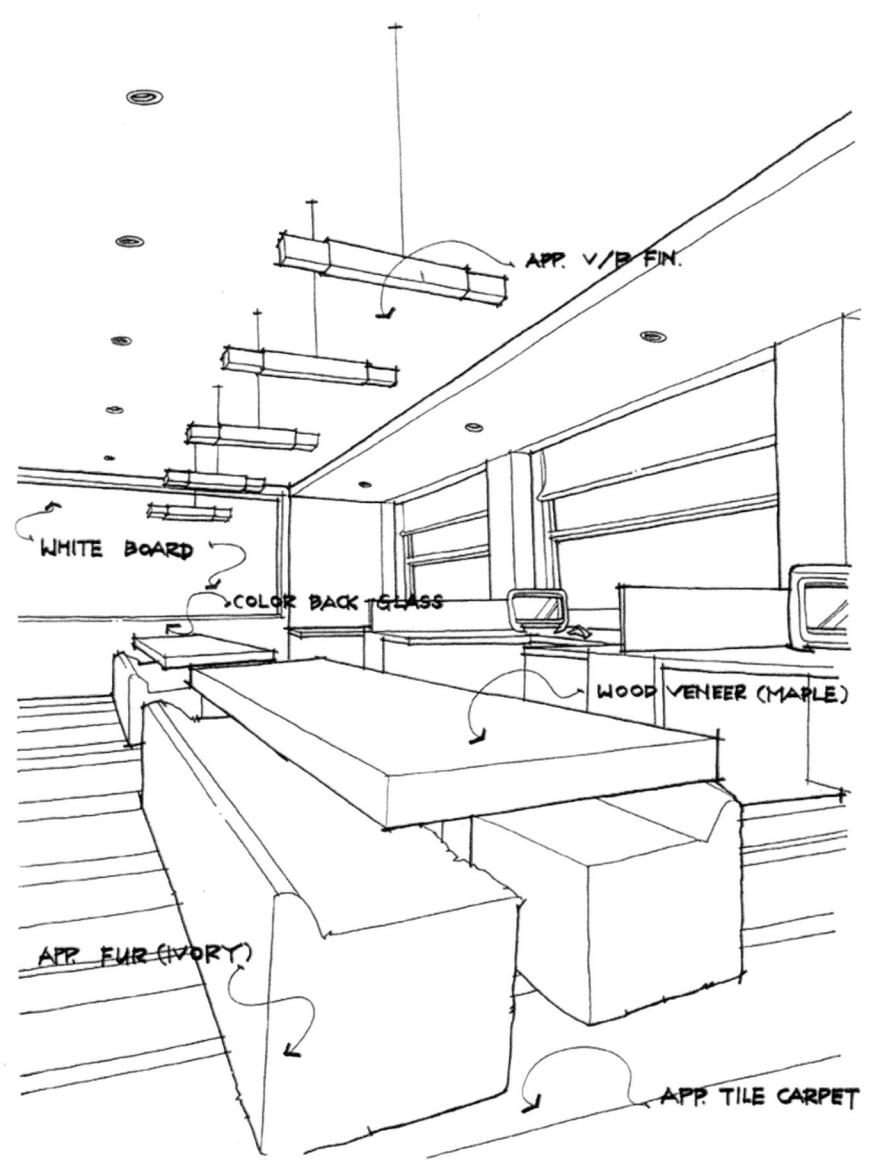

• SKETCH 04

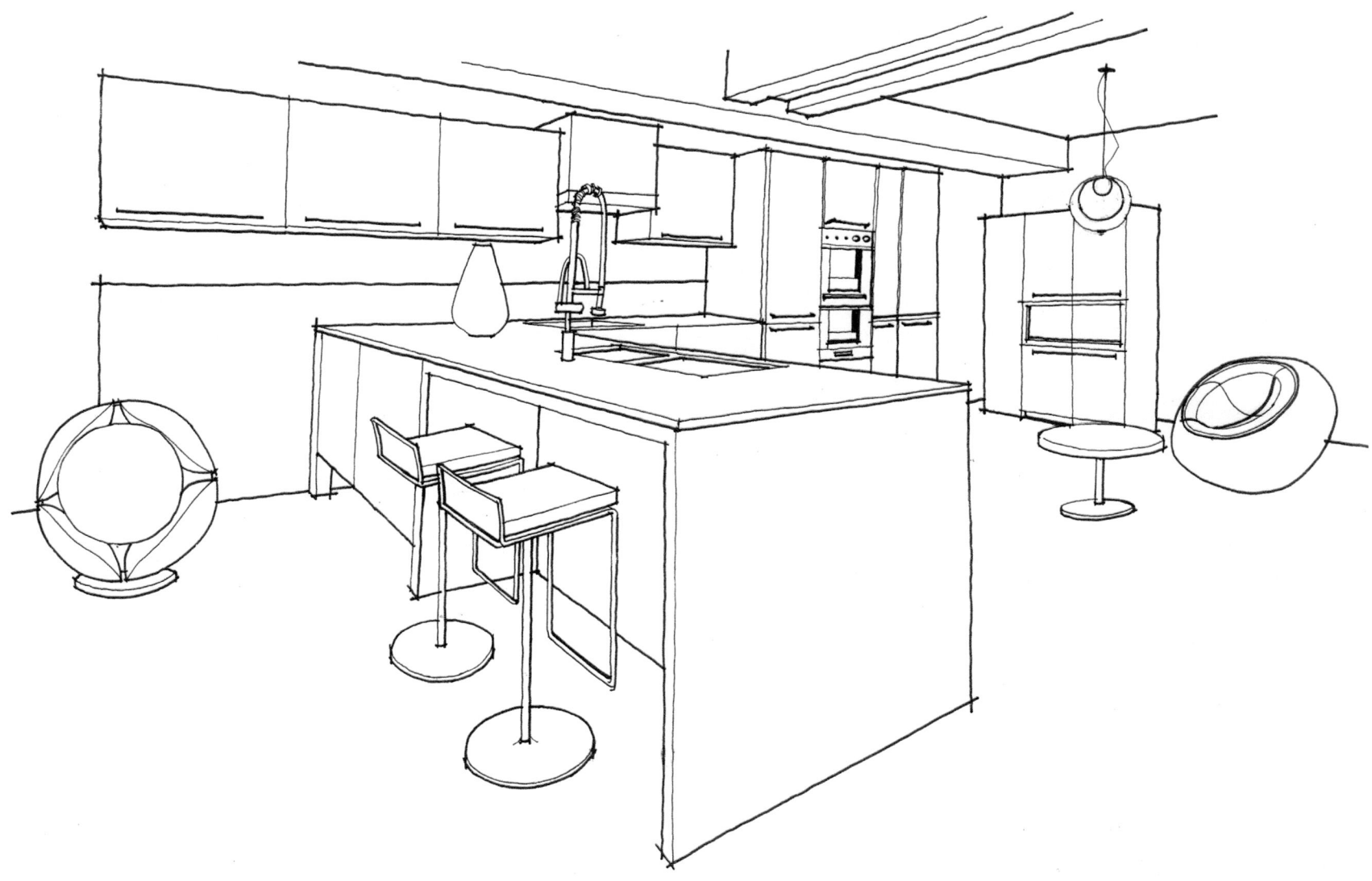

● SKETCH 05

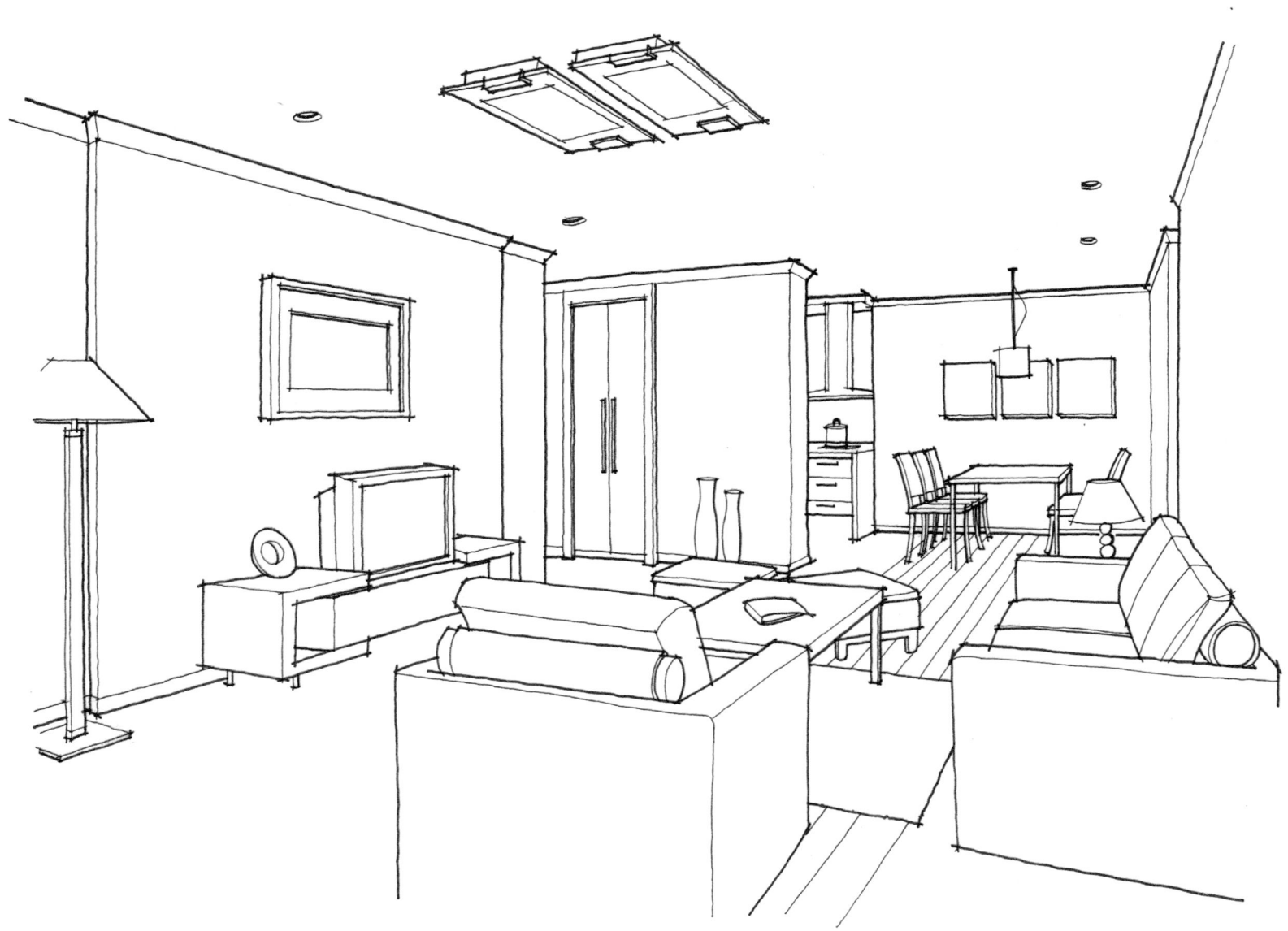

• SKETCH 06

| 평면 스케치 + 스케치 결과물 |

● FLOOR PLAN + SKETCH _ 01-1

SKETCH 01-1과 SKETCH 01-2는 같은 평면 스케치를 바탕으로 작업한 경우이다. 같은 평면 스케치라도 여러 가지 상황에 따라 다른 스케치 결과물로 표현되는 대표적인 예를 보여준다.

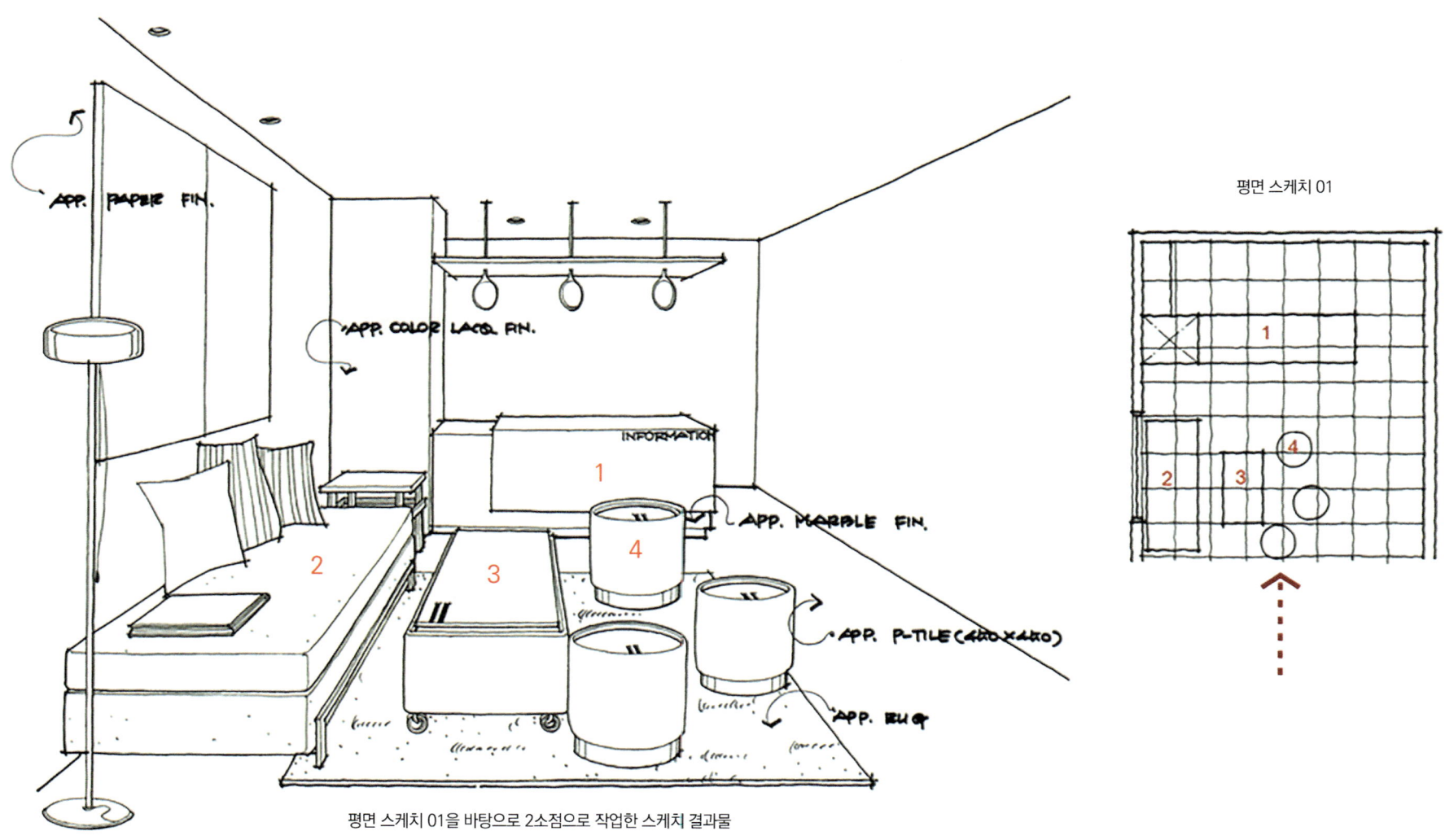

평면 스케치 01

평면 스케치 01을 바탕으로 2소점으로 작업한 스케치 결과물

• FLOOR PLAN + SKETCH _ 01-2

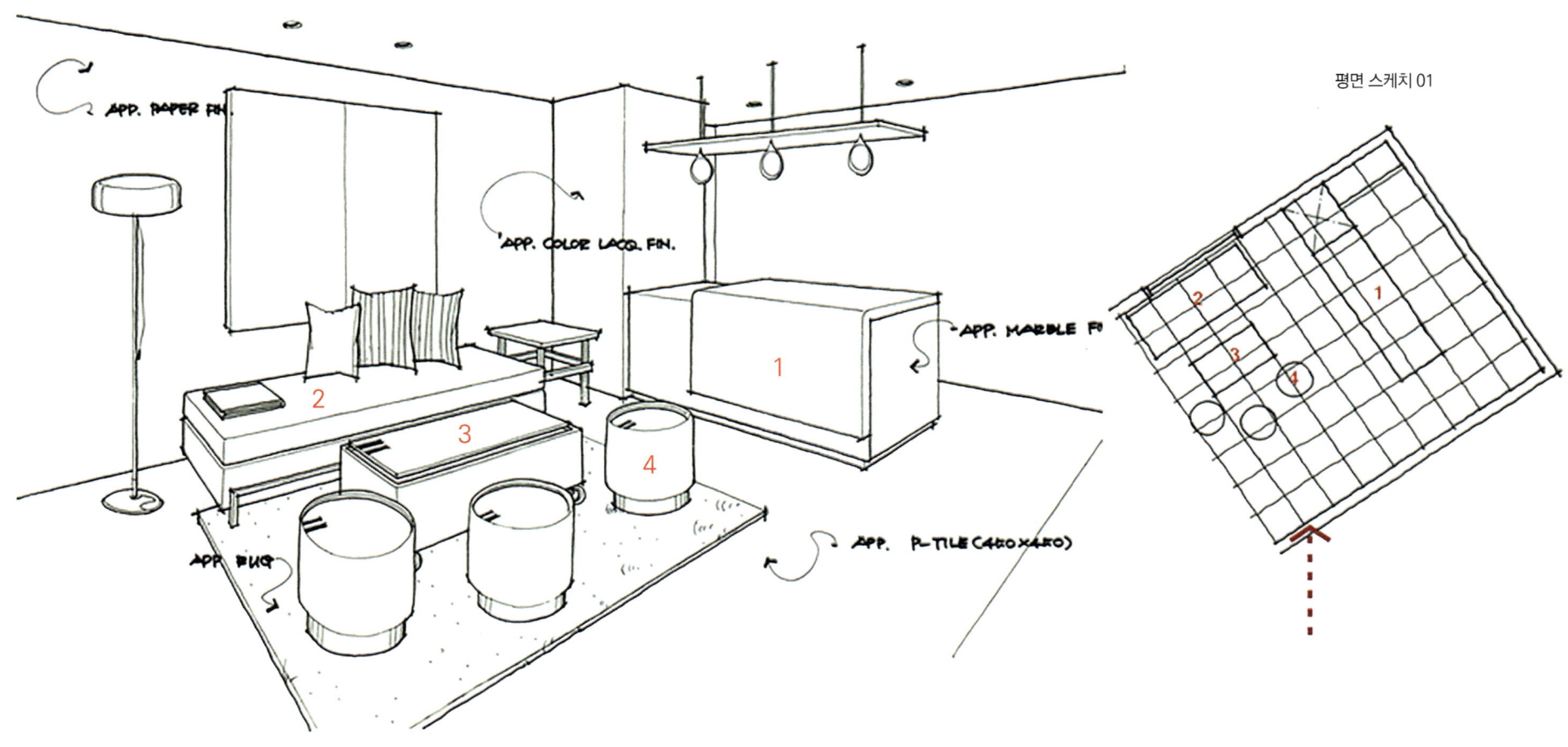

평면 스케치 02을 바탕으로 2소점으로 작업한 스케치 결과물

● FLOOR PLAN + SKETCH _ 02

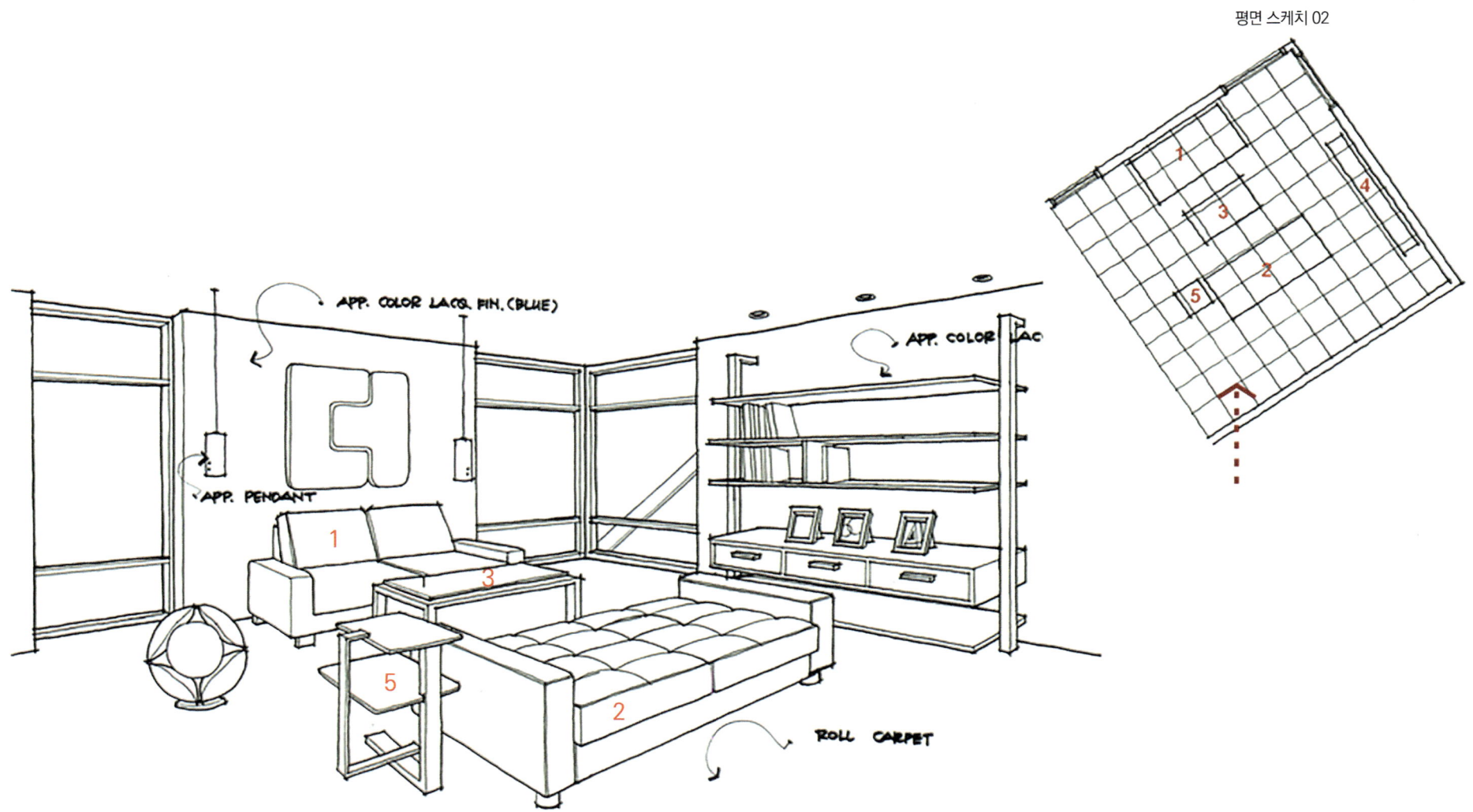

평면 스케치 02

평면 스케치 02을 바탕으로 2소점으로 작업한 스케치 결과물

● FLOOR PLAN + SKETCH _ 03

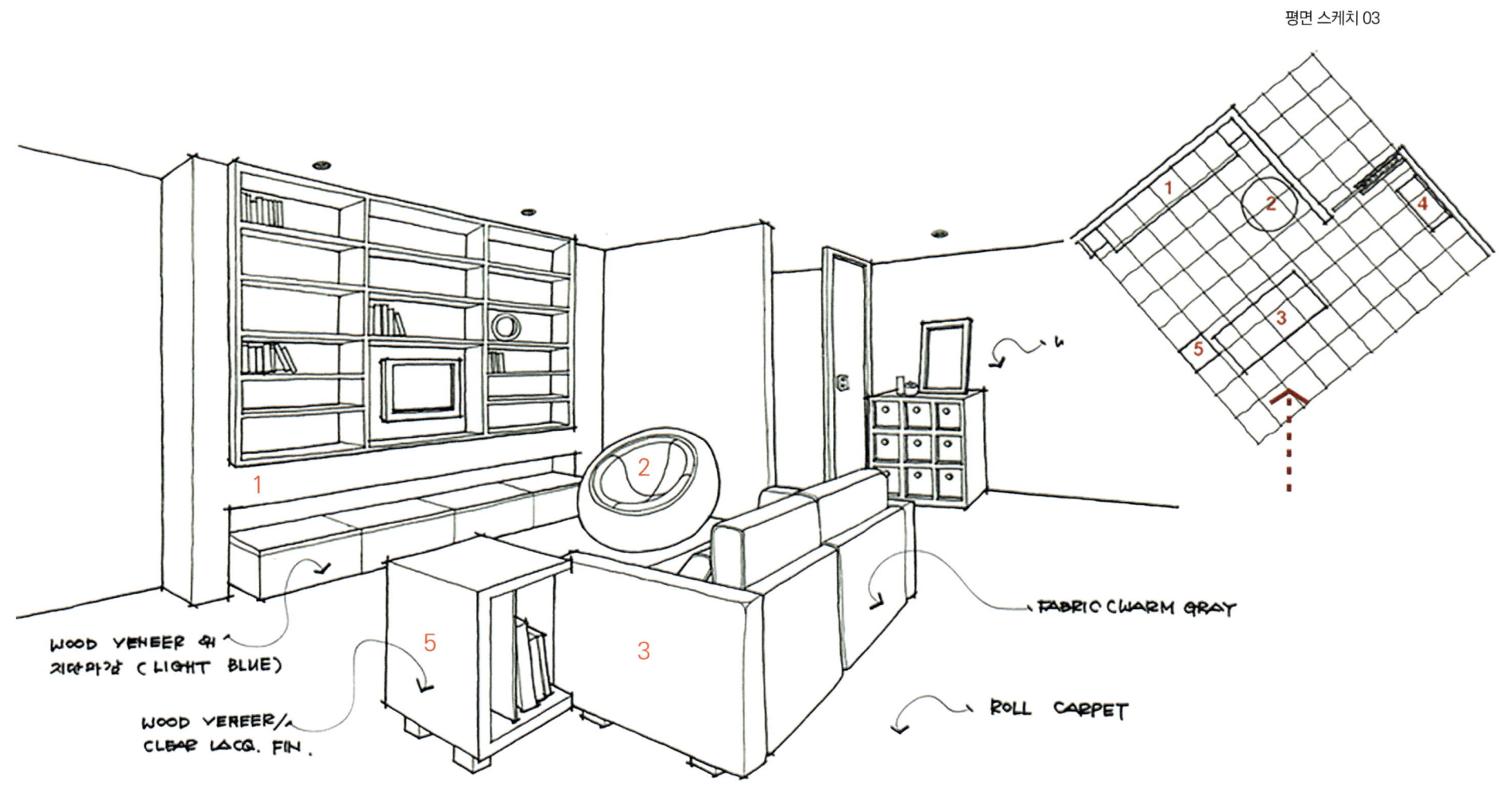

평면 스케치 03을 바탕으로 2소점으로 작업한 스케치 결과물

6.2 건물(공간) 외부에서 보기

건축 스케치(건물 외관)도 실내 공간 스케치와 같은 방법으로 진행한다.

차이점이 있다면 건축 스케치는 실내 공간 스케치와는 달리 마감재, 가구, 소품 등의 세부 묘사보다는 건물의 전체적인 매스감을 중시하여 각 매스의 입체감과 볼륨감을 효과적으로 표현하는 데 중점을 둔다는 것이다.

실내 스케치에 조명이나 가구, 소품 등이 필요요소라고 한다면 건축 스케치에는 주변의 여러 가지 환경적 요소(주변 건물, 가로, 수목 등)가 중요한 요소로 작용하며 이러한 요소가 건축 외관과 함께 자연스럽게 스케치되어야 한다는 점에 유의하자.

같은 조건 다른 소점(1소점 · 2소점) – 건물 바라보기

다음의 예는 소점별 스케치, 즉 같은 조건에서 소점을 달리했을 경우의 예를 보여주기 위한 것으로 건축(공간) 외부에서 바라본 1소점과 2소점의 예를 설명하고자 한다.

| 스케치 가이드(Sketch Guide) |

- 간략한 평면 · 입면 스케치 제시
- 스케일 : N,S(None Scale)
- 눈높이 : 약 1,500(도로 지면에서의 눈높이)

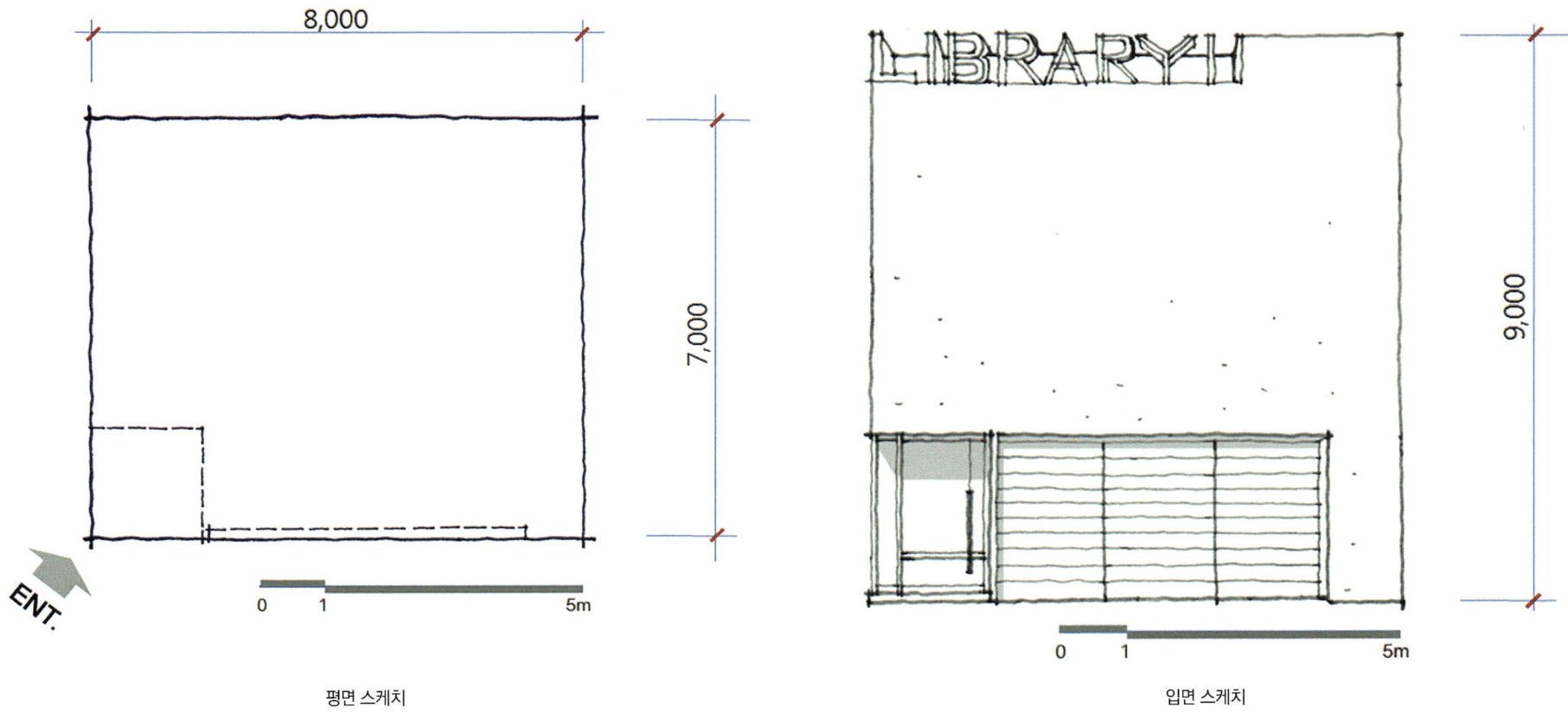

평면 스케치   입면 스케치

| 1소점 |

1. 마주보이는 입면을 가로 세로 비례에 맞도록 간략하게 그린다.(정형화된 스케일의 개념이 아니어도 비례감만 유지한다면 어색하지 않은 스케치를 그려낼 수 있다)

2. 소점을 정한다.

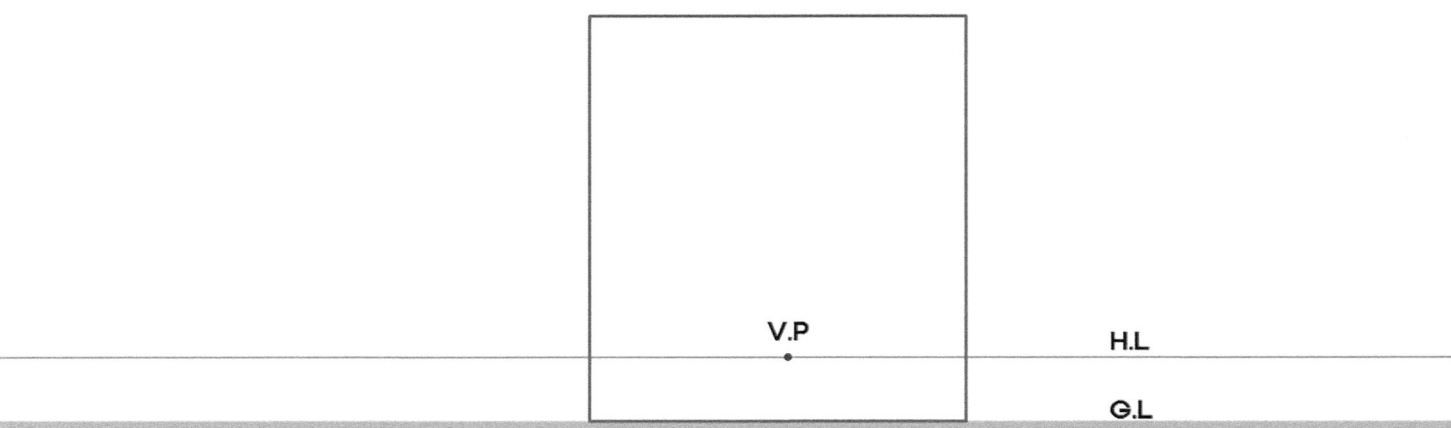

3. 건물의 주요 부분(출입구, 측면 건물 및 담장)의 위치를 잡는다. 측면 건물의 입면을 간략하게 그린다.(측면 건물도 메인 건물과 같은 선상(위에서 보았을 때)에 있다면 입면에서 치수기준면이 될 수 있다고 보고 스케치한다)

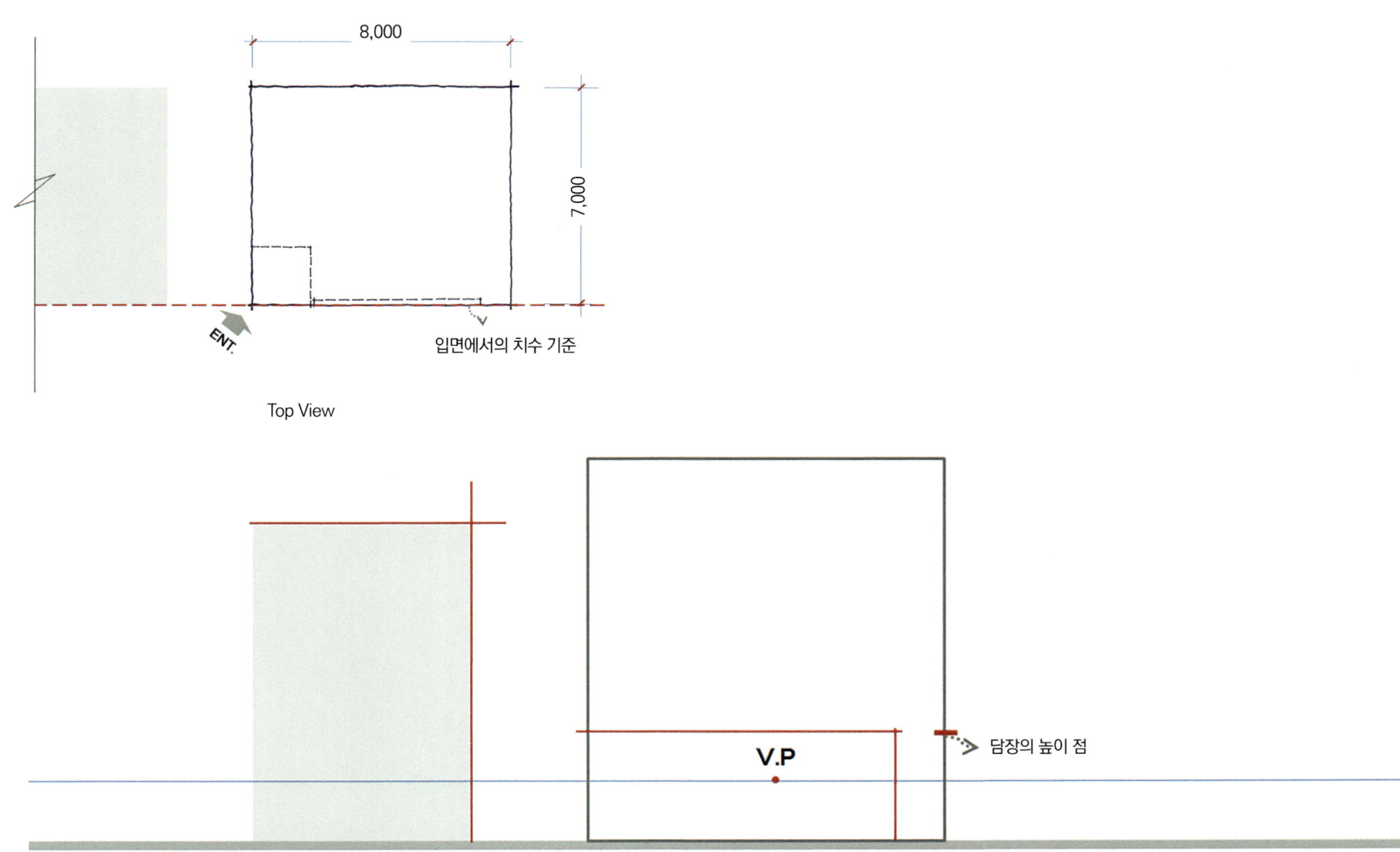

4. 소점과 깊이감을 가진 요소들의 각 꼭짓점을 잇는다.

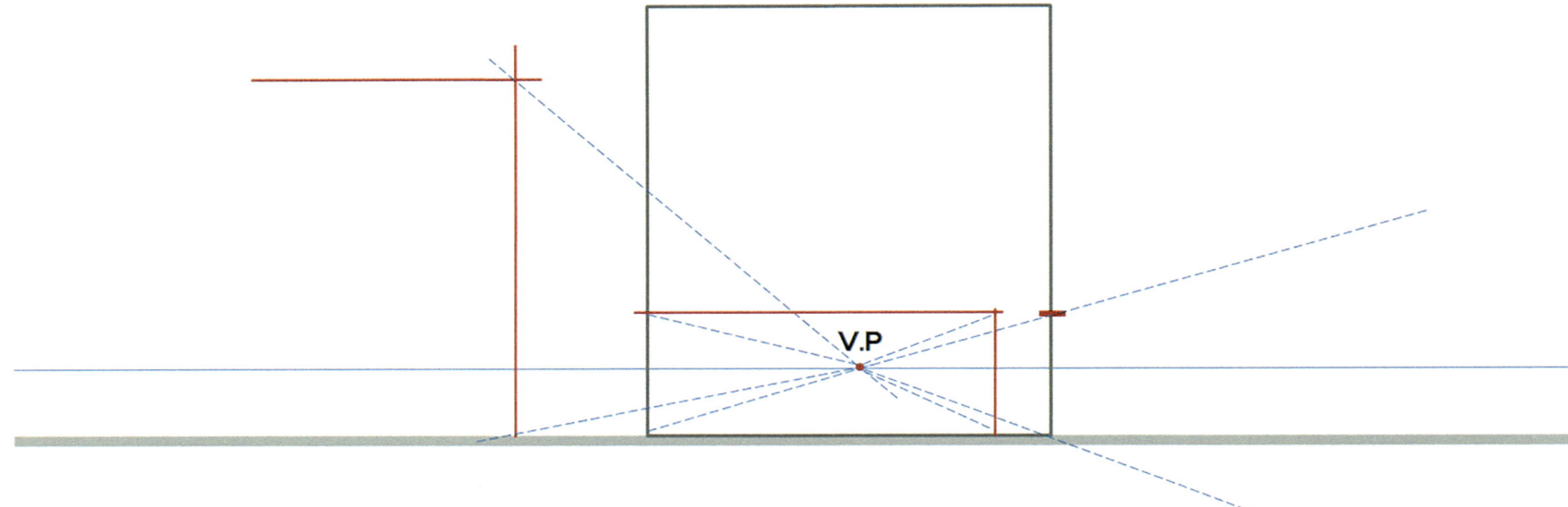

5. 건물 주요 부분(출입구, 측면 건물 및 담장, 사인)의 위치를 잡고 윤곽을 그려준다.

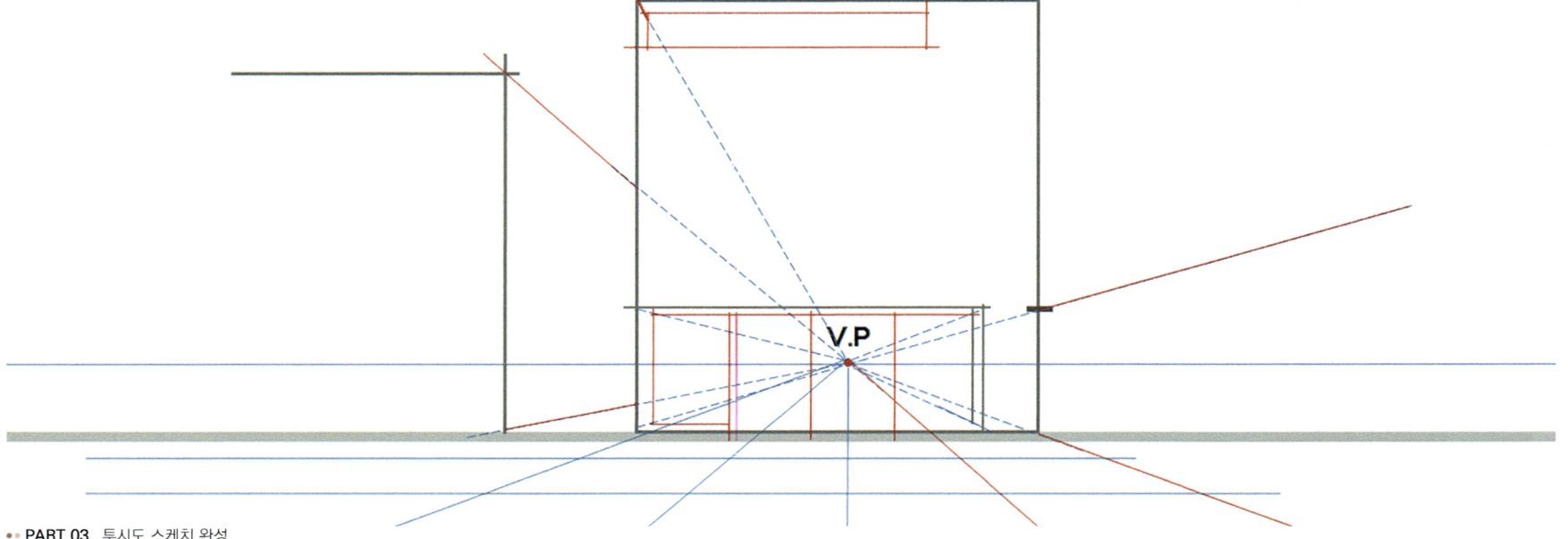

6. 건물의 세부적인 부분(출입구, 사인과 도로)의 윤곽을 간략하게 표현한다.

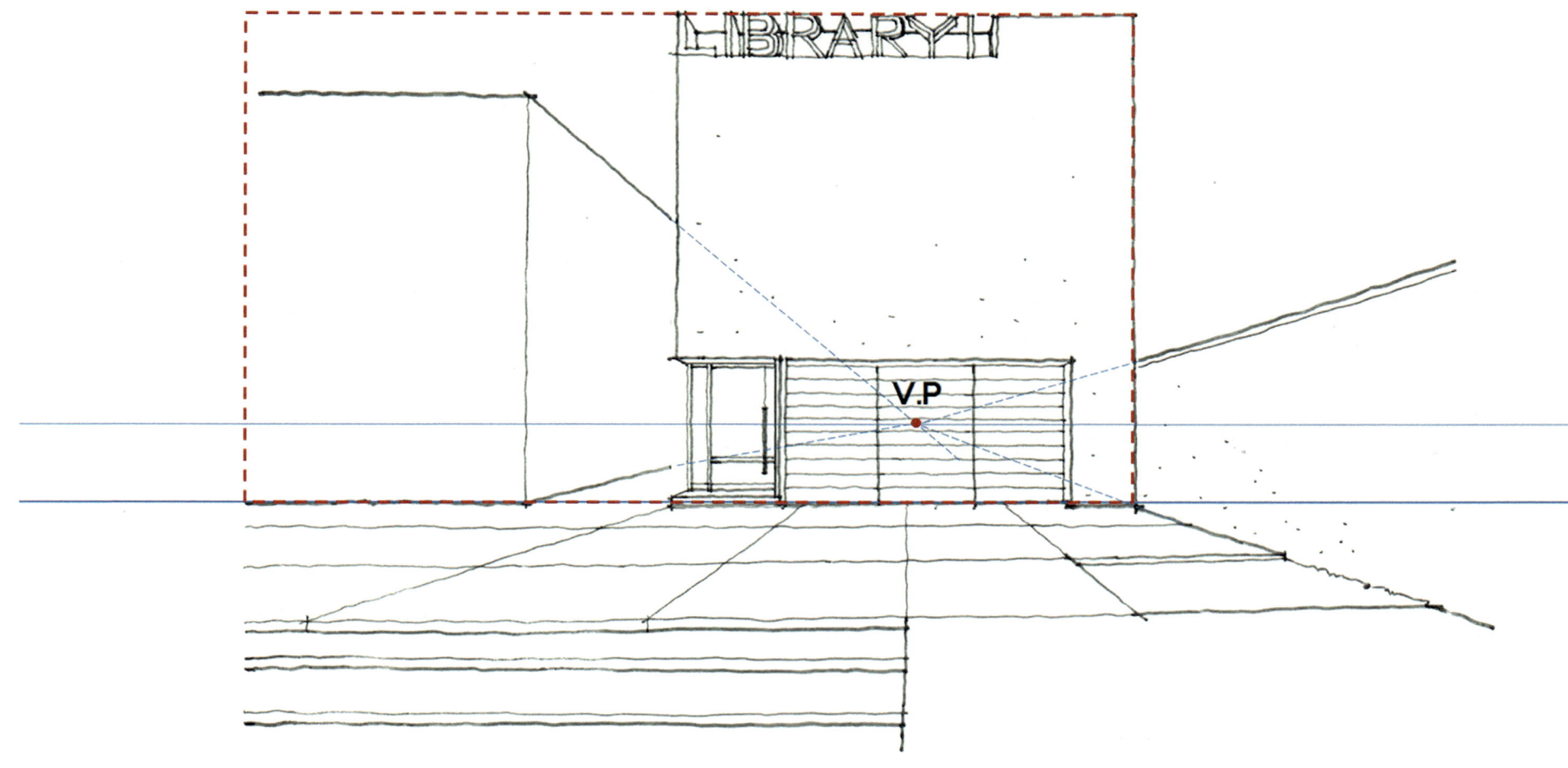

| 2소점 |

1. 2소점은 건물의 모서리 부분을 바라보는 View이기 때문에 건물의 모서리 부분이 되는 세로 치수 기준선과 G.L(Ground Level)라인을 결정한다. 여기서 이 세로 치수기준선은 유일하게 왜곡되지 않은 선으로 높이 측정의 기준이 될 수 있다.

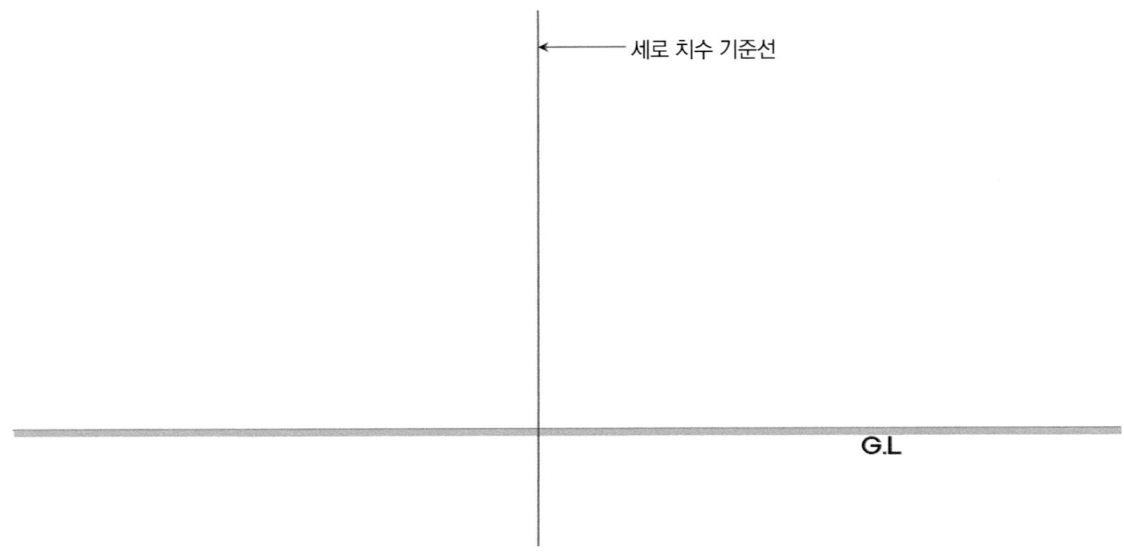

2. 소점(V.P1, V.P2)을 정한다.

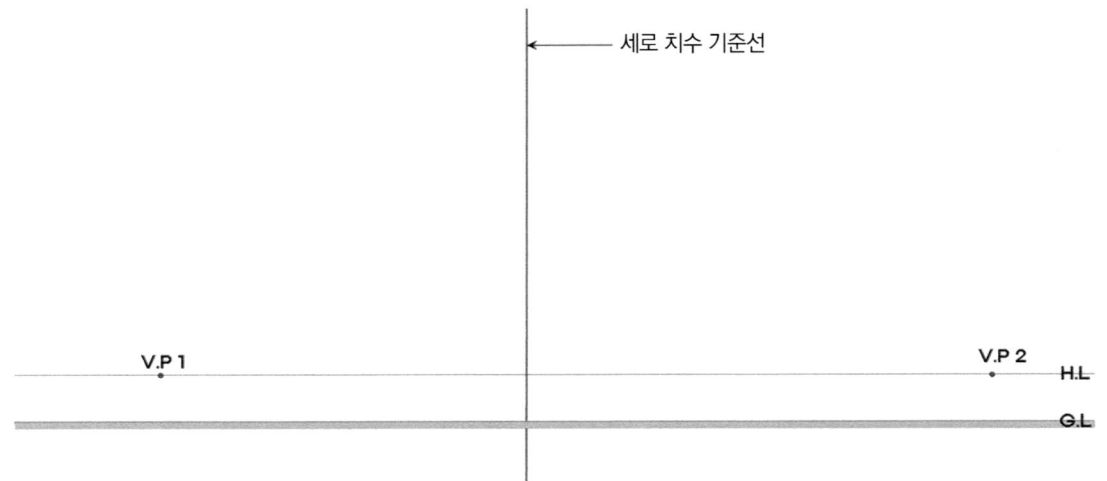

3. 세로 치수 기준선에 건물의 주요부분의 높이 점을 잡고 양측의 소점과 연결한다.

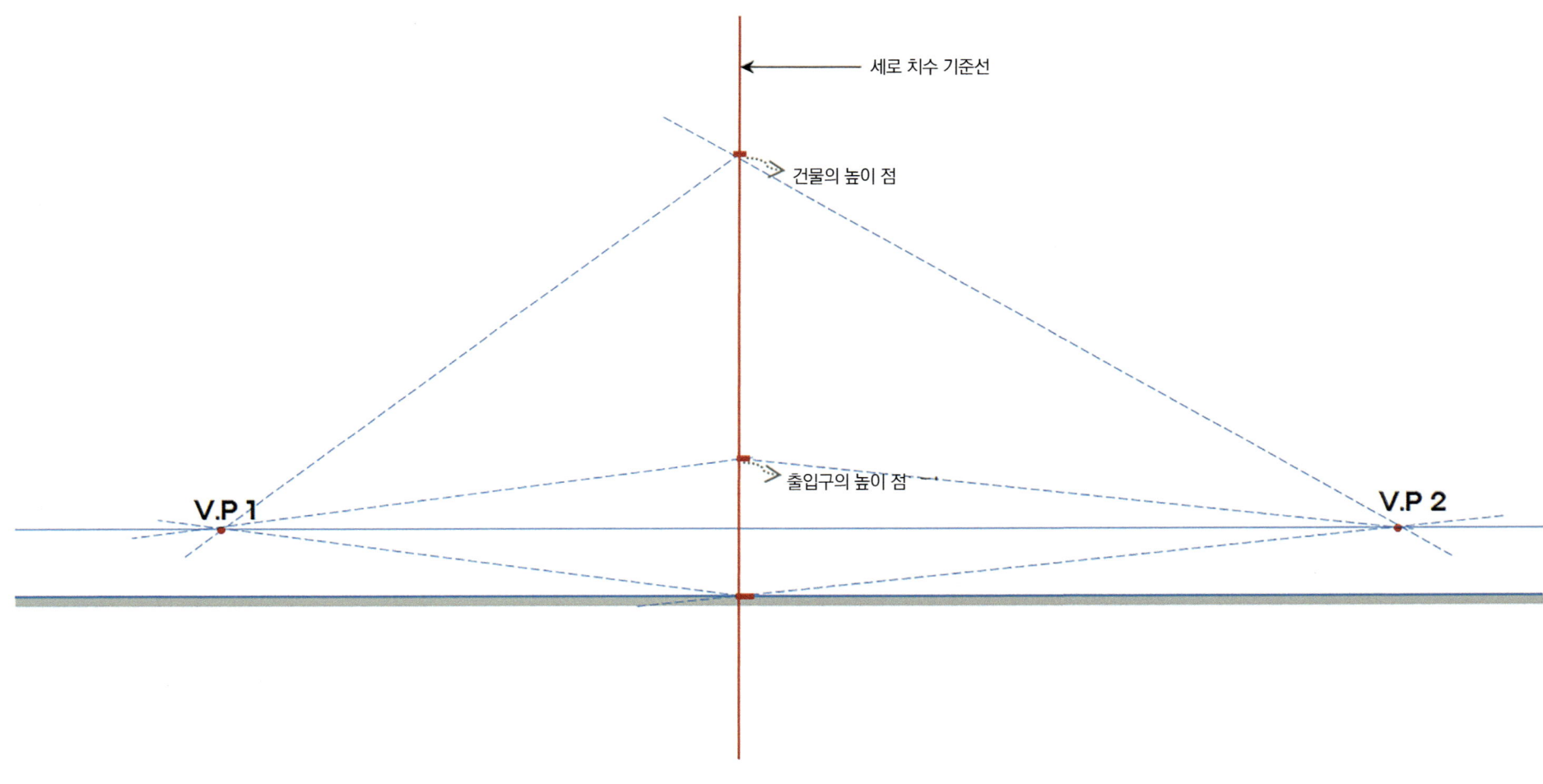

4. 건물의 전면 폭(너비)과 깊이를 정한다.

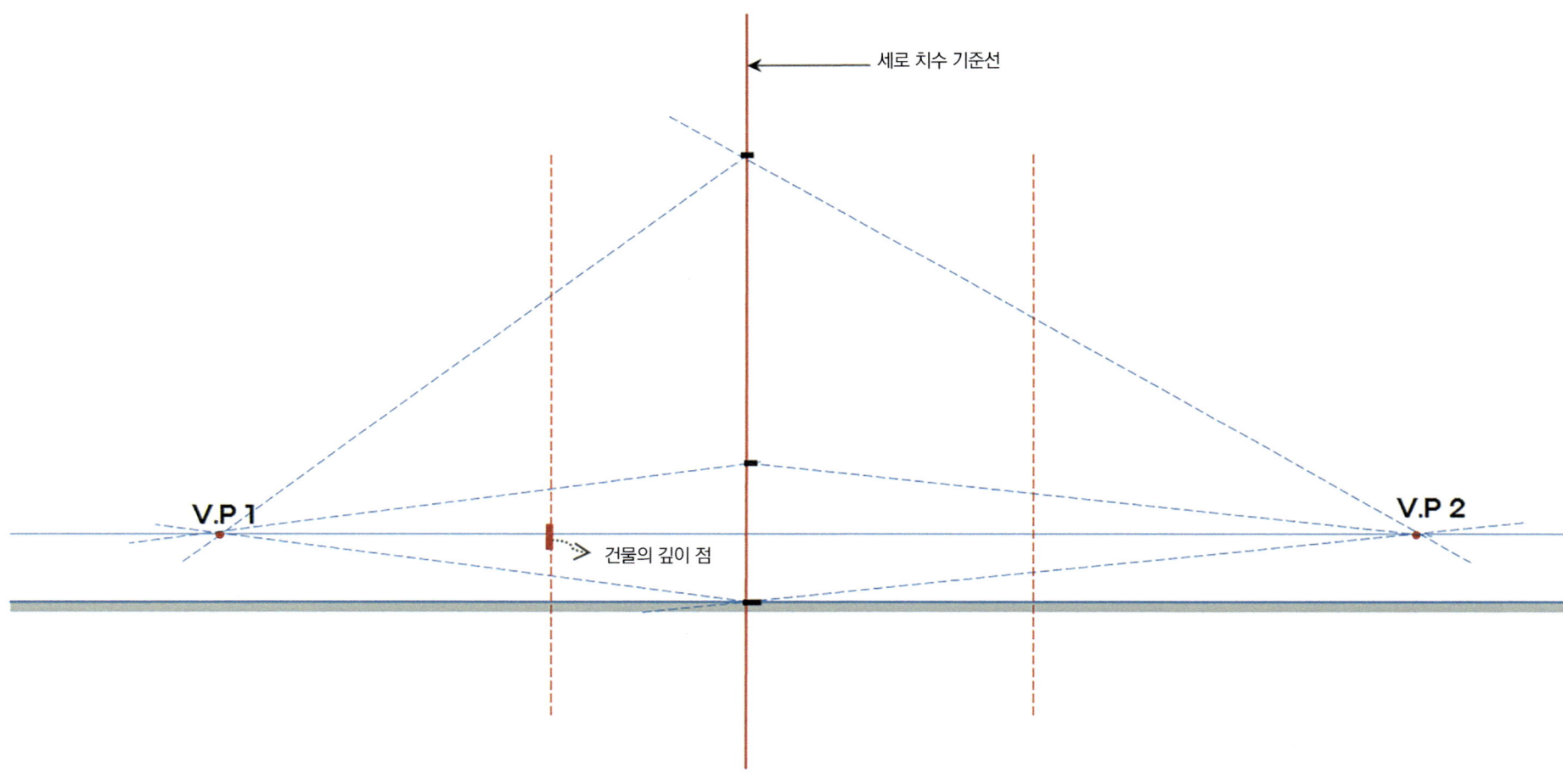

5. 좌우 소점과 깊이감을 가진 요소들의 각 꼭짓점을 잇고 건물 주요 부분(출입구, 측면 건물 및 담장, 사인)의 위치를 잡고 윤곽을 그려준다.

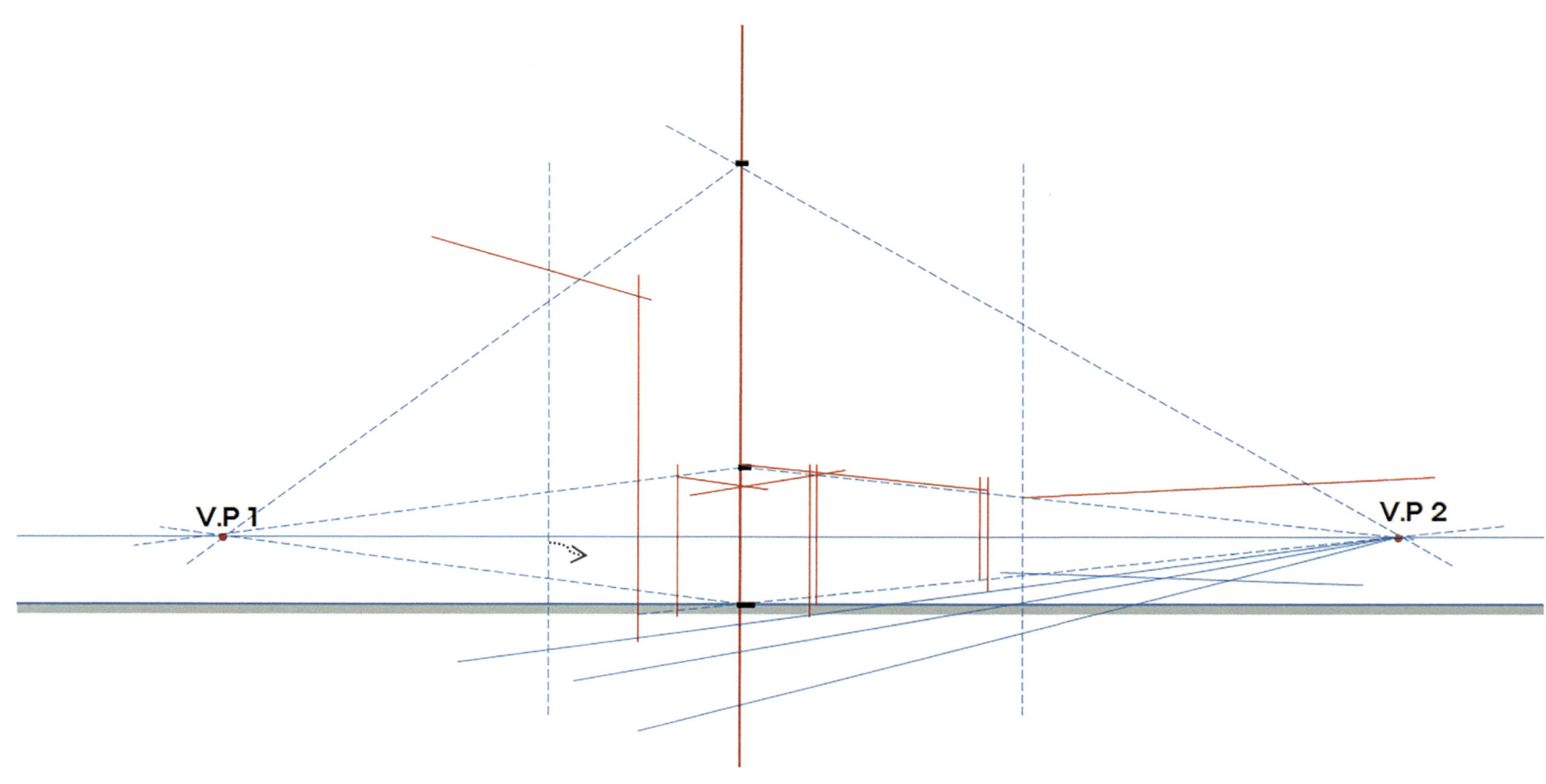

6. 건물의 세부적인 부분(출입구, 사인과 도로)의 윤곽을 간략하게 표현한다.

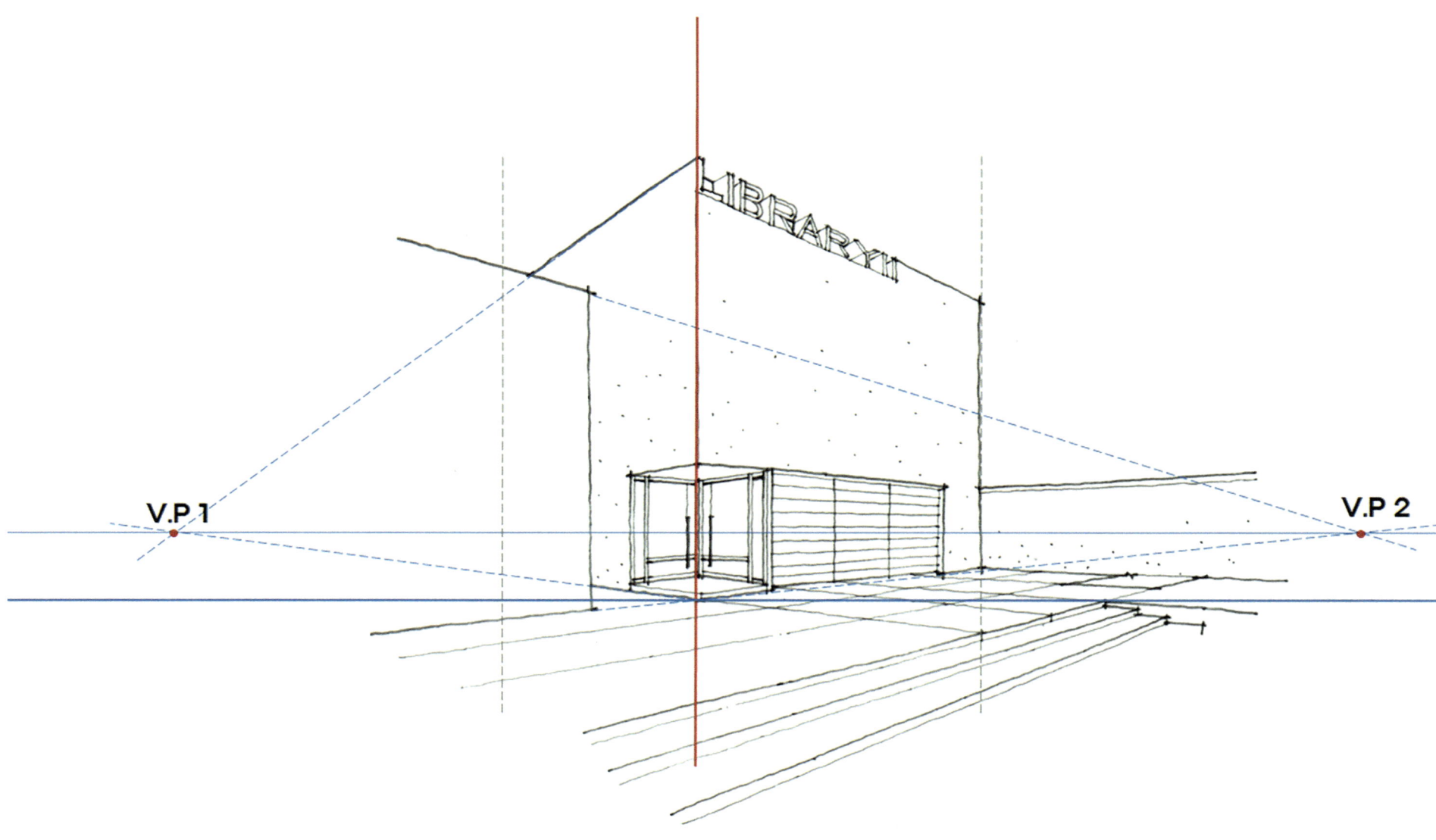

⫸ 소점 둘 – 거리에서 보기

건축 공간 스케치에서 일반적으로 많이 사용되는 2소점으로 거리에서 본 View를 그려본다.

| 스케치 가이드 |

- 간략한 평면 · 입면 스케치 제시
- 눈높이 : 약 1,500 ~ 2,000(도로에서의 눈높이)

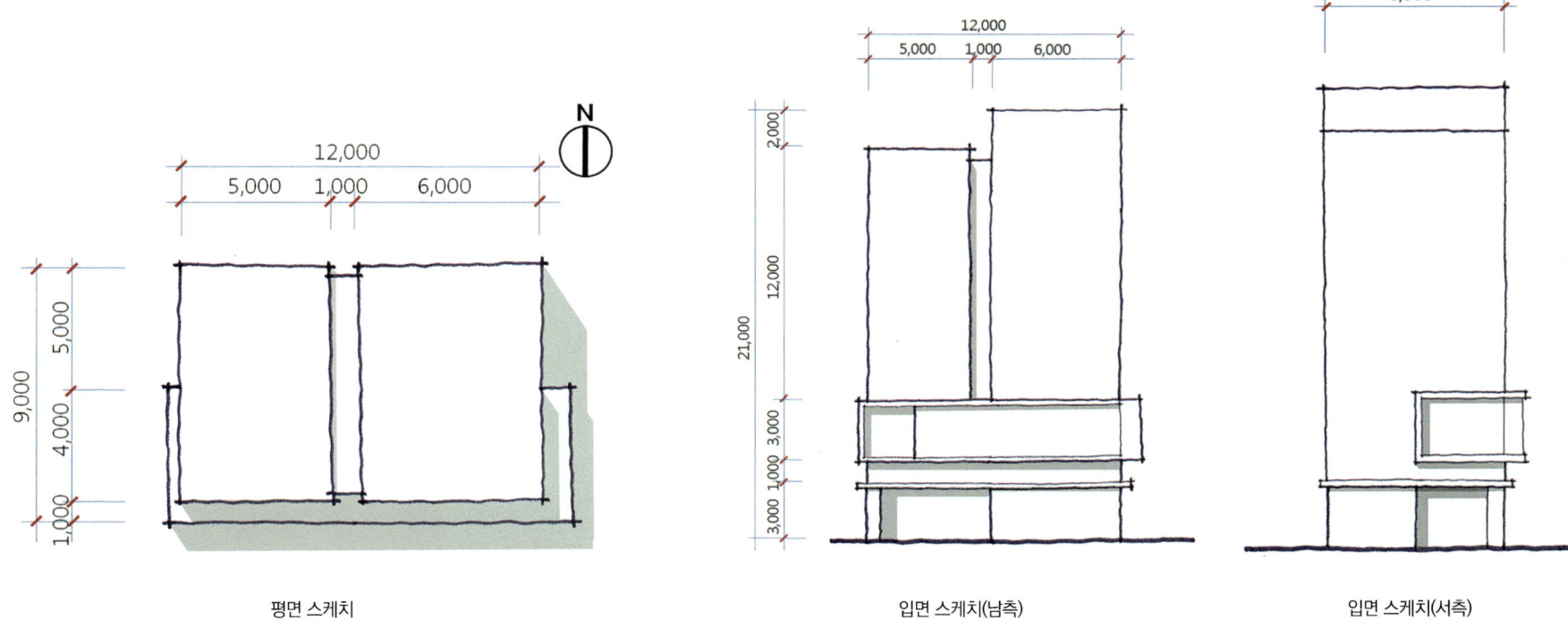

평면 스케치　　　　　　　입면 스케치(남측)　　　　입면 스케치(서측)

Tips 🔖 정확한 치수가 아니어도 좋으니 눈대중으로 비례를 나누어 보는 연습을 해보자.

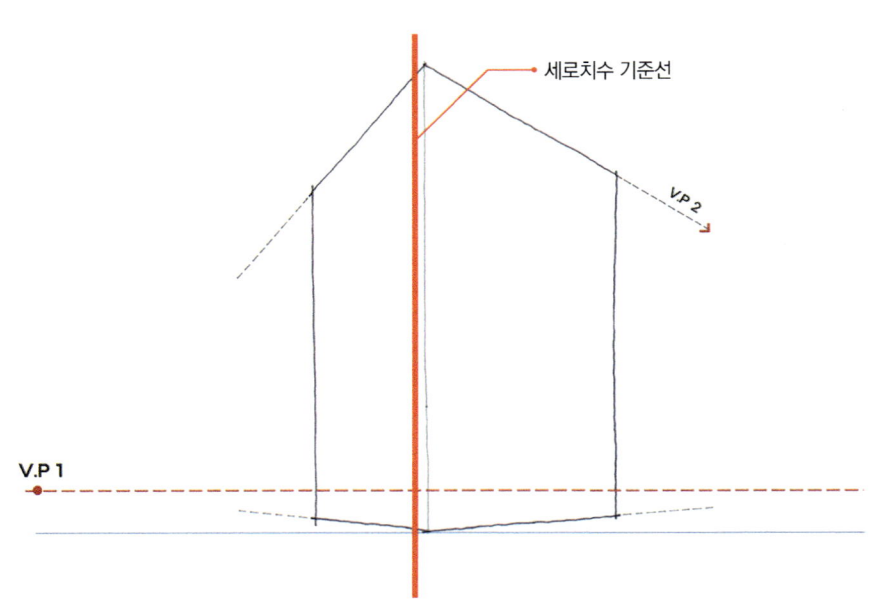

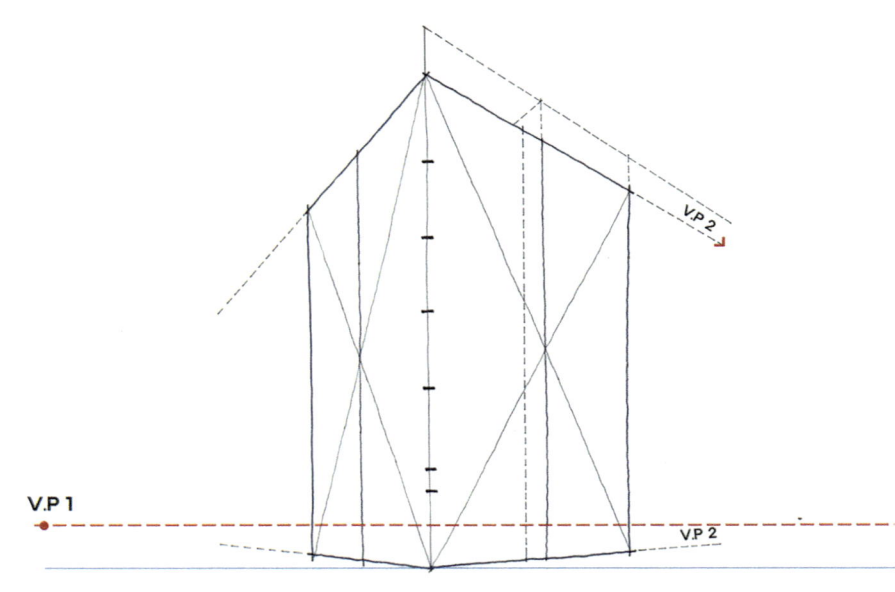

1. ① 세로 치수기준선을 바탕으로 건물의 높이를 설정하고 눈높이를 결정한 다음, 좌우 소점을 찍는다. ② 세로 치수기준선에 위치한 건물의 상하부 끝점에서 각 소점으로 향하는 선을 긋고 건물의 좌우 깊이를 결정하여 건물의 기본 육면체의 투시형을 완성한다.

2. ① 건물의 전체적인 큰 윤곽을 그리기 위해 수직적인 면을 분할하고 증식한다.(여기서는 입면 디자인상 좌우면을 세로로 이등분하는 것이 필요했기 때문에 대각선을 이용한 2등분법을 사용하였다)

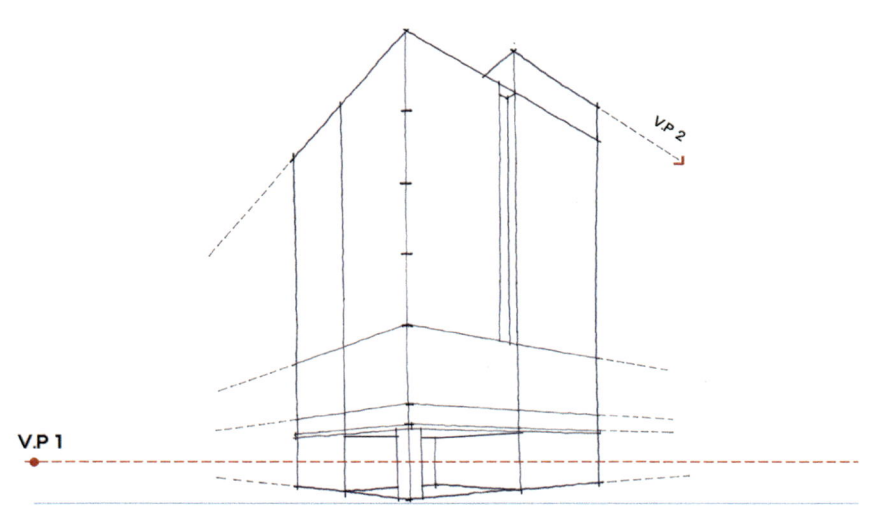
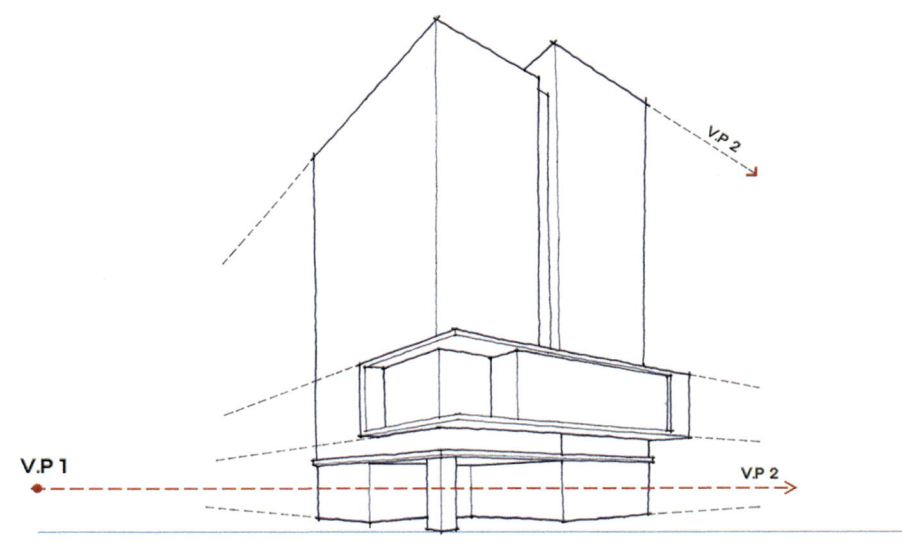

3. ① 세로 치수기준선에 수평으로 분할할 눈금을 찍고 좌우 소점으로 향하는 선을 긋는다.
   ② 건물의 주요 부분(출입구, 전면의 돌출부)의 위치를 잡는다.

4. 건물의 주요 부분(출입구, 전면의 돌출부)의 윤곽을 그려준다.

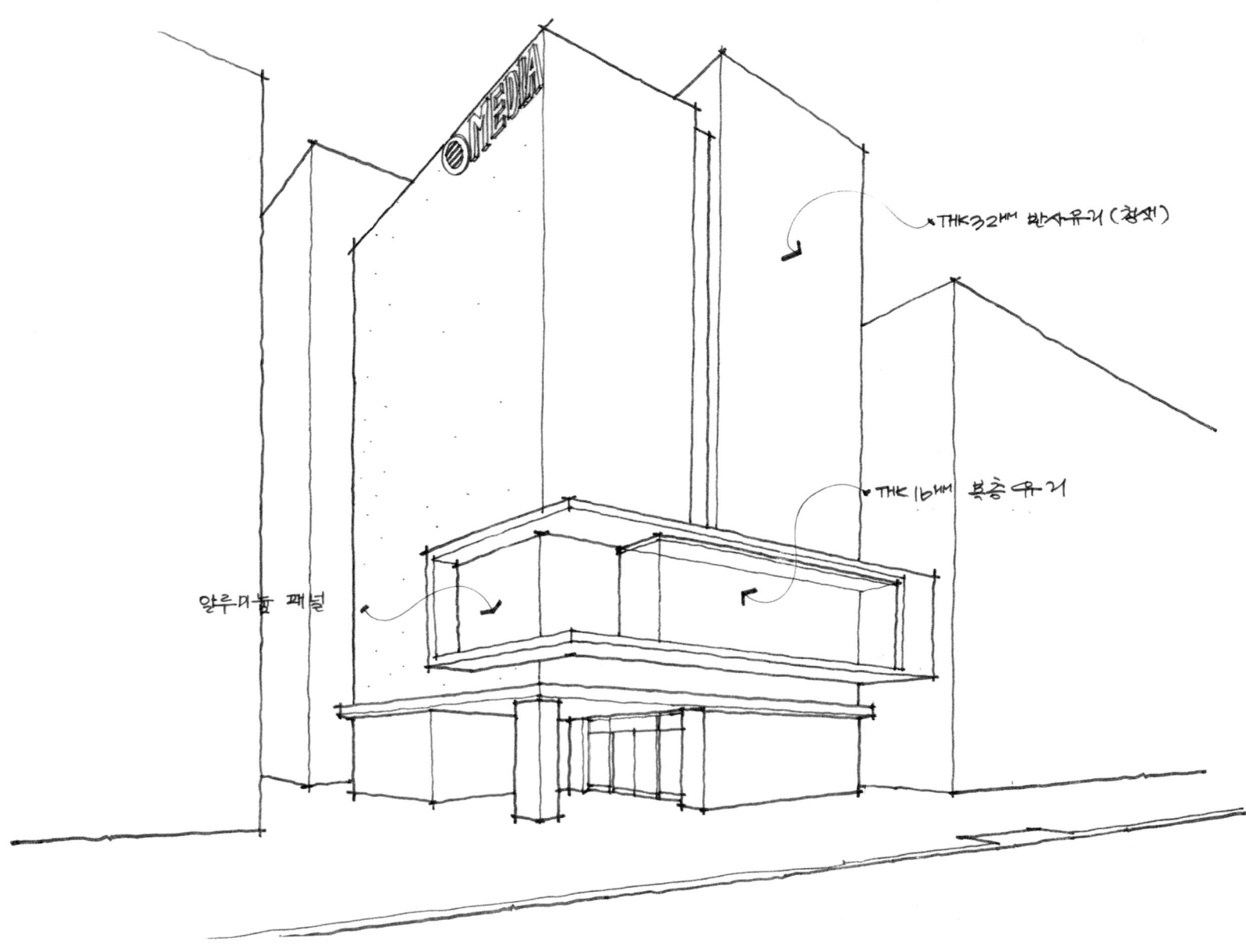

5. 건물의 세부 마무리 표현(출입구, 사인)을 하고 주변건물과 도로, 마감재료를 간략하게 표기한다.

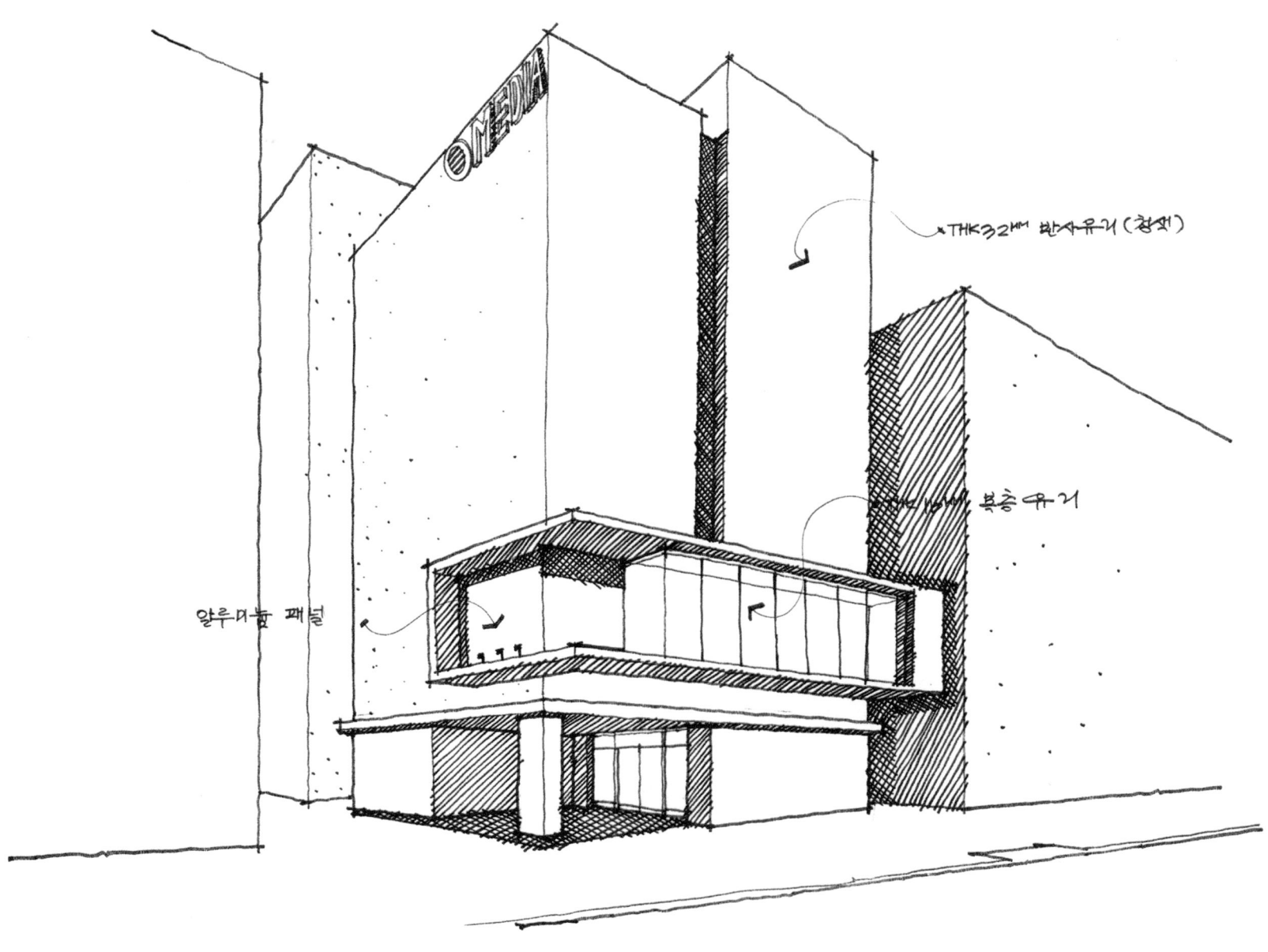

6. 펜 터치로 음영을 준다. 이후 작업으로 컬러링을 할 수도 있고 이 상태로 마무리할 수도 있다.

외부 공간 스케치의 예

내부공간의 스케치에서 소품이나 조명이 중요한 만큼 외부공간의 스케치에서 주변 환경요소의 표현은 스케치의 완성도를 높이는 데 중요한 역할을 한다. 따라서 외부공간 스케치에서 자주 표현되는 자연환경 요소를 자기만의 스타일로 표현할 수 있도록 연습해두는 것이 좋다.

여기서 SKETCH 01/02/03/04는 건물과 주변의 환경요소(수목, 자동차 등)를 함께 스케치 한 경우이고 SKETCH 05/06은 건축물의 표현보다 수목과 폭포, 바위 등 주변 환경 요소를 중점적으로 스케치한 경우이다.

• SKETCH 01

• SKETCH 02

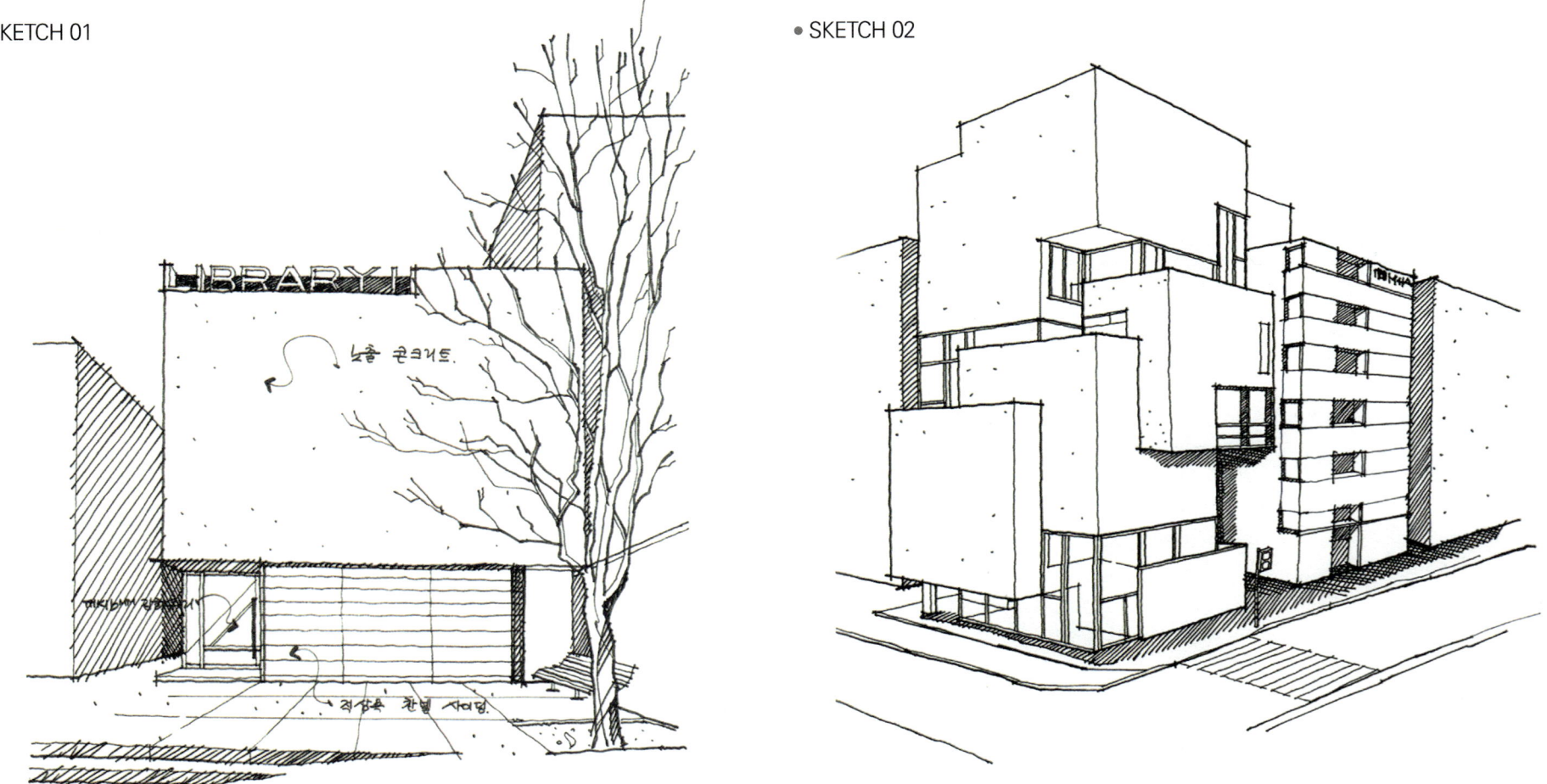

• SKETCH 03

• SKETCH 04

• SKETCH 05   • SKETCH 06

07 약간 다른 스케치

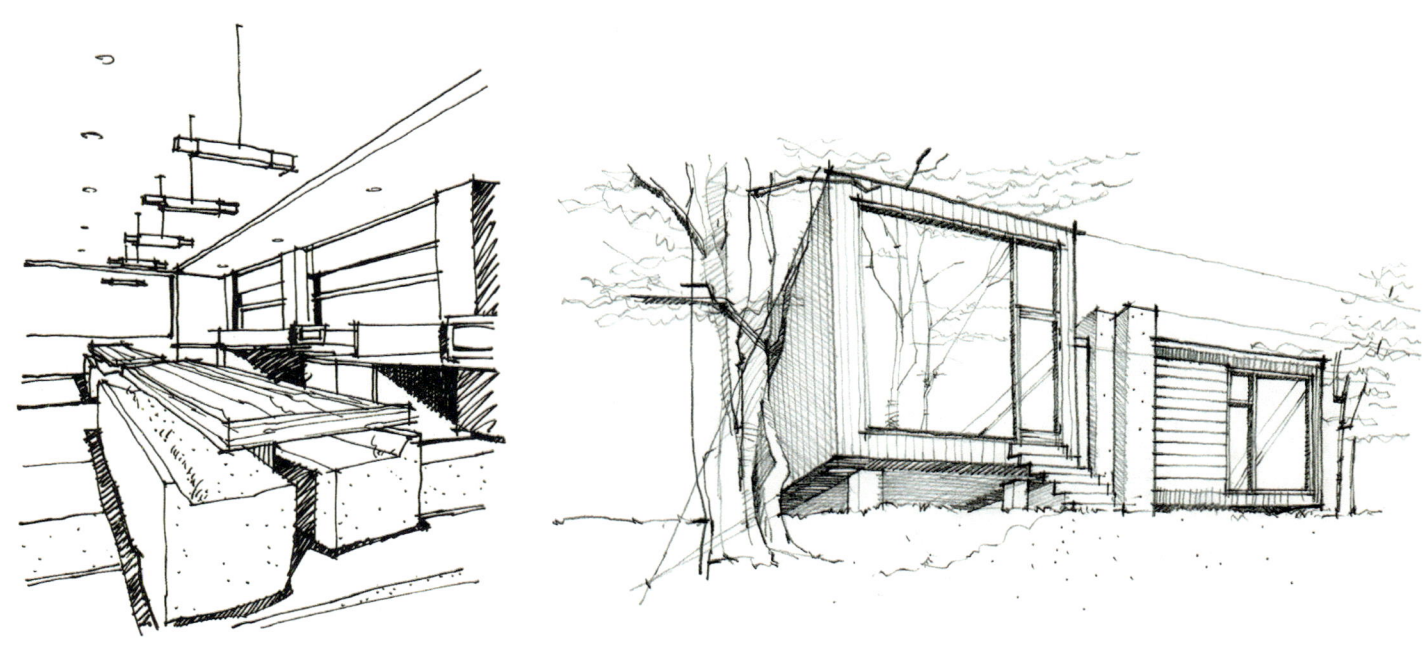

앞장 〈6. 스케치 완성하기〉에서 선 굵기 차이를 통해 입체감을 표현하였다면 이 장에서는 일반 스케치와는 다른 스케치를 두가지 제안한다. 그중 하나는 거친 느낌으로 표현되는 러프 스케치이며, 또 다른 하나는 연필로 하는 스케치이다. 러프 스케치와 연필스케치는 완성도는 미흡할 수 있으나 발상을 즉각적으로 빠른 시간 내에 표현하기에는 일반 스케치보다 더욱 효과적이다.

☑ 7.1 펜으로 하는 거친 느낌 스케치(Rough Sketch)

시간은 늘 한정되어 있으며, 디자인 과정은 생각보다 숨가쁘다. 빠른 시간 내에 아이디어를 반영한 디자인 결과물을 추측 가능하도록 그려보는 것 역시 디자이너가 갖추어야 할 능력이다.

러프 스케치(Rough Sketch)는 사전 의미 그대로 거친 느낌의 스케치를 의미한다. 선 그리기, 간단한 음영·재질 표현으로 개략적인 스케치를 하는 것으로, 거친 느낌 자체를 의도하고 스케치하는 경우도 있으나 빠른 시간 내에 그리는 것을 목표로 하는 경우가 더 많다.

일반적으로 스케치의 완성도보다 좀더 프리(free)한 느낌을 살려 빨리 하는 것이 관건이기 때문에 선을 똑바로 그어야 한다든가 입체감을 살리기 위해 선 굵기에 차이를 두는 등 완성도를 높이기 위한 과정에서 자유로울 수 있다.
러프 스케치는 프레젠테이션용으로는 적합하지 않을 수 있으나 디자인 의도를 반영해 빠른 시간 내에 그려낼 수 있다면 성공적이라 할 수 있다.

다음은 같은 건물을 일반적인 라인으로 스케치만 한 경우〈그림 3-1〉, 일반 스케치에 펜 터치로 음영을 넣은 경우〈그림 3-2〉, 러프하게 스케치한 후 펜 터치로 음영을 넣은 경우〈그림 3-3〉를 비교한 내용이다.

기본적인 스케치만 한 경우〈그림 3-1〉는 그 자체의 완성도 보다 주로 컬러링을 하기 위한 베이스로 작업하는 경우가 많다.
음영을 넣는 경우도 〈그림 3-2〉의 경우처럼 기본 스케치위에 펜 터치로 음영을 넣는 경우와 러프한 스케치에 펜 터치로 음영을 넣는 경우(〈그림 3-3〉)가 있는데, 〈그림 3-3〉의 경우는 거친 느낌을 살릴 수 있는 대신 완성도 있는 결과물을 위한 컬러링 베이스 작업으로는 부족한 면이 있다.

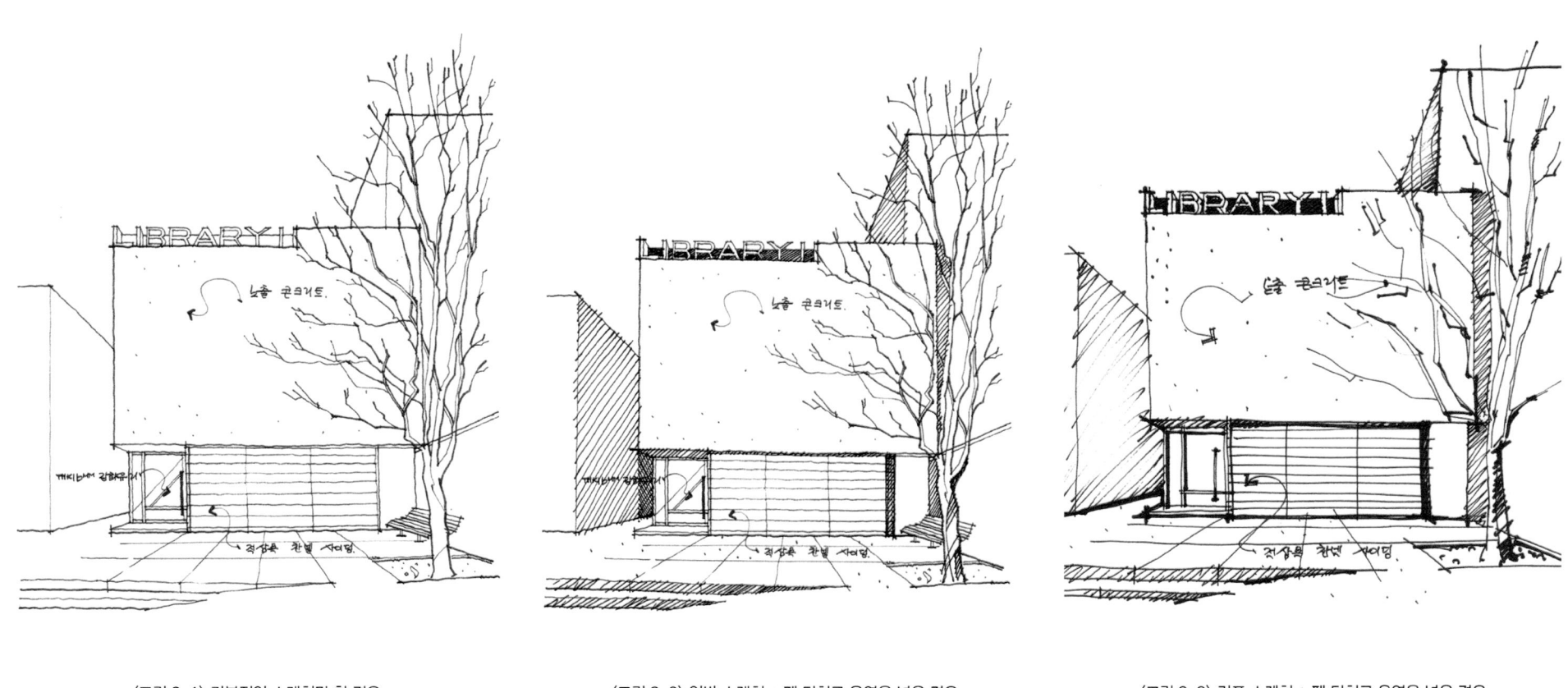

〈그림 3-1〉 기본적인 스케치만 한 경우   〈그림 3-2〉 일반 스케치 + 펜 터치로 음영을 넣은 경우   〈그림 3-3〉 러프 스케치 + 펜 터치로 음영을 넣은 경우

≫ 펜을 이용한 거친느낌 스케치(외부공간)

아래의 그림은 같은 View를 스케치한 경우지만 느낌은 조금 다르다. 같은 러프 스케치의 경우라도 생략한 정도와 거친 느낌 정도에 따라 다른 분위기로 표현될 수 있다.

형태, 질감, 음영의 표현에서 일반 스케치보다 거친 느낌을 의도한 경우이다. 디테일한 표현보다는 선 터치를 이용한 과감한 음영 표현을 통해 입체감을 표현하였다.

형태, 질감, 음영의 표현에서 많이 생략한 경우이다. 많이 생략한 만큼 조금 더 짧은 시간 내에 그려낼 수 있다는 장점이 있다.

≫ 펜을 이용한 거친느낌 스케치(내부공간)

아래의 그림 역시 같은 View를 스케치한 경우지만 느낌은 다르다. 〈그림 3-4〉경우는 A3사이즈에 스케치한 경우이고 〈그림 3-5〉의 경우는 A5사이즈에 스케치한 경우인데. 큰 용지에 스케치하면 많이 생략하고 거친 느낌을 의도한다 하더라도 큰 면을 채우기 위해 비교적 디테일한 터치를 넣게 되는 반면 작은 용지에 스케치하는 경우에는 사이즈가 작은 만큼 좀더 생략된 스케치 작업이 용이하다.

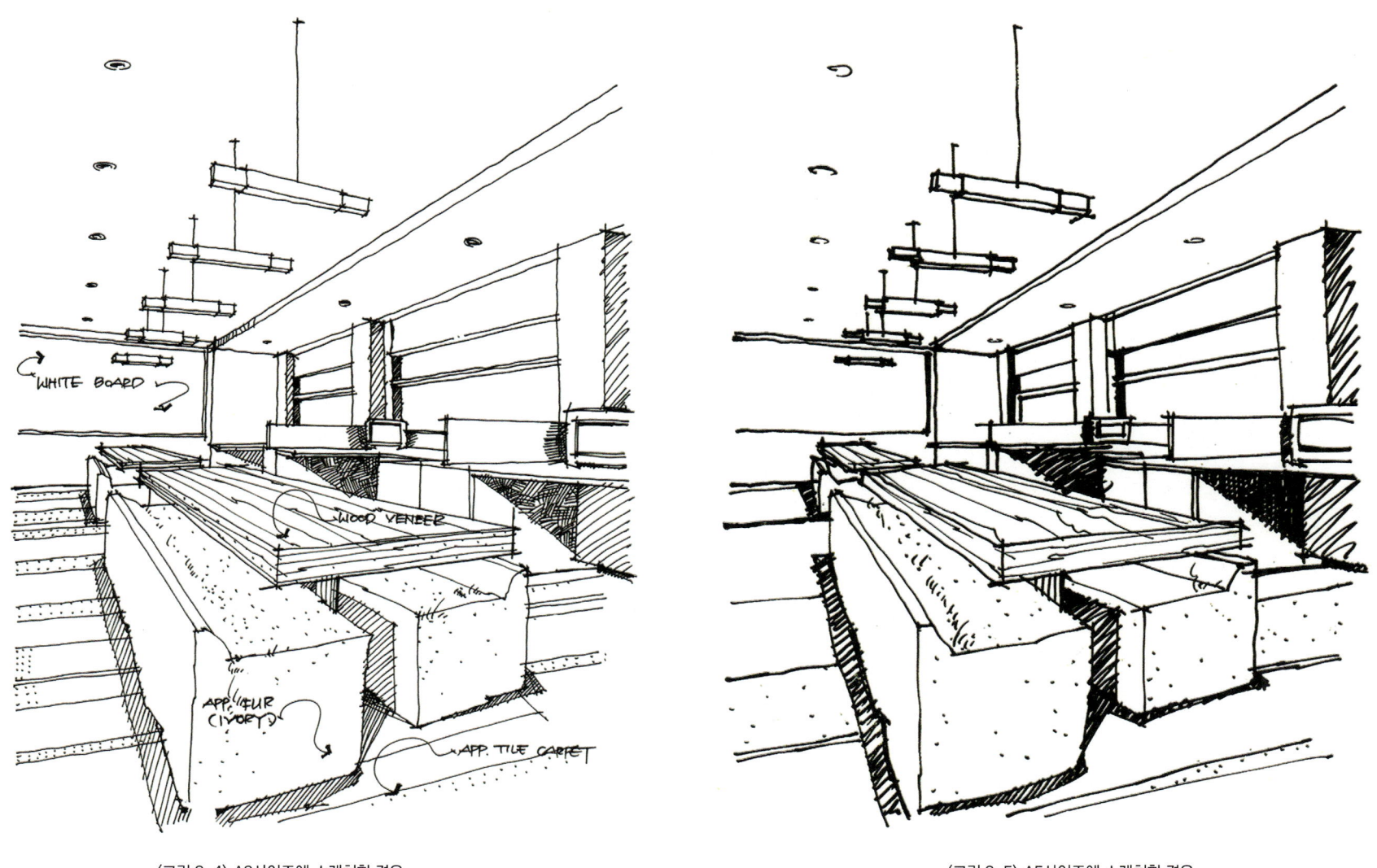

〈그림 3-4〉 A3사이즈에 스케치한 경우 　　　　〈그림 3-5〉 A5사이즈에 스케치한 경우

다음의 두 가지 경우는 같은 대상, 같은 View를 스케치한 경우이다.

비교 대상인 〈그림 3-7〉과 〈그림 3-9〉에 비해 〈그림 3-6〉과 〈그림 3-8〉은 비교적 거친 느낌으로 표현되었다. 완성도는 떨어지지만 시간을 절약할 수 있으며 거친 느낌 자체가 스케치의 특징이 될 수도 있다.
('선 굵기가 다르게 표현된 일반 스케치'의 개념 정의가 모호하지만 여기서는 형태와 질감, 음영의 표현에서 비교적 완성도 있는 표현을 의도한 스케치를 의미하고자 한다)

● 비교 01(같은 대상, 같은 View, 외부 공간 스케치) : 러프 라인 스케치 VS 선 굵기가 다르게 표현된 일반 스케치

〈그림 3-6〉러프 라인 스케치   〈그림 3-7〉선 굵기가 다르게 표현된 일반 스케치

• 비교 02(같은 대상, 같은 View, 내부 공간 스케치) : 러프 라인 스케치 VS 선 굵기가 다르게 표현된 일반 스케치

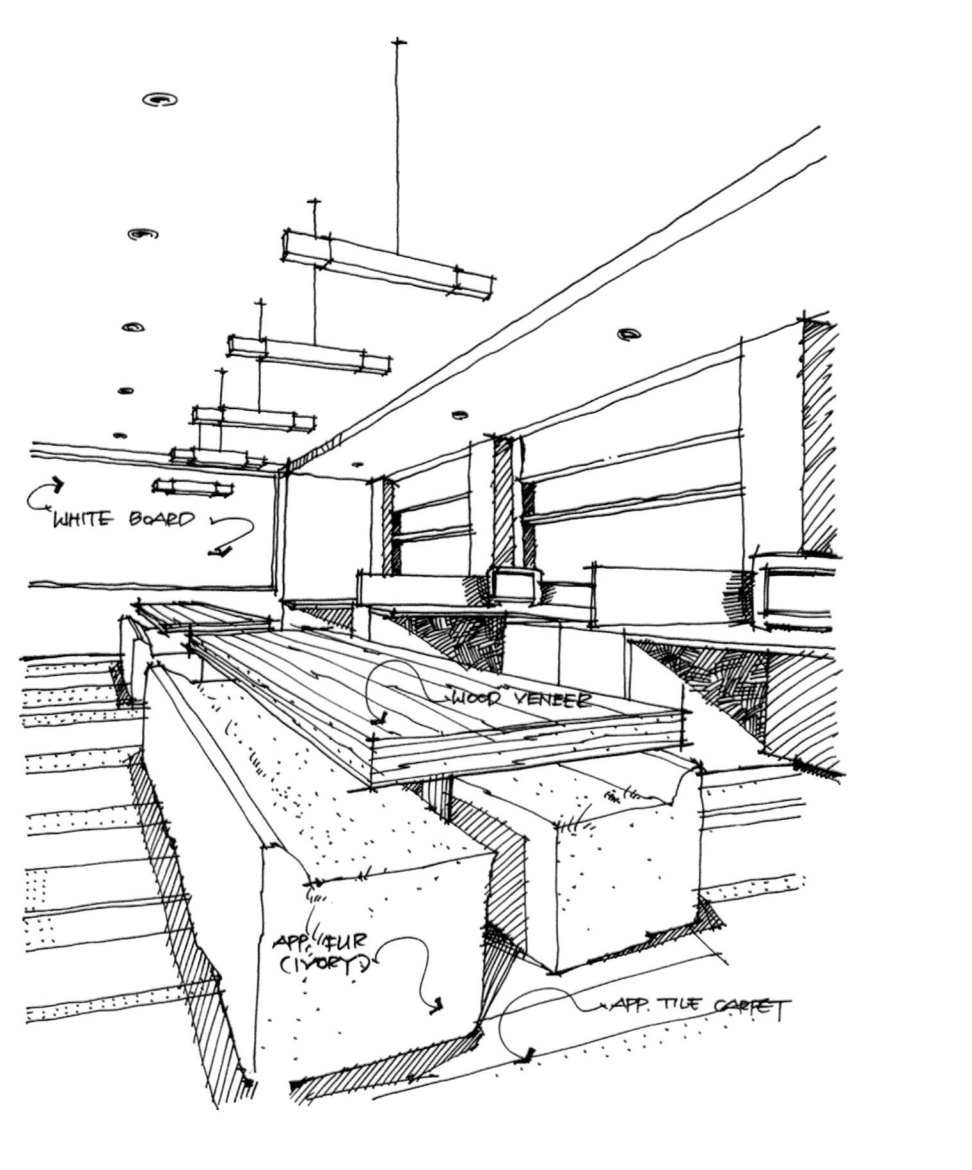

〈그림 3-8〉러프 라인 스케치

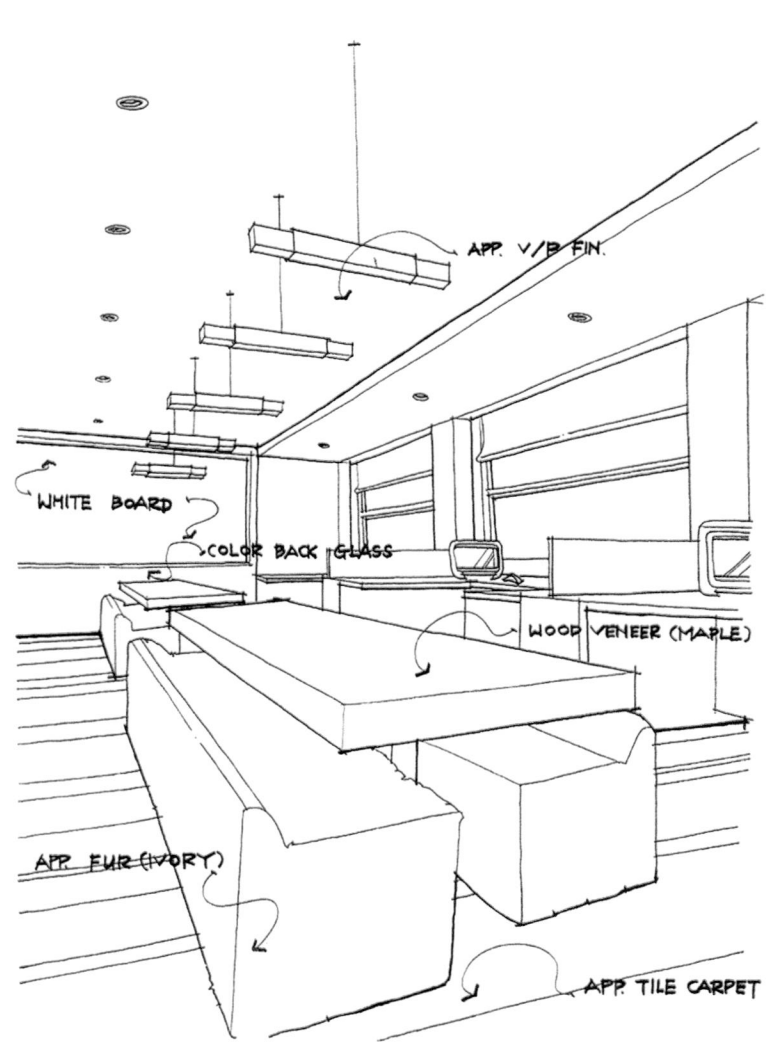

〈그림 3-9〉선 굵기가 다르게 표현된 일반 스케치

7.2 연필로 하는 빠른 스케치(Quick Sketch)

앞의 스케치 과정에서는 펜을 주로 사용하였다. 연필과 펜은 두 가지 점에 크게 다르다.

첫째, 펜은 쉽게 지워지지 않기 때문에 불필요한 작업을 반복하는 경우가 생기는 데 반해 연필은 쉽게 지워져 수정이 용이하다.

둘째, 농담의 변화를 통해 컬러를 사용하지 않고도 질감과 명암, 그리고 음영을 효과적으로 표현할 수 있다.

연필은 디지털 도구와 비교해 '느림의 미학'이라 여겨지기도 하지만 다른 스케치 도구와 비교할 때 지울 수 있다는 점, 가장 익숙한 도구라는 점, 그리고 명암과 음영을 효과적으로 표현할 수 있다는 점에서 빠른 시간 내에 스케치가 가능한 대표적인 도구라 할 수 있다.

일반적으로 펜으로 작업한 결과물에 비해 스케치의 완성도는 떨어진다고 할 수 있으나 농담의 차이(힘을 주는 정도, 선 굵기, 연한 정도)를 활용해 명암과 음영을 표현한다면 다른 스케치에서는 볼 수 없는 독특한 느낌의 스케치로 표현될 수 있다.

연필 스케치에 특별한 요령은 없지만 한 가지 팁(tip)이 있다면 농담이나 선 터치로 입체감을 표현할 경우 일단 육면체 형태의 선을 가늘게 그리라는 것이다. 사물의 윤곽이 드러난 이후에 전체적인 명암이나 음영이 어떻게 드러나는지 보고 선의 굵기(진하기) 등의 농도를 결정하는 것이 좋기 때문이다.

연필은 스케치 의도에 따라 다양한 제품이 사용되지만 공간 스케치에서는 4B-6B 정도의 연필을 쓰는 것이 농담을 표현하기에 적당하다.

≫ 연필을 이용한 내부 공간 스케치 01

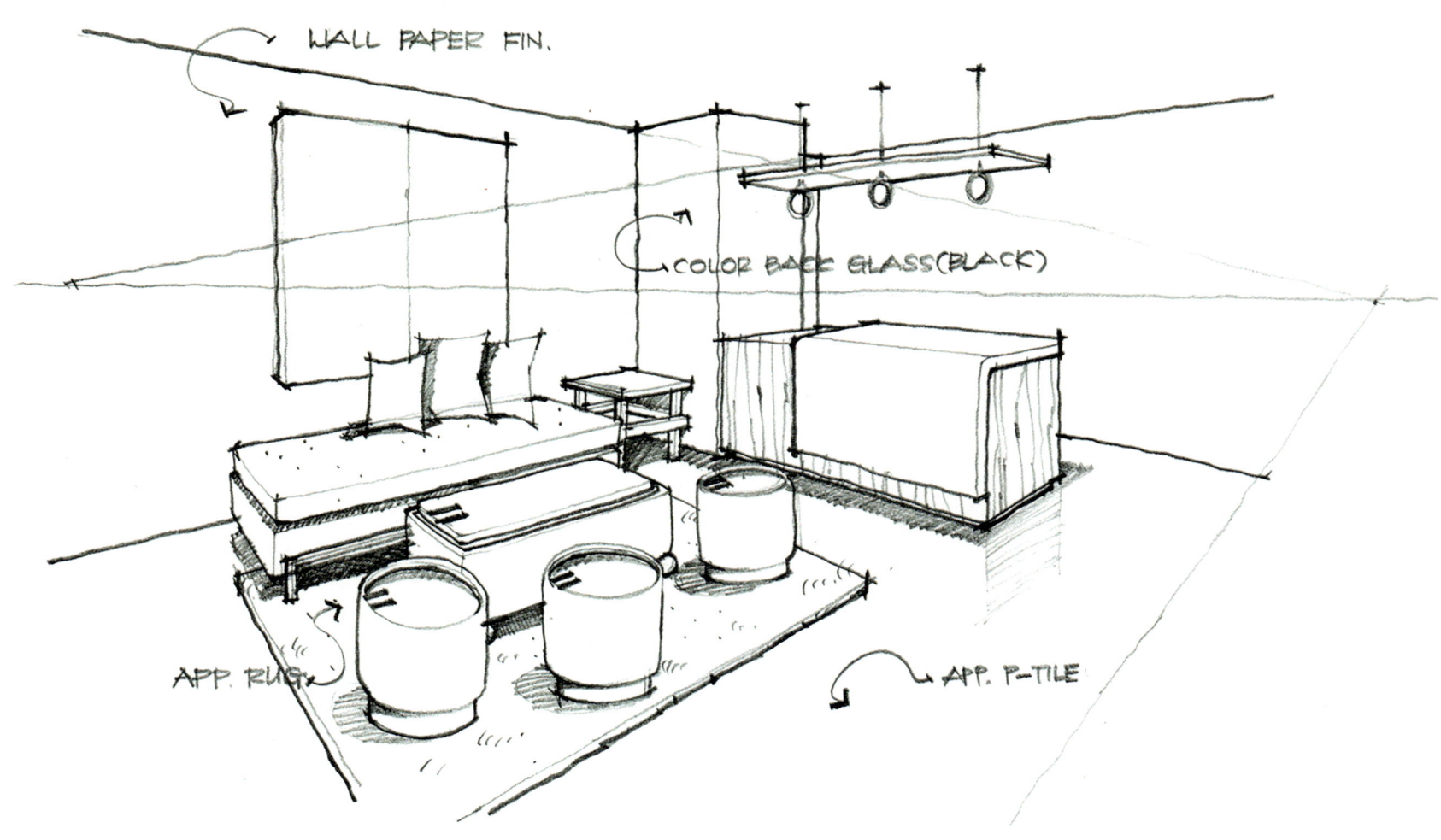

≫ 연필을 이용한 내부 공간 스케치 02

≫ 연필을 이용한 내부 공간 스케치 03

≫ 연필을 이용한 외부 공간 스케치

색을 통해 공간 표현하기

컬러링

PART. 04

08 컬러링 시작하기

이번 COLORING 단계에서 진행될 일부 컬러링의 예에는 설명과 함께 마커 번호를 표기했다. 이는 컬러명만 명시할 경우 컬러 선택에 어려움이 있으므로 더욱 실질적인 컬러링 연습을 돕고자 하는 의도이며, 마커는 가장 대중적이라고 생각되는 브랜드(신* TOUCH 마커)를 선택하여 사용하였다.

(마커 번호는 시판되는 마커 번호를 기준으로 하였으며 마커번호 변경 전 마커를 사용하는 사람들을 위해 변경 전 마커 번호를 괄호( ) 안에 표기했다. 단, 번호가 변경되지 않은 컬러는 한 가지로 표기했다, 이외에도 품질 좋은 다양한 제품이 판매되고 있으므로 다른 브랜드의 비슷한 컬러를 선택해서 작업해보는 것도 좋다)

이번 컬러링 파트에서는 스케치를 원하는 용지에 복사한 후 컬러링 연습을 해볼 수 있도록 컬러링 연습 첫 페이지에 컬러링하기 전 스케치를 수록했다. 저마다 원하는 용지에 복사하고 컬러링을 연습해보자.

8.1 기본적으로 알아야 할 몇 가지

》》 도구 준비

| 채색 도구 및 용지 |

- 채색도구 : 마커, 색연필, 흰색 펜, 수정액(화이트)
- 용지 : 마커용지

채색 도구로는 마커를 주로 사용하였다. 그 이유는, 첫째 수채화 물감을 사용한 것처럼 맑고 깨끗한 느낌을 살릴 수 있고, 둘째 사용이 간편하며, 셋째 컬러 번호(Color No.)가 정해져 있어 일정 컬러감을 손쉽게 얻을 수 있기 때문이다.

그러나 마커는 종이에 스며들면서 퍼지는 경향이 있으므로 디테일한 질감 표현을 위해 색연필을 사용하였으며 부분적인 하이라이트를 넣기 위해 흰색 펜과 수정액(화이트)을 사용하였다.

용지는 마커 용지를 사용하였다. 마커 용지는 일반 복사용지에 비해 여러 번 겹쳐 칠해도 덜 번진다는 장점이 있다.

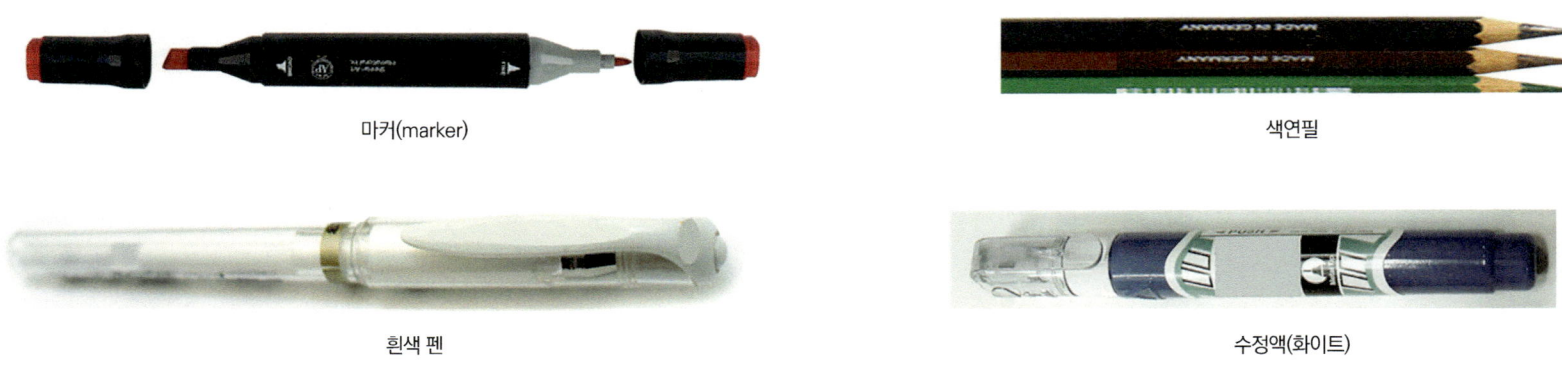

마커(marker)　　　　　색연필

흰색 펜　　　　　수정액(화이트)

| 마커의 구성 및 활용 |

마커는 일반적으로 양쪽(굵은 쪽과 가는 쪽)으로 쓸 수 있게 되어있다. 굵은 쪽(BROAD TYPE)은 면을 채우는 데 주로 쓰이며 가는 쪽(FINE TYPE)은 세밀한 부분을 표현하는 데 주로 사용된다.

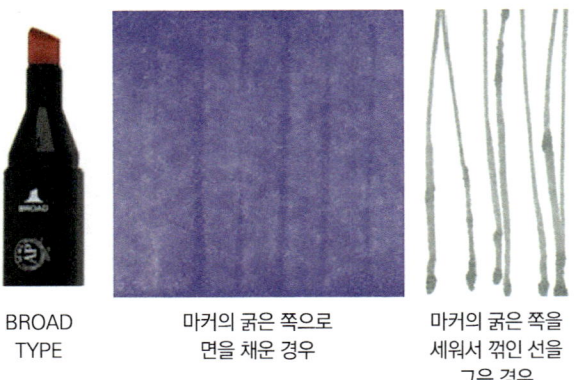
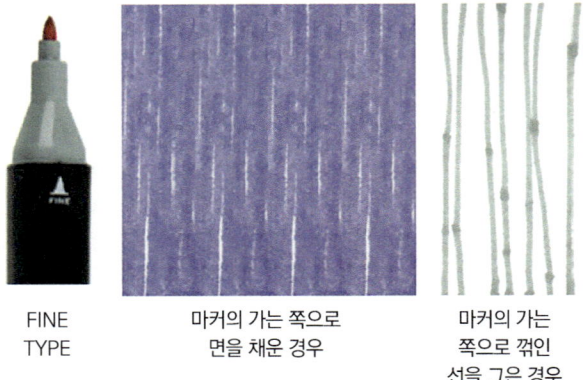

BROAD TYPE / 마커의 굵은 쪽으로 면을 채운 경우 / 마커의 굵은 쪽을 세워서 꺾인 선을 그은 경우

FINE TYPE / 마커의 가는 쪽으로 면을 채운 경우 / 마커의 가는 쪽으로 꺾인 선을 그은 경우

| 마커 사용 시 유의사항 |

- 마커는 알코올 성분이 들어 있어 빨리 마르는 성질이 있다. 따라서 마커로 면을 채울 때 마커 자국을 남기지 않도록 하기 위해서는 마커 액이 마르기 전(액체 상태로 있을 때)에 빨리 덧칠해야 한다. 아래 그림 중 ①의 경우는 마커 액이 마르기전에 바로 덧칠한 경우이며 ②의 경우는 먼저 칠한 마커가 마른 후 덧칠하여 경계선이 생긴 경우의 예를 보여준다.

- 마커는 칠하는 횟수에 따른 농담에 차이가 생긴다. 따라서 같은 마커를 사용하더라도 칠하는 횟수에 따라 명도의 차이를 표현할 수 있다. 아래 그림 중 ④의 경우는 마커(BR107(107))의 굵은 쪽을 이용해 세로로 한 번 그은 경우이며, ⑤의 경우는 두 번(세로→가로) 칠한 경우, 그리그 ⑥의 경우는 세 번(세로→가로→세로) 칠한 경우이다.

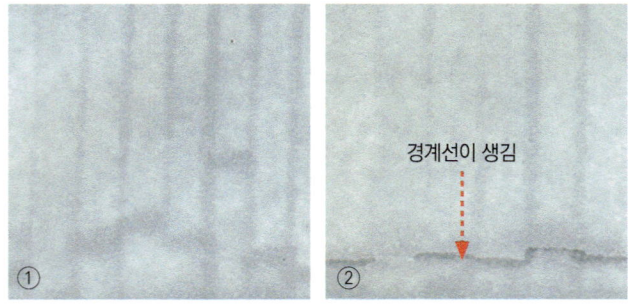

덧칠하는 시기에 따른 경계선의 유무

칠하는 횟수에 따른 농담의 차이

스케치용 롤지를 사용한 이유

스케치용 롤지를 쓰는 이유는 롤지(반투명)가 비치는 특성이 있어 스케치(투시도) 결과물을 깨끗하게 옮겨 그릴 수 있고 또한 스케치 결과물을 여러 장 복사할 수 있으므로 컬러링 실패에 대한 부담감이 작기 때문이다.

펜을 사용한 이유

물론 연필스케치 또한 스케치 결과물로서 완성도가 있지만 여기서 스케치 작업은 컬러링을 위한 베이스 작업으로 간주되기 때문에 좀더 뚜렷하고 선명한 선 표현을 위해 펜을 사용하였다.

컬러링 기본 요령

스케치에서 컬러링까지

1. 일반 복사용지에 4B연필로 스케치한다.(스케치 후 정확한 윤곽의 구분을 위해 플러스펜으로 라인을 그려놓는 것도 좋은 방법이다)

2. 스케치용 롤지를 덮고 플러스펜으로 라인을 그린다.

3. 마커용지에 복사한다.(반드시 마커용지 앞면에 복사한다. 뒷면은 마커가 잘 스며들지 않고 겉도는 특성이 있다. 물론 일반 복사용지에 하는 것도 가능하다)

4. 마커와 색연필을 사용해 컬러링한다.

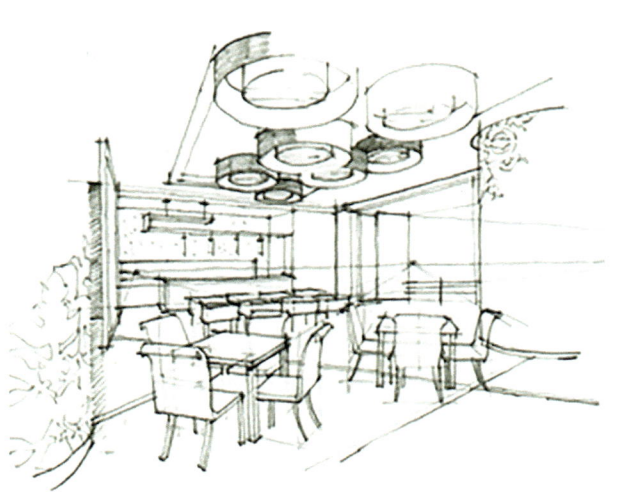

마커 컬러링 순서 및 방법

1. 컬러링 순서 – 넓은 면에서 좁은 면으로, 밝은 색에서 어두운 색 순으로 컬러링한다.

2. 입체감의 표현 방법 – 재료 자체의 컬러나 질감, 패턴이 느껴지는 것도 중요하지만, 입체감이 느껴지도록 하는 것이 필요하다.
   같은 재료로 마감된 면이라도 밝은 색(고명도)으로 전체를 채색한 다음에 보다 어두운 색으로 적은 면적을 부분 덧칠해서 입체감을 표현한다.
   가구 및 집기 자체의 음영 → 가구 및 집기가 드리운 그림자 → 하이라이트

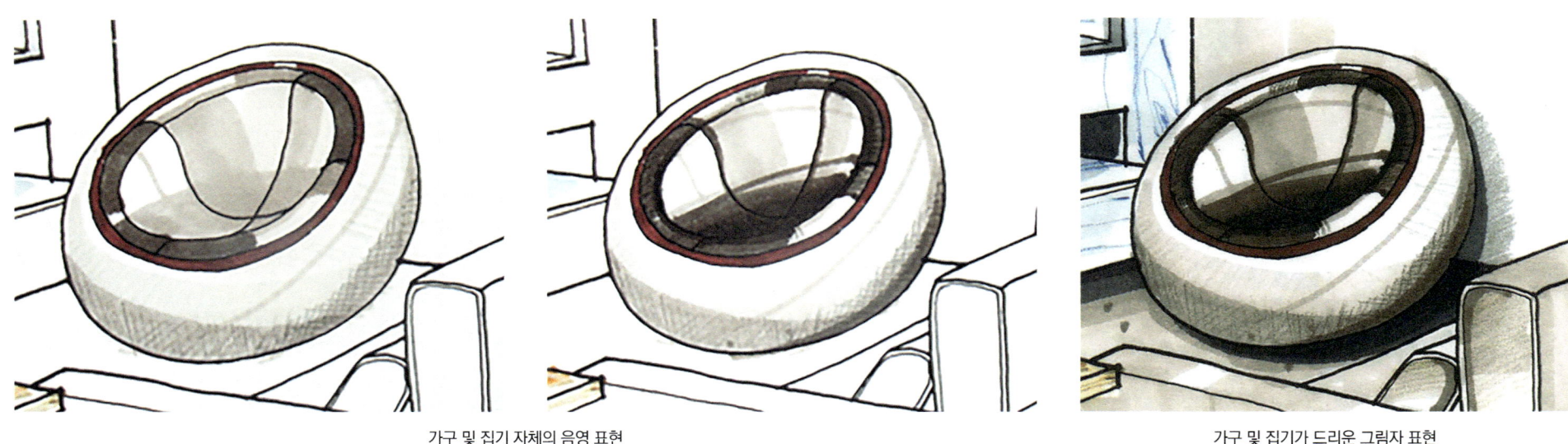

가구 및 집기 자체의 음영 표현   가구 및 집기가 드리운 그림자 표현

3. 컬러감 · 패턴 · 질감의 강약 조절
   – 스케치를 하면서 바닥, 벽, 천장, 가구 등의 마감 재료를 모두 디테일하게 표현할 수는 없다. 의도에 따라 컬러감 · 패턴 · 질감 등은 강약 조절이 필요하다.
   관찰자가 서 있는 위치(거리감)에 따른 패턴이나 질감의 크기와 강도는 다르게 표현될 수 있으며 조명과 그림자, 그리고 디자이너의 의도에 따라 재료가 좀더 디테일하게 표현될 수도 있고 표현이 생략될 수도 있다.

가까운 곳의 카펫과 퍼(FUR)의 질감을
디테일하게 표현한 경우

천장과 액자(ART WORK) 등의 표현이
생략된 경우

4. 건조 시간 필요 – 마를 때까지 기다리는 것이 관건, 다 마르기 전에 하는 덧칠은 번지기만 할 뿐 원하는 효과를 기대하기 어렵다.

5. 마커 자국이 남지 않게 표현하는 방법 – 마커 자국이 남지 않길 바란다면 마르기 전에 빨리 덧칠한다. 마른 다음의 덧칠은 자국이 더 선명하다.

| 마커의 특성을 살리는 컬러링 방법 |

1. 마커 컬러링에서 매스감(덩어리감)을 살리면서 동시에 입체감을 표현할 때에는 면으로 해석하는 것이 필요하다. 면을 채우는 느낌으로 하되 점을 찍거나 사선으로 터치감을 주어 변화를 준다.

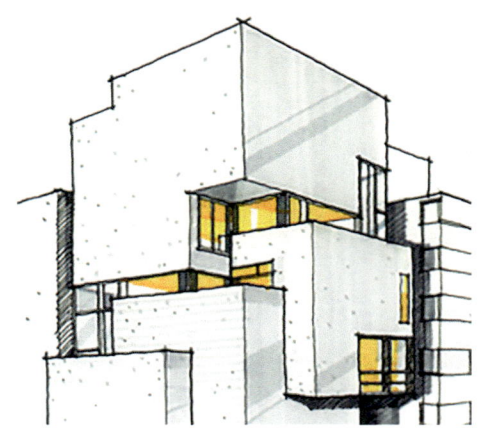

2. 마커 컬러링은 마커자국(터치감)이 남게 되므로 마커자국을 어떻게 마무리할 것인가에 대한 고민이 필요하다. 끝부분을 지그재그 형태로 날리거나 의도적으로 파형을 만들면서 덧칠한다.

3. 마커의 장점인 투명감을 살려 표현한다.
   디테일하게 표현해야할 부분은 하되, 강조하지 않아도 될 부분은 약간의 터치로 투명하게 표현하는 것이 효과적이다.

8.2 마감 재료별 컬러링

실내 디자인에서 주로 사용되는 마감재료에는 목재(원목, 무늬목, 우드 플로링), 석재(대리석, 화강석), 금속재(스테인리스 스틸), 도장재(컬러 래커), 수장재(벽지, 비닐 시트류, 카펫) 등이 있다.

질감이나 패턴이 독특한 재료는 재료 자체의 특징을 살려주는 것이 중요하므로 재료 표현에 대해 연습해보자.

≫ 석재

석재는 종류에 따라 컬러와 패턴이 다양하므로 컬러와 패턴 표현에 중점을 둔다. 또한 필름(film)지나 시트(sheet)지, 인조석 등에도 석재 고유의 색감 및 패턴을 반영한 제품도 많이 사용되므로 각 석재 고유의 색감 및 패턴을 연습해두는 것이 좋다.

| 대리석(marble) & 화강석(granite) |

- 석재는 일반적으로 대리석과 화강석으로 분류하는데, 건축분야에서는 실내·외장재로 화강석이 주로 사용되며, 실내디자인 분야에서는 대리석을 주로 사용한다. 그 이유는 화강석이 비교적 저렴하고 내구성이 있는 반면 대리석은 색감과 패턴이 독특하고 아름답지만 내구성이 약하기 때문이다.

- 대리석 : 마치 번개가 치듯 불규칙하게 꺾이는 선으로 패턴을 이룸
- 화강석 : 주로 작은 점(dot)이 불규칙하게 찍혀있는 패턴을 이룸

| 패턴(pattern)의 특징 |

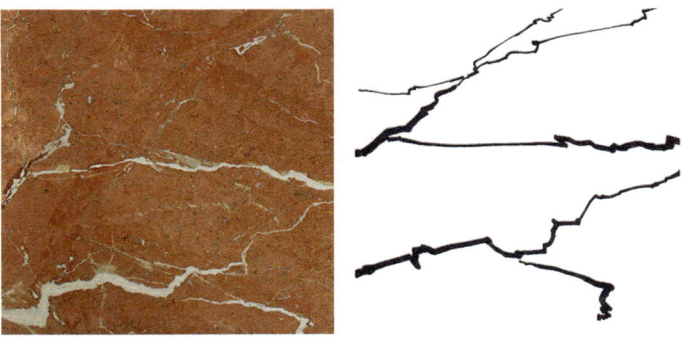

대리석 : 마치 번개가 치듯 불규칙하게 꺾이는 선으로 패턴을 이룸

화강석 : 주로 작은 점(dot)이 불규칙하게 찍혀 있는 패턴을 이룸

Tips 컬러별 대리석의 종류

화강석의 컬러가 제한적인 반면 대리석의 컬러 톤은 매우 다양한 편이므로 컬러 별로 대리석의 특징을 알아두는 것도 도움이 된다.

● 아이보리 톤(ivory tone)

보티치노 / 크레마 마필

● 오렌지 톤(orange tone)

로소베로나 / 로소 알리칸테

● 베이지 브라운 톤(beige & brown tone)

마론 엠페라도 라이트 / 마론 엠페라도 다크

● 화이트 그레이 톤(white & grey tone)

비안코 카라라 / 아라베스카토

● 그린 톤(green tone)

그린 마블 라이트 / 그린 마블 다크

● 블랙 톤(black tone)

네로 마퀴나 / 인디언 블랙

| 석재의 표현 |

세면대 스케치에 여러 종류의 석재를 컬러링 해보자.

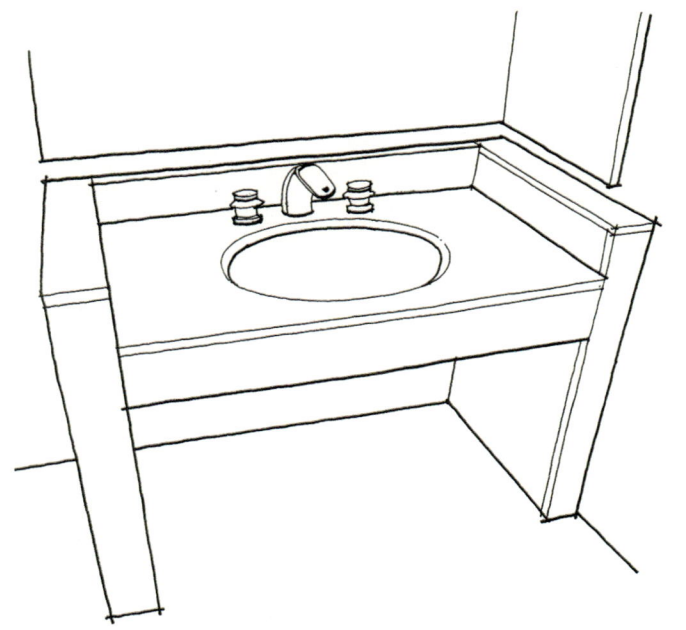

● 컬러링 순서

1. 기본 베이스(마커)
2. 부분적 명암(마커)
3. 패턴(마커 + 색연필)
4. 마무리 음영 및 패턴(색연필 + 수정액, 흰색 펜)

● 석종별 컬러링 도구

컬러링 도구	석재의 종류	① 아라베스카토	② 네로 마퀴나	③ 거창석	④ 로소 알리칸테	⑤ 마론 엠페라도
	마커	CG1,CG2,CG4,CG7	WG7,WG8	CG1,CG2,CG3	BR97(97),YR142(142),WG1	BR99(99)
	색연필	짙은 회색	흰색	·	흰색	흰색
	흰색 펜/화이트 수정액	·	●	·	●	●

① 아라베스카토

비안코와 함께 대표적인 흰색 대리석이다. 비안코에 비해 패턴이 강한 것이 특징이다.

● 컬러링 순서

1. 기본 베이스(마커) – CG1으로 중간 중간 비우면서 칠한다.
2. 부분적 명암(마커) – CG2로 부분적인 명암을 넣고 옅은 색의 대리석 패턴을 넣는다.
3. 패턴(마커 + 색연필) – CG4로 두드러져 보이는 패턴과 그림자를 표현하고 짙은 회색 석연필로 가장 진한 패턴을 표현한다.
4. 마무리 음영 및 패턴(색연필) – 짙은 회색 색연필로 세면대 하부에 음영을 넣는다.
   WG3으로 세면대 주위 윤곽선을 그어준다.

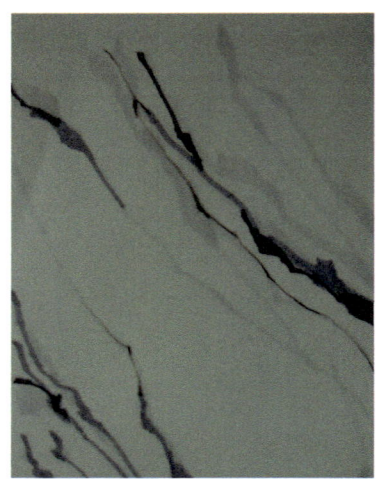

마커와 색연필을 사용하여 표현한 예

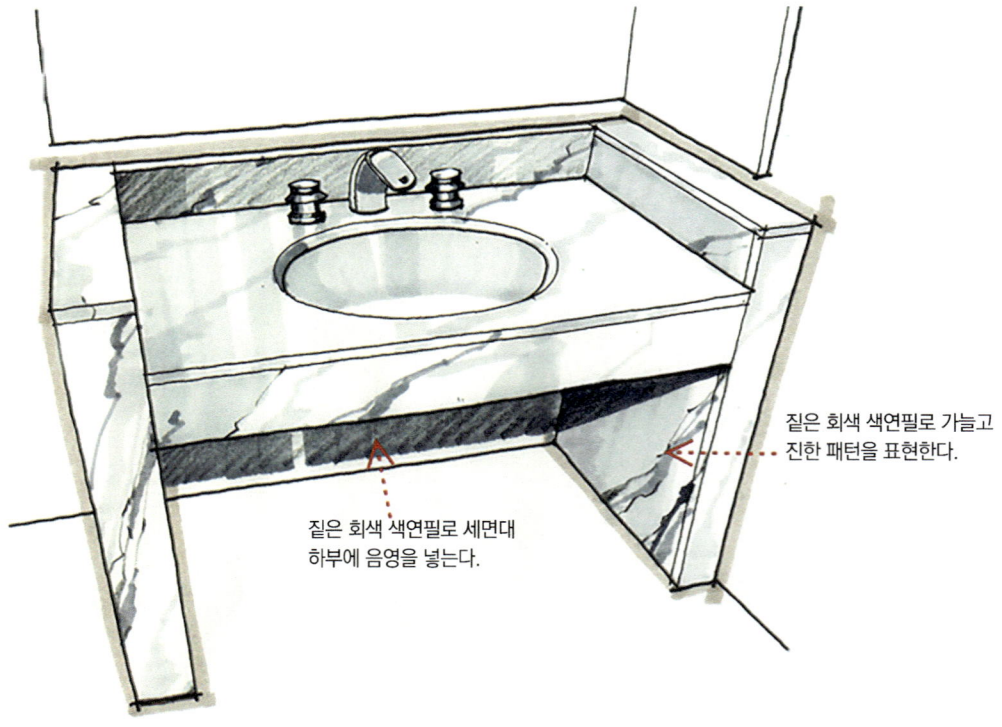

짙은 회색 색연필로 가늘고 진한 패턴을 표현한다.

짙은 회색 색연필로 세면대 하부에 음영을 넣는다.

표현도구 : 마커(CG1, CG2, CG4, WG3), 색연필(짙은 회색)

② 네로 마퀴나

아라베스카토를 컬러링할 때와 크게 다른 점은 베이스로 첫 번째 컬러(WG7)를 칠할 때, 흰색의 빈틈이 보이지 않게 해야 한다는 것이다. 이는 바탕종이의 흰색이 보이면 후반에 흰색 펜과 화이트 수정액으로 패턴을 준 것이 눈에 띄지 않기 때문이다. 베이스 작업 자체가 진한 컬러이긴 하나 마르면 밝아지는 경향이 있고 다시 덧칠하면 명도차가 두드러져 보이는 효과가 있으므로 과감하게 해보자.

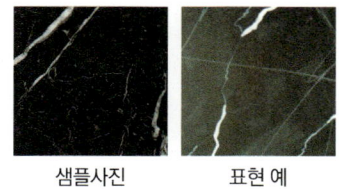

샘플사진   표현 예

표현도구 : 마커(WG7, WG8, WG3), 색연필(짙은 회색), 흰색펜, 수정액

③ 거창석

거창석은 화강석 종류로 대리석처럼 번개가 치는 듯한 패턴은 없다. 대신 주로 작은 점(dot)이 불규칙하게 찍혀 있는 패턴을 표현해야 하는데 비교적 명도가 높은 회색 계열의 컬러(CG1,CG2,CG3)를 옅은 컬러부터 순차적으로 불규칙하게 점을 찍어주면 된다. 마지막엔 가는 검정 유성펜으로 점을 찍어 표현하면 좀더 효과적으로 마무리된다.

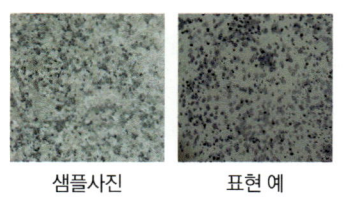

샘플사진   표현 예

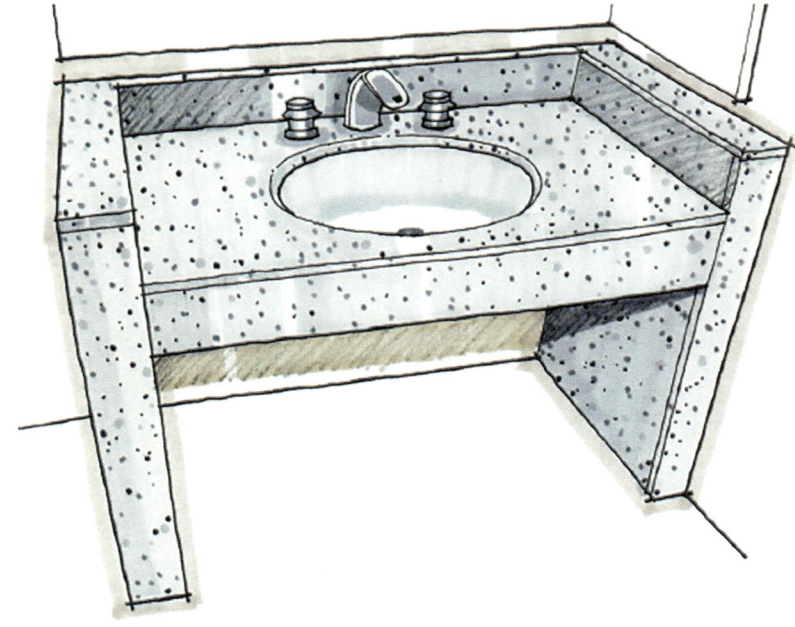

표현도구 : 마커(CG1, CG2, WG3), 색연필(짙은 회색), 검정색 펜

④ 로소 알리칸테

WG1번으로 세면대 부분만 남기고 대리석 전체를 칠한다. 다음 YR142(142)번으로 중간중간 비워놓면서 칠하고 BR97(97)번으로 부분적인 명암을 준다. 같은 컬러라도 마른 후 덧칠하면 더 짙은 컬러로 표현할 수 있다. 마지막으로 흰색 펜과 화이트 수정액으로 패턴을 표현하고 짙은 회색 색연필로 음영을 준 후 마무리한다.

⑤ 마론 엠페라도

마론 엠페라도는 로소 알리칸테의 패턴과 비슷하다. 마무리 작업(흰색 펜과 흰색 색연필, 화이트 수정액으로 패턴을 표현하고 짙은 회색 색연필로 음영을 주는 과정)은 거의 같으나 BR99(99)번 한 가지 컬러를 가지고 마른 후 덧칠하는 방법으로 표현한 것이 특징이다.

여기서 흰색의 대리석 패턴 표현은 같은 색(흰색)이라 하더라도 굵기, 진하기, 농도 등이 다른 도구를 사용함으로써 좀더 다양한 느낌으로 표현할 수 있다는 것을 보여준다.

샘플사진

샘플사진

표현도구 : 마커(BR97(97), YR142(142), WG1), 색연필(짙은 회색), 흰색펜, 수정액

표현도구 : 마커(BR99(99), WG3), 색연필(짙은 회색), 흰색펜, 수정액

공간 스케치에 적용 예(석재)

셀피전트로 마감된 벽체의 예

보티치노로 마감된 테이블의 예

아라베스카토로 마감된 테이블 상판의 예 01

아라베스카토로 마감된 테이블 상판의 예 02

≫ 목재

목재는 종류에 따라 컬러와 패턴이 다양하므로 컬러와 패턴 표현에 주안점을 둔다. 목재 또한 인테리어 필름(film), 시트(sheet)지 등에도 목재 고유의 색감 및 패턴을 반영한 제품도 많이 사용되므로 각 목재 고유의 색감 및 패턴을 연습해보자.

| 곧은결(정목) & 널결(판목) |

목재의 종류는 다양하지만 목재의 무늬결은 제재방법에 따라 차이가 크기 때문에 수종에 따른 분류보다 무늬결에 따른 분류가 필요하다. 목재는 무늬 결에 따라 곧은결(정목)과 널결(판목)로 분류할 수 있다.

| 패턴(pattern)의 특징 |

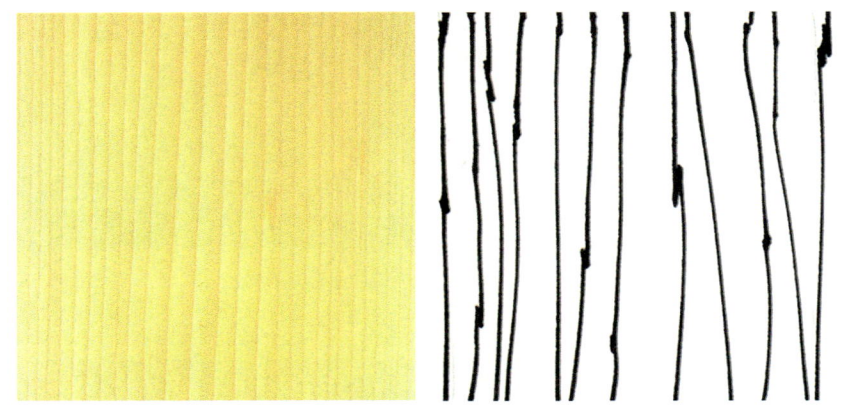

곧은결(정목) - 나이테와 직각이 되게 자른 것으로 스트라이프 패턴을 이룸

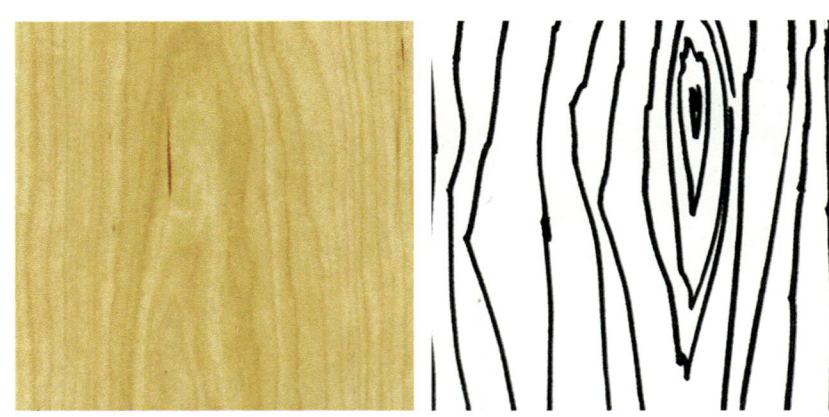

널결(판목) - 나이테에 접선 방향으로 자른 것으로 중간 중간 물결 모양의 무늬가 나타남

Tips 실무에서는 곧은결을 마사메로, 널결을 이다메로 부르기도 한다. 일본식 표현이기는 하지만 아직도 현장에서는 흔한 표현이니 알아두는 것도 좋다.

| 목재의 표현 |

가구 스케치에 여러 종류의 목재를 표현해보자.

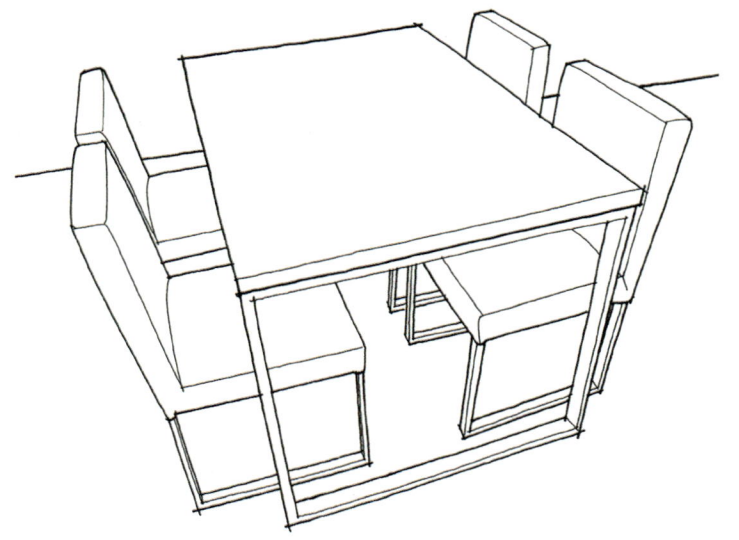

● 컬러링 순서

  1. 기본 베이스(마커)

  2. 부분적 명암(마커)

  3. 패턴(마커 + 색연필)

  4. 마무리 음영 및 패턴(색연필 + 수정액, 흰색 펜)

● 석종별 컬러링 도구

컬러링 도구 \ 석재의 종류	① 메이플(마사메)	② 체리(마사메)	③ 체리(이다메)	④ 마호가니(마사메)
마커	YR142(142)	YR21(21),BR107(107)	YR21(21),BR107(107)	BR91(91),BR92(92),BR99(99)
색연필	갈색	흰색, 갈색	흰색, 갈색	흰색, 검정색
흰색 펜/화이트 수정액	·	●	●	●

① 메이플(원색)

한 가지 컬러(YR142)로 마른 후 덧칠하는 방법으로 표현한 예이다. YR142(142)번으로 처음에는 넓은 면적을 칠하고 마른 후 덧칠할 때는 더 많이 중간중간 비워놓으면서 칠한다. 마지막으로 마커의 가는 쪽으로 가는 선을 표현하고 갈색 색연필로 부분 패턴을 넣은 후 마무리한다. 깨끗하고 옅은 컬러가 특징이므로 갈색 색연필 터치는 많이 넣지 않도록 한다.

② 체리(마사메)

YR21(21)번과 BR107(107)번 두 가지 컬러를 사용한 예이다. BR107번으로 베이스 작업을, YR21번으로 패턴 작업을 한다. 곧은결이므로 위(①)의 경우와 마찬가지로 직선의 선을 긋는 느낌으로 표현한다.

샘플사진

샘플사진

표현도구 : 마커(BR97(97), YR142(142), WG1)), 색연필(짙은 회색), 흰색펜, 수정액

표현도구 : 마커(YR21(21),BR107(107)), 색연필(흰색, 짙은 갈색), 흰색 펜

③ 체리(이다메)

위(②)의 경우와 같이 YR21번과 BR107번 두 가지 컬러를 사용한다. 다른 점은 동글동글한 나이테가 중 중간 보이는 것인데, 이것은 흰색과 갈색 색연필로 패턴을 만들면서 표현한다.

샘플사진

표현도구 : 마커(YR21(21), BR107(107)), 색연필(흰색, 짙은 갈색), 흰색 펜

④ 마호가니(마사메)

위의 ①, ②의 경우와 크게 다르지 않으나 마호가니의 패턴이 줄무늬처럼 연하고 진한 컬러가 반복되는 특징이 있으므로 이 점에 유의하면서 표현한다. 먼저 BR91번(붉은 느낌의 갈색)으로 소점 방향에 따라 전체를 칠하고 마른 다음 BR92(92)으로 의도적으로 줄무늬가 만들어지도록 중간중간 비워놓으면서 칠한다. 마지막으로 BR99(99)번으로 가는 선을 긋고 색연필(흰색, 검정색)로 패턴을 표현하고 마무리한다.

샘플사진

표현도구 : 마커(BR91(91), BR92(92), BR99(99)), 색연필(흰색, 검정색), 흰색 펜

공간 스케치에서의 적용 예(목재)

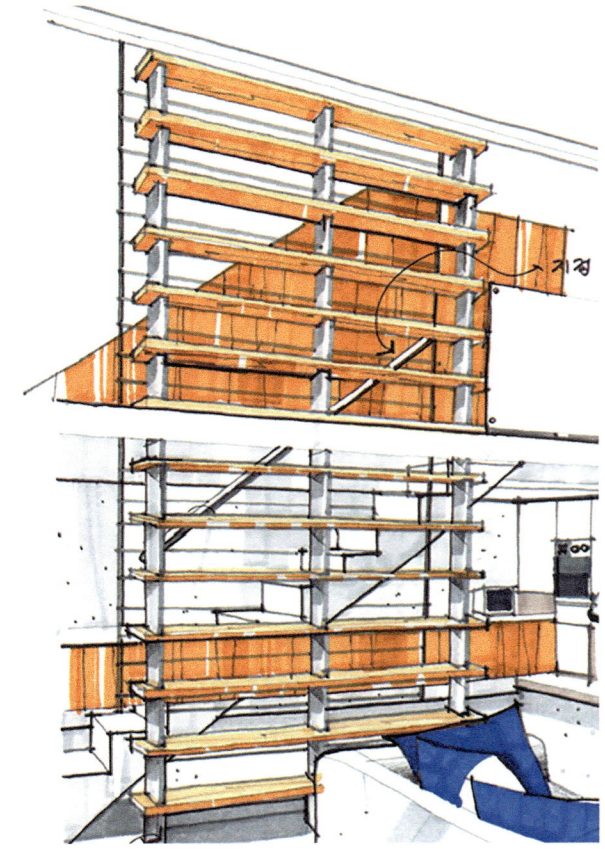

오크무늬목으로 마감된 벽체 및 난간의 예

오크무늬목으로 마감된 벽체의 예

무늬목(지단 마감 처리)으로 마감된 문, 가구의 예

비치원목으로 마감된 테이블의 예

마호가니 원목으로 마감된 테이블의 예

⪢ 우드 플로링

우드 플로링도 재료의 패턴은 목재의 느낌이기 때문에 크게 다를 점은 없으나, 원목이나 무늬목의 경우와 다른 점이 있다면 대리석이나 타일처럼 이어붙인 부분의 줄눈(메지)이 드러난다는 점이 특징이다.

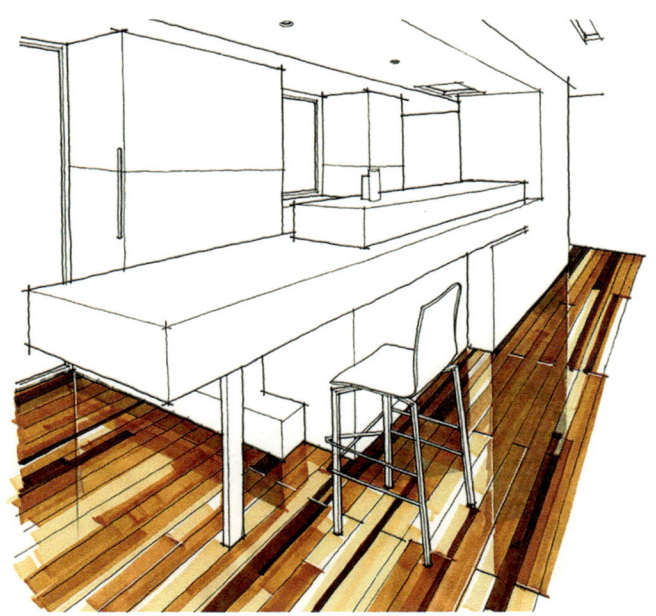

여러 가지 다양한 컬러와 패턴으로 이루어진 우드 플로링의 표현 예

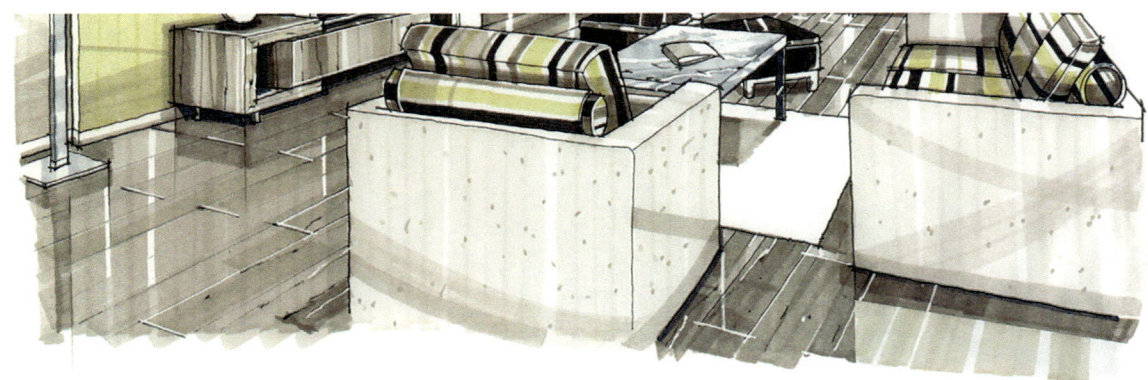

한 가지 컬러와 패턴으로 이루어진 우드 플로링의 표현 예

≫ 털(Fur), 카펫 러그

러프한 질감이 특징이므로 부분적으로 세세한 털의 길이감과 두께감 위주로 컬러링한다. 카펫이나 러그는 부분적으로 디테일하게 표현하는 것도 좋다.

| 공간 스케치에 적용 예 : 퍼(fur)의 길이가 긴 경우 |

털의 길이감을 선으로 표현한다.

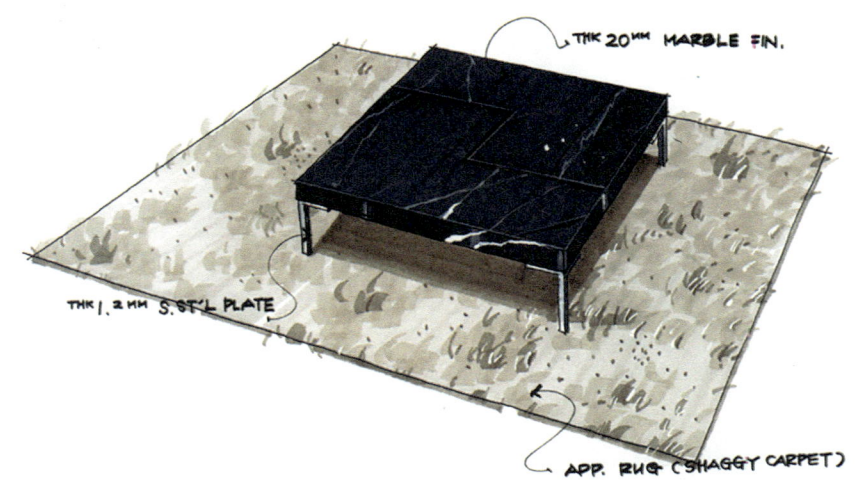

| 공간 스케치에 적용 예 : 퍼(fur)의 길이가 짧은 경우 |

털의 질감을 점을 찍어 표현한다.

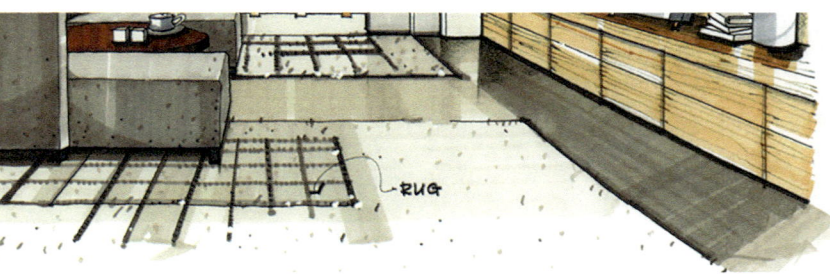

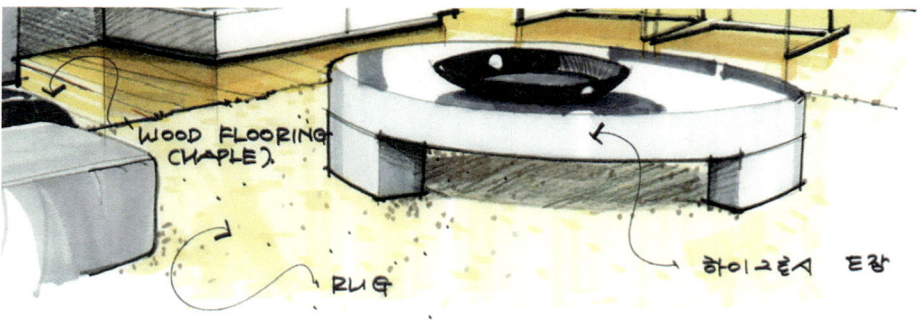

》》》 유리, 스테인리스 스틸

유리와 스테인리스 스틸은 반사와 반영 위주로 컬러링한다. 유리는 맑고 투명한 느낌을 주는 것이 중요하며, 스테인리스 스틸은 무채색을 주조로 하되 거울과 같이 주변의 사물이 반영된 모습을 표현하는 것에 주안점을 둔다.

⋙ 벽돌

벽돌의 표현 시 유의해야 할 점은 우드 플로링이나 타일의 경우보다 눈에 띄는 줄눈(메지)을 표현해야 한다는 것이다. 따라서 컬러링 과정 중에 의도적으로 메지 부분을 남겨놓아 흰색의 여백이 남게 하거나 컬러링 마무리 과정에서 흰색 펜이나 색연필로 메지 부분을 표현한다. 그리고 벽돌 자체가 매끈하기보다는 러프한 질감이 있으므로 같은 컬러로라도 부분적으로 덧칠하여 러프한 질감을 표현하는 것이 효과적이다.

벽돌의 표현 순서

⋙ 스터코

스터코의 표현은 러프한 질감을 표현하는 데 중점을 둔다. 스터코는 마감하는 도구(주걱이나 흙손)의 종류에 따라서 다양한 질감을 나타내는 것이 특징이므로 질감의 특징적인 부분을 관찰하여 표현한다. 일반적인 스터코 마감의 표현은 마커의 굵은 쪽으로 방향성 없이 불규칙하게 겹치면서 긋는 것이다.

스터코 마감의 표현 방법

조명

조명은 특별한 경우를 제외하고는 광원을 직접 채색하기보다 광원 주위의 그림자를 표현함으로써 입체감을 표현하는 경우가 많다. 그 이유는 조명원을 직접 채색할 경우 작위적이고 부자연스러운 느낌이 나기 쉽기 때문이다. 따라서 자연스럽게 조명이 퍼지는 느낌을 표현하기 위해 컴퓨터 프로그램을 사용하는 경우도 있는데 그중 포토샵 프로그램을 이용하여 조명효과를 표현하는 방법은 다음과 같다.

Tips 포토샵의 기능을 이용한 조명 효과
레이어를 새로 만든다. → 브러시 툴(Brush Tool)로 광원을 찍는다. → 표현된 광원의 불투명도를 조절한다. → 레이어 팔레트에서 블렌딩 모드(Blending mode)를 스크린(Screen)으로 바꾼다.

》》가구

| 가구 컬러링의 예 |

- 마감재료의 특징적인 부분을 최대한 살려 표현한 경우

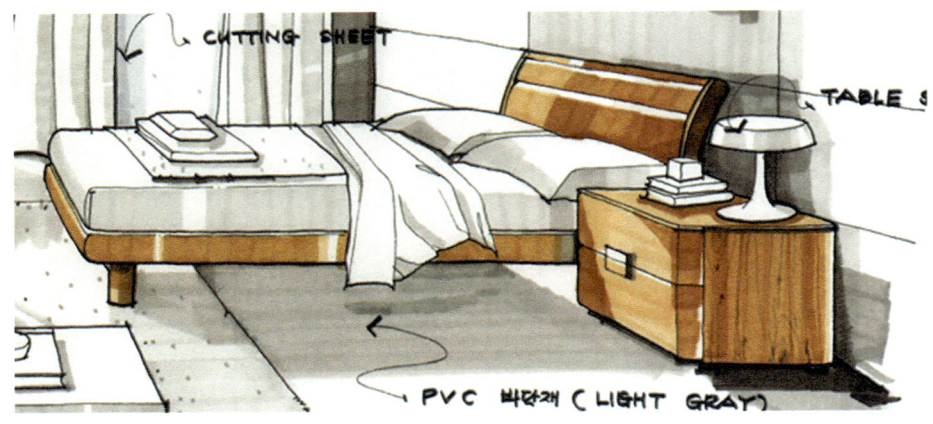

마감재료(무늬목)의 패턴과 질감을 최대한 살려 표현한 침대의 예

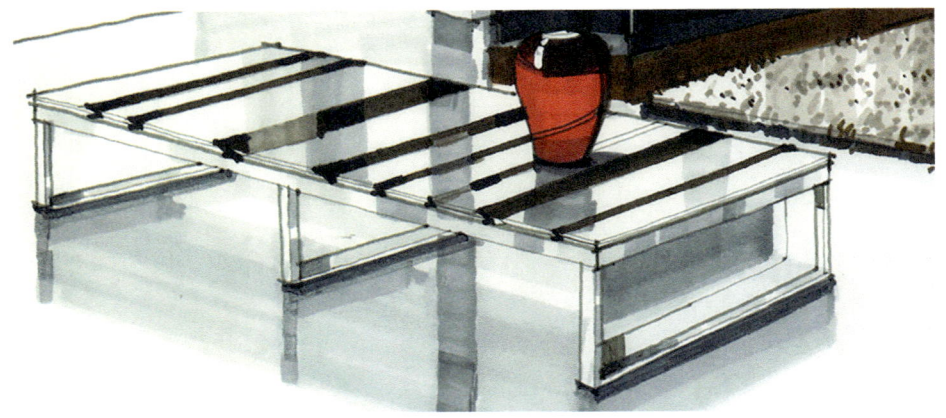

유리의 맑고 깨끗한 특성을 최대한 살려 표현한 테이블의 예

- 마감재의 디테일한 표현보다 명암과 음영을 살려 표현한 경우

사물의 명암과 간단한 터치만으로 표현한 소파의 예

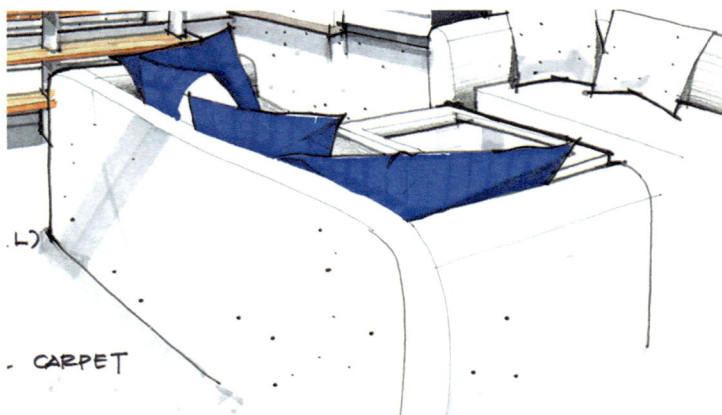

최소한의 터치만으로 간략하게 표현한 소파의 예

간단한 터치만으로 표현한 플라스틱 재질 테이블의 예

8.3 위치(바닥, 벽, 천장)별 컬러링

>>> 바닥

바닥재에는 카펫, 우드 플로링, 석재(대리석), 타일, PVC제품 등이 주로 사용된다. 바닥의 표현은 마감재료 자체의 질감이나 패턴도 중요하지만 무엇보다 마감 재료의 유광, 무광 여부에 따라 표현이 크게 달라질 수 있다.

- 바닥 마감재의 표면이 무광일 경우 : 바닥에 비치는 가구의 그림자를 중점적으로 표현하고 바닥재의 패턴을 부분적으로 디테일하게 표현하는 것도 좋다.

- 바닥 마감재의 표면이 유광일 경우 : 유광(주로 물갈기 처리된 대리석이나 폴리싱 타일류, 비닐 시트류 등)일 경우 가구나 집기 등이 바닥에 비치는 것을 표현한다.

>>> 벽

벽의 마감재료로는 벽지, 도장재, 무늬목, 석재(대리석) 등 천장이나 바닥에 비해 다양한 재료가 사용된다.
벽체 표현은 재료의 특징을 최대한 표현하는 것이 관건이다. 그러나 표현 의도에 따라 패턴이나 질감의 강도는 강해질 수도 약해질 수도 있다.

- 도장재는 뿜칠의 일종인 다채무늬 도료와 같이 색감이나 패턴이 특징적인 것은 그 특징을 표현하되 일반적인 컬러 래커(color lacq) 종류는 색감만을 표현한다.
- 벽지 또한 패턴이 강한 것은 그 특징을 표현하되 패턴이 약하거나 없는 것은 전체 디자인의 배경이 되도록 간략하게 표현한다.

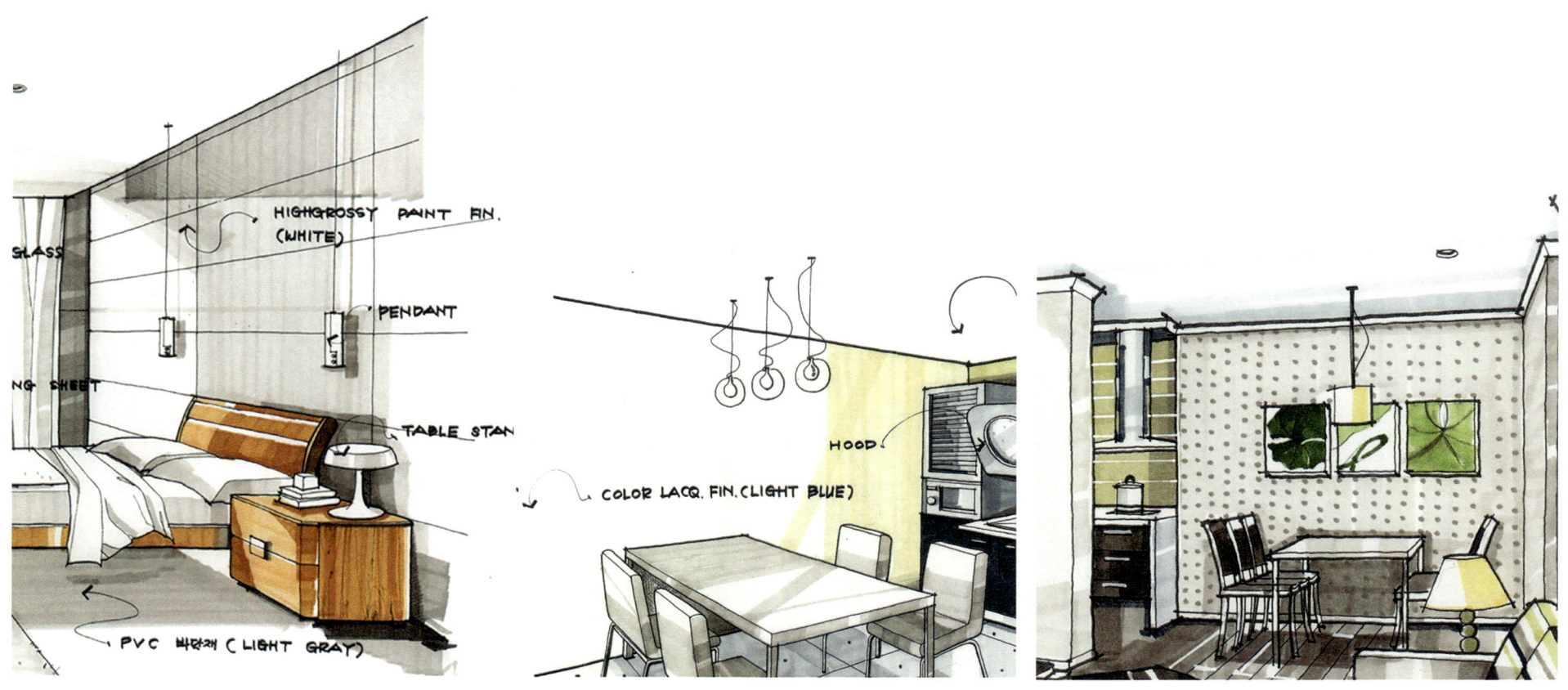

패턴보다 색감과 음영만을 표현한 경우   벽지의 패턴을 표현한 경우

>>> 천장

천장 마감 재료로는 벽지, 도장재 등이 주로 사용되며 벽지가 사용되는 경우에도 패턴이나 컬러가 강한 것을 사용하는 경우는 드물다.

천장 표현은 특별한 디자인 의도가 있는 경우가 아니라면 고명도의 무채색 톤 컬러로 두드러지지 않게 표현되며 상황에 따라 채색을 하지 않는 경우도 있다.

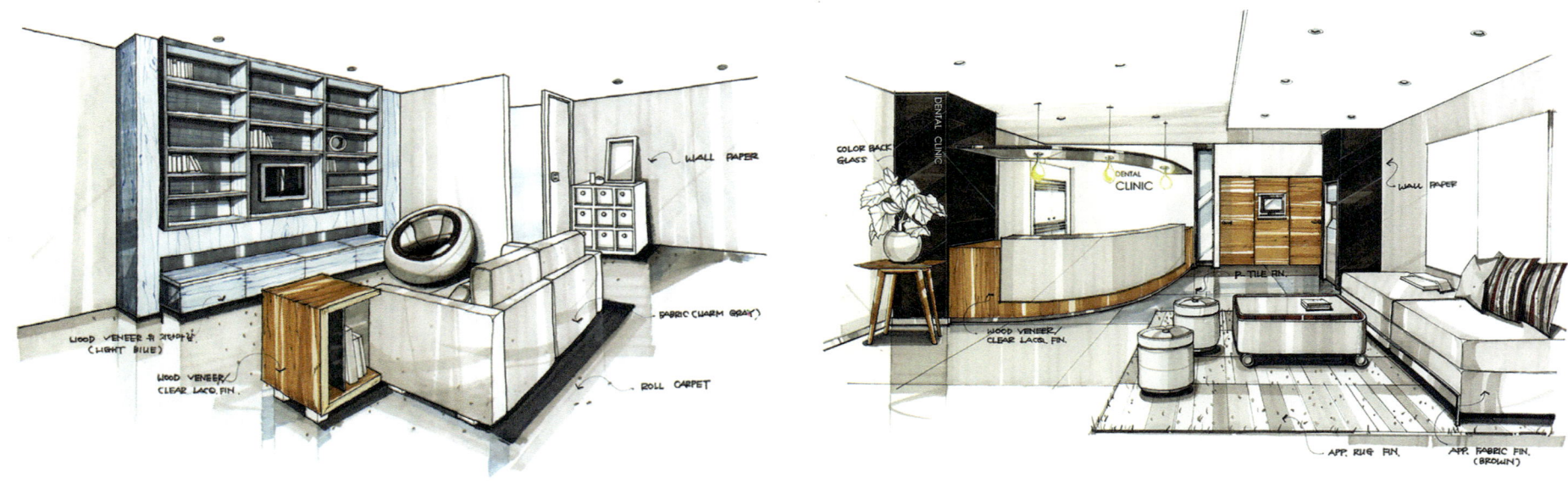

천장의 채색을 하지 않은 경우   무채색 톤(white tone)의 컬러로 두드러지지 않게 표현한 경우

09 컬러링 완성해보기

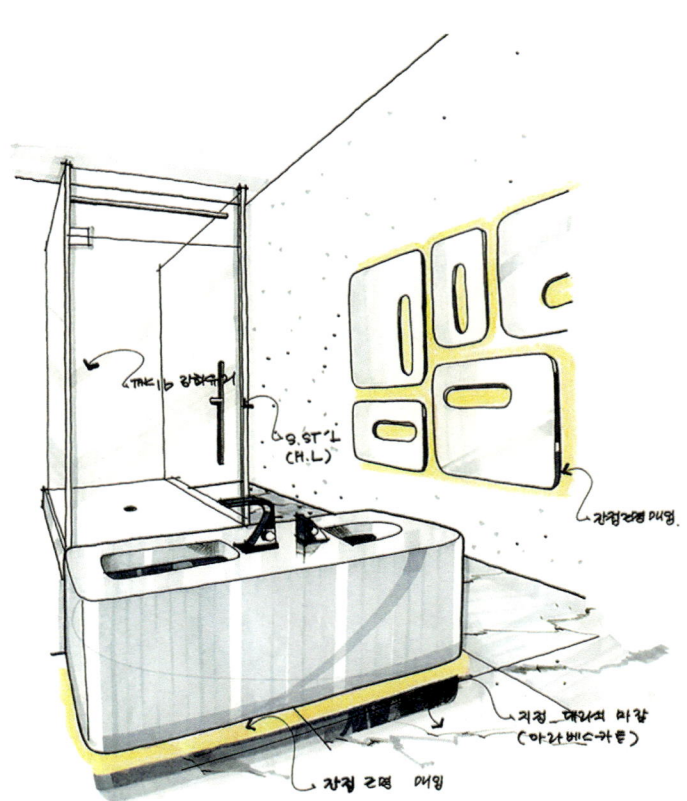

구체적인 재현(스케치)에 색을 입히다……

9.1 공간 내부에서 보기

여백 남기고 표현하기 – 거실 바라보기

다음의 실내 공간 스케치에는 1번 붙박이 책장을 비롯해 2번 의자, 3번 테이블, 4번 소파, 5번 서랍장 등 가구가 다섯 개 있다. 각각의 요소를 최대한 표현하는 것도 좋겠지만, 때에 따라서는 포인트가 되는 요소만 디테일하게 표현하고 나머지는 간략하게 음영만을 표현하여 여백을 남겨두는 것도 하나의 방법이다.

컬러링 과정이 빠짐없이 소개되어 있는 것은 아니지만 기본적인 몇 가지 과정을 예를 들어 설명하고자 한다.

| 컬러링 순서 |

1. 가구의 표현 – 책장, 의자, 테이블
2. 음영의 표현 – 서랍장의 음영, 의자의 음영, 전체 음영

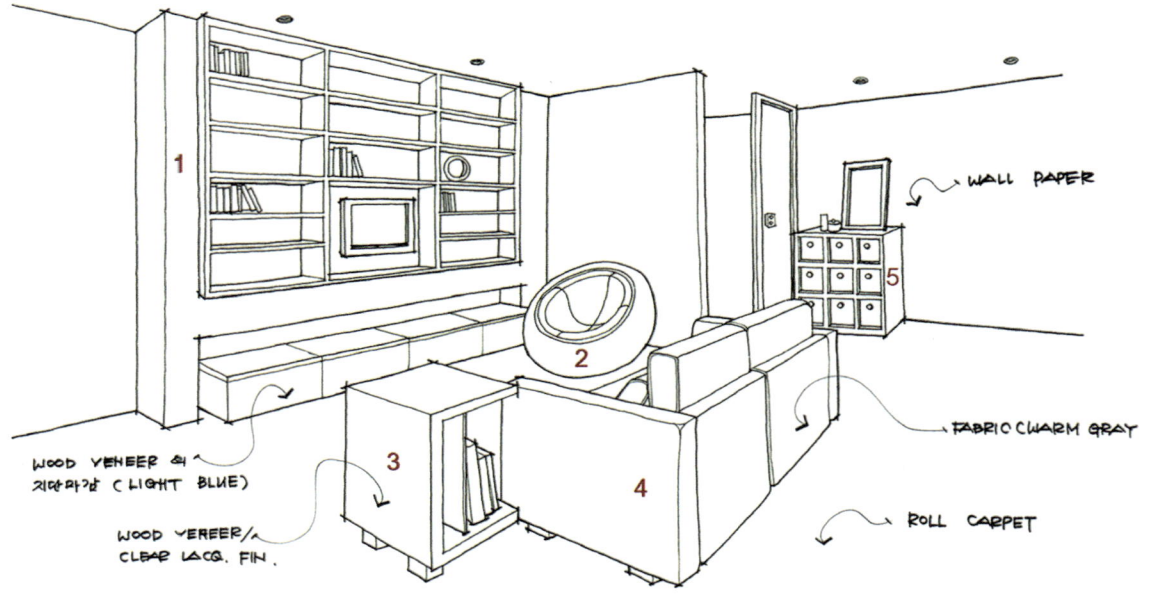

Tips: 전체 과정을 순서대로 따라하는 과정을 익히기 전에 기본 컬러링 과정을 아이템(가구 및 음영)별로 번호를 붙여 설명하였으며 이해를 돕기 위해 '위치(재료) – 마커 번호'를 기입한 후, 세부사항에 대한 설명을 덧붙였다.

1. 가구의 표현

포인트가 되는 책장과 테이블, 둥근 의자 등은 마감 재료의 컬러와 패턴을 디테일하게 표현한다.

1) 책장 – 마감재료(무늬목 위 지단 처리) – BG1, BG3, BG5, 청록색 색연필

① 책장 전체에 베이스 컬러를 칠한다.(BG1)

② 입체감을 나타내기 위해 책장의 측면과 안쪽에 그림자가 생기는 부분을 좀더 어두운 컬러로 칠한다.(BG3)

③ 본격적으로 책장 측면과 책장 안쪽의 그림자를 표현한다. (BG3, BG5)

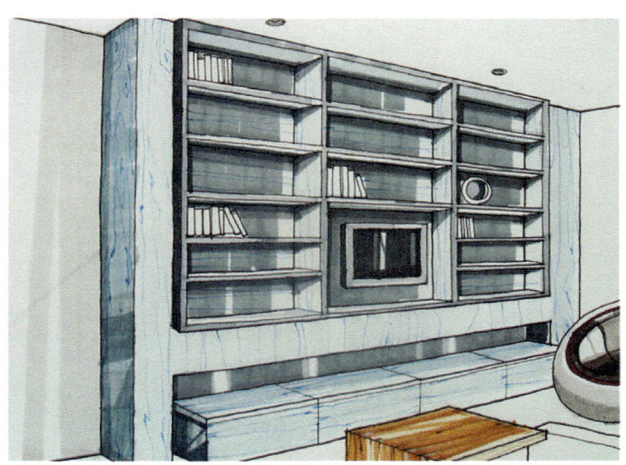

④ 색연필로 무늬목의 패턴을 표현한다.(청록색 색연필)

2) 의자 - 마감재료(플라스틱본체 + 좌판가죽마감) - WG1, WG3, WG5, WG9, R1(1), 짙은 회색 색연필

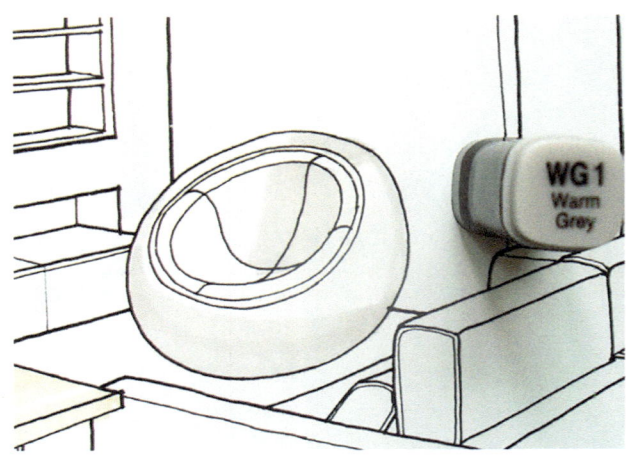

① 의자 전체의 베이스가 될 수 있는 연한 컬러를 칠한다.
   (WG1)

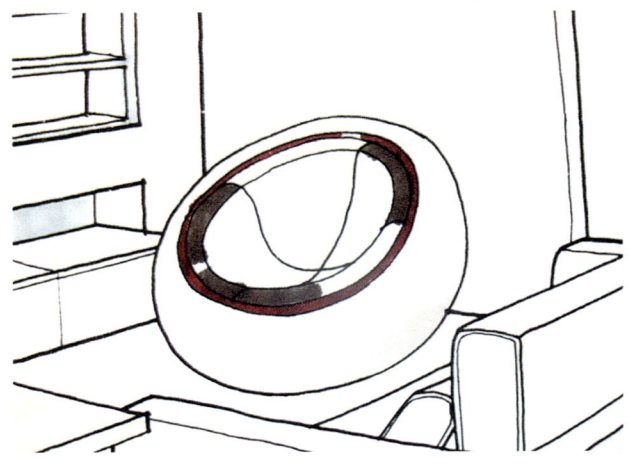

② 가죽으로 마감된 좌판의 포인트 부분을 칠한다.
   (R1(1), WG7)

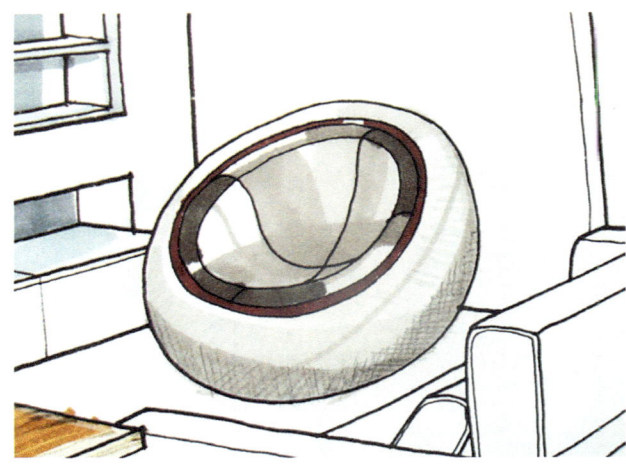

③ 움푹 들어간 안쪽의 음영과 의자 전체의 윤곽을 살리기 위해 음영을 준다.(WG3, 짙은 회색 색연필)

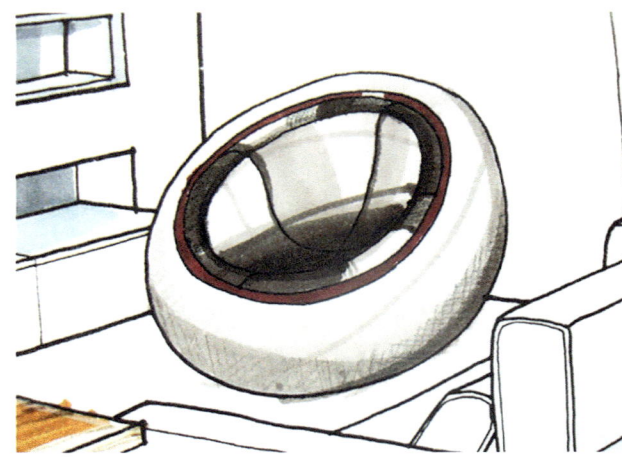

④ 좀더 어두운 컬러로 가구 전체의 음영(WG5)과 움푹 들어간 안쪽의 음영(WG9)을 마무리한다.(WG5/WG9)

3) 테이블 - 마감재료(무늬목) - YR26(26), BR103(103), 갈색 색연필

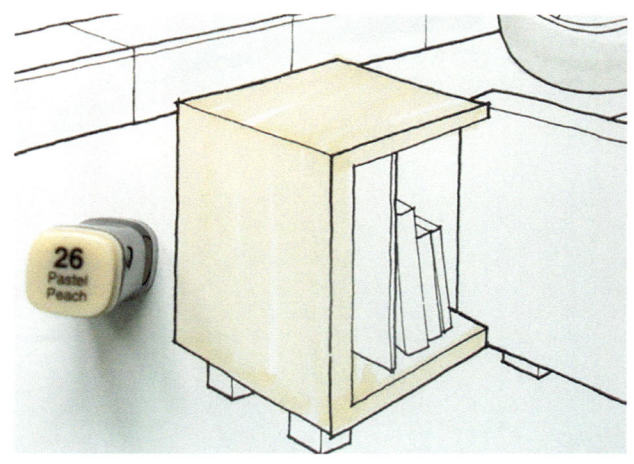

① 테이블 전체의 베이스가 될 수 있는 연한 무늬목 컬러(YR26(26))를 칠한다.

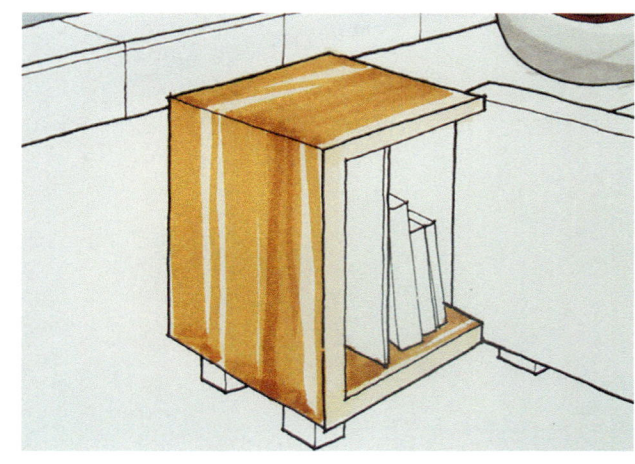

② 자연스러운 무늬목의 패턴을 표현하기 위해 중간중간 비워놓으며 선을 긋는다.(BR103(103))

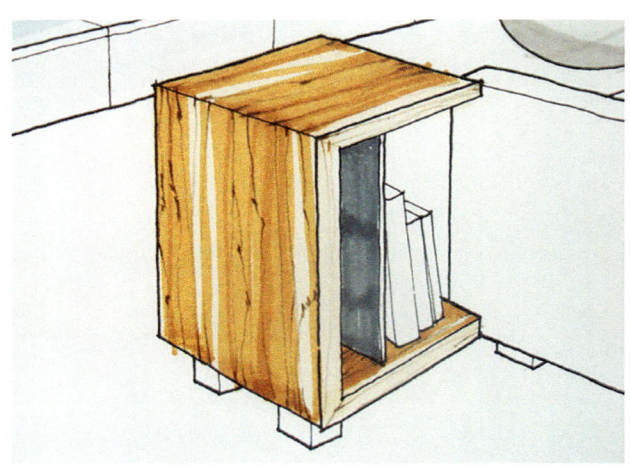

③ ②와 같은 컬러(BR103(103))로 한 번 더 칠하고, 갈색 색연필로 무늬목의 패턴을 표현한다.(마커 BR103(103), 갈색 색연필)

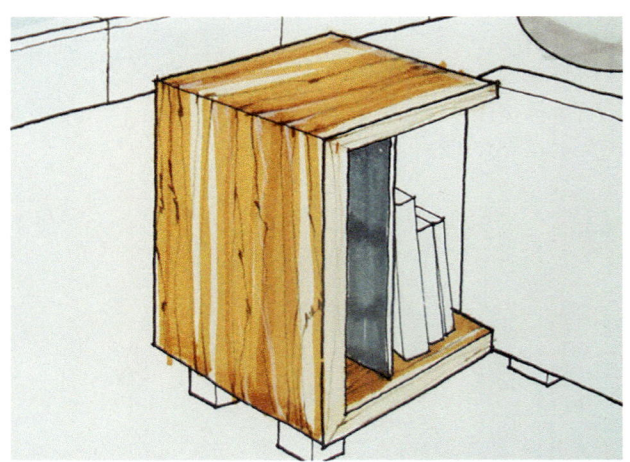

④ 흰색 색연필로 무늬목의 패턴을 마무리한다.(흰색 색연필)

2. 음영의 표현

무채색 톤으로 음영을 표현하되 기본 음영(무채색 마커) → 깊은 음영(무채색 마커) → 마무리(색연필)순으로 표현한다.

1) 서랍장의 음영

　기본 음영(WG1/WG3) → 깊은 음영(WG5/WG7) → 마무리(짙은 회색 색연필)

2) 의자의 음영

　기본 음영(WG3) → 깊은 음영(WG5/7) → 마무리(짙은 회색 색연필)

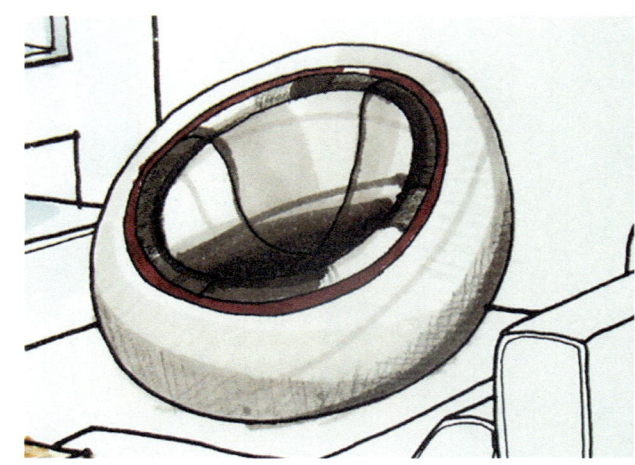 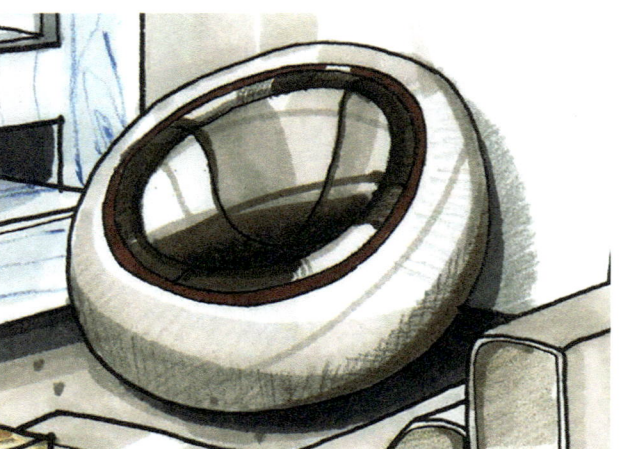

3) 전체 음영

① 바닥과 벽 마감재의 컬러가 밝은 회색 톤이므로 베이스 컬러(WG1)로 벽과 바닥을 컬러링한다. 마커 자국이 남게 되므로 터치 자국이 어떤 모양으로 남게 되는지 신경쓰면서 선을 그어야 한다.
(WG1)

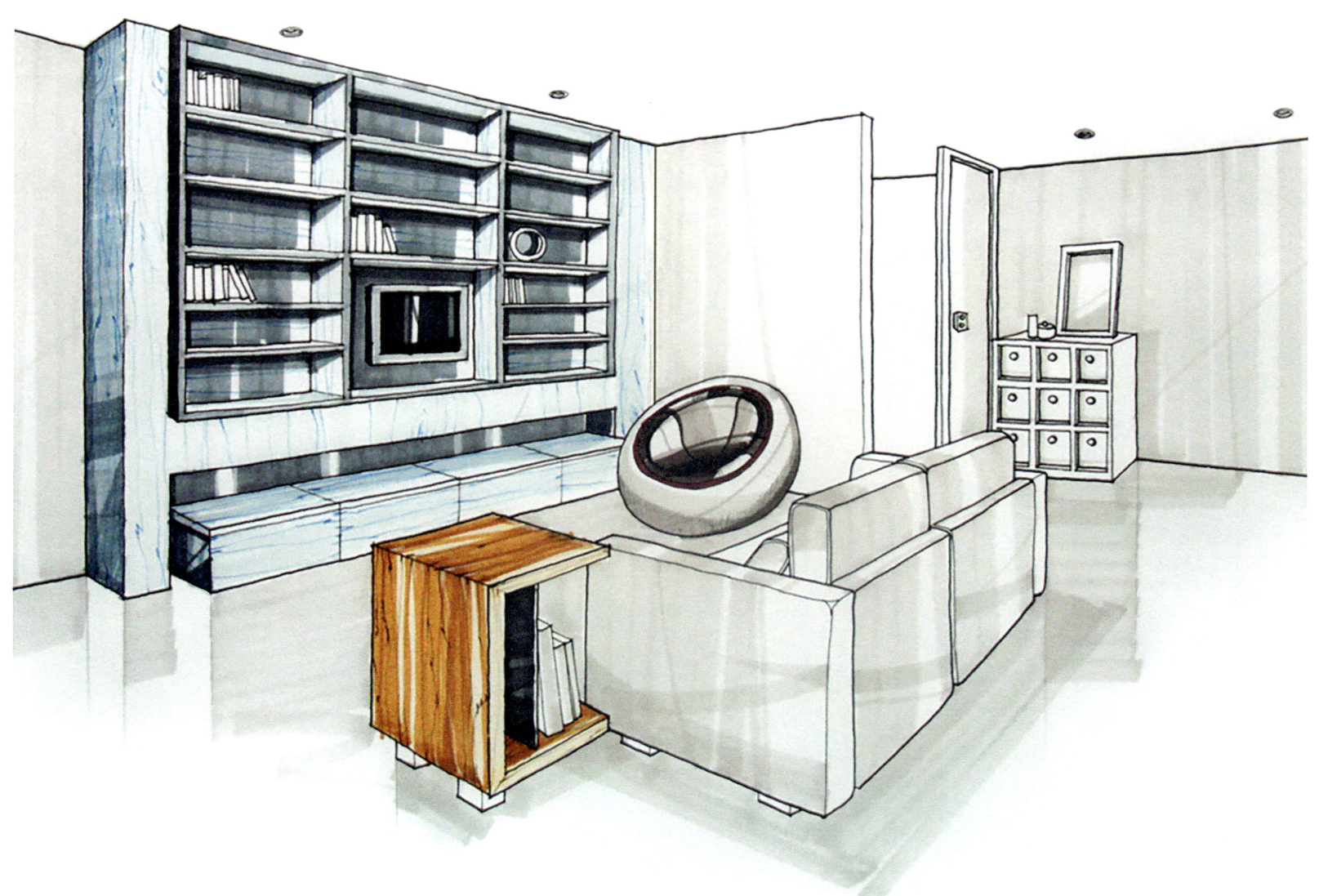

② 가구의 윤곽을 강조하기 위해 기본 음영을 표현한다.(WG3)

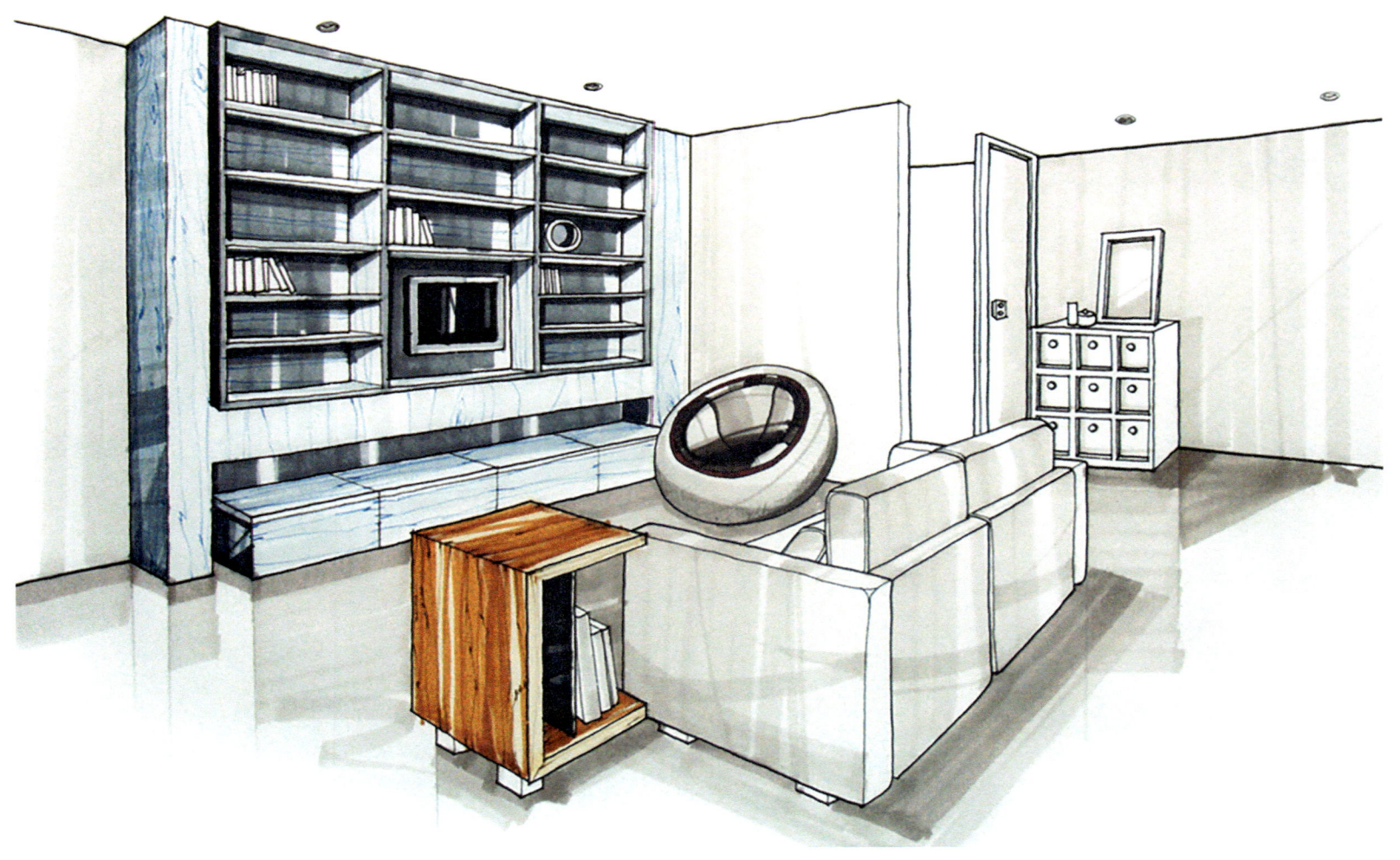

③ 바닥에 투영된 가구의 깊은 음영을 표현한다.(WG5, WG7)

　밋밋한 바닥에 변화를 주고 질감(P-타일)을 표현하기 위해 마커(WG3)로 점을 찍는다.

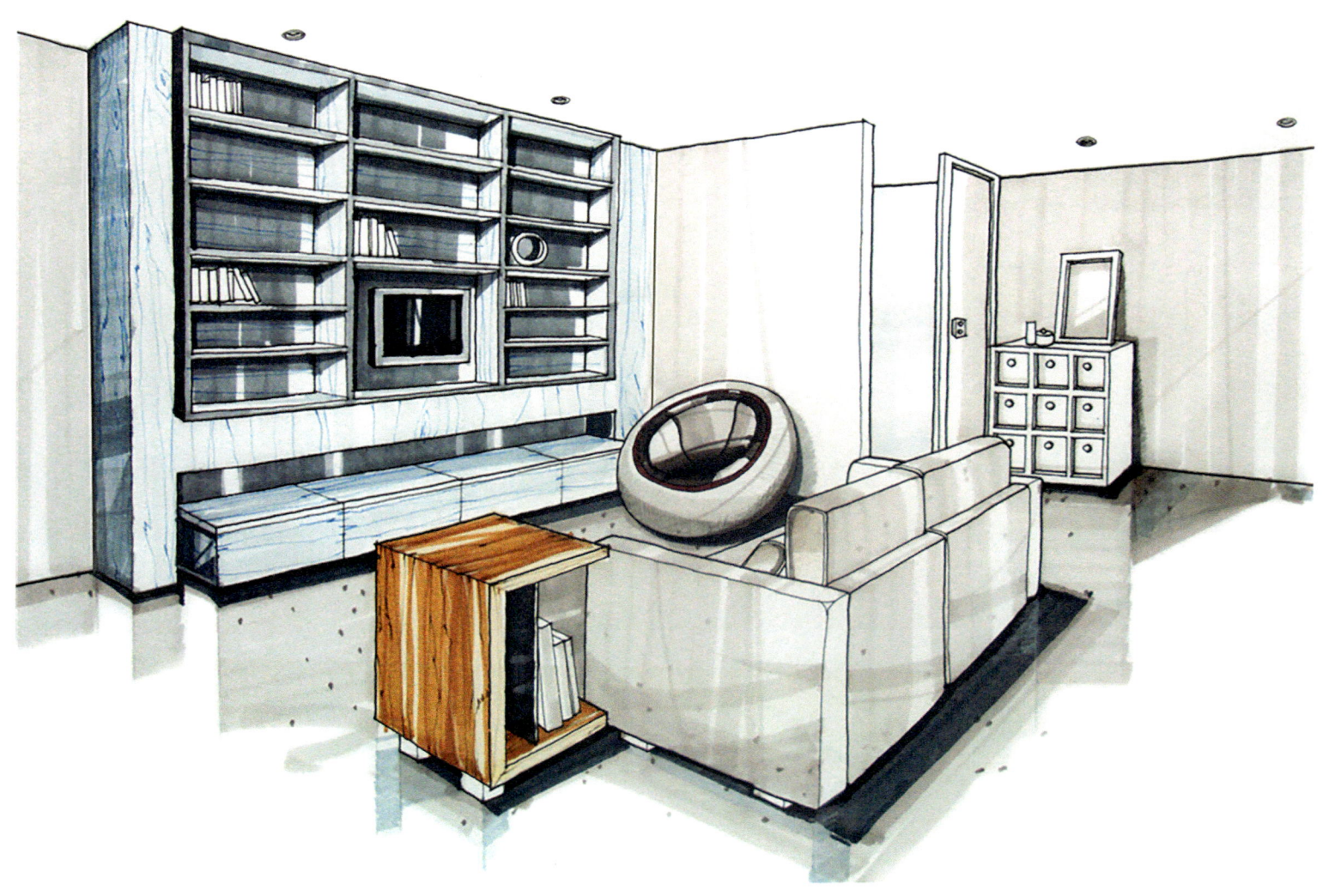

④ 재료명을 표기하고 마무리한다.

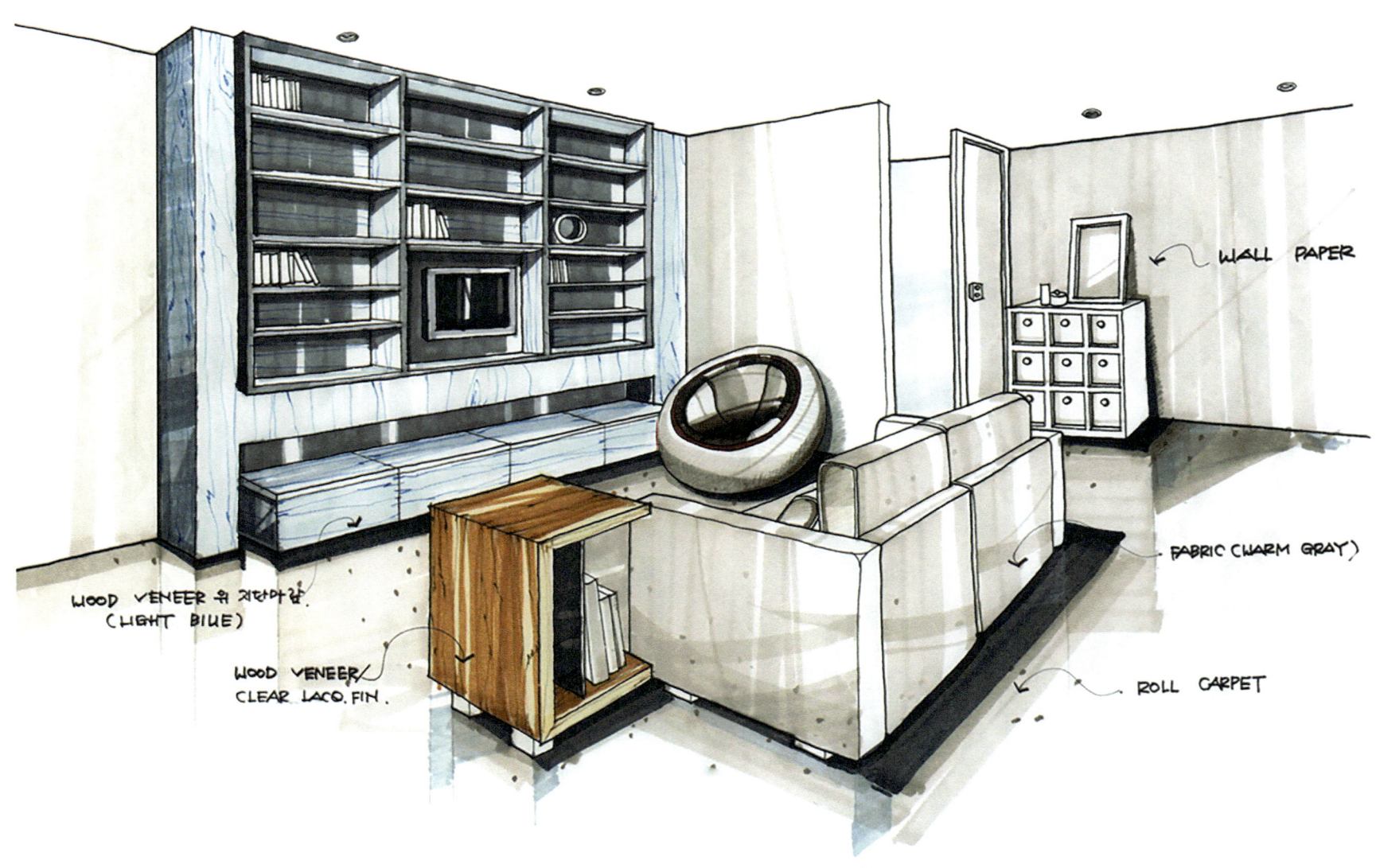

⫸ 간략하게 표현하기 – 이미지 월과 인포메이션 데스크 바라보기

다음의 예는 전체적인 디자인이 복잡하지 않고 간략한 경우이므로 예시한 순서대로 컬러링해보자.

– 전체 과정을 순서대로 따라하는 과정을 익히기 전에 기본 컬러링 과정을 아이템(벽, 이미지 월, 데스크, 음영)별로 번호를 붙여 설명하였으며, 이해를 돕기 위해 '위치(재료) – 마커 번호'를 기입한 후, 세부사항에 대한 설명을 덧붙였다.

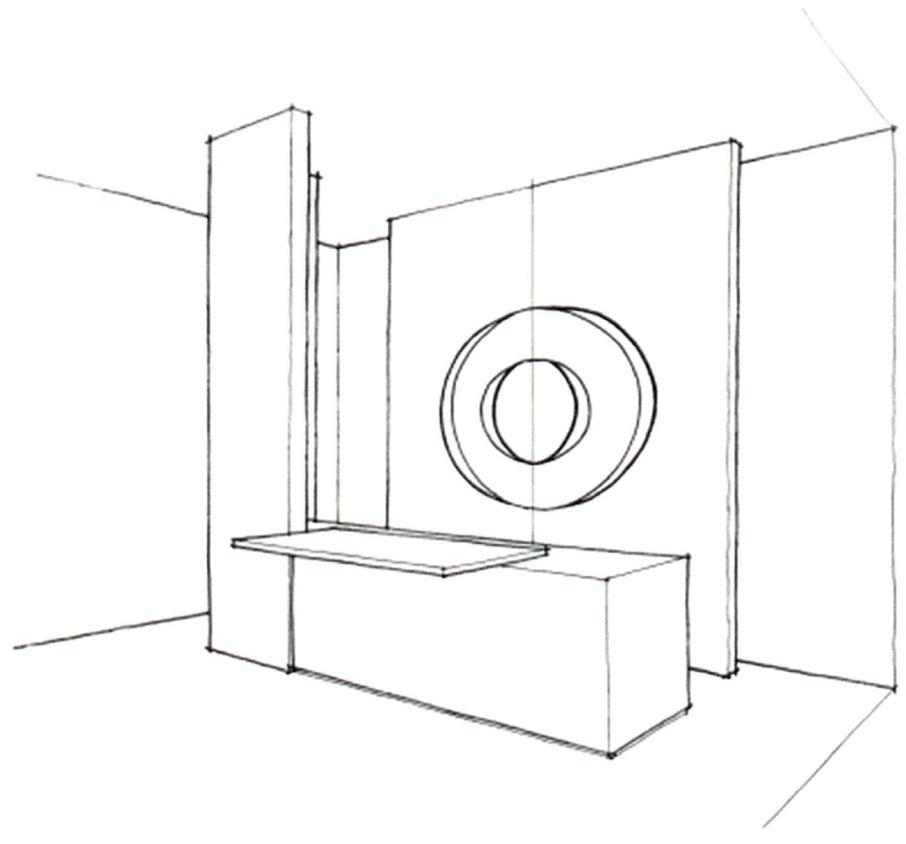

이미지 월(image wall) + 인포메이션 데스크(information desk)

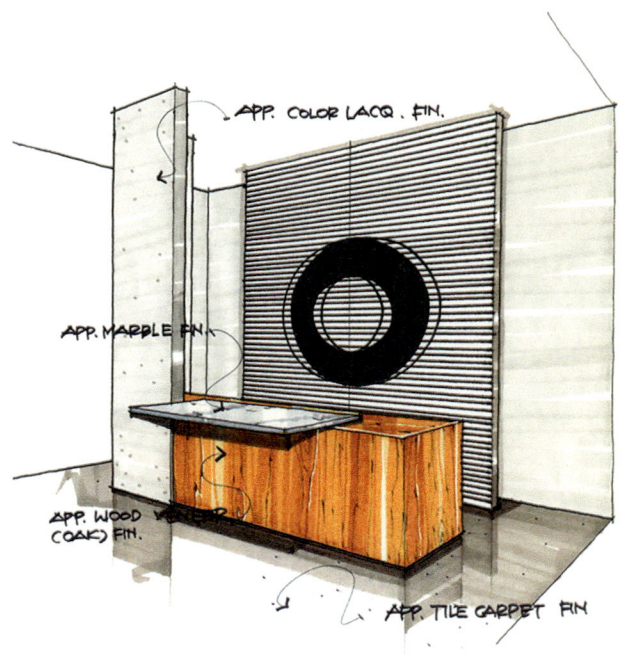

1. 벽

● 1 - 01
이미지 월 뒤 벽면(컬러 래커) + 안내 데스크 옆 가벽(컬러 래커) - WG1
마커의 굵은 쪽으로 중간중간 비워 놓으면서 수평 방향으로 긋는다.
(세로 방향으로 그어도 무방함)

● 1 - 02
이미지 월 뒤 벽 측면(컬러 래커) + 안내 데스크 옆 가벽 측면(컬러 래커) - WG2
마커의 굵은 쪽으로 중간중간 비워 놓으면서 수평방향으로 긋는다.

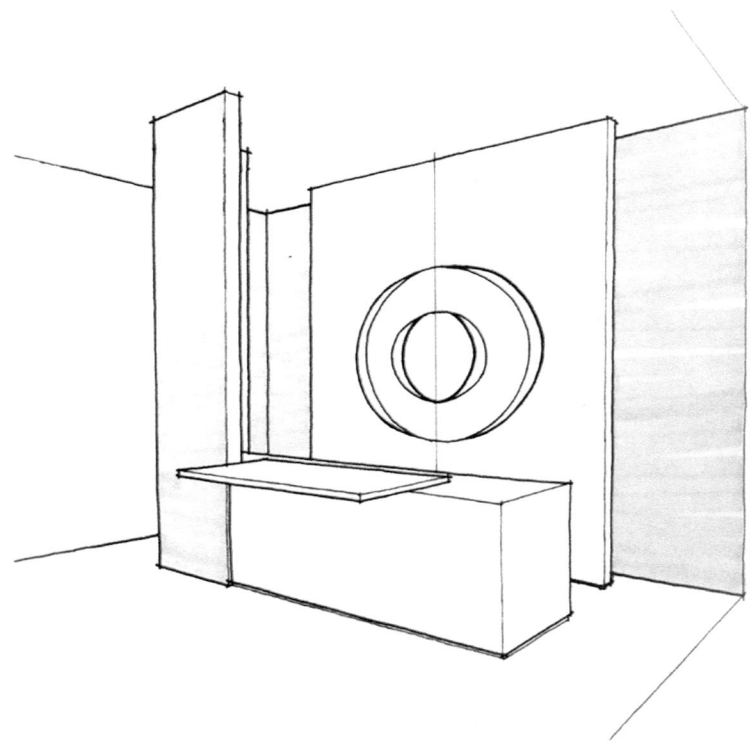

마커로 채색하면서 중간중간 비워 놓으면 자연스러운 손 컬러링의 느낌을 살릴 수 있다.

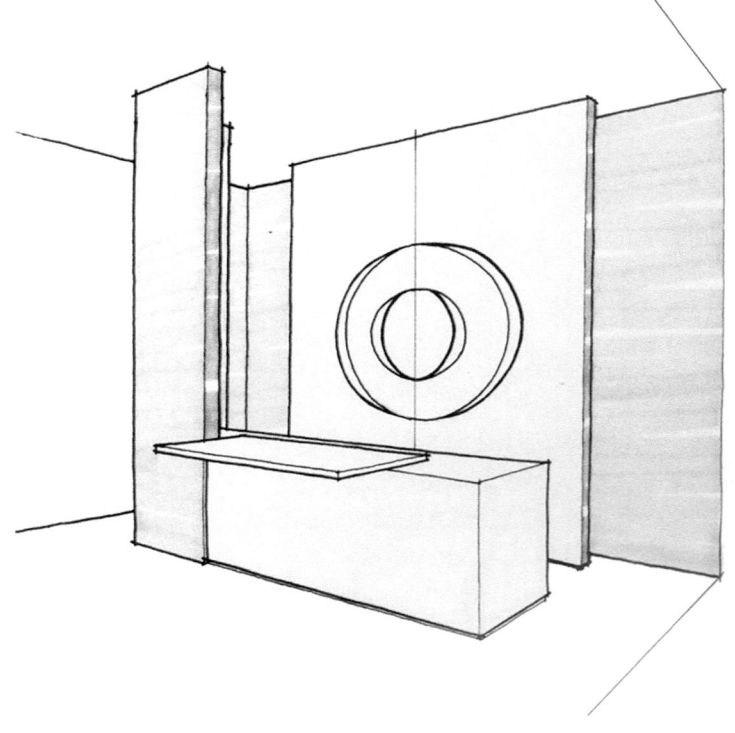

전면에 조명원이 있다는 전제하에 각 매스의 입체감을 살리기 위해 벽체 측면은 정면보다 어둡게 표현한다.

2. 이미지 월(Image Wall)

● 2 - 01

이미지 월 - WG9

마커의 가는 쪽으로 자를 대고 선을 그어 이미지 월의 줄무늬 패턴을 표현한다.

● 2 - 02

이미지 월 - 120

마커의 가는 쪽으로 의도한 디자인대로 로고 안쪽을 칠한다.

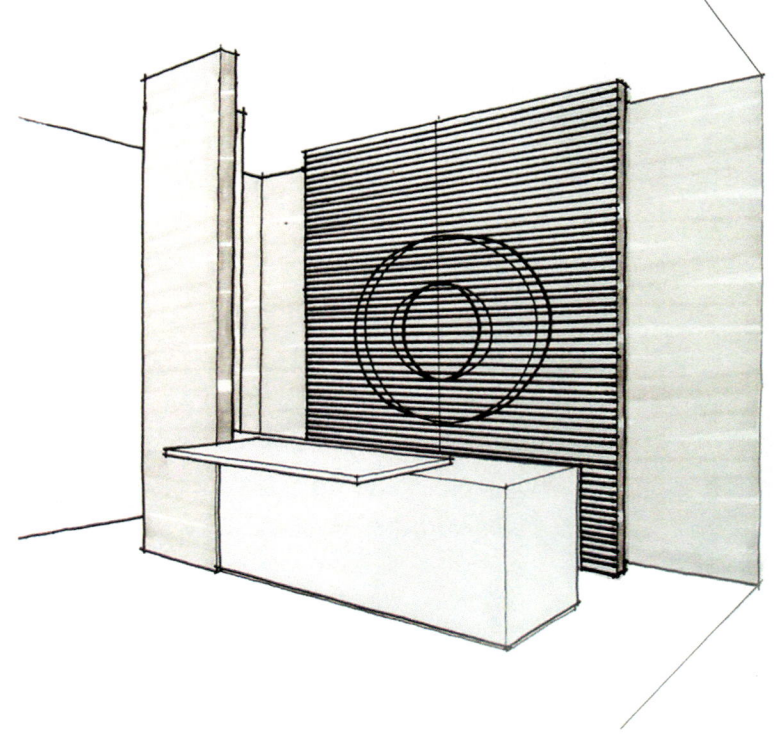
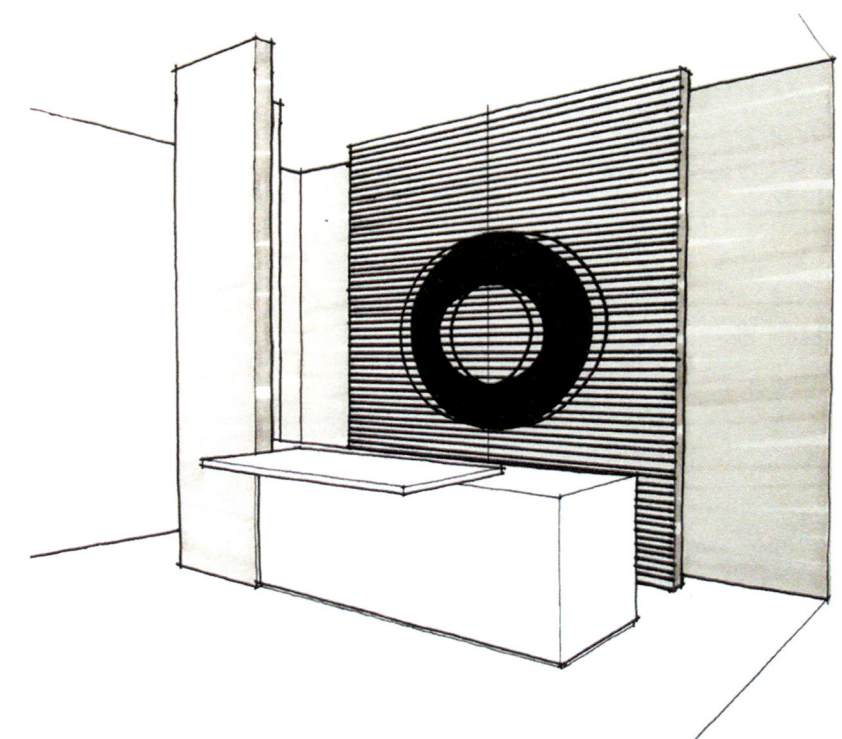

손 컬러링이지만 직선의 느낌을 살리기 위해서는 자를 사용했다.

3. 대리석 상판

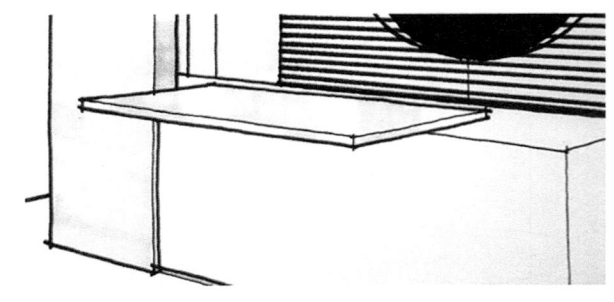

●3 - 01
인포메이션 데스크 상판(대리석 : 비안코)
- CG1
: 반사된 느낌을 주기 위해 마커의 굵은 쪽으로 중간중간 비워놓고 세로로 긋는다.

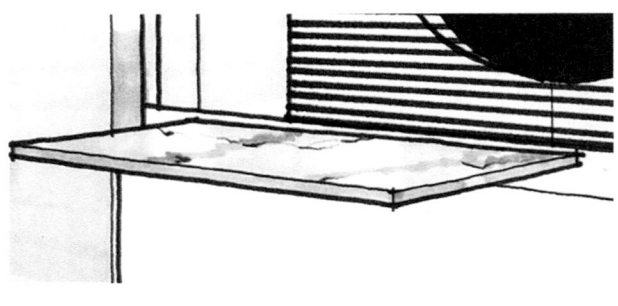

●3 - 02
인포메이션 데스크 상판(대리석 : 비안코)
- CG2, CG4, 검정색 색연필
: 마커의 가는 쪽으로 대리석의 패턴을 표현한다

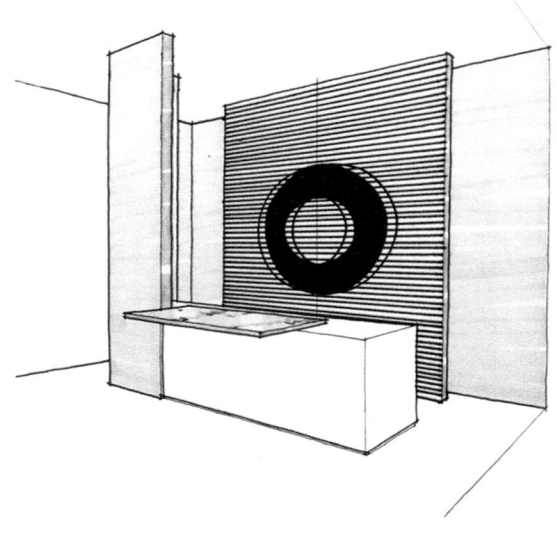

패턴을 표현할 때 유의할 점은 소점의 방향을 의식해야 한다는 점이다. 아무리 사실적으로 표현한다 하더라도 소점의 방향에 맞지 않는다면 현실감이 결여된 스케치가 될 것이다.

4. 인포메이션 데스크(Information Desk)

• 4 - 01

인포메이션 데스크 몸체(무늬목 위 투명래커)

- BR107(107)

: 중간중간 비우면서 세로로 긋는다.(이는 무늬목의 방향에 따른다)

• 4 - 02

인포메이션 데스크 몸체(무늬목 위 투명래커)

- BR103(103)

: 중간중간 좀더 많이 비우면서 세로로 긋는다.

• 4 - 03

인포메이션 데스크 몸체(무늬목 위 투명래커)

- 색연필(검정)

: 색연필(검정)으로 무늬목의 패턴을 표현한다.

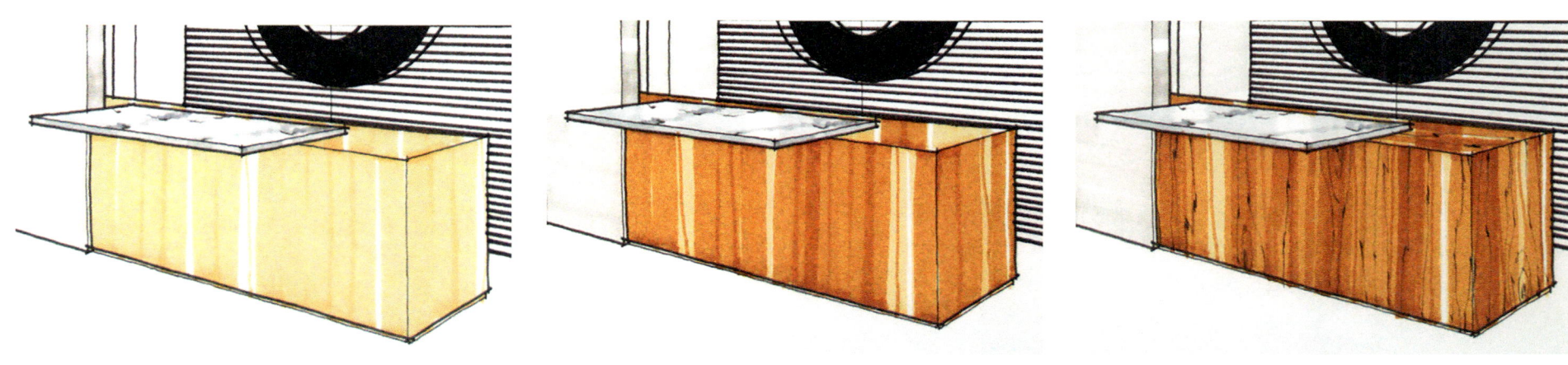

옅은 색부터 채색하되 색이 진해질수록 칠하는 면적이 작아지도록 하고 자연스러운 패턴이 표현될 수 있도록 불규칙적으로 표현한다.

5. 음영

• 5 – 01

WG4/CG4
: 가벽의 측면에 WG4로, 대리석 상판 측면에는 CG4로 음영을 준다.

• 5 – 02

바닥 – WG3
: 간략하게 컬러링하되 마커는 터치의 흔적이 잘 보이는 도구이므로 소점을 염두해 두고 선을 긋는다.
: 가벽 및 인포메이션 데스크가 바닥에 반영된 모습을 표현하기 위해 색연필로 세로 보조선을 긋는다.

시중에 판매되는 마커 제품의 무채색 계열은 쿨 그레이(cool gray), 웜 그레이(warm gray), 그린 그레이(green gray) 등으로 비교적 다양하다. 따라서 같은 무채색 계열이라도 자연스럽게 톤의 변화를 주는 것이 가능하다.

간략하게 하는 컬러링은 특별히 질감이나 패턴을 표현하지 않고 음영만으로 입체감을 표현하기도 한다.

• 5 - 03

이미지 월 + 바닥 - WG3/WG4

: 물체의 형태를 돋보이게 하기 위해 WG3로 이미지 월의 윤곽선을 표현하고 색연필로 그은 세로 보조선에 따라 WG4로 바닥에 가구가 반영된 모습을 표현한다.

• 5 - 04

바닥 - WG7

: 마커의 가는 쪽으로 대리석 상판의 그림자와 가구 전체의 그림자를 간단하게 표현한다.

간략 표현이므로 바닥 재료의 디테일한 표현은 생략한다. 마커의 굵은 쪽으로 채색하되 긋는 방향은 소점을 향하는 것이 자연스럽다.

그림자의 표현에 특별한 규칙은 없으나 사물 바로 아랫부분을 가장 어두운 색으로 표현하면 음영이 자연스럽게 점진적으로 표현되므로 입체감이 생긴다.

6. 마무리 작업

재료명을 표기한다.(지시선 – 플러스펜, 화살표 – 사인펜, 글씨 – 사인펜)

간략 표현일수록 재료명을 표기하는 것이 간략 스케치의 이미지를 극대화하면서 동시에 자연스러워 보일 수 있다.

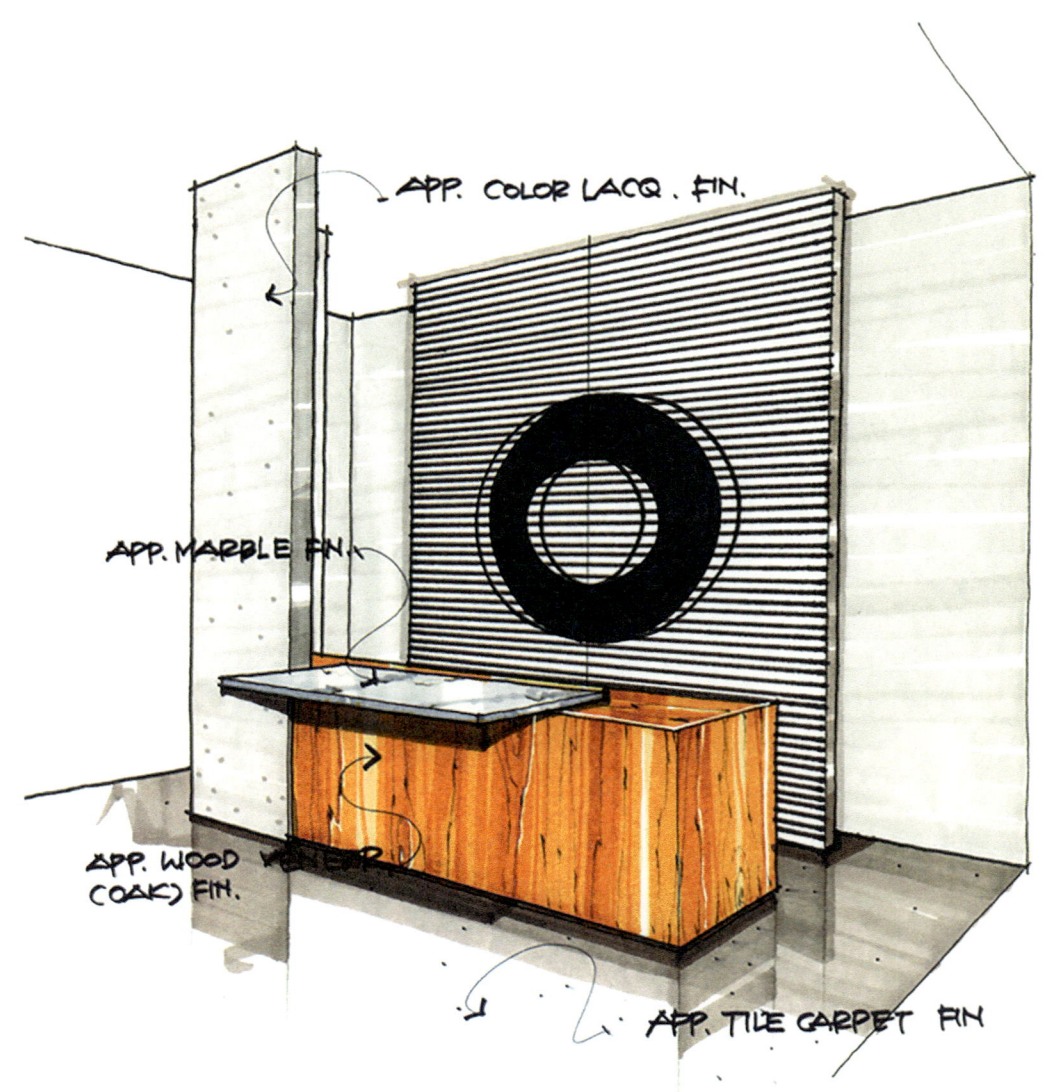

그대로 따라하기 – 로비 바라보기

1단계

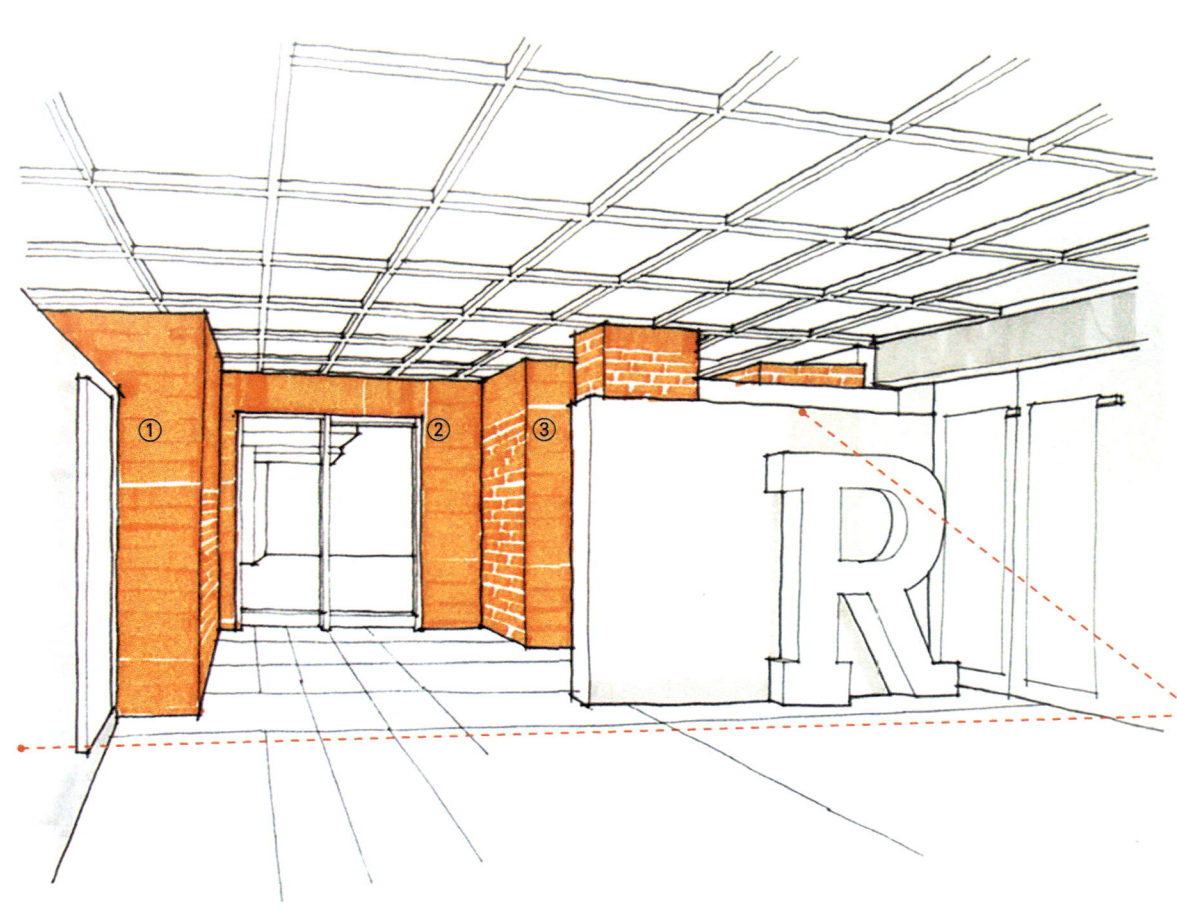

- **벽돌의 표현**

  음영에 따라 비교적 어둡게 표현되는 벽체와 밝게 표현되는 벽체로 나누어 입체감을 표현할 수 있도록 한다.

  ①, ②, ③번 벽체는 어둡게 표현하고 ①, ②, ③번을 제외한 나머지 벽체는 비교적 밝게 표현하고자 한다.

- **벽(벽돌) – BR97(97)**

  - 어둡게 표현되는 벽체(①, ②, ③번 벽체) : 후속 작업을 하기 전 베이스 작업으로써 줄눈을 많이 남기지 말고 메꾸어 주듯이 칠한다.

  - 밝게 표현되는 벽체(①, ②, ③번을 제외한 나머지 벽체)

    간략하게 벽돌의 색감을 표현하기 위해 마커의 굵은 쪽을 옆으로 세워서 선을 긋되 부분적으로 벽돌의 줄눈이 느껴지도록 줄눈패턴을 만들면서 긋는다.

- **벽(컬러 래커 : COLOR LACQ.) – WG1**

  : 흰색의 벽체이므로 여백을 남겨두면서 마커의 굵은 쪽으로 선을 긋는다. 이러한 작업은 벽체의 입체감을 살리기 위한 베이스 작업이 된다.

2단계

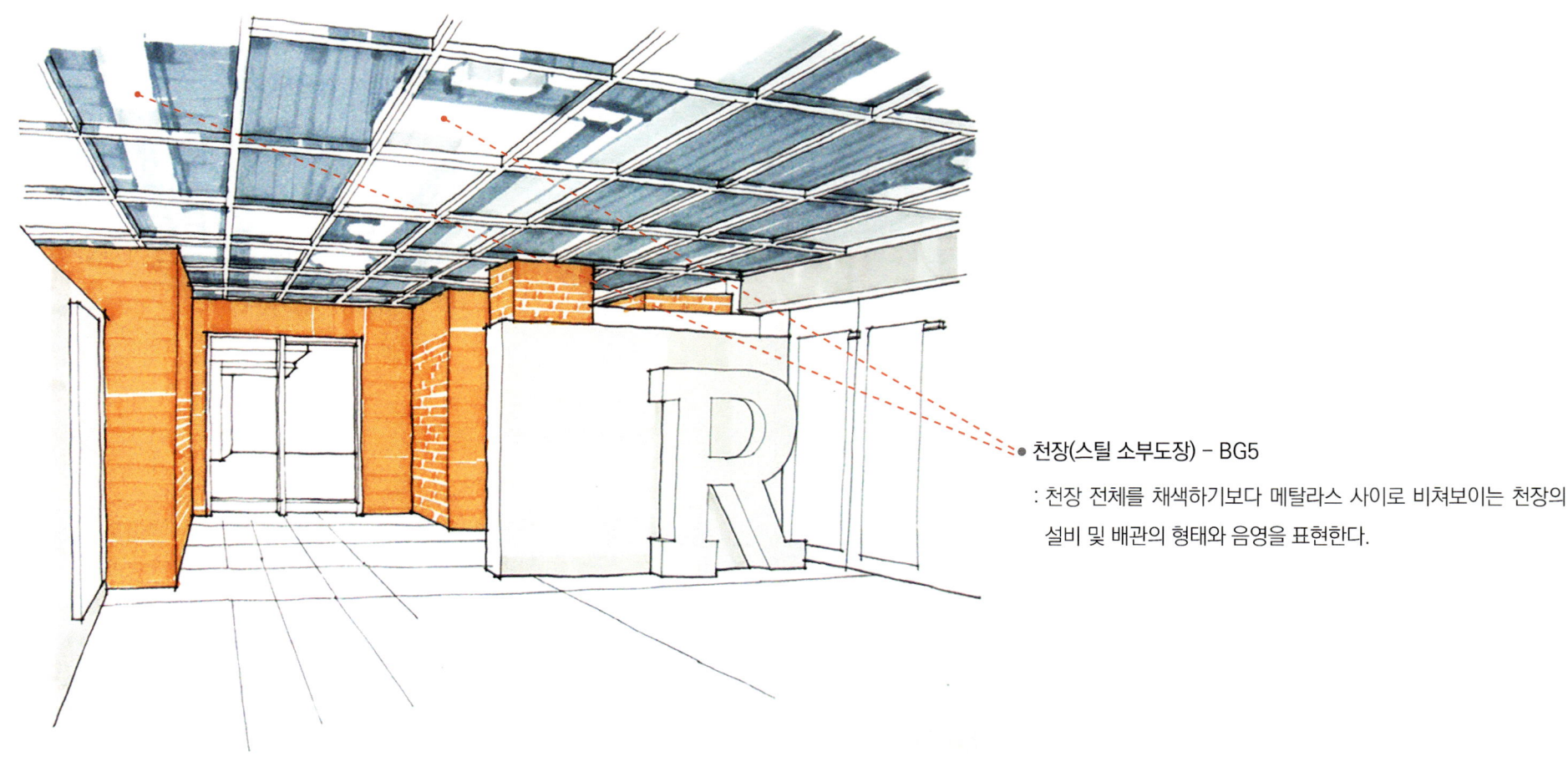

● 천장(스틸 소부도장) - BG5

: 천장 전체를 채색하기보다 메탈라스 사이로 비쳐보이는 천장의
 설비 및 배관의 형태와 음영을 표현한다.

3단계

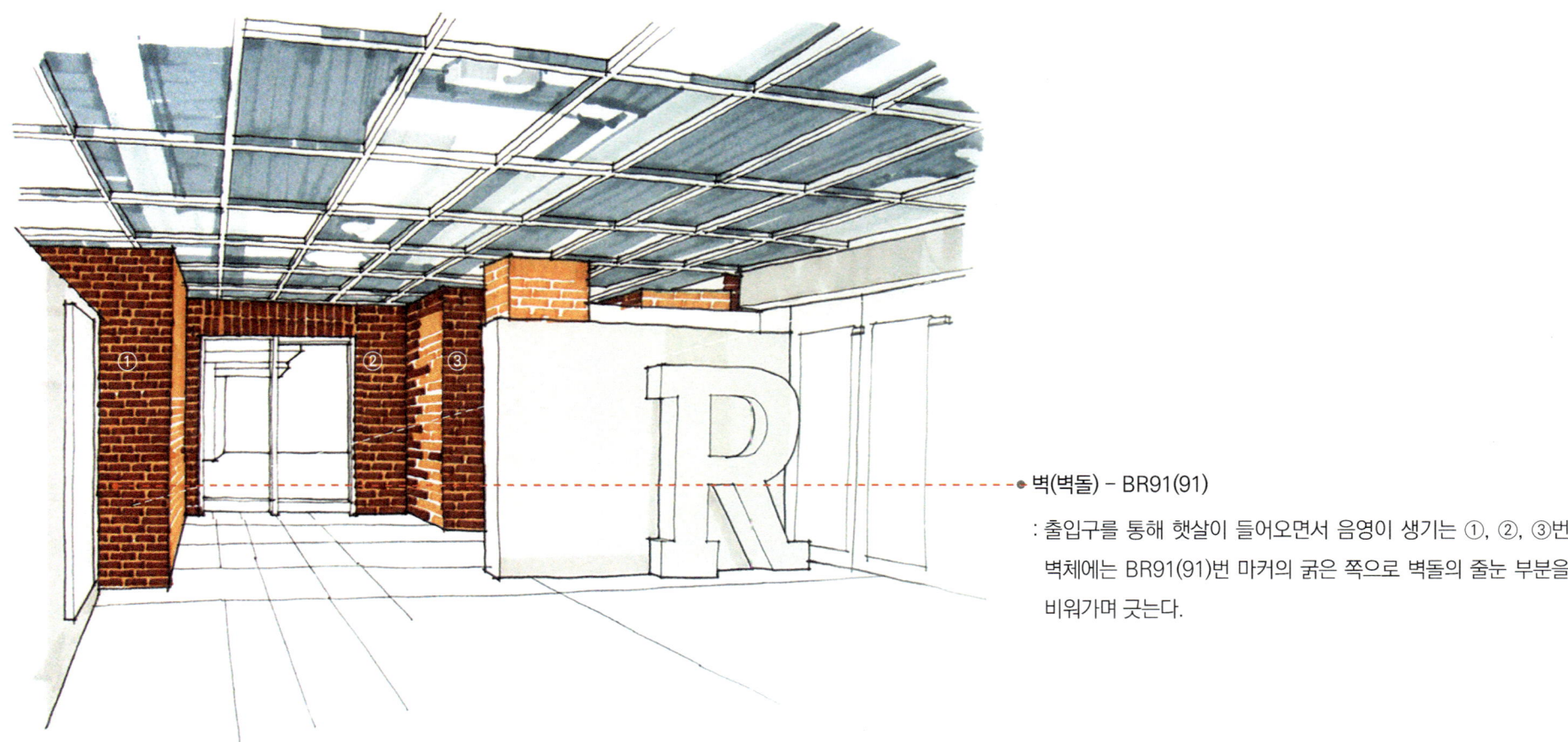

● **벽(벽돌) – BR91(91)**

: 출입구를 통해 햇살이 들어오면서 음영이 생기는 ①, ②, ③번 벽체에는 BR91(91)번 마커의 굵은 쪽으로 벽돌의 줄눈 부분을 비워가며 긋는다.

4단계

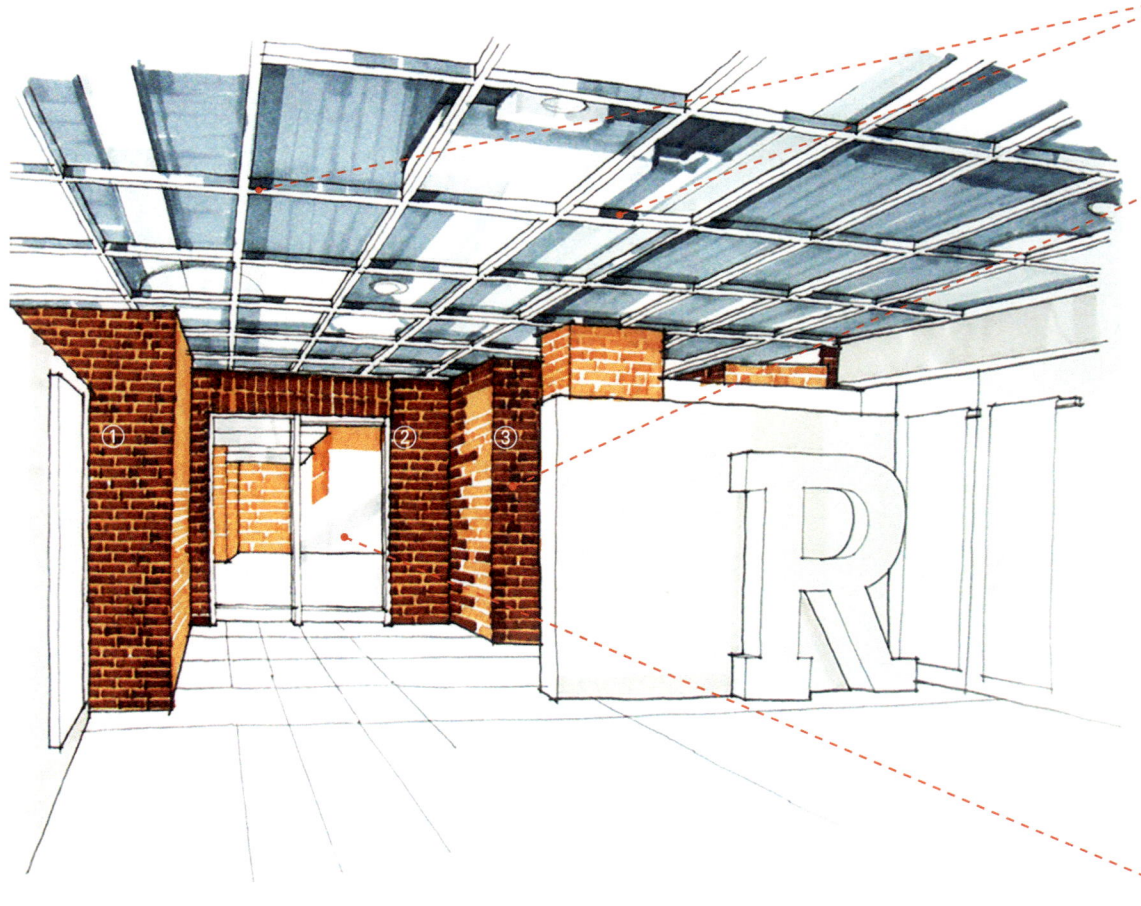

- **천장(스틸 위 소부도장) – BG7**

  : 좀더 어두운 색(BG7)으로 천장의 구조물과 설비 및 배관의 깊이감을 표현한다.

- **벽(벽돌) –BR91(91)**

  : 벽돌 자체의 음영을 살리기 위해 전 단계(3단계)에서 사용한 마커(BR91)로 ①, ②, ③번 벽체에 부분 터치한다.

  〈그림1〉은 전 단계인 3단계에서처럼 마커로 중간중간 줄눈을 비워두고 한 번 그은 상태이며 〈그림2〉는 이번 4단계에서처럼 BR91번 마커로 부분터치하여 벽돌의 러프한 질감을 표현한 것이다.

〈그림1〉　　　〈그림2〉

- **출입구(강화도어) – CG2, BG3, BR97(97)**

  : 유리를 통해 보이는 밖의 모습 일부를 채색하고 유리의 반사 느낌을 사선으로 표현한다.

5단계

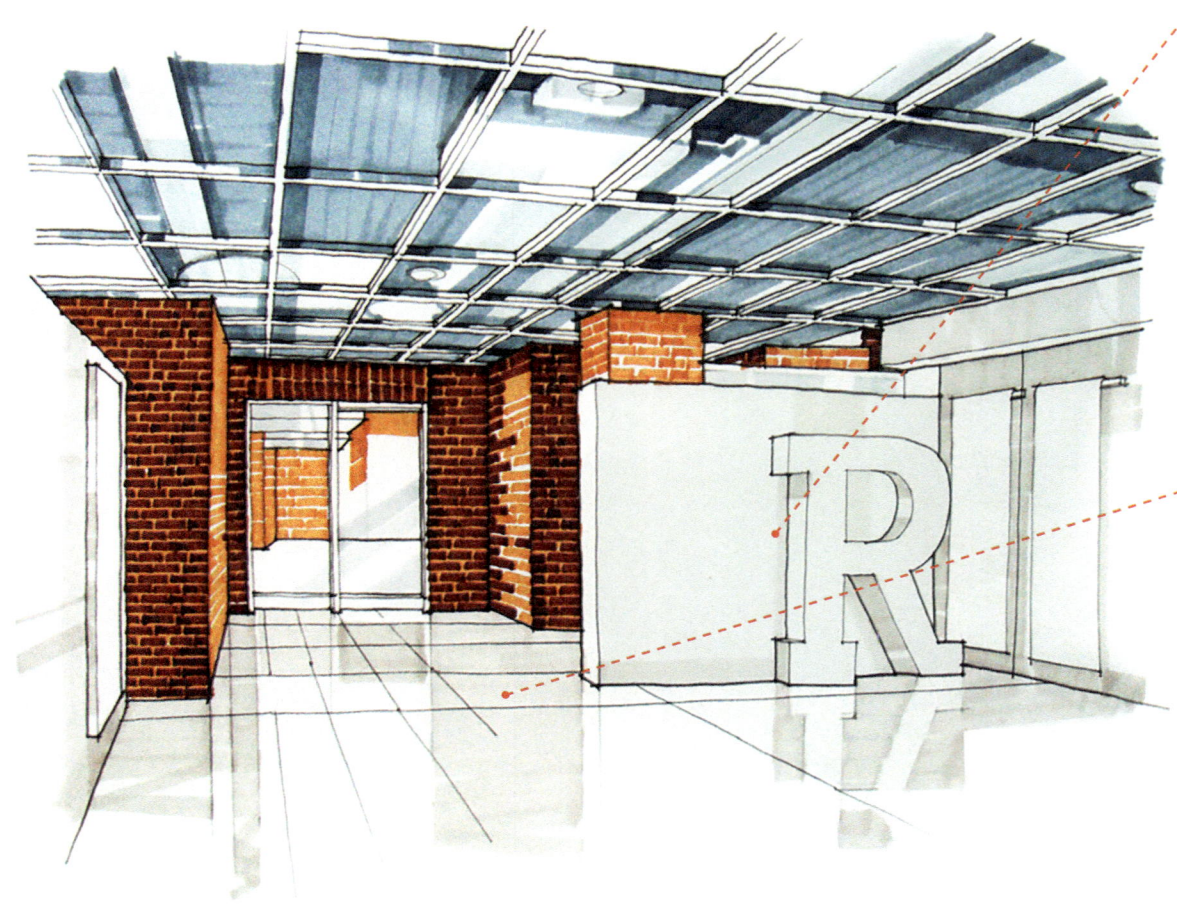

● 벽(컬러 래커 : COLOR LACQ.) - WG2

: 기본 흰색 벽체와 'R'자 형상에 입체감을 살리기 위해 음영을 준다.

흰색 사물을 표현할 때는 사물의 일부는 흰색 그대로 두고 음영을 약간 표현함으로써 입체감을 표현할 수 있다.

● 바닥 음영 - WG1, 짙은 회색

: 바닥재의 표면에 비친 사물을 표현하기 위해 색연필(짙은 회색)로 세로선을 긋고 마커(WG1)로 바닥에 비친 사물의 윤곽을 표현한다.

아래 사진에서처럼 사물은 유광인 바닥면에 색과 형태가 그대로 비쳐보이므로 간략하게라도 사물의 색과 형태를 바닥에 표현해주는 것이 효과적이다.

6단계

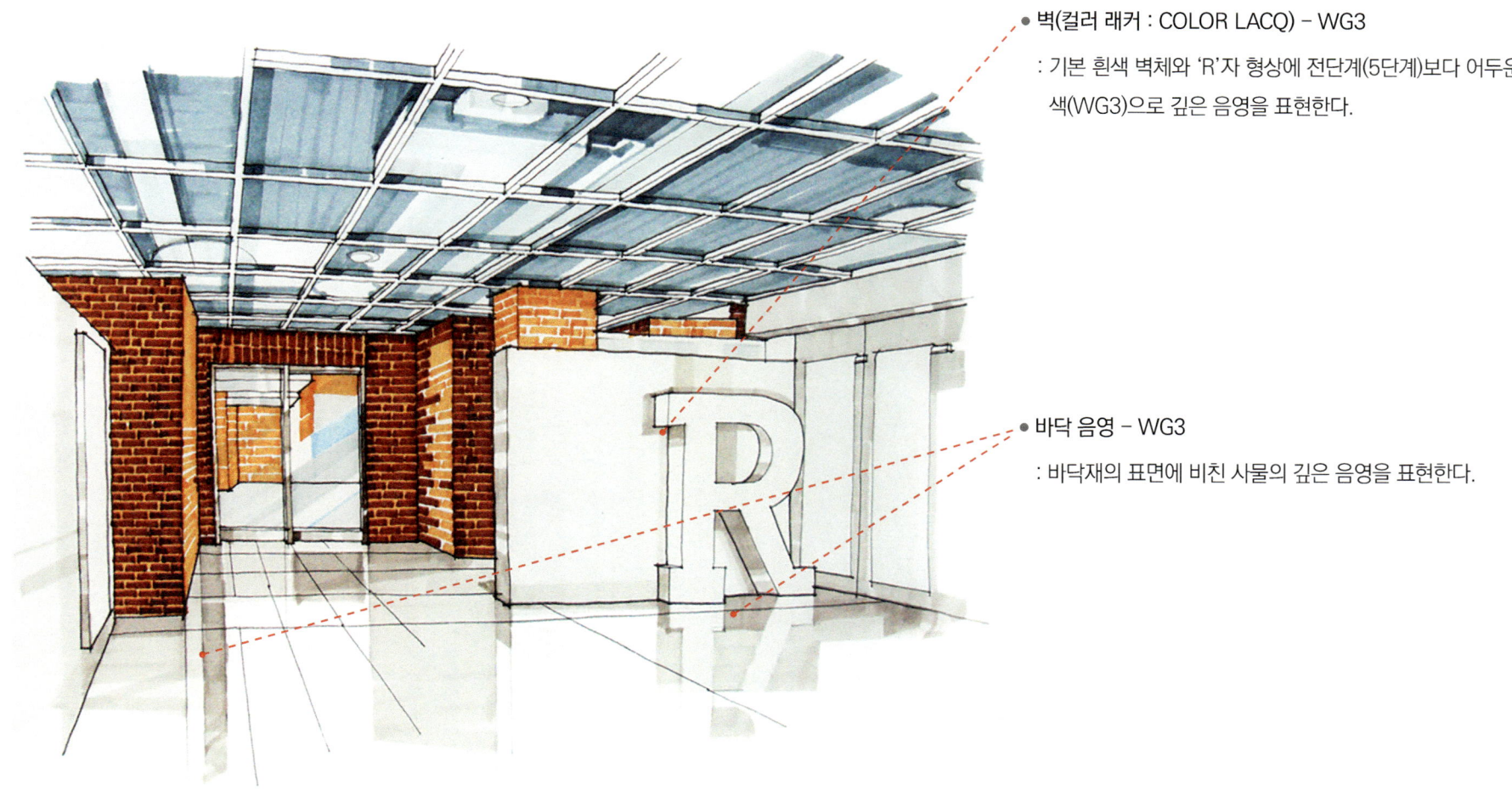

- 벽(컬러 래커 : COLOR LACQ) - WG3
  : 기본 흰색 벽체와 'R'자 형상에 전단계(5단계)보다 어두운 색(WG3)으로 깊은 음영을 표현한다.

- 바닥 음영 - WG3
  : 바닥재의 표면에 비친 사물의 깊은 음영을 표현한다.

7단계

● 천장 – 색연필(짙은 회색) : 천장 메탈라스의 질감을 표현한다.

● 천장의 조명(YR33(33))을 간략하게 표현한다.

● 전체 – 색연필(짙은 회색)
깊은 그림자 부분에 선 터치로 입체감을 준다.

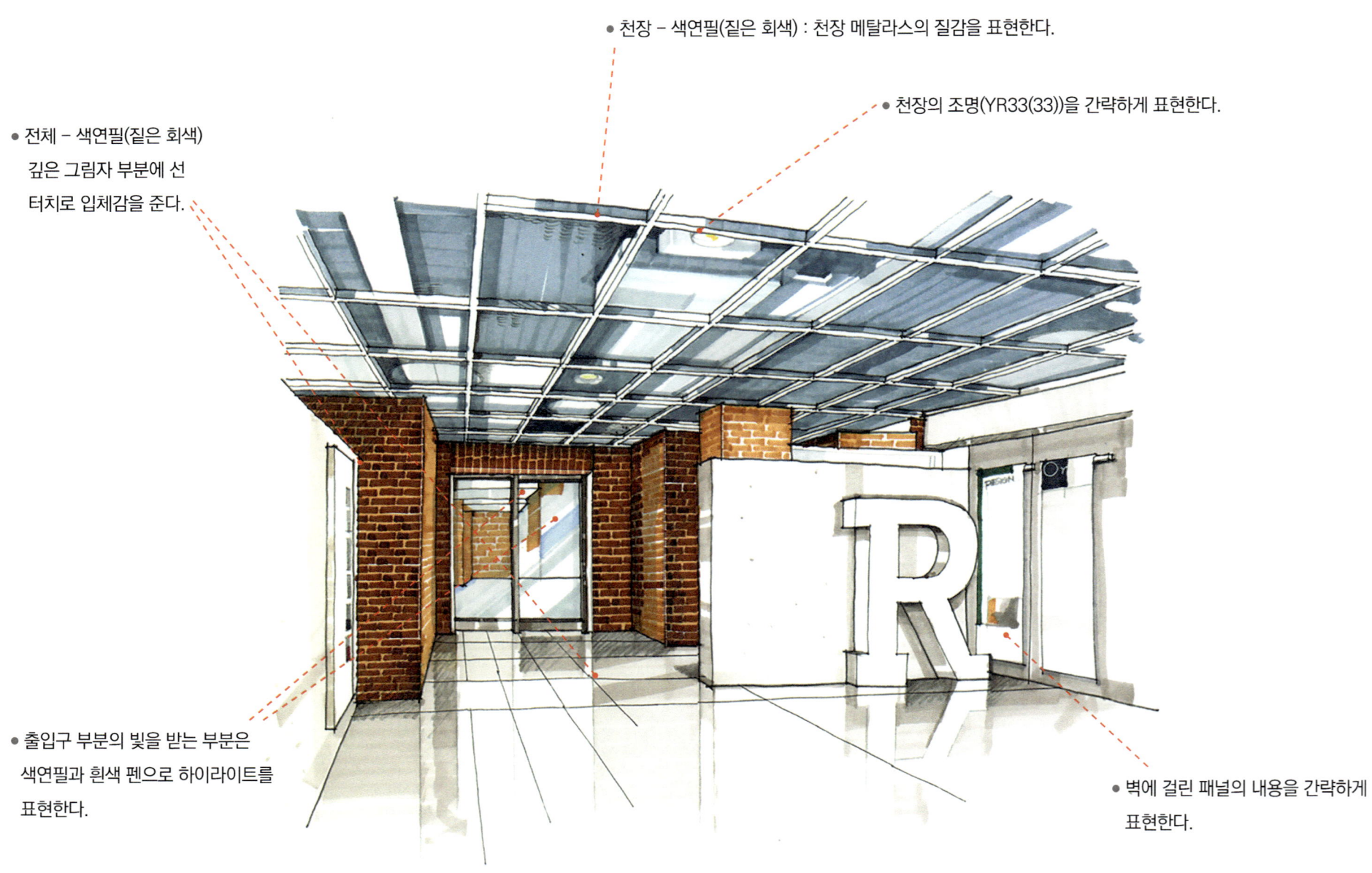

● 출입구 부분의 빛을 받는 부분은 색연필과 흰색 펜으로 하이라이트를 표현한다.

● 벽에 걸린 패널의 내용을 간략하게 표현한다.

최종 결과물

그대로 따라하기 – 주방 바라보기

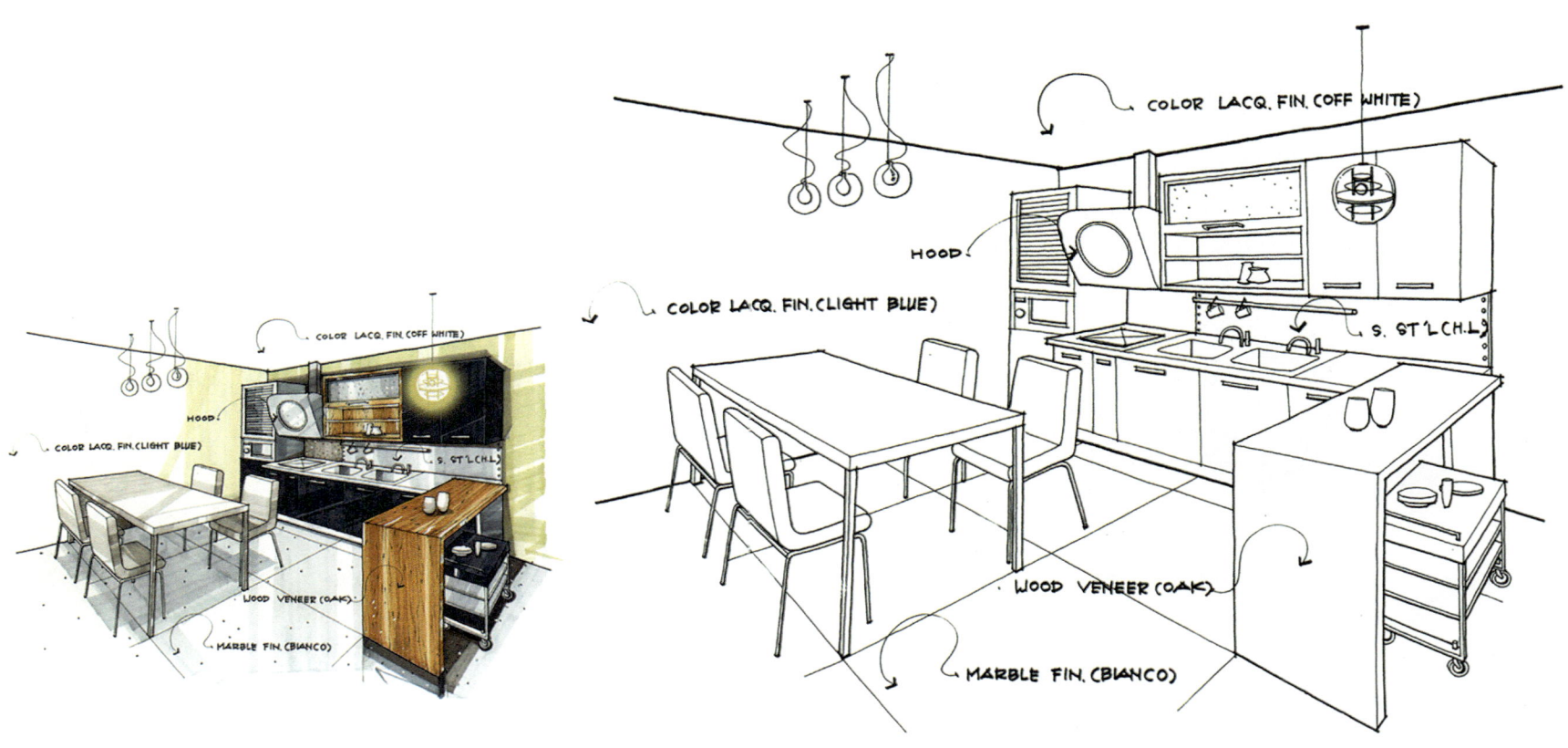

1단계

• 식탁 – WG1

: 여백을 남기고 터치감을 살려 선을 긋는다.

• 흰색(고명도의 무채색) 사물의 표현

모든 요소를 있는 그대로 디테일하게 표현하기는 힘들다. 특히 흰색(고명도의 무채색) 사물의 경우는 오히려 사물은 그대로 두고 주변의 그림자를 표현함으로써 강조할 수도 있다. 여기서 흰색 식탁 상판의 경우 꼼꼼히 메꾸기보다 여백을 살리면서 동시에 터치감을 살린 표현이 더 효과적이다.

• 벽(컬러 래커 : COLOR LACQ) – BR134(134)

: 간략하게 벽의 색감을 표현하기 위해 마커의 굵은쪽으로 수직으로 선을 내려 긋는다. 이 경우도 역시 한번의 터치만으로는 표현이 부족하므로 일단 다음 작업을 위해 베이스 작업만 진행한다.

• 씽크대 상부장 도어(미스티 글래스 : MISTY GLASS) – CG1

• 씽크대 상판, 후드, 바퀴가 달린 이동식 트레이
(스테인리스 스틸 : S.ST'L) – CG1

• 의자 – WG1

: 특별한 색감이나 질감의 표현이 필요한 경우가 아니라면 음영만을 주는 표현도 좋다. 음영을 주기 위한 베이스 작업으로 의자등받이 상부는 비워놓고 나머지 부분을 칠해준다.

• 바닥(대리석) – CG1

2단계

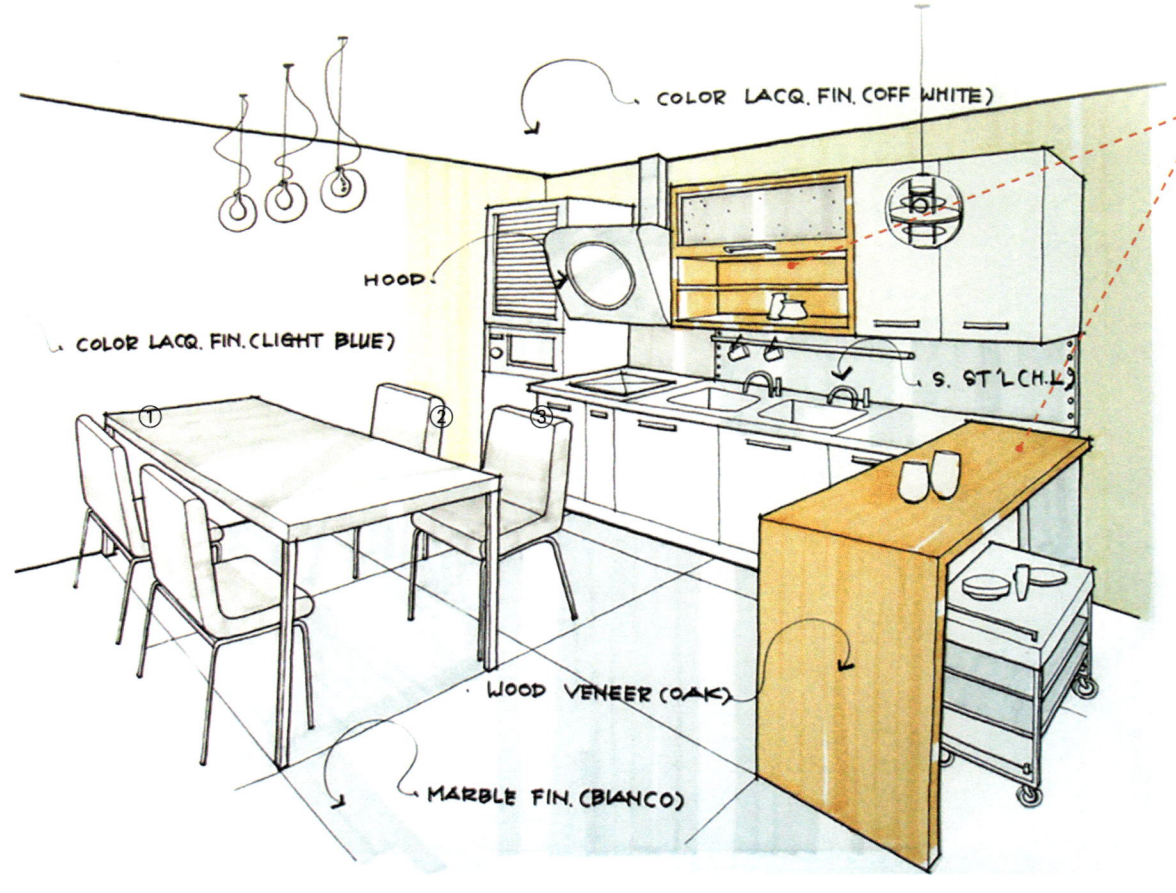

● 씽크대 상부장, 사이드 테이블(무늬목) - BR107(107)

: 여러 가지 컬러와 패턴의 무늬목 중 오크(OAK)는 중간색을 띤다. 따라서 수종 자체의 컬러와 근접한 컬러 중 명도가 높은 색으로 베이스 작업을 한다.

● 무늬목의 표현

무늬목은 방향과 결이 있으므로 한 가지 방향을 정해 그 방향대로 칠하면 된다. 단 마커 자국이 남으므로 무늬결을 투시소점 방향을 향하도록 하는 것에 유의한다.

일부는 겹치고 일부는 비워 자연스러운 느낌이 나도록 한다.

가는 프레임의 경우에는 굵은 쪽으로 중간중간 비워놓으며 칠하는 것이 더 자연스럽다.

3단계

- 씽크대, 바퀴가 달린 이동식 트레이(스테인레스 스틸 : S.ST'L)
  - CG3
  : 스테인레스 스틸(H.L)의 반사된 느낌을 표현하기 위해 사선으로 터치감을 준다.

- 스테인레스 스틸의 표현

  스테인레스 스틸은 반사된 느낌을 표현하는 것이 중요하다. 반사된 느낌은 사선으로 표현하는 것이 효과적이며 재료의 특성상 컬러는 한정되어 있으므로 명도차(밝고 어두움의 차이)를 이용해 무채색을 단계적으로 터치감 있게 표현한다. 스테인레스 스틸의 컬러는 무채색 중에서도 CG(COOL GRAY)계열의 색을 사용하는 것이 효과적이다.

4단계

- 씽크대 상부장, 사이드 테이블(무늬목) – BR107(107)

  : 2단계 작업했던 컬러와 같은 컬러로 중간중간 비워 놓고 덧칠한다. 같은 컬러라도 마른 후 덧칠하면 컬러가 어두워지므로 사물의 명암을 표현하기에 효과적이다.

- 씽크대 후면벽(인조 대리석) : WG3

- 씽크대 부분 음영(스테인레스 스틸 : S.ST'L) – CG5

- 씽크대, 바퀴가 달린 이동식 트레이(하이그로시 도장) – CG9

  : 베이스 작업으로 정돈된 느낌으로 컬러링하고 다음 단계에서 사선으로 터치감은 준다.

- 짙은 컬러의 사용 방법

  짙은 색은 경계선에서 벗어나면 지저분해 보이므로 가급적 선밖으로 벗어나지 않게 채색한다. 또한 짙은 색은 칠할 때는 매우 어둡게 보이지만 마르면 다소 밝아지는 경향이 있으므로 다음 단계에서 덧칠하여 터치감을 표현하는 것이 가능하다.

5단계

- **벽(컬러 래커 : COLOR LACQ) - Y169(169)**

  : 패턴이 없는 도장재의 표현은 패턴보다는 터치감을 살려 표현한다. 특히 가까운 곳의 질감이나 패턴, 터치감을 디테일하게 표현하는 것은 전체의 완성도를 높이는 방법 중 하나다.

- **씽크대 상부장/사이드 테이블(무늬목) - BR103(103)**

  : 베이스 작업한 컬러와 같은 계열의 약간 어두운 컬러를 선택하여 한 방향으로 좀더 많이 비워놓고 긋는다. 자연스러운 느낌을 위해 가늘게 굵게 변칙적으로 긋도록 한다.

- **씽크대 하부장/바퀴가 달린 이동식 트레이(하이그로시 패널) - CG9**

  : 유광의 반짝이는 하이그로시의 느낌을 주기 위해 마커의 굵은 쪽을 이용해 사선을 긋는다.

6단계

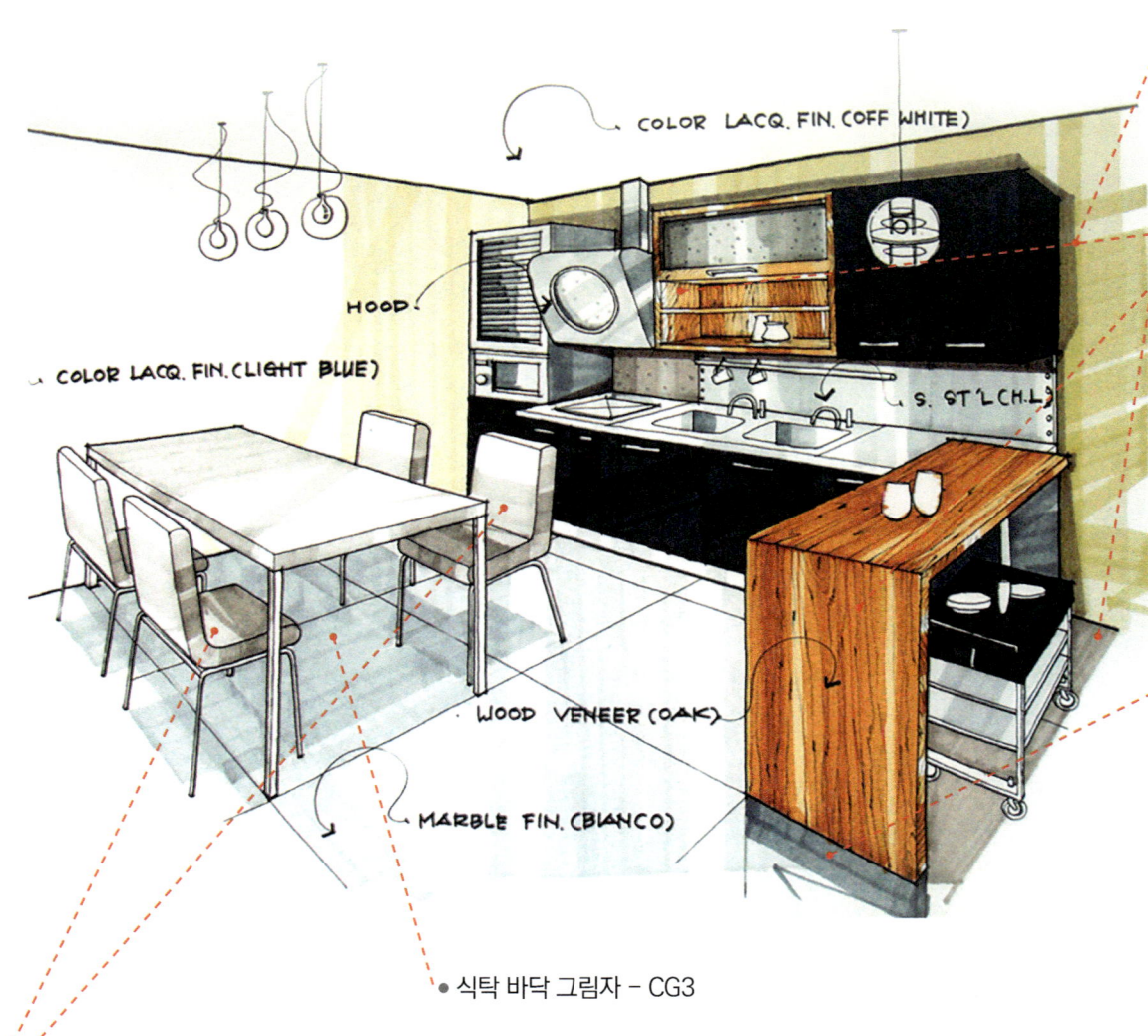

- **씽크대, 사이드 테이블의 전체적인 음영 – WG5**

  : 그림자를 표현하는 데 꼭 법칙을 따를 것을 권하지는 않는다. 그러나 사물의 주변부가 어두워짐으로 인해 사물이 두드러지는 현상이 있으므로 눈에 거슬리지 않는 한도 내에서 사물의 주변부를 어둡게 표현한다.

- **무늬목 나이테 – 검정색/짙은 갈색 색연필**

  : 베이스 작업이 완료된 상태에서 색연필로 나이테의 패턴을 표현한다.

  > **● 디테일한 패턴의 표현**
  >
  > 마커는 가는 쪽으로 긋더라도 번지는 경향이 있어 포인트를 표현하기에는 어려움이 있으므로 포인트가 되는 패턴은 사용한 마커의 색보다 짙은 색연필로 표현하는 것이 효과적이다.

- **사이드 테이블 바닥 그림자 – CG5**

  : 전체적으로 면을 메꾸기 보다 부분적인 러프한 선 터치감을 주는 것도 전체 스케치에 변화를 주는 한 방법이다.

- **식탁 바닥 그림자 – CG3**

- **의자 측면과 좌판 – WG4** : 입체감을 표현하기 위해 의자 측면과 의자 좌판에 간략하게 음영을 표현한다.

7단계

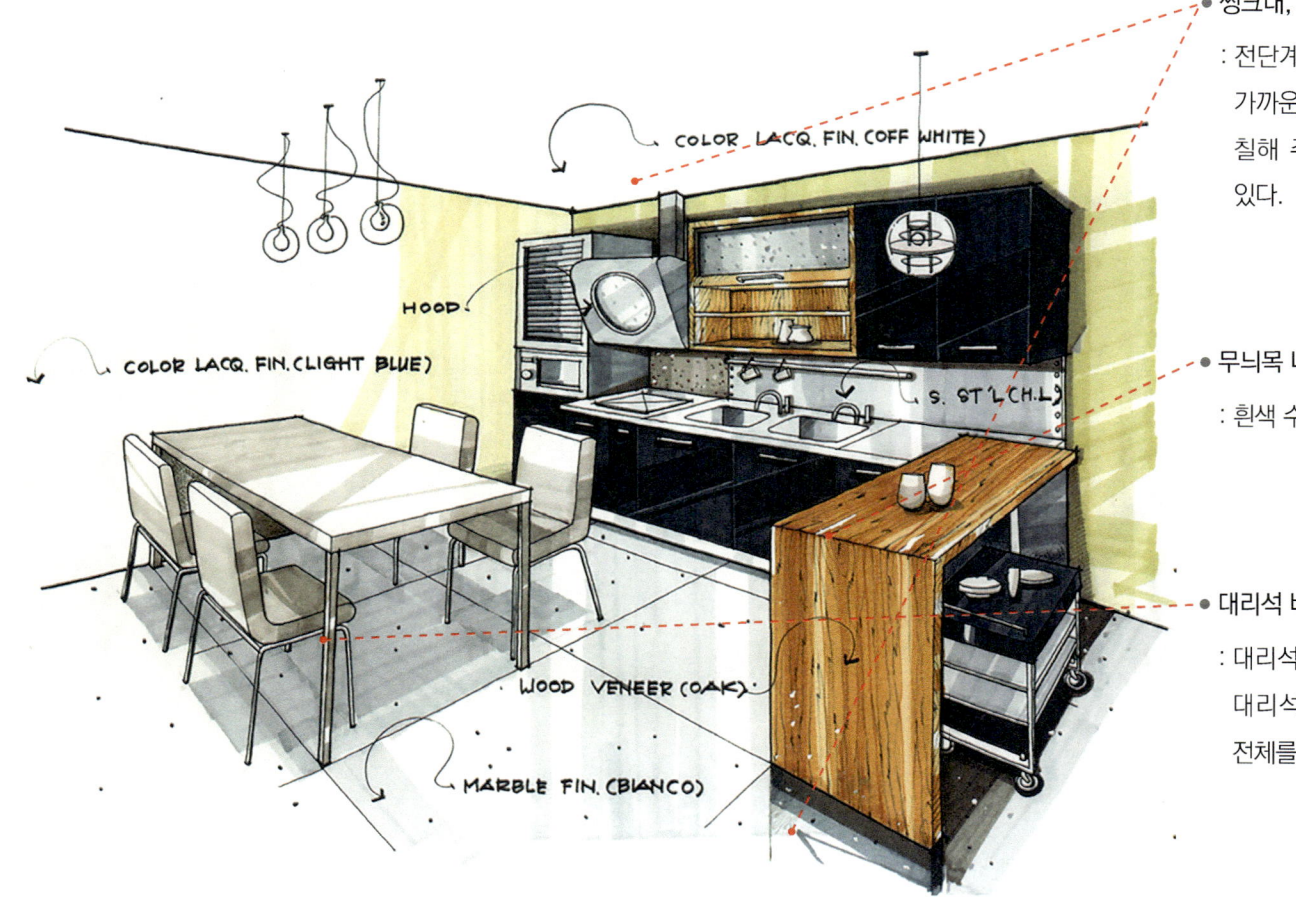

● 씽크대, 사이드 테이블의 전체적인 음영 - WG7

: 전단계(6단계)의 베이스 작업 위에 좀 더 어두운색으로 사물과 가까운 부분의 음영을 한 번 더 칠한다. 이때 좀 더 적은 면적을 칠해 주어야만 단계적인 음영이 표현되어 입체감이 배가될 수 있다.

● 무늬목 나이테 - 흰색 수정액

: 흰색 수정액으로 나이테에 포인트를 주어 표현을 마무리한다.

● 대리석 바닥 - CG7

: 대리석의 패턴을 디테일하게 표현하는 경우도 있지만 여기서는 대리석의 디테일한 표현보다 바닥 전체에 점을 찍어 바닥 면 전체를 강조하였다.

8단계

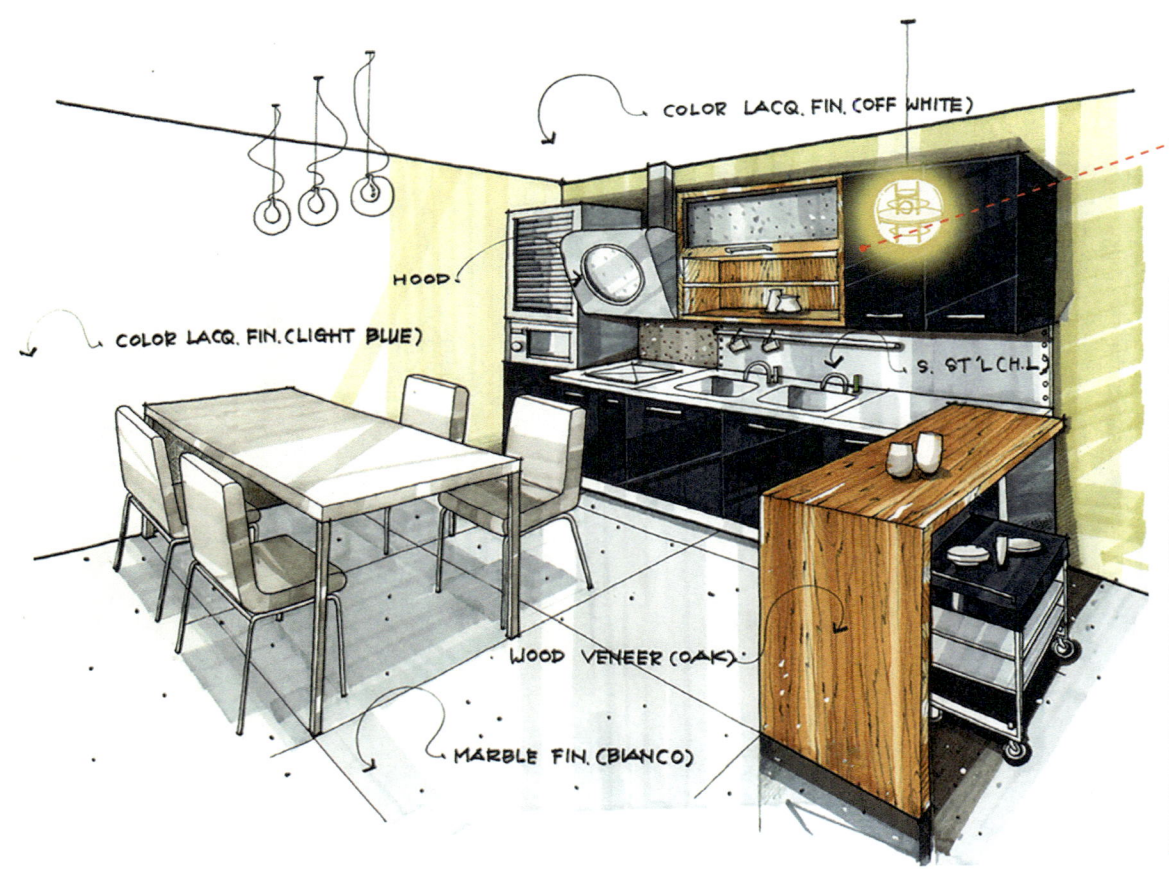

● 펜던트

: 포토샵 프로그램에서 작업

● 조명의 표현

1. 포토샵 화면에서 본인이 그린 스케치 파일(JPG파일)을 오픈한다.
2. 레이어를 새로 만든다.
3. 툴바에서 브러시를 선택한다.(브러시의 색과 크기를 결정한다)
4. 스케치상에서 조명원을 클릭한다.
5. 레이어 팔레트에서 블렌드 모드를 스크린(SCREEN)으로 설정한다.
6. 레이어 팔레트에서 불투명도를 조절하여 의도한 조명의 농도를 설정한다.

최종 결과물

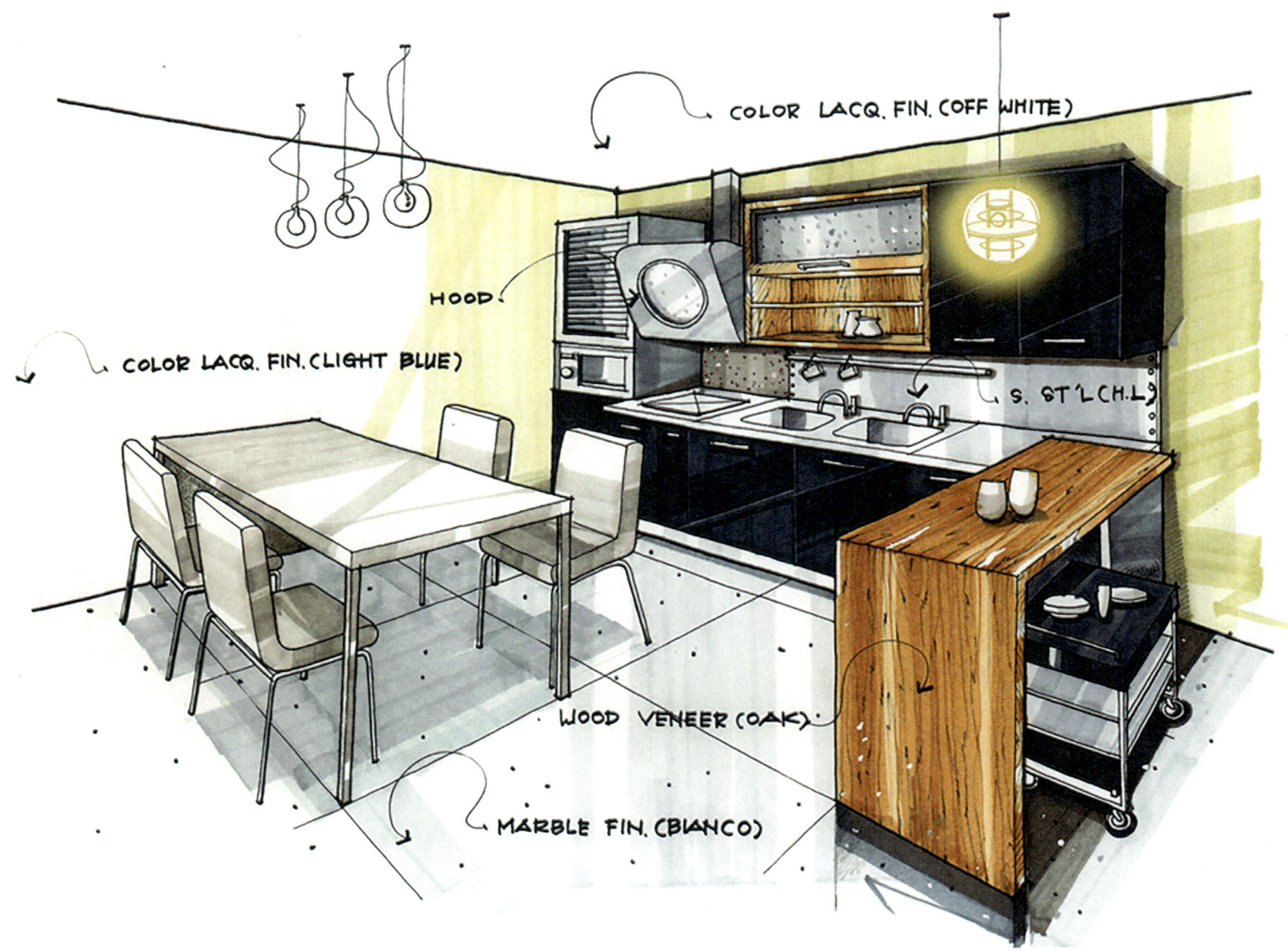

PART.04 _컬러링

내부 공간 컬러링의 예

- COLORING 01

• COLORING 02

천장의 조명색을 표현하지 않은 경우

포토샵 프로그램을 이용해 천장의 조명을 표현한 경우

• COLORING 03

• COLORING 04

• COLORING 05

9.2 건물(공간) 외부에서 보기

건축 외관 컬러링은 컬러링하는 주요 요소는 다를 수 있으나 질감이나 패턴, 컬러, 음영을 표현하는 방법에서는 실내 컬러링과 크게 다른 점은 없다.
수목, 수요소 등 환경적 요소가 포함되는 경우가 많으므로 이러한 요소의 표현 방법을 눈여겨보고 익숙하게 표현할 수 있도록 연습한다.

1. 마커의 선 터치감을 살려 건물의 매스감과 입체감을 간략하게 표현한 경우(펜 스케치 + 펜 터치로 음영 + 마커 컬러링)

• COLORING 01

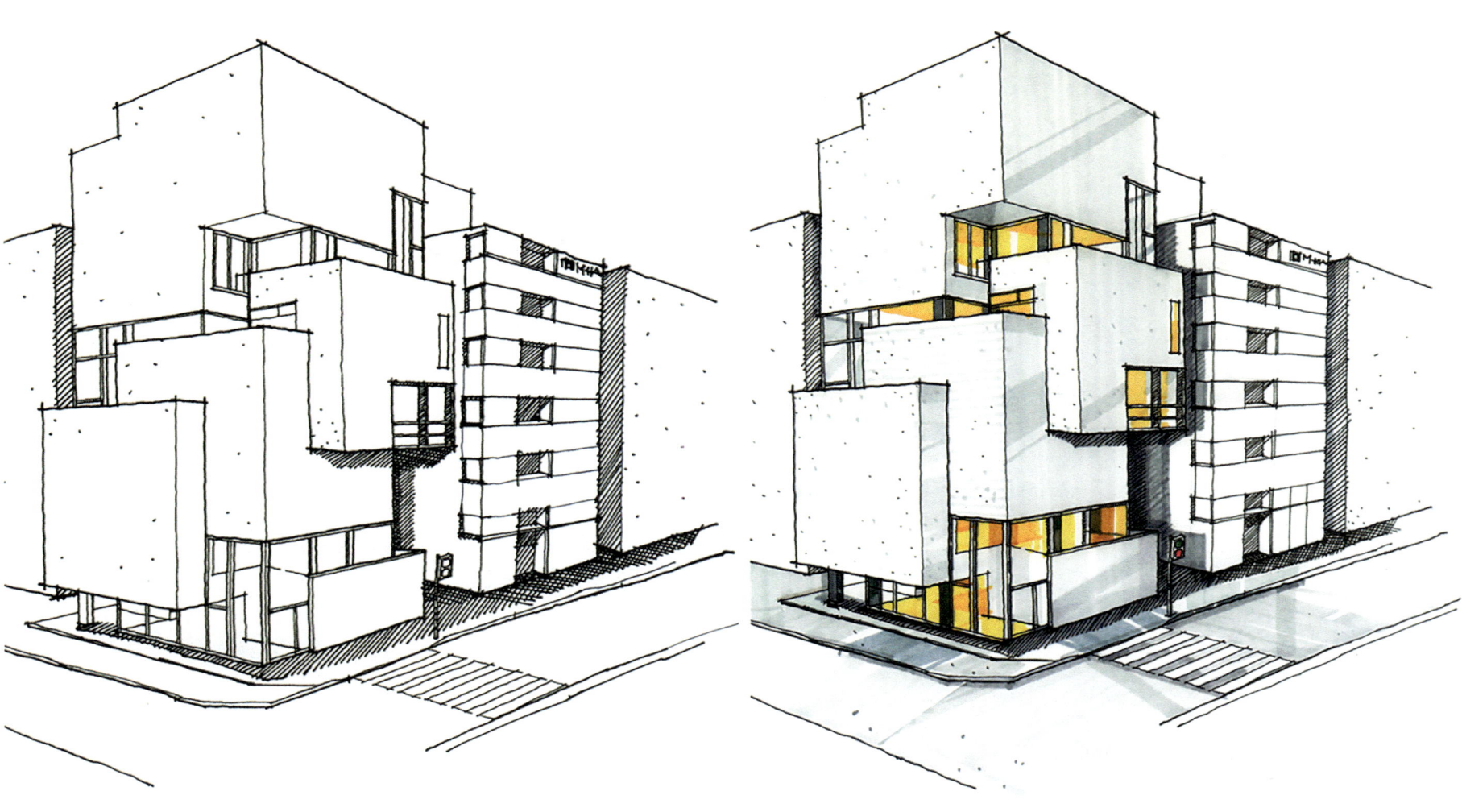

2. 건물 전체의 매스감을 표현하기보다 기본 눈높이에서 본 건물과 주변 요소를 간략하게 표현한 경우(펜 스케치 + 펜 터치로 음영 + 마커 컬러링)

• COLORING 02

3. 주변환경 요소와 함께 건축외장에 사용된 마감재료의 특성을 최대한 살려 표현한 경우(펜 스케치 + 마커 컬러링)

• COLORING 03

• COLORING 04

4. 건축물의 표현보다 수목, 폭포, 바위 등 주변 환경 요소를 중점적으로 표현한 경우(펜 스케치 + 마커 컬러링)

• COLORING 05

≫ 그대로 따라하기 – 건물과 환경요소 바라보기

1단계

- 벽돌의 표현

앞의 〈그대로 따라하기 - 로비 바라보기〉와 마찬 가지로 여기서도 벽돌 벽은 음영에 따라 비교적 어둡게 표현되는 벽체와 밝게 표현되는 벽체로 나뉜다.

여기서는 ①, ②, ③번 벽체가 어두운 벽체로 나머지 벽체가 밝은 벽체로 표현된다. 따라서 같은 컬러(BR97(97))를 사용하긴 하지만 이번 단계에서 ①, ②, ③번 벽체는 후속 작업을 위한 베이스작업이 진행되며 ①, ②, ③번을 제외한 나머지 벽돌 벽은 그 자체로 마무리 작업이 진행된다.

● 건물 외벽(벽돌) - BR97(97)

- 어둡게 표현되는 벽체(①, ②, ③번 벽체)
  후속 작업을 하기 전 베이스 작업으로서 줄눈을 많이 남기지 말고 메꾸어 주듯 칠한다.

- 밝게 표현되는 벽체(①, ②, ③번을 제외한 나머지 벽체)
  간략하게 벽돌의 색감을 표현하기 위해 마커의 굵은 쪽을 옆으로 세워서 선을 긋되 부분적으로 벽돌의 줄눈이 느껴지도록 줄눈패턴을 만들면서 긋는다.

마커의 굵은 쪽을 옆으로 세워 벽돌을 표현할 경우 본 예제의 경우처럼 A3사이즈의 용지에 적당한 크기의 벽돌을 표현할 수 있다.

2단계

● 카페 외벽(컬러 래커 : COLOR LACQ.) - CG1

: 여백을 남기면서 마커의 굵은 쪽으로 선을 긋는다. 이러한 작업은 벽체의 입체감을 살리기 위한 베이스 작업이 된다.

● 흰색의 여백을 이용한 표현

컬러링 과정에서 흰색 여백을 남기고 컬러링하면 좀더 자연스럽고 맑은 느낌으로 표현할 수 있다. 진한 색으로 컬러링을 하고 흰색으로 패턴을 넣는 경우는 흰색 하이라이트 부분이 눈에 띄게 하기 위해 전체적으로 어둡게 표현하게 되므로 컬러링 결과물이 탁해지기 쉽다.

3단계

● 건물 외벽(벽돌) – BR91(91)

: 음영이 생기는 ①, ②, ③번 벽체에는 마커의 굵은 쪽으로 줄눈을 표현한다. 마커의 굵은 쪽을 사용하되 옆으로 세워 사용하면 좀더 가는 선을 그을 수 있다는 점에 유의하자.

4단계

- **나무 – WG1**

  : 나뭇가지의 자연스러운 느낌을 표현하기 위해 마커의 굵은 쪽을 사용해 중간중간 비워놓으면서 사선 또는 가로로 긋는다.

- **카페 외벽 상부 – CG1/CG2**

  : CG1으로 중간중간 비우면서 수직으로 긋고 마른후 CG2로 한 번 더 긋는다.(햇빛을 받는 면이므로 측면 벽보다 다소 밝게 표현한다)

- **카페 외벽 – CG2**

  : 벽체 자체의 요철로 인해 생기는 그림자를 표현한다.

> ● **건축 외관의 그림자 표현**
>
> 실내 공간 스케치의 경우 여러 방향에서의 조명원에 의해 그림자의 방향성이 애매해지는 경향이 있는 반면 건축 외관 스케치에서 그림자는 태양광의 영향으로 실내 스케치에서보다 방향성을 갖는다. 물론 흐린 날에는 그림자의 영향을 다소 덜 받겠지만 건축 스케치에 적절한 그림자 효과는 건축의 매스감을 더욱 두드러지게 한다.

- **카페 외벽 – CG1/CG3**

  : 자연스러운 느낌을 표현하기 위해 부분적으로 사선의 터치감을 표현한다.

> ● **흰색 벽체의 표현**
>
> 흰색의 벽체라고 해서 그냥 내버려 두기에는 허전한 경우가 있다. 마커를 이용한 컬러링에서는 사선의 터치감을 주는 것이 허전하지 않고 오히려 자연스러운 손 컬러링의 느낌을 주는 한 방법이다.

- **단상 상부 – WG1**

  : 러프한 질감의 나무를 표현하기 위해 거친 느낌을 살려 표현한다.

- **단상의 측면/펜스 – WG5**

  : 같은 규격의 패널을 이어 덧댄 것을 표현하기 위해 마커의 굵은 쪽을 사용해 세로로 긋는다. 같은 굵기로 긋되 중간중간 비워놓거나 겹치면 자연스러운 느낌을 줄 수 있다.

5단계

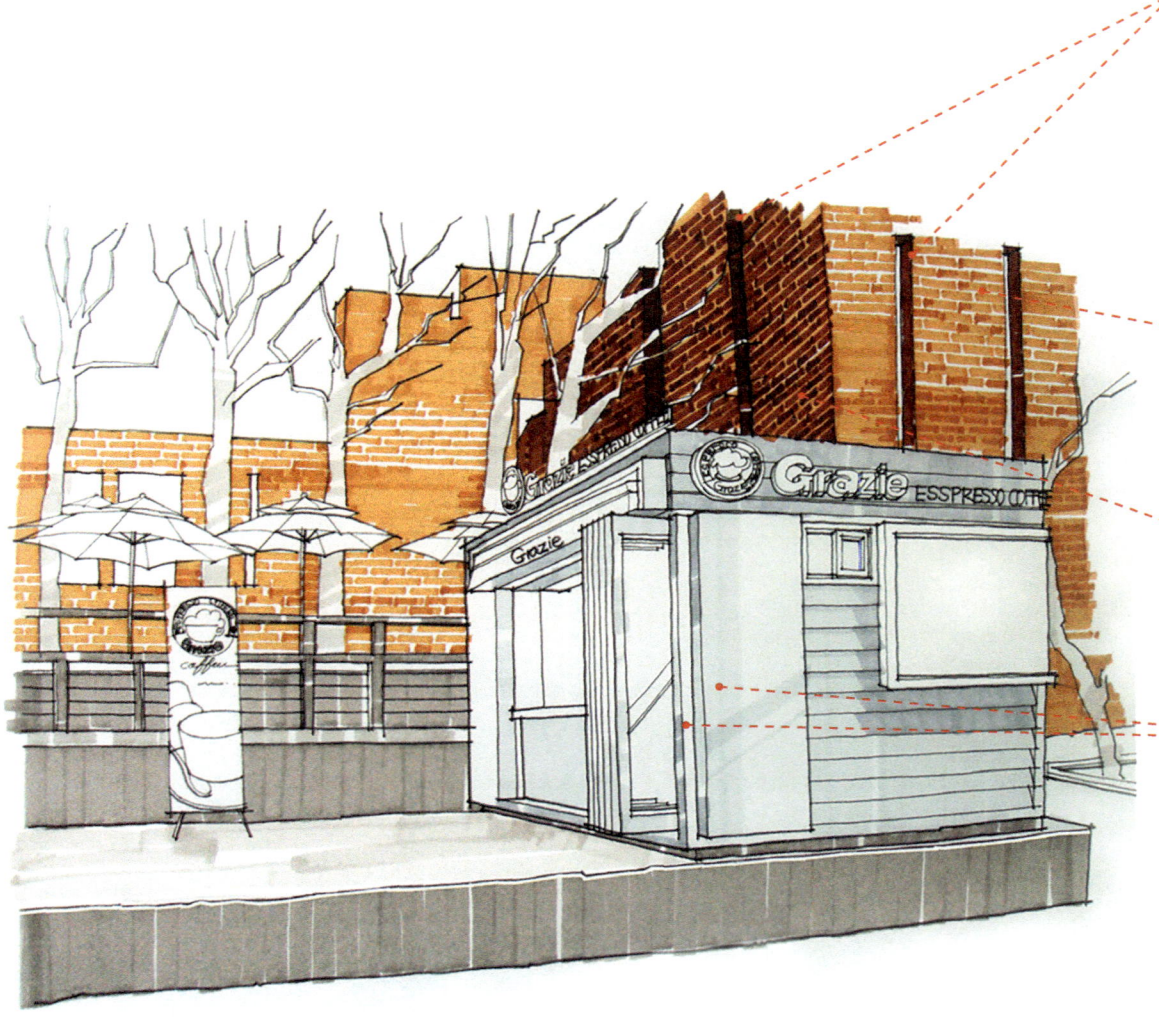

● 건물 외벽(벽돌) – BR99(99)

: 건물의 요철 부분을 부각하기 위해 움푹 들어간 부분은 어두운 색으로 표현한다. 전단계(3단계)에서 BR91번으로 베이스 작업한 상태이므로 BR99번 마커로 마커의 굵은 쪽을 이용해 수평으로 중간 중간 비워놓으며 그어준다.

● 건물 외벽(벽돌) – BR97(97)

: 벽돌 자체의 질감과 음영을 표현하기 위해 1단계 베이스 작업에서 사용한 것과 같은 색(97번)으로 부분 터치한다.

● 건물 외벽(벽돌) – BR91(91)

: 벽돌 자체의 질감과 음영을 표현하기 위해 3단계에서 사용한 것과 같은 색(BR91)으로 부분 터치한다.

● 건축 외장재의 표현

대부분의 건축 외장재는 모듈화되어 있어 외장 재료가 일률적으로 반복되는 경우가 많다. 벽돌의 경우도 마찬가지로 자칫 반복되는 이미지가 부각될 수 있으므로 벽돌쌓기 줄눈을 표현하되 러프하면서도 다양하게 표현할 수 있도록 한다.

6단계

- 카페 심벌 – P83(83)

- 카페 로고 – R11(11)

- 카페 사인 – CG7

  : 문자와 그림자를 표현하기 위한 베이스 작업을 한다.

- 카페 포스터 – YR33(33)

  : 포스터의 배경색을 칠한다.

> - 스케치에 표현되는 그림(포스터 및 액자)의 표현
>
>   미리 밑그림을 그려도 좋지만 컬러링하는 중간에 색연필이나 마커로 간단하게 밑그림을 그리면서 컬러링하는 것도 자연스러운 이미지를 표현할 수 있는 방법이다.

- 카페 포스터 프레임 전면 – BG7

- 카페 포스터 프레임 측면 – BG9

  : 프레임의 전면(빛을 받는 면)과 측면(그림자가 생기는 면)의 밝기 차이(명도 차 – BG7과 BG9)로 입체감을 살려 표현한다.

- 카페 스탠딩 사인 – PB74(74) / PB69(69)

7단계

● 카페 심벌 및 로고 측면 – CG7/CG9

● 파라솔(방수 패브릭) – G54(54)

: 파라솔 전체를 흰색의 여백이 보이지 않도록 그린 컬러(G54)로 꼼꼼하게 채운다. 그 이유는 다음 단계에서 흰색 펜으로 파라솔의 살대를 표현하는데, 자칫 빈틈이 보이면 흰색 펜으로 표현한 살대 부분이 부각되지 않기 때문이다.

● 펜스 – WG7

: 같은 규격의 패널을 이어 덧댄 것을 표현하기 위해 마커의 굵은 쪽을 이용해 등간격으로 긋는다.

8단계

- 파라솔 음영 – WG7
  : 파라솔 하부에 음영을 표현한다.

- 카페 사인 – 흰색 펜/CG9
  : 흰색 펜으로 문자를 쓰고 어두운 색으로 문자의 음영을 표현한다.

- 카페 심벌 및 로고 음영 – CG4

- 카페 포스터 – WG1, WG2, WG9
  : 포스터의 일부분(커피 원두)을 표현한다.

- 단상의 측면 – WG5
  : 자연스러운 느낌을 주기 위해 마커의 굵은 쪽으로 중간 중간 세로선을 긋는다.

- 단상하부 그림자 – WG4

9단계

● 파라솔 – 흰색 펜/WG9 : 파라솔 하부에 부분적으로 깊은 음영을 표현하고 흰색 펜으로 파라솔의 살대 부분을 표현한다.

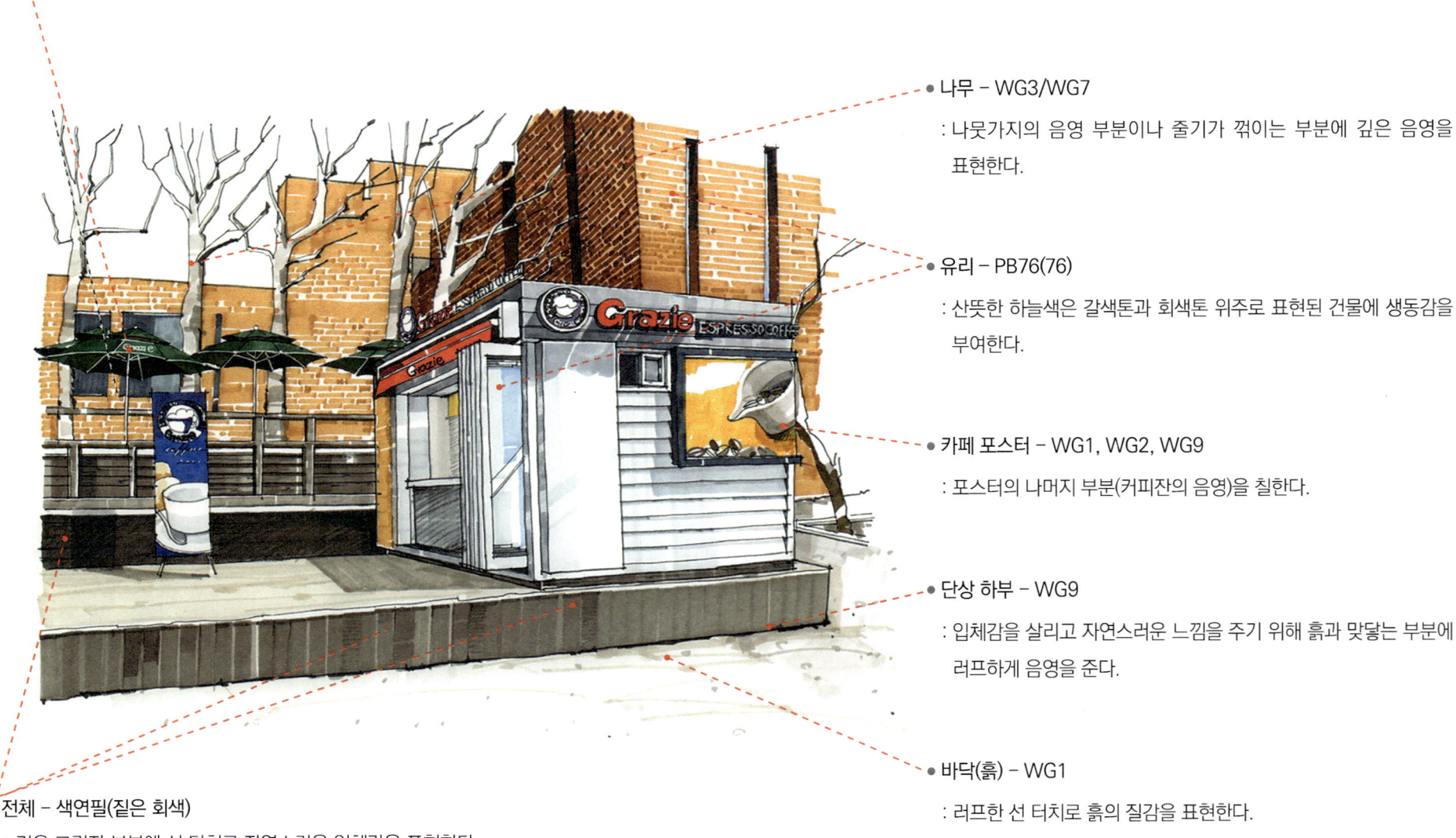

● 나무 – WG3/WG7

: 나뭇가지의 음영 부분이나 줄기가 꺾이는 부분에 깊은 음영을 표현한다.

● 유리 – PB76(76)

: 산뜻한 하늘색은 갈색톤과 회색톤 위주로 표현된 건물에 생동감을 부여한다.

● 카페 포스터 – WG1, WG2, WG9

: 포스터의 나머지 부분(커피잔의 음영)을 칠한다.

● 단상 하부 – WG9

: 입체감을 살리고 자연스러운 느낌을 주기 위해 흙과 맞닿는 부분에 러프하게 음영을 준다.

● 바닥(흙) – WG1

: 러프한 선 터치로 흙의 질감을 표현한다.

● 전체 – 색연필(짙은 회색)

: 깊은 그림자 부분에 선 터치로 자연스러운 입체감을 표현한다.

최종 결과물

⑩ 약간 다른 컬러링

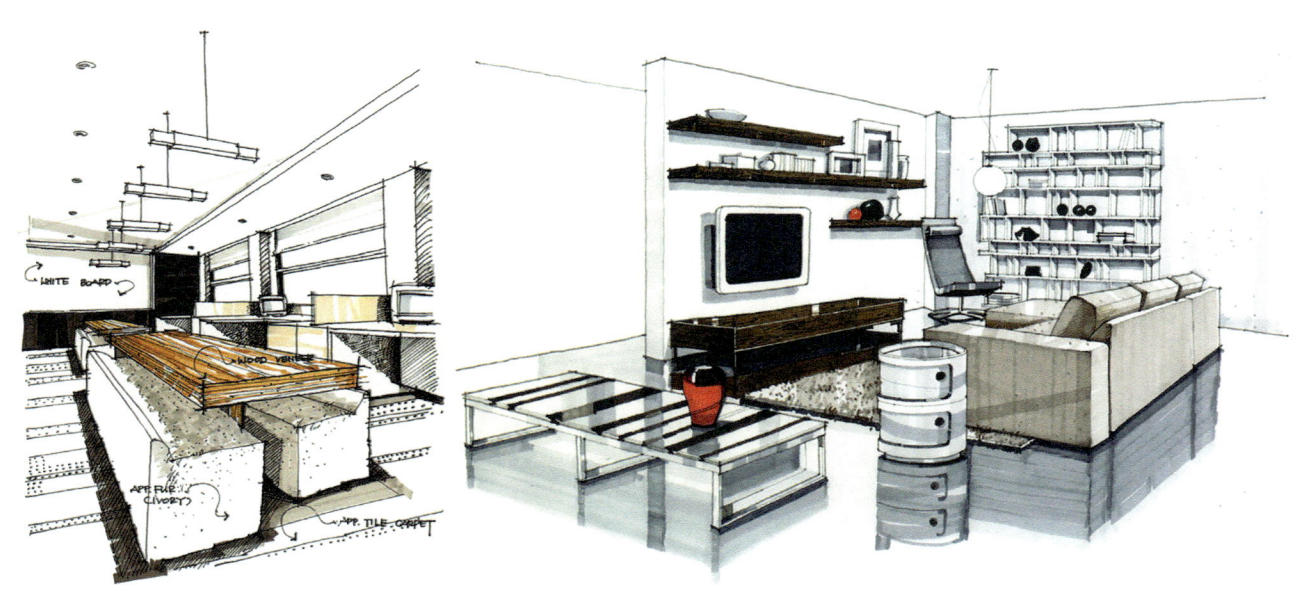

앞 장〈9.컬러링 완성하기〉에서 비교적 디테일하고 완성도 있게 색과 패턴, 명암과 음영을 표현하였다면 이 장에서는 일반 컬러링과는 다른 컬러링을 두 가지 제안한다. 그중 하나는 거친 느낌으로 표현되는 러프 스케치에 간략하게 마커 컬러링을 한 것이며, 또 다른 하나는 검은색 펜이 아닌 회색라인으로 한 스케치에 마커 컬러링을 한 경우이다. 두 가지 경우 모두 완성도는 미흡할 수 있으나 빠르고 간략하게 또는 윤곽선이 강조되기보다는 맑은 느낌으로, 약간 다른 컬러링을 표현해보자.

10.1 거친느낌 스케치에 마커 컬러링

러프한 선과 음영만으로 디자이너의 의도를 표현할 수 없다면 간단한 컬러를 표현하는 것도 효과적인 방법이 될 수 있다.
러프 컬러링의 특징은 여백을 많이 남긴 상태에서 무채색 톤으로 부분적인 명암과 음영을 주고 특징적인 부분만 간략하게 표현하는 것이다. 빠른 시간 내에 할 수 있다는 장점이 있으며 러프한 느낌이 오히려 독특한 느낌을 주기 때문에 상황에 따라서는 프레젠테이션 용으로 사용될 수도 있다.

외부공간의 표현

1. 러프 스케치에 간단한 음영과 재료의 특성만을 표현한 경우

• COLORING 01

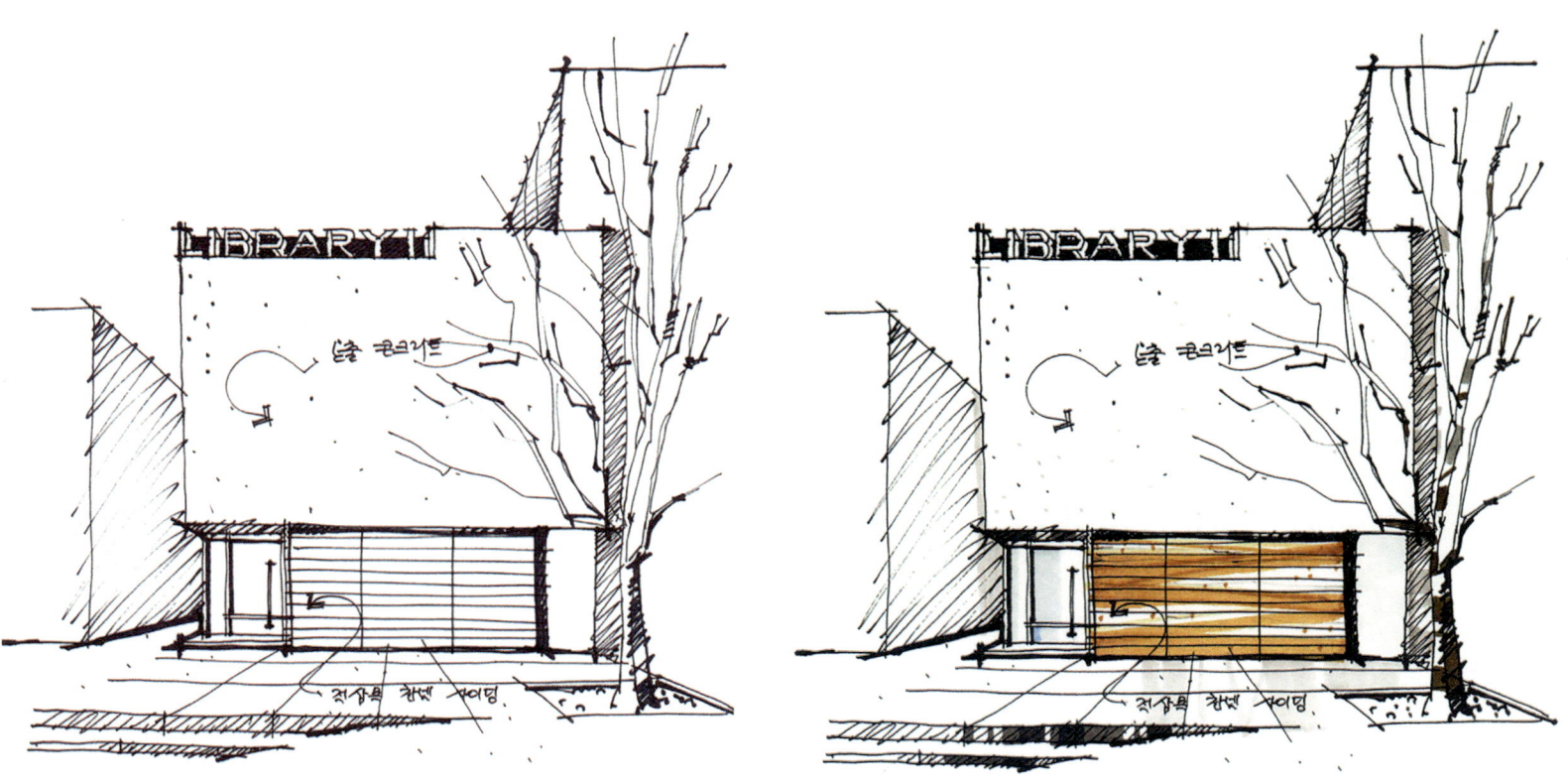

러프 스케치 + 펜 터치로 음영을 넣은 경우   러프 스케치 + 펜 터치로 음영 + 마커 부분 컬러링

2. 러프 스케치에 세부적인 재료의 특성과 음영을 표현한 경우

• COLORING 02

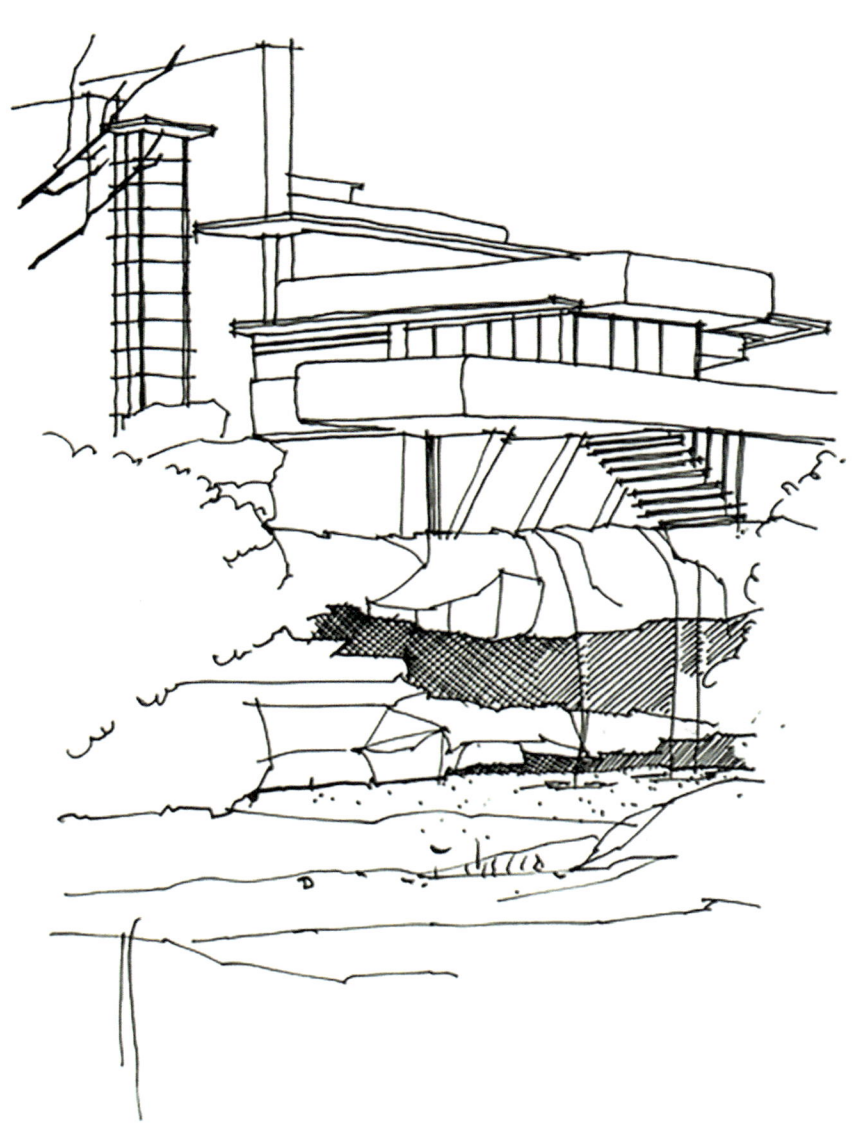

≫ 내부 공간의 표현

1. 러프 스케치에 간단한 음영과 재료의 특성만을 표현한 경우

 COLORING 03

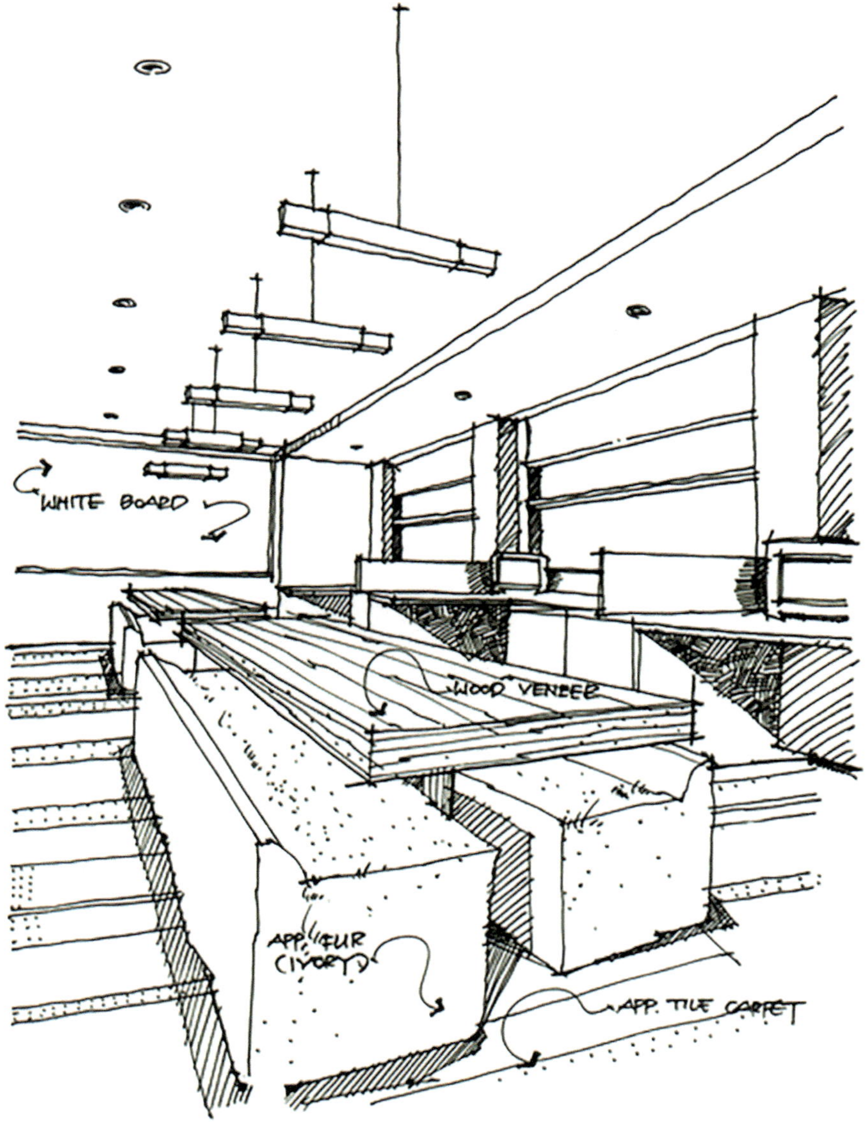

10.2 회색라인 스케치에 마커 컬러링

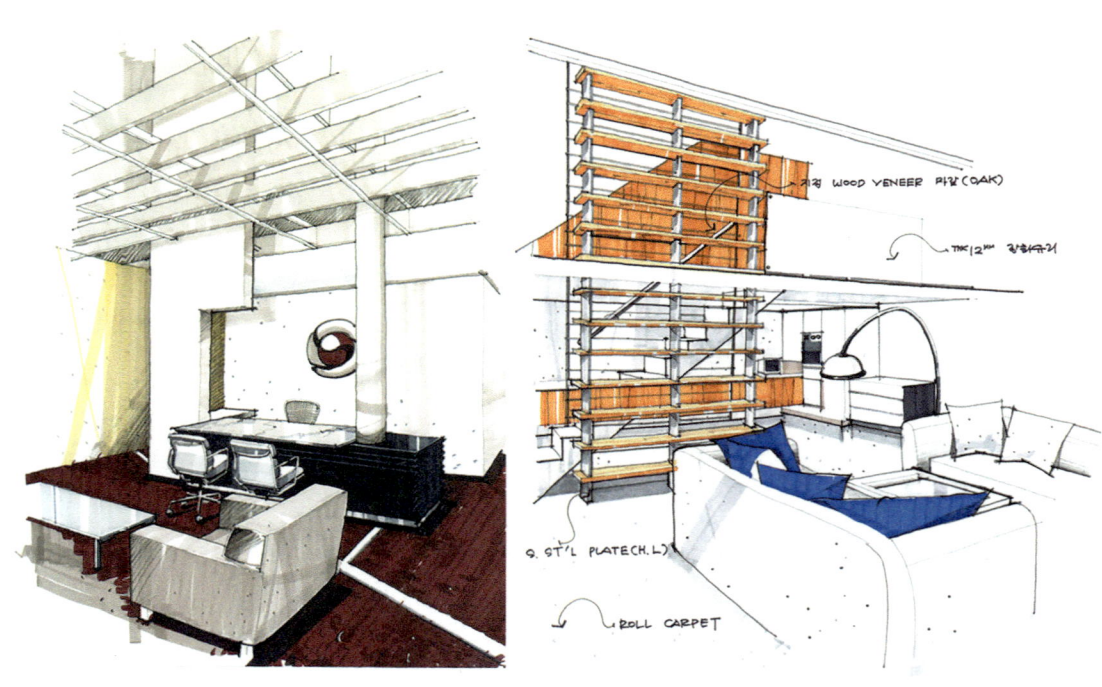

검정색 라인 스케치에 비해 회색라인 스케치는 선이 두드러져 보이지 않아 전체적인 컬러나 음영 등의 표현이 더욱 효과적으로 보이며, 조금 더 깨끗하고 맑은 느낌으로 표현될 수 있다.

이 장에서는 회색라인 스케치에 마커로 컬러링 작업 한 두 가지 예를 설명하고자 한다. 컬러링 과정이 빠짐없이 소개되어 있는 것은 아니지만 기본적인 몇 가지 과정을 예를 들어 설명하였다.

- COLORING 01

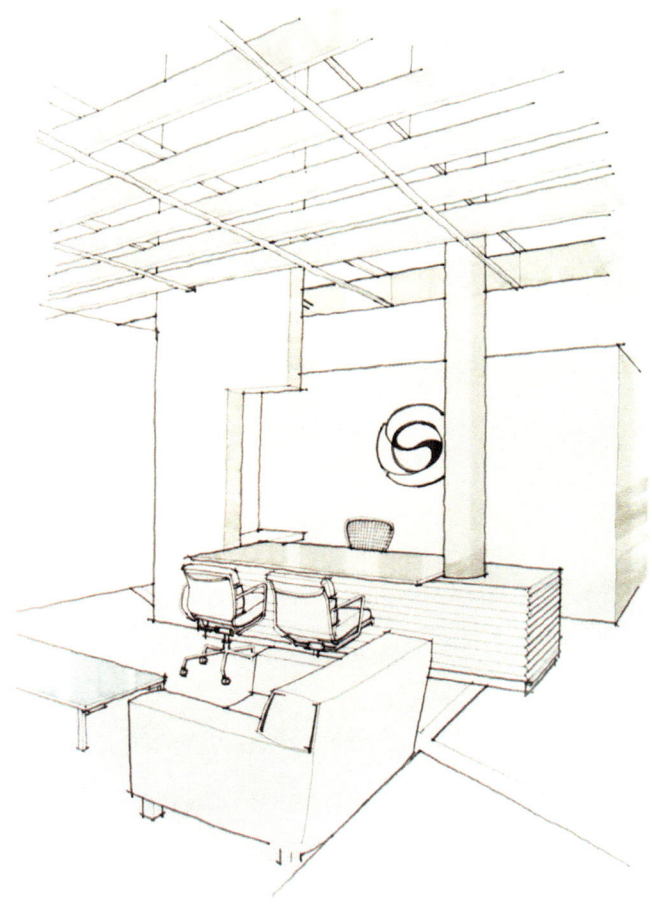

① 회색 펜으로 스케치한다.

②-1

- 천장구조물

(컬러래커 : COLOR LACQ.) – WG1

: 화면상에 구조물 바의 양쪽 끝이 끊겨 있는 경우이므로 긋는 방향은 짧은 쪽으로 하되 중간중간 비워 놓으면서 굵게 또는 가늘게 터치감을 살려 표현한다.

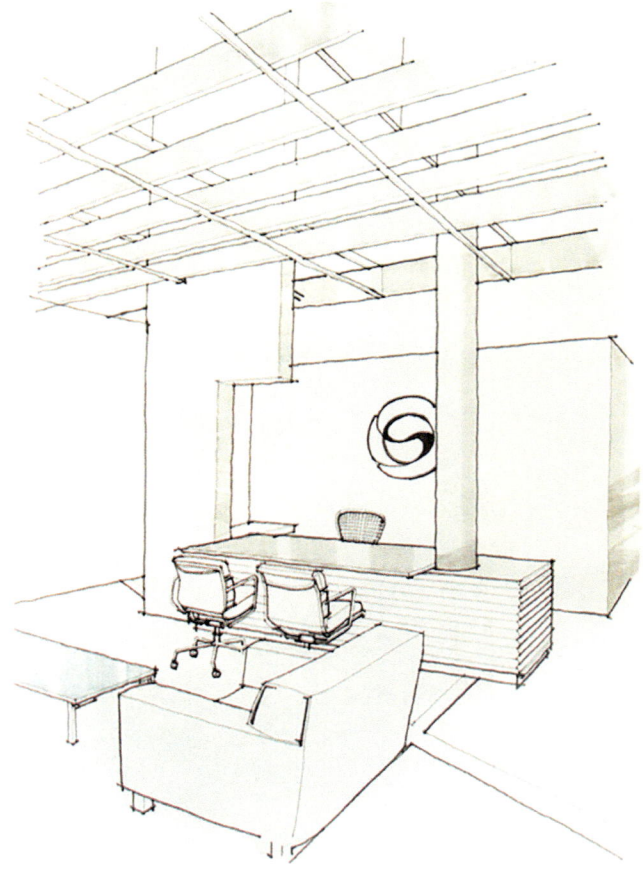

② 무채색이면서 가장 밝은(명도가 높은)색이 사용되는 부분부터 음영을 표현한다. 이 단계가 마지막 마무리가 되는 부분은 남게 되는 마커자국의 형태에 대해서도 고민이 필요하다.

③ 포인트 컬러 벽체와 데스크를 표현한다.

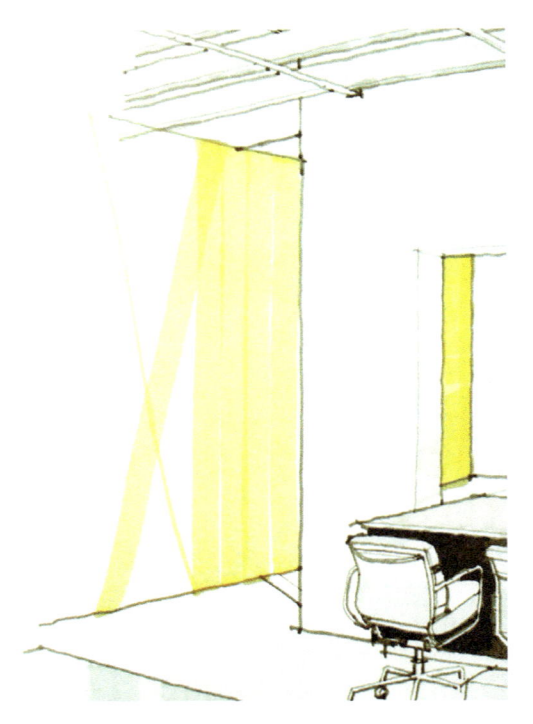

③ - 1
- 벽(컬러래커 : COLOR LACQ)-Y34(34)
: 마커의 굵은 쪽으로 내려 긋되 사선의 터치감이 남도록 하는 것도 좋다. 같은 컬러가 사용되었다 하더라도 먼 곳은 한 번 더 칠해주어 어둡게 표현함으로써 원근감이 느껴지도록 한다.

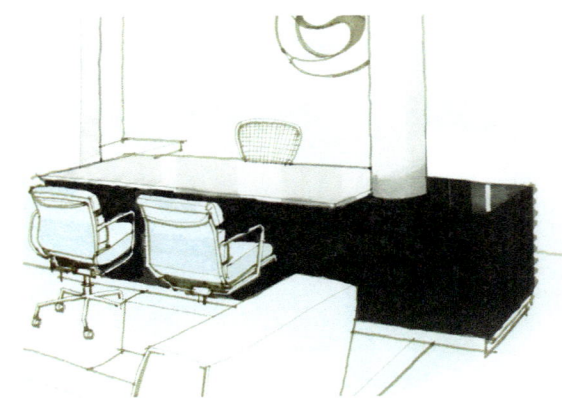

③ - 2
- 원형의 기둥은 빛을 앞쪽에서 받는다는 가정하에 기둥 뒤쪽과 하부를 어둡게 표현한다.

- 데스크 상판의 마구리 면은 상판에 사용한 컬러보다 한 톤 어두운 색을 사용하여 입체감을 표현한다.

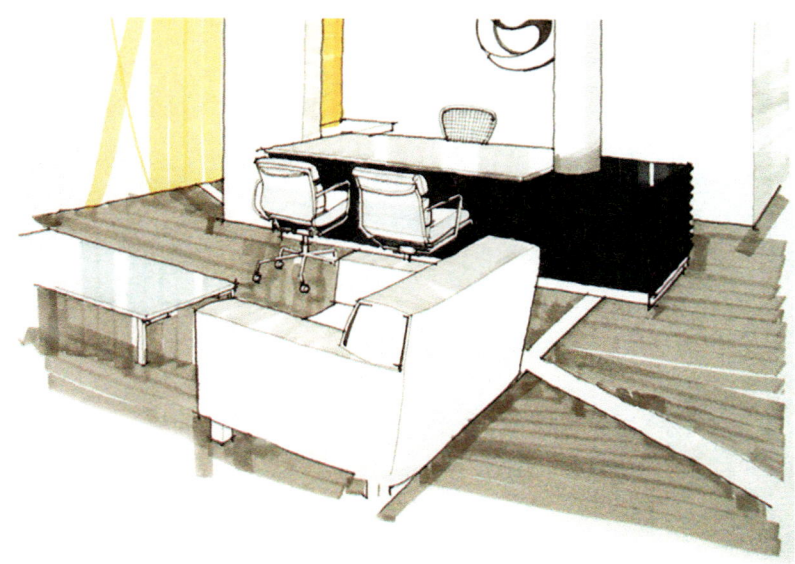

④

- **바닥(카펫) – WG4**

  : 마커의 굵은 쪽으로 소점의 방향을 고려하여 채색한다.

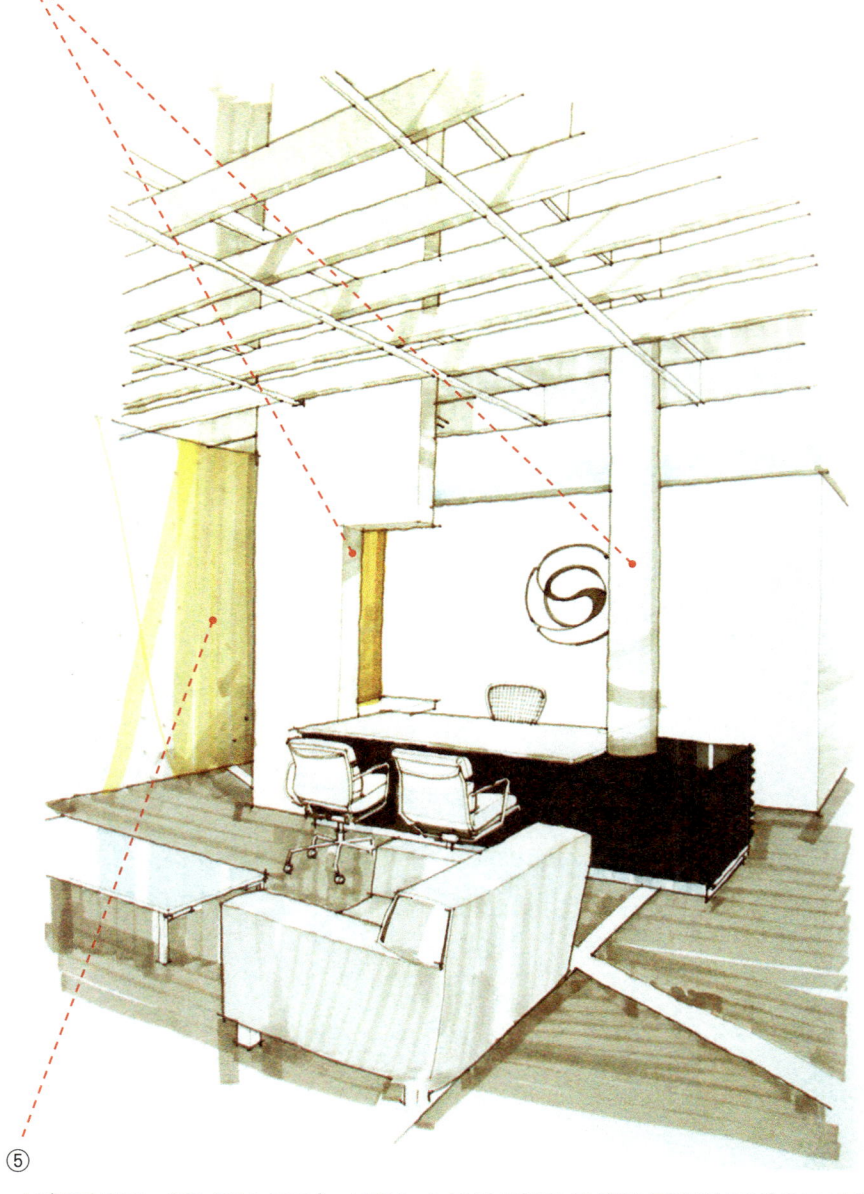

- 원기둥과 가벽, 천장 구조물에 깊이감을 표현한다. 특히 원형의 기둥은 라운드의 느낌을 살려 터치감을 준다.

⑤

- **벽(컬러 래커 : COLOR LACQ.) – WG2** : 노란색 벽체의 먼 쪽에 무채색(WG2)으로 터치감을 주어 원근감을 표현한다.

⑥ 가구 (고객용 의자)에 입체감을 표현한다.

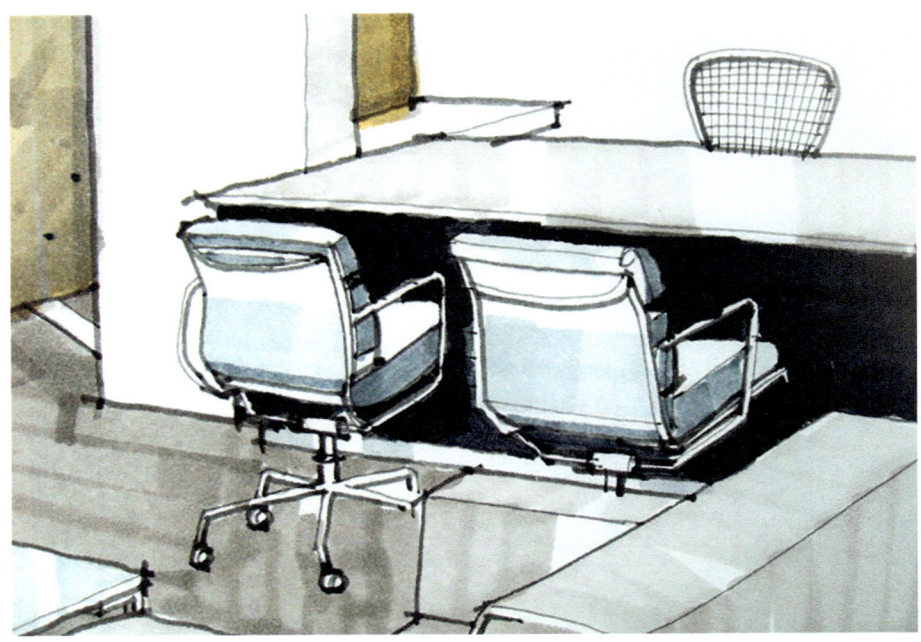

⑥ - 1

- 의자 - CG1/CG3

: 가구 또한 입체감을 표현하는 것이 중요하므로 같은 컬러 톤으로하되 각각의 면이 두드러지도록 명도의 차이를 두어 채색한다.

- 로고의 색감과 음영을 표현한다.

- 검정색 색연필로 어두운 곳의 음영을 표현한다.

- 대리석 상판(아라베스카토) – CG3/CG5
  : 대리석의 패턴을 표현한다.

- 바닥(카펫) – R1(1)
  : 마커의 굵은 쪽으로 소점의 방향을 고려하여 선을 그은 다음, 카펫의 질감을 살려 표현한다.

- 화이트 펜으로 안내데스크의 하이라이트를 표현한다.

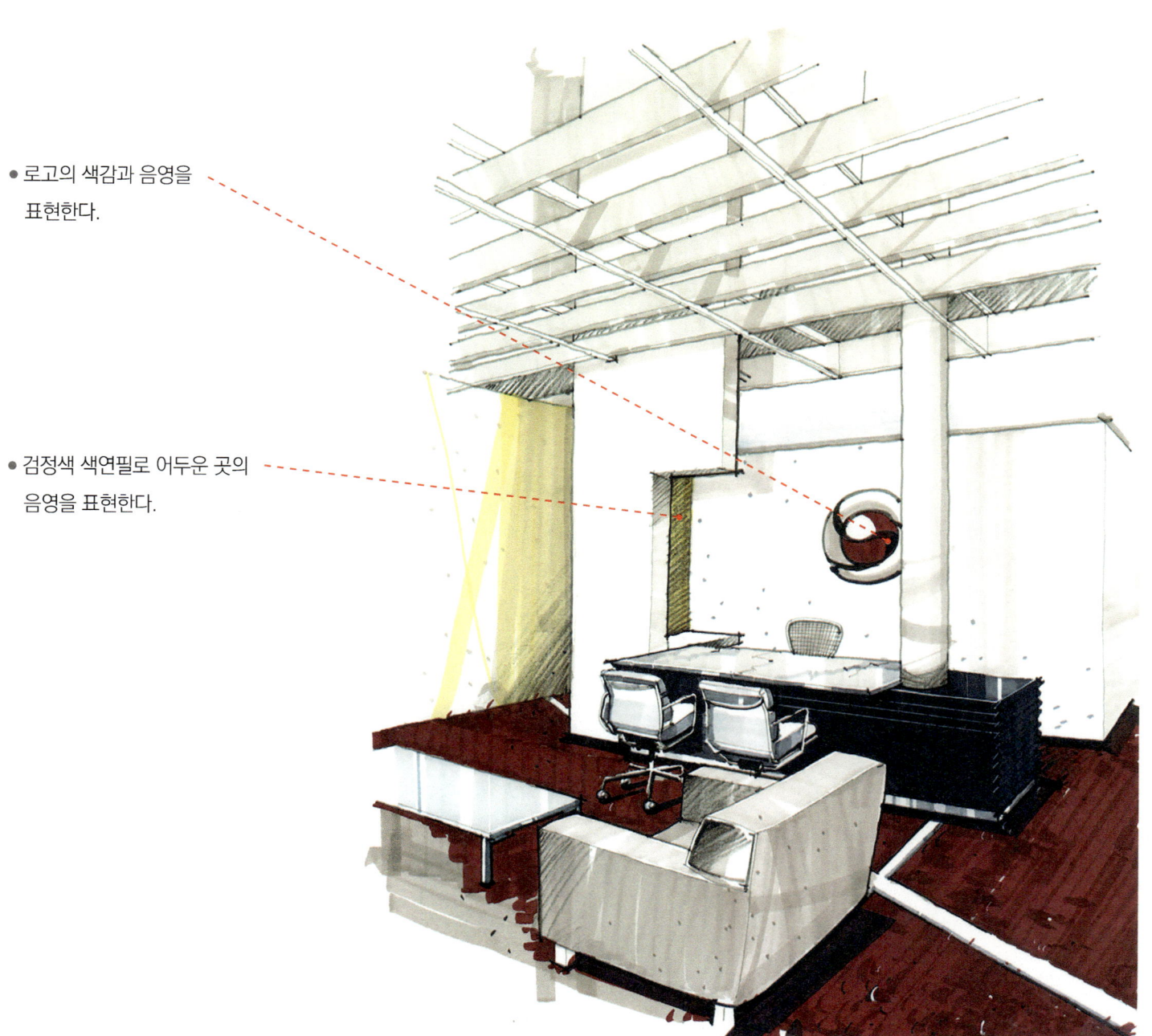

⑦ 마무리 작업 : 재료의 디테일한 부분과 음영을 표현하고 마무리한다.

● COLORING 02

② 전체적으로 면을 메꾸어 채색하기보다 부분적으로 포인트만 주고 기본적인 벽, 바닥, 천장은 그대로 남겨둔다.
- 무늬목으로 마감된 가구 : BR99(99)
- 전체적인 베이스 컬러와 1인용 의자 : CG1/CG3

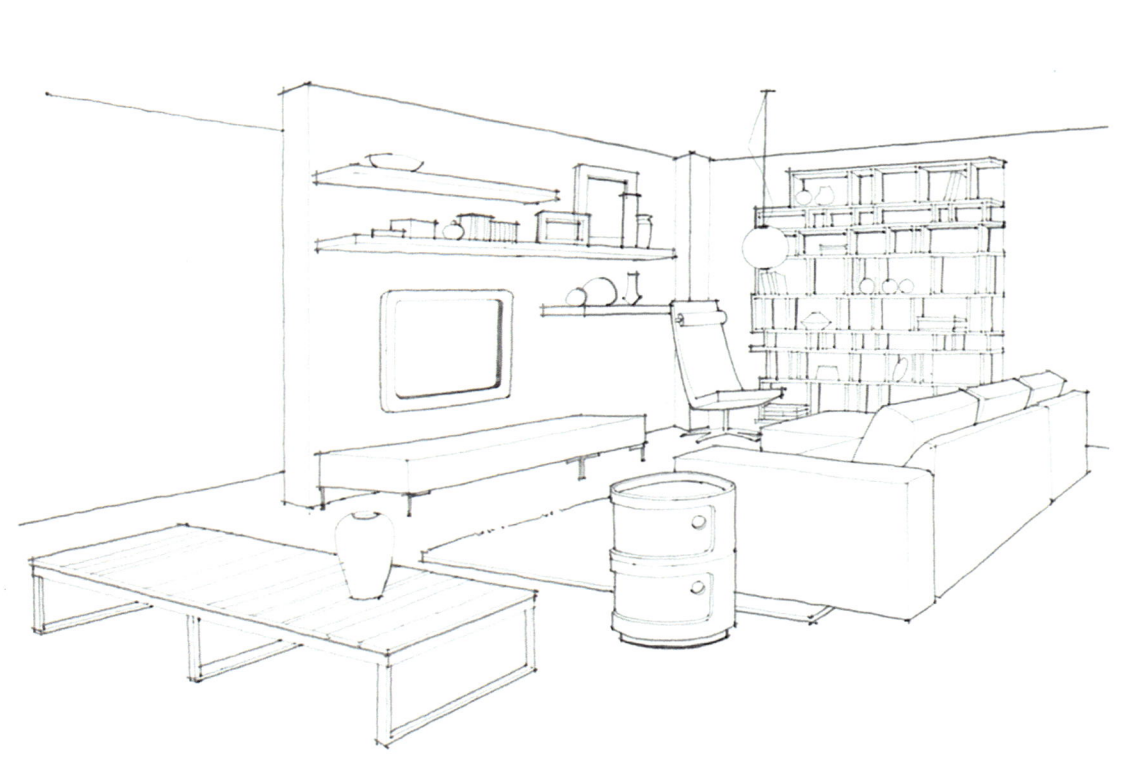

① 회색펜으로 스케치한다.

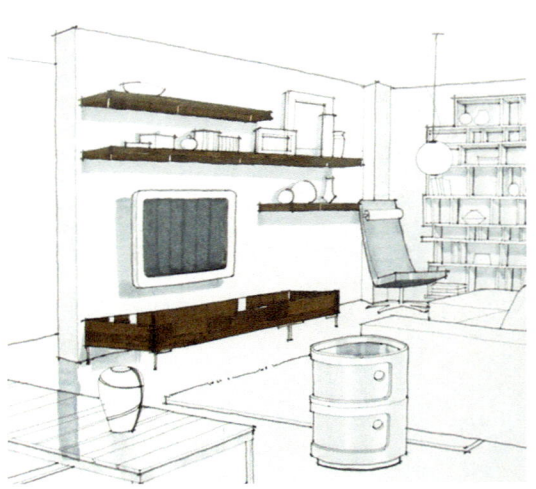

③ 무채색으로 그림자와 반사된 음영을 표현 한다.
- 그림자와 음영 : CG3
- TV : CG7

④ 마무리 작업 : 재료의 디테일한 부분과 소품, 음영을 표현하고 마무리한다.

- 소품 컬러는 톤 다운된 원색 계열을 사용해 전체적인 무채색의 이미지에 포인트가 되도록 하였다.
  - 유리 테이블 위 화병 : R11(11), 책꽂이 위 소품 : BG51(51)

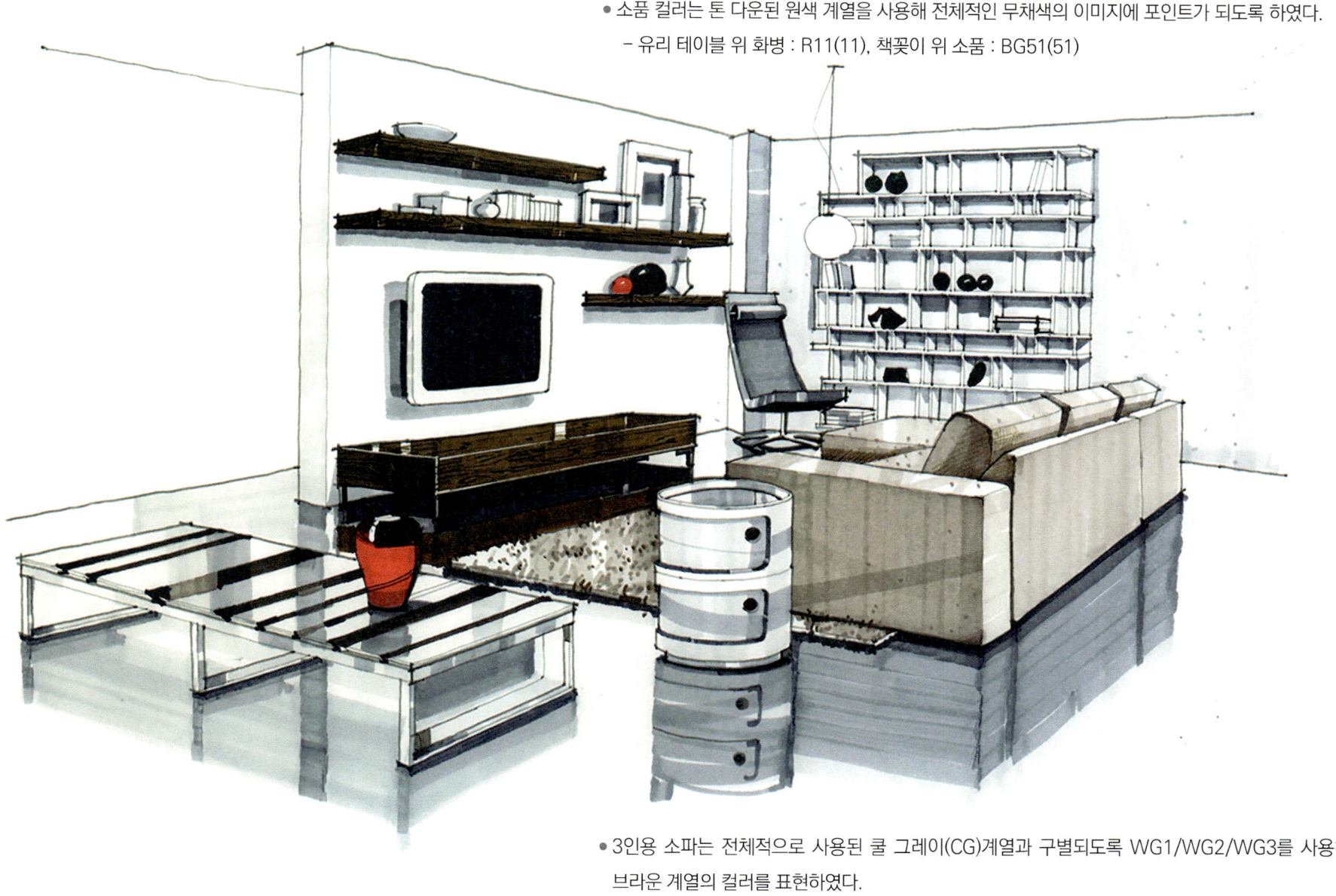

- 3인용 소파는 전체적으로 사용된 쿨 그레이(CG)계열과 구별되도록 WG1/WG2/WG3를 사용해 브라운 계열의 컬러를 표현하였다.

- 3 바닥의 표현은 유광바닥재에 가구가 반영된 느낌을 표현하는 데 중점을 두었으며, 유리 테이블 또한 비치는 특성과 맑은 느낌을 표현하고자 하였다.
  - 유리 테이블 베이스 및 그림자 : CG1/CG3, 유리 테이블의 줄 무늬 : WG3/WG7/WG9

이도희
홍익대학교 건축학 Ph.D/건축사
현 백석문화대학교 실내건축과 겸임교수
현 에이인더티앤에스(주) 디자인 연구소 소장

㈜ 중앙디자인
현대건축사사무소
㈜ 화성 씨앤디
가천대학교 디자인대학원 공간디자인 전공 외래교수
가천대학교 산업디자인과 외래교수
덕성여자대학교 실내디자인과 외래교수
대림대학교 실내디자인과 겸임교수
인덕대학교 도시환경디자인과 겸임교수

스케치 기본부터 투시도 간략도법, 마커 컬러링까지
공간 스케치

초판 1쇄 발행 2025년 5월 30일

—
지 은 이 이도희
펴 낸 이 김호석
편 집 부 이면희 · 김영선
마 케 팅 오중환
경영관리 박미경
영업관리 김경혜

—
펴 낸 곳 도서출판 대가
주　　소 경기도 고양시 일산동구 무궁화로 20-18, 하임빌로데오빌딩 502호
전　　화 02-305-0210
팩　　스 031-905-0221
전자우편 dga1023@hanmail.net
홈페이지 www.bookdaega.com

—
ISBN 978-89-6285-380-3 03540

• 파손 및 잘못 만들어진 책은 교환해드립니다.
• 이 책은 저작권법에 의하여 보호를 받는 저작물이므로 무단 전재와 복제를 금합니다.